ドイツ駆逐戦車
完全ガイド

1944年4月、東部戦線 ウクライナのストルィパ川付近でソ連戦車を迎撃する第653重戦車駆逐大隊の重駆逐戦車エレファント。超重装甲・大火力の重突撃砲フェルディナントは、初陣となったクルスク戦で大きな活躍を見せると、ドイツ本国に帰還してから各部の改修を行い、後に「エレファント」と改名された。エレファントは東部戦線やイタリア戦線に投入され、数を減らしながらも最後のベルリン防衛戦まで戦い続けている。

イラスト／佐竹政夫

※本書は季刊「ミリタリー・クラシックス」のVol.53、Vol.60、Vol.69に掲載された特集記事を再構成し、一部を加筆修正したものです。

重駆逐戦車エレファント／ヤークトティーガー編

第二次大戦時に個性的な戦闘車輌を多数開発し、実戦投入したドイツ陸軍。その中でも攻撃力と防御力に特化した、
極めて強力な重駆逐戦車として知られるのが、エレファント（フェルディナント）とヤークトティーガーだ。
エレファントは不採用になったポルシェ製ティーガーの車台を流用して作られた、
ガソリン＋電動駆動式の変わり種車輌で、超長砲身の8.8cm主砲を持ち、装甲厚は最大200mm、重量は約65トンだった。
ヤークトティーガーは最強の重戦車ティーガーIIの姉妹車といえる車輌で、
さらに強力な長砲身12.8cm砲を装備、最大装甲厚は250mm、重量は約75トン。
両者とも過剰なまでの並外れた攻防力を有していたが、足は遅く、回転砲塔を持たないため迅速な機動戦には向かなかった。
イレギュラーな経緯で生まれたエレファントは、大戦中盤のクルスク戦で「フェルディナント」として初陣を飾り、
その後も東部戦線やイタリア戦線で激闘を繰り広げ、ベルリン戦まで戦い抜いた。
スペックだけなら第二次大戦最強の戦闘車輌であったヤークトティーガーは、大戦末期の西部戦線で実戦投入され、
乗員たちは本車の使いづらさに悩まされながらも、しばしば一方的な大戦果を挙げている。
ここからは、このオーバースペックなまでに強力な2種の重駆逐戦車について、多様な視点から分析・考察する。
地上最強の動物である「象」と「虎」の名を授けられた、黒鉄の怪物たちの全貌に迫ろう。

1945年春、ドイツ南西ラインラントでアメリカ軍を迎え撃つ第653重戦車駆逐大隊のヤークトティーガー。3月22日には、同大隊はバート・ベルクツァバン町付近で接近する米戦車隊を迎撃、遠距離砲撃で25輌を撃破している。この戦いでは、第2中隊のファインアイゼン中尉のヤークトティーガーが6輌の米戦車を撃破、ハーゲルシュタイン軍曹車は3輌を撃破。第1中隊のコス上級曹長車は1発の砲弾で2輌の装甲車を一挙に撃破する殊勲を上げた

画／吉原幹也

電気仕掛けの無敵の巨象と
咆哮する無双の剣歯虎

重駆逐戦車
エレファントとヤークトティーガー

Schwere Jagdpanzer Elefant und Jagdtiger

天下分け目の一戦での初陣 鋼鉄の巨象の突進がクルスクを震わせる!

ドイツ軍は1943年夏、クルスク周辺に現出したソ連軍の巨大な突出部を南北から挟撃、切断する一大攻勢作戦「ツィタデレ」を発起した。この戦いが初陣となるフェルディナントは、第656重戦車駆逐連隊麾下の第653および第654重戦車駆逐大隊に89輌が配備され、北部戦域で第9軍第41装甲軍団の指揮下に入って戦うことになる（第656重戦車駆逐連隊にはブルムベア装備の第216突撃戦車大隊も所属していた）。フェルディナントには歩兵を支援する突撃砲的な任務が課され、653大隊は第292歩兵師団を、654大隊は第86歩兵師団を支援し、ポヌイリ駅を目指すことになった。

7月5日に作戦が開始されると、ソ連軍の猛砲撃のため両大隊は歩兵と分離してしまい、地雷原に突っ込んだり、敵歩兵の肉薄攻撃を受けるなどして苦戦する。だが7月6日、7日のポヌイリ攻防戦では、その大火力を活かし多数の敵戦車や火砲を撃破。続く9日のポヌイリ再攻撃でも攻撃部隊の前面に立って進撃したが、654大隊が地雷原に突っ込み、約20輌のフェルディナントが足回りを破損し行動不能となる。こうして北部戦域のドイツ軍はポヌイリの攻略に失敗し、12日に後退を決定、第656重戦車駆逐連隊も撤退した。そしてツィタデレ作戦そのものも、米英軍のシチリア島への上陸もあって中止となった。

7月5日から24日までに、653大隊は13輌、654大隊は26輌の

フェルディナント 第654重戦車駆逐大隊

1943年7月 クルスク戦車戦

フェルディナントを全損したが、敵戦車砲・対戦車砲の攻撃や歩兵の肉薄攻撃で撃破されたものは2輌のみ。喪失原因のほとんどは、曲射弾道で落ちてきた野砲弾がエンジングリル上面に直撃したり、地雷で足周りを破壊され、大重量のため回収できなくなったものだった。その重装甲は、平射される戦車砲や対戦車砲に対してはほぼ無敵だったのだ。

また複雑なガス・エレクトリック駆動システムの不調が心配されたが、意外にも駆動系の故障は少なかった。

戦果の面では、クルスク戦を通じ、第656重戦車駆逐連隊全体で戦車502輌、火砲300門を撃破する驚異的な戦果を記録している。まるで象の鼻のように長大な8・8㎝砲の威力は絶大だったのだ。

こうしてフェルディナントは初陣でその絶大な戦闘力を実証するとともに、対歩兵兵器の欠如、あまりの大重量による回収の難しさなど、様々な問題点も露わにすることになったのである。

歩兵と共に進撃する第654重戦車駆逐大隊の511号車。511とは、第5中隊（連隊内での通しの中隊番号で、654大隊の中では第1中隊）第1小隊の1号車という意味で、奥には小隊車輌3輌が見える。砲身に描かれている16本の線は撃破マーク。また「N」は大隊長のカール・ハインツ・ノアク大尉の頭文字である。654大隊はクルスク戦で地雷原に突っ込み多くのフェルディナントを失ったが、511号車は生還した

画×福村一章

防御戦闘で重駆逐戦車の本領発揮
8.8cm砲の雄叫びが雪原に轟く!

1943年11月下旬、ニコポリ防衛戦において、雪原を突撃するソ連軍戦車を遠距離から砲撃する第653重戦車駆逐大隊のフェルディナント。迷彩塗装の上から白く塗って冬季迷彩にしていた

画／吉原幹也

フェルディナント 第653重戦車駆逐大隊

1943年11月 ニコポリ防御戦

クルスク戦と続くオリョール撤退戦後の8月26日、残存19輛まで消耗した第654重戦車駆逐大隊は、残存車輛を第653重戦車駆逐大隊に移管してドイツ本国に帰還した。唯一のフェルディナント装備部隊となった第653重戦車駆逐大隊は、保有車輛の修理・整備を行いつつ、9月から10月にかけてザポロジェ橋頭堡で防御戦闘を行い、歩兵支援や対戦車戦闘に活躍した。

653大隊は11月中旬からニコポリの防御に従事。11月25日には、攻撃をかけてきたソ連軍の戦車約70輛をフェルディナント3輛が迎撃し、44輛の敵戦車と10門の対戦車砲を一方的に撃破した。特に小隊長フランツ・クレッチマー少尉の車輛は実に戦車21輛を撃破する大戦果を挙げ、クレッチマー少尉には12月に騎士鉄十字章が授与された。この戦いに限らず、フェルディナントは見通しのいい戦場での防御戦闘ならまさに無敵で、遠距離から敵戦車部隊を攻撃し、完勝を収めることが多かった。

その後の12月下旬、フェルディナントを分解・改修するため、653大隊はドイツに帰還した。翌1944年1月から2月にかけてフェルディナントはオーバーホールを受け、加えて前方機関銃やペリスコープ付きの車長用展望塔が増備され、エンジングリルが改良されるなど、戦訓を受けた改修が施された。

そして「象」を意味する「エレファント」と改名された本車は、1944年2月から第1中隊がイタリア戦線に、4月からは第2と第3中隊が東部戦線に投入され、再び激しい戦いを繰り広げることとなる。

ヤークトティーガー 第512重戦車駆逐大隊

1945年4月 ルール防衛戦

1944年2月、エレファントよりも強力な超重駆逐戦車、ヤークトティーガーの量産第1号車が完成した。ヤークトティーガーを運用したのは、第653、第512の二つの重戦車駆逐大隊のみだったが、まず同年秋から、以前エレファントを運用していた第653重戦車駆逐大隊へ配備が開始された。

653大隊のヤークトティーガーは、1944年12月のアルデンヌ攻勢に少数が参加。45年1月には定数に近い41輌を保有し、その後ドイツ本土防衛戦で多数の敵陣地や戦車を撃破したが、次第に消耗し、オーストリアで5月の終戦を迎えた。

45年2月に新編されたもう一つのヤークトティーガー大隊・第512重戦車駆逐大隊には、ヤークトティーガー20～25輌が配備され、歴戦のエースであるアルベルト・エルンスト大尉が第1中隊長に、オットー・カリウス中尉が第2中隊長となった。3月上旬からライン河のレマーゲン鉄橋争奪戦に投入されるが間に合わず、その後はルール防御戦で戦っている。

以前ティーガーIに乗っていたカリウス中尉はヤークトティーガーの使いづらさに手を焼いたが、砲塔が旋回しないナースホルンやIV号駆逐戦車を駆っていたエルンスト大尉は、ヤークトティーガーを使いこなして多くの戦果を挙げた。

エルンスト大尉は4月11日、第1中隊残存のヤークトティーガー4輌と突撃砲4輌、IV号戦車3輌、対空戦車4輌からなる「エ

ウンナ近くの丘の上から砲撃し、米軍のM4戦車隊を撃破するエルンスト戦闘団（第512重戦車駆逐大隊第1中隊基幹）のヤークトティーガー。X1は第1中隊の1号車という意味で、エルンスト大尉が搭乗していたと思われる。左にはⅣ号戦車/70(A)とⅣ号対空戦車ヴィルベルヴィントが見える

画／佐竹政夫

ルンスト戦闘団」を率い、包囲されたドイツ西部の街・ウンナの救援に向かったが、途中で米機甲部隊の隊列を発見。エルンスト戦闘団は丘の上に陣取って遠距離から砲撃を加え、11輌のM4戦車を含む約50輌の車輌を撃破した。この時、ヤークトティーガーは4000m先のM4をも軽々と破壊する離れ業を見せている。

その後P-47戦闘爆撃機のロケット弾を天井に喰らい、ヤークトティーガー1輌が撃破されて戦闘団は後退したものの、この戦いはヤークトティーガーがその真価を発揮した、数少ない例だったと言えよう。

その後、第1中隊はイーザーローンで4月16日に、第2中隊はエルグステで15日に米軍に降伏し、短くも激しい戦歴を終えた。

帝国の黄昏（ラグナロク）に現れた剣歯虎 その牙は最後まで輝き続ける

これが無敵のタンクハンター

ヤークトタイガーだ！

え／上田信

トータス…エレファントの主砲とほぼおなじ威力の、62口径32ポンド砲（9.4センチ砲）をとうさいしているイギリスの超重戦車。ヤークトタイガーとおなじく砲塔がない。トータスはカメという意味でゾイドっぽいなまえだ。

M26E4スーパーパーシング…M26パーシングはアメリカの重戦車で、スーパーパーシングはその改良版。主砲の9センチ砲は70口径とアホのようにながい。パーシングというなまえは第一次せかい大戦のアメリカのえらい将軍からとっている。

アベンジャー…かなりパンチ力の高い17ポンド砲をそうびしているイギリスの駆逐戦車。巡航戦車クロムウェルを改造したチャレンジャーを元につくられた。なまえのアベンジャーは「やらないか」の人ではなく、復讐者（やられたらやり返す人）という意味だ。

トラベリングクランプ…ヤークトタイガーの主砲はデカすぎ＆長すぎなので、そのままで走っていると主砲がゆれて照準が狂ったりする。それをふせぐために砲身を固定するどうぐだ。

T28…65口径10.5センチ砲というかなりヤバい主砲をのっけてるアメリカの超重戦車。ヤークトタイガーとおなじく、砲塔がないので主砲は旋回できない。遊園地で紅茶の人に撃破されてた。

※このページはフィクションです。実際にはトータスやT28は実戦に投入されていません。

うー、がおー！　たべちゃうぞー！（たべないよー！）
どうも！　ヴィテブスクのトラことエルンストだよ！
今回はボクが乗ってたヤークトタイガーについて説明しちゃうぜ！
ヤークトタイガーはキングタイガーの仲間のきちく…くちく戦車で、
キングタイガーよりもでっかい主砲とぶあつい装甲を持っているけど、
そのかわりくるくる回る砲塔がないのがとくちょうなんだ。
カリウスくんは「回転砲塔がない…まずいですよ！」ってグチってたけど、
元からくちく戦車にのってたボクにとってはよゆうのヨッヘン・パイパー戦闘団！
でもアホみたいに重いから、走ってるだけでもすぐ足回りがぶっ壊れて、
またキミか、壊れるなあ…って呆れたもんだね。
みんなも大きくなったら第512重戦車駆逐大隊に入って、
このマンガみたいにアメちゃんやトミーの戦車をやっつけようぜ！
主砲…主砲は55口径12.8センチ砲という、第二次大戦の戦車の大砲の中でもいちばんデカく、いちばんつよい、おきて破りの戦車砲だ。55口径12.8センチ砲とは、砲弾のちょっけいが12.8センチあり、砲身のながさが12.8センチの55倍（つまり7メートルくらい）ある大砲ということ。4キロ先のM4シャーマンをぶっとばしたり、家のかげにかくれたシャーマンを家ごとぶちぬいたこともある。
ヤークトタイガー…めちゃくちゃデカい主砲と、ものっそいぶ厚い装甲をあわせもった黒森みね…ドイツ軍の重駆逐戦車で、第二次せかい大戦でもいちばんつよい戦車のひとつ。重さは75トンで、これは今のおっきなバスの7台分くらいだ。駆逐戦車とは、敵の戦車をやっつけるのがお仕事の戦車のこと。なお、ドイツの駆逐戦車は攻撃力と防御力はすごいが砲塔がなく、左右に撃ちたいときは戦車そのものが旋回して主砲を向けないとあかんかった。なお、「ヤークト」は「狩りをする」といういみだ。
エレファント…激ヤバな71口径8.8センチ砲を持ち、めっちゃ装甲が厚い、ヤークトタイガーのセンパイ的な重駆逐戦車。エンジンで発電機をうごかし、その電気でモーターをまわして走る、ちょっとかわった戦車だ。すごく重くてでっかくて、なが～い主砲がゾウの鼻っぽいから「エレファント（ゾウ）」という名前になったとか…。
8.8センチ砲装備ヤークトタイガー…12.8センチ砲のかわりに、エレファントとおなじ8.8センチ砲を搭載したヤークトタイガー。しょーじき、12.8センチ砲はやりすぎなのでこれで十分なような希ガス…。
エルンスト中隊長
「ヤークトタイガーハンパないって！　4キロむこうのシャーマンめっちゃ撃破するもん。そんなん出来ひんやんふつう！」

Ⅳ号駆逐戦車やナースホルンを乗りこなし、ヤークトタイガーでも大活躍した、第512重戦車駆逐大隊の中隊長アルベルト・エルンスト大尉も、ヤークトタイガーのハンパなさに感動だ！

装甲…ヤークトタイガーは鎧もごっつい。車体前面の装甲の厚さは15センチもあって傾いており、戦闘室の前の装甲も25センチもあった。イギリスの17ポンド砲やアメリカの9センチ砲もはじきかえすことができた。

M36ジャクソン…パーシングとおなじ90ミリ砲をとうさいしているアメリカの駆逐戦車。だが砲塔は天井がなく、装甲もうすいので、正面からヤークトタイガーやエレファントと殴りあえるせんしゃではない。ジャクソンはマイケル…ではなく、むかしの南北戦争のえらい将軍のなまえ。

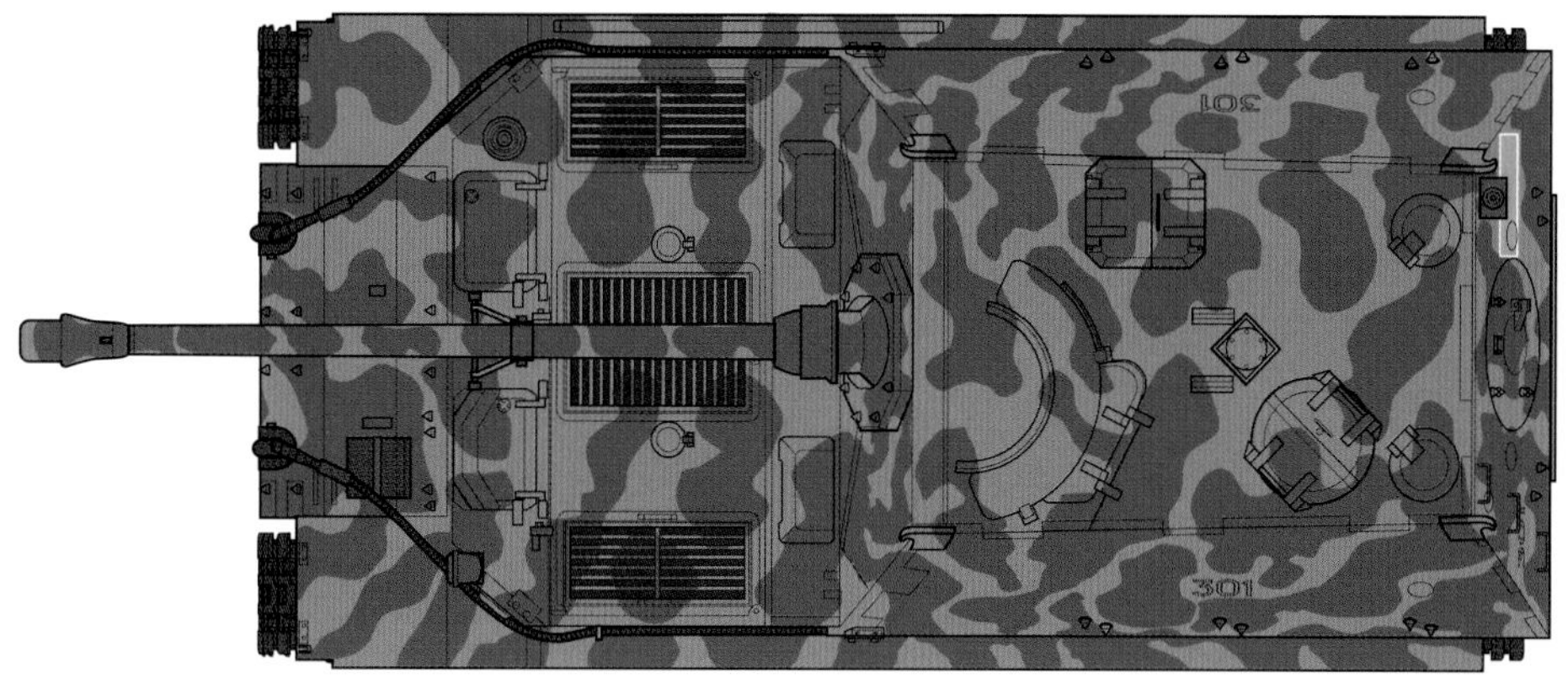

フェルディナント エレファント ヤークトティーガー 実戦塗装図集

大戦後半から実戦投入されたフェルディナント（エレファント）、ヤークトティーガーでは、1943年2月に導入されたダークイエローを基本塗装とし、オリーブグリーンやレッドブラウンで迷彩を施す塗装パターンが多く見られた。ここではこれら重駆逐戦車の塗装や迷彩、マーキングなどをカラー図面を用いて紹介していく。

図版／田村紀雄

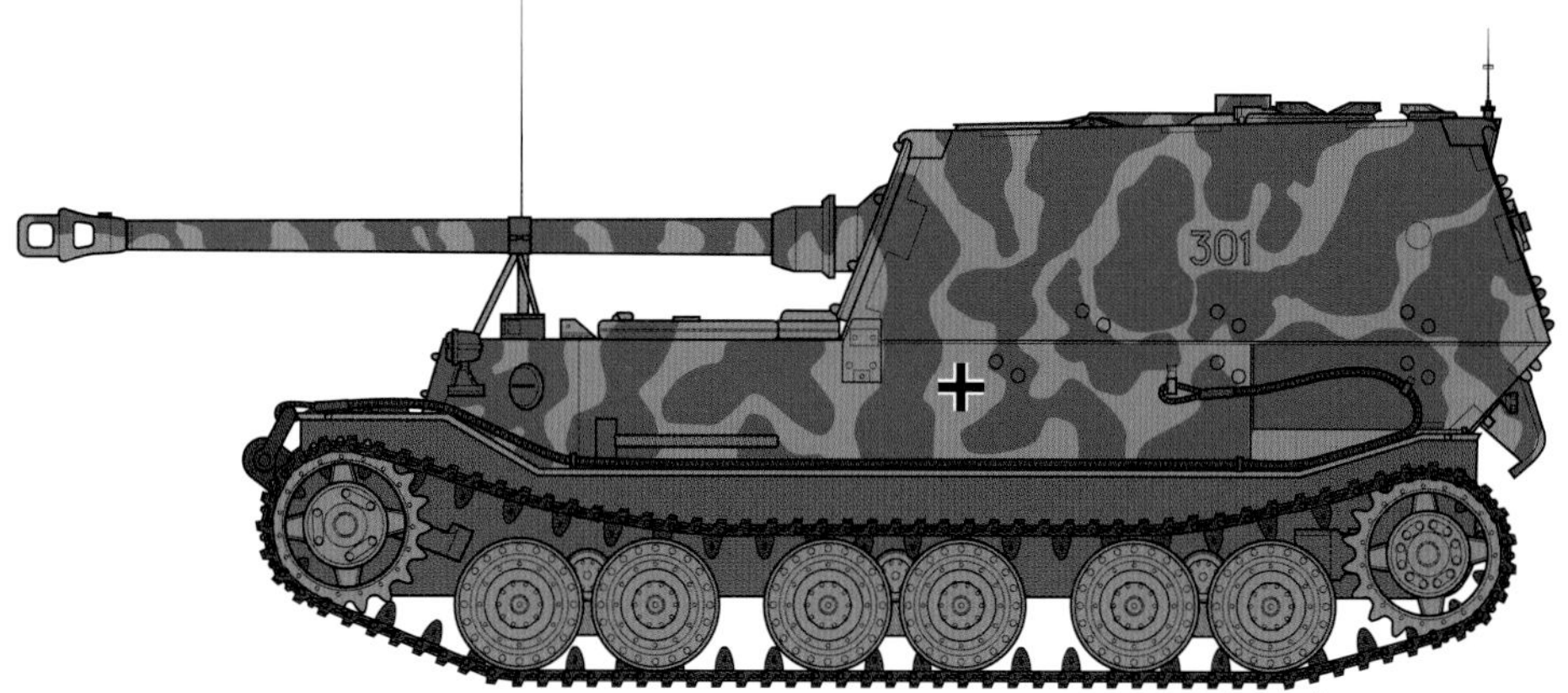

フェルディナント 第653重戦車駆逐大隊

フェルディナントの初陣となったクルスク戦に参加した、第653重戦車駆逐大隊の所属車輌。塗装はダークイエローの基本塗装にオリーブグリーンで迷彩を施している。同大隊では車輌番号を細い黒縁のみで記入しており、「301」は第3中隊の中隊長車と推測できる。戦闘室後面右上に描かれた大小の四角形は、同大隊独自の中隊/小隊識別マーキング。

フェルディナント 第654重戦車駆逐大隊

ダークイエロー地にオリーブグリーンで網目状の迷彩模様を描く、キリンのような塗装は、クルスク戦時の第654重戦車駆逐大隊のフェルディナントに多く見られた。同大隊では車輌番号を白で書き込んでいる。ドイツ軍の車輌番号は一般的に、中隊、小隊、各車番を示し、第654大隊では第1中隊が「5」、第2中隊が「6」、第3中隊が「7」の中隊番号を使用したので、本図の「624」の場合は第2中隊第2小隊4号車となる。第654大隊では大隊長ノアク少佐のイニシャル「N」を、戦闘室後面左下と操縦室前面（または左フェンダー前面）に記入した。

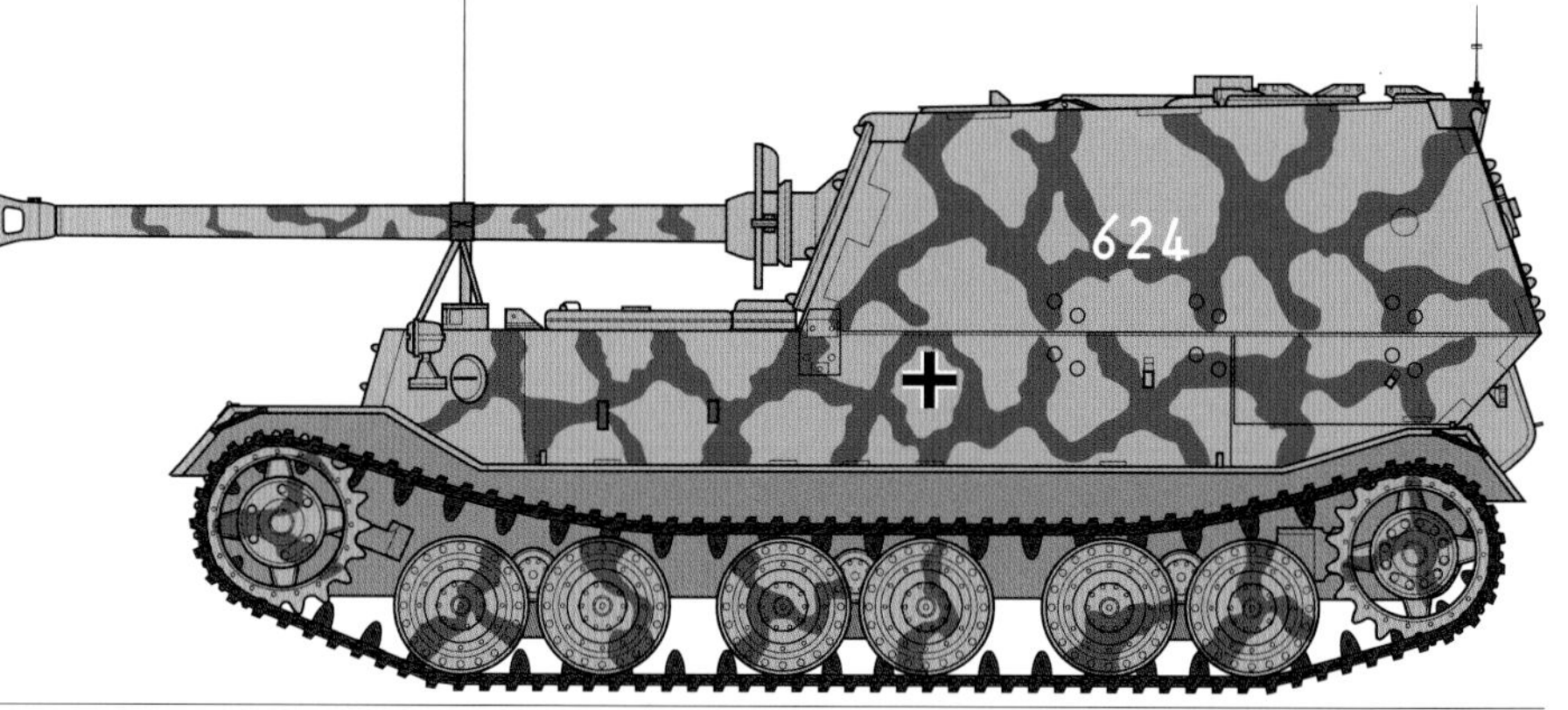

フェルディナント 第654重戦車駆逐大隊

こちらもクルスク戦に参加したフェルディナントで、第654重戦車駆逐大隊の大隊本部付3号車。車輌番号先頭のローマ数字は大隊本部付を示すが、第654大隊は第656重戦車駆逐連隊における第2大隊（第1大隊は第653大隊）なので「Ⅱ」となっている。なお、上述の第654大隊における大隊長のイニシャルは、本部付車輌では横に本部の略称を付して「Nst」と記入された。

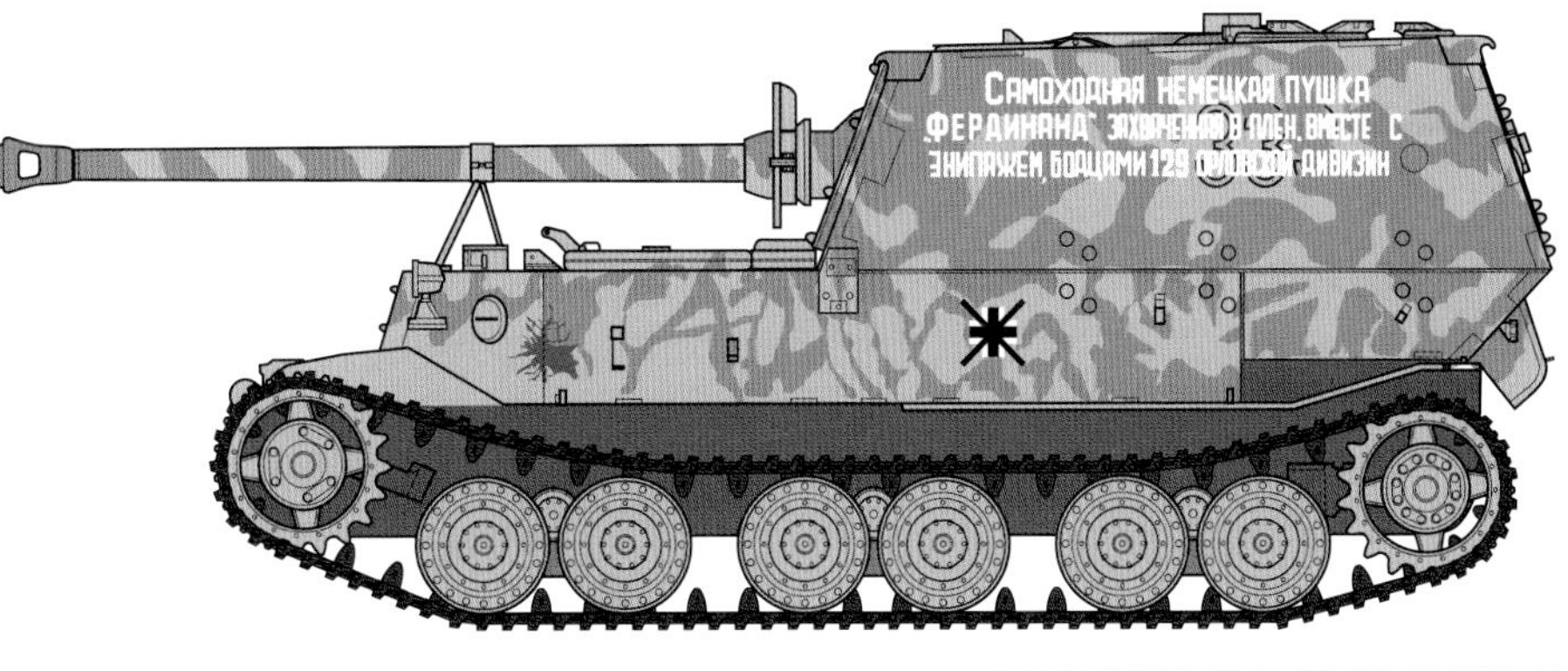

フェルディナント

クルスク戦でソ連軍に捕獲されたフェルディナント。元の車輌番号は「333」号車とされ、第653重戦車駆逐大隊の第3中隊第3小隊3号車と見られる。国籍標識は「×」印が上書きされ、戦闘室側面にはロシア語で「ドイツ軍自走砲フェルディナント、本車輌の全乗員は第129狙撃兵師団の兵士により捕えられた。」と書かれている。

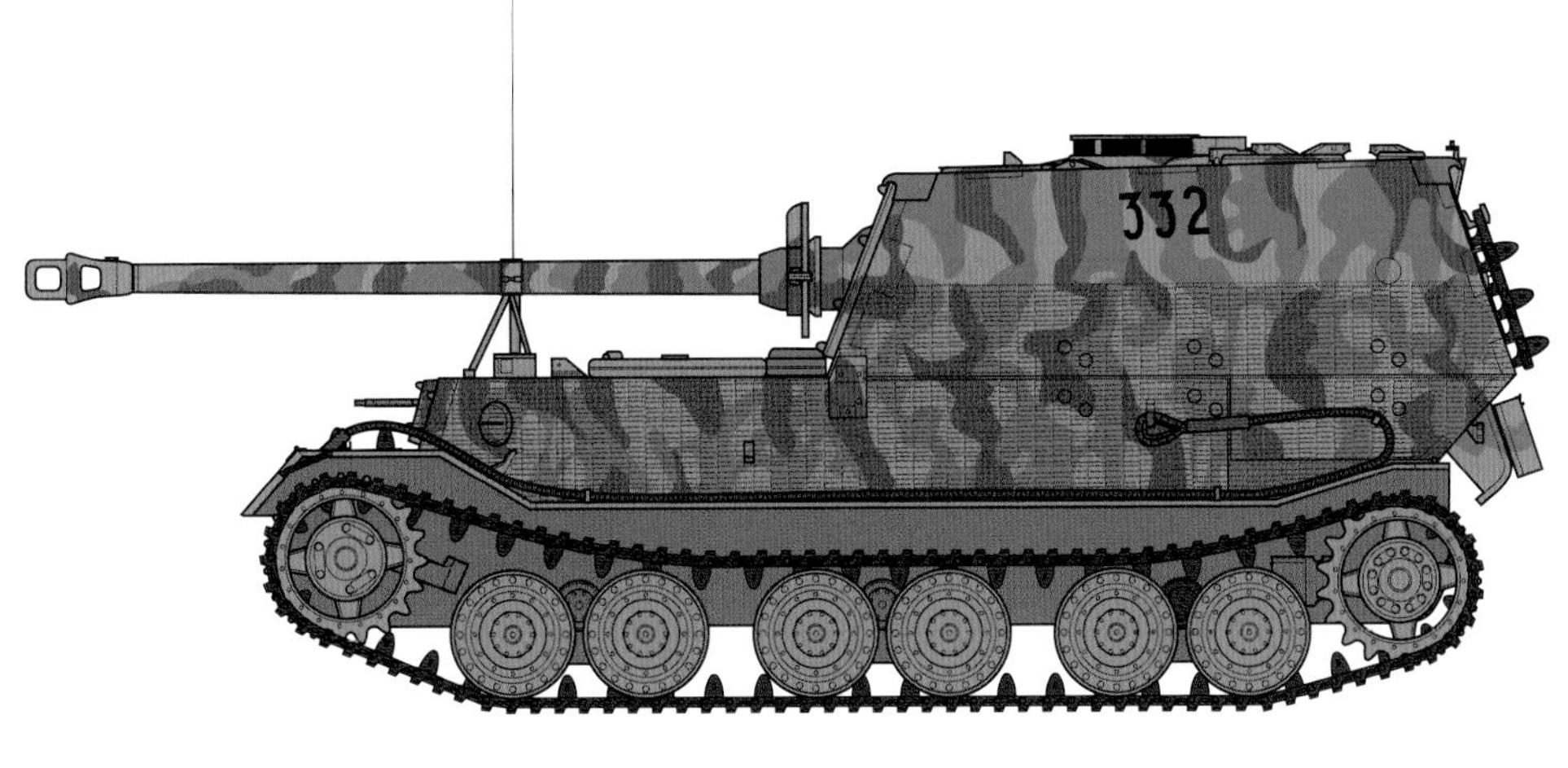

エレファント
第653重戦車駆逐大隊第3中隊

各部に改修が施され、名称も改められたエレファント。ダークイエローの基本塗装にオリーブグリーンとレッドブラウンの三色迷彩が施されている。戦闘室の前面左と後面右上には、フェルディナントの最終組み立てを行ったニーベルンゲン工場にちなむ「ニーベルンゲンの剣」と、同工場の付近を流れるドナウ河の波をあしらった大隊エンブレムが描かれていた。エンブレム内の下方には第3中隊を示す「3」も書き込まれている。1944年12月、東部戦線。

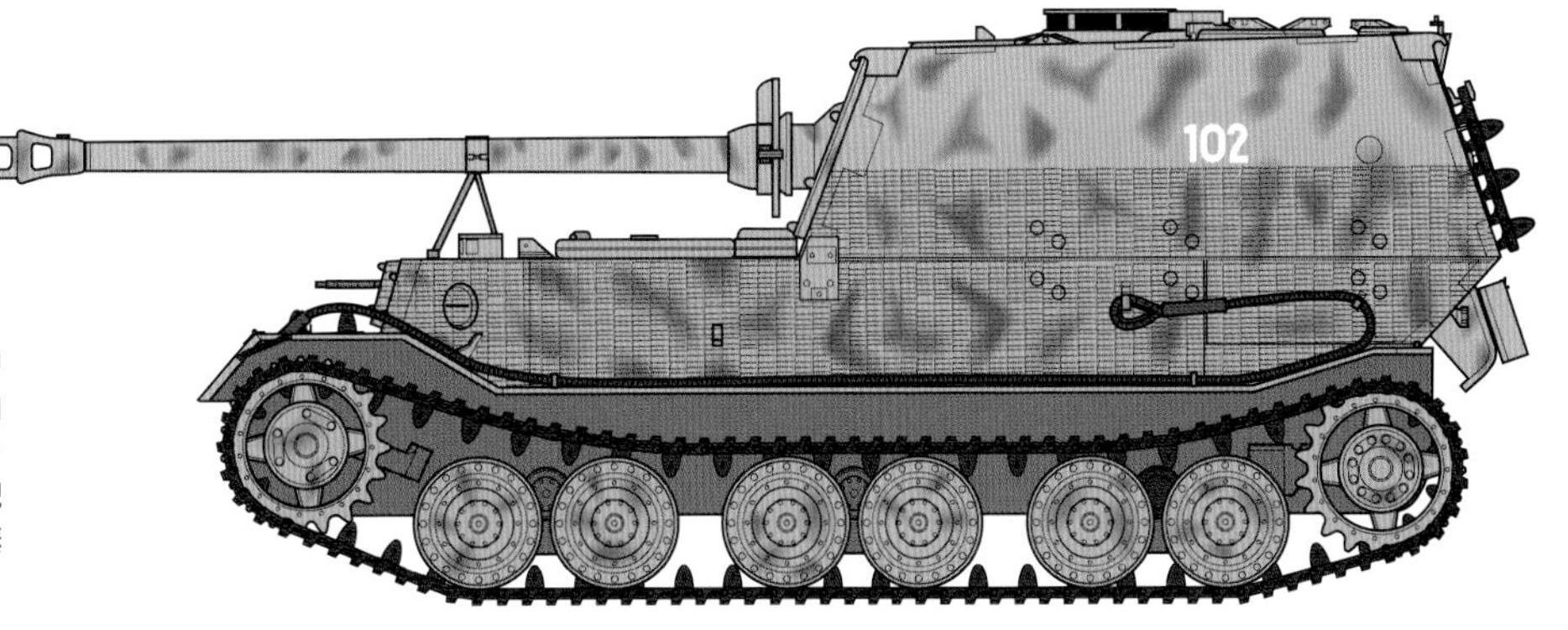

エレファント
第653重戦車駆逐大隊第1中隊

1944年2月にイタリアへ派遣された第653重戦車駆逐大隊第1中隊のエレファント。塗装は三色迷彩とみられる。車輌番号は白の「102」で、戦闘室後面には同じく白で、中隊長ヘルムート・ウルブリヒト中尉（4月に大尉に昇進）のイニシャル「U」が記入されていた。この「102」号車は1945年5月、撤退中に放棄され、連合軍に捕獲されている。

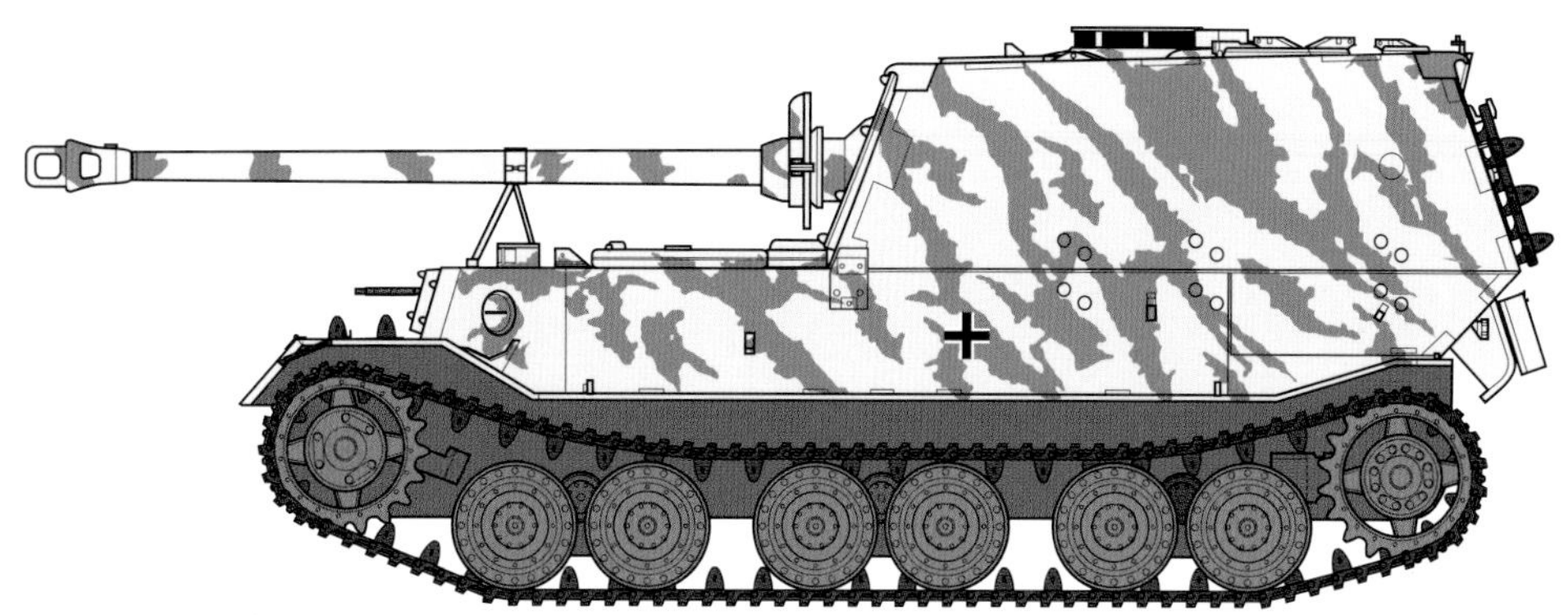

エレファント
第614重戦車駆逐中隊

第653重戦車駆逐大隊第2中隊から改編された第614重戦車駆逐中隊所属のエレファント。ダークイエローの上に白の冬季迷彩を施されており、マーキングの類は確認できない。1945年、ポーランド。

ティーガー (P)戦車回収車
第653重戦車駆逐大隊

ティーガー (P)を改装した戦車回収車で、フェルディナントと同様にエンジンは車体中央部に移されている。図は組み立て式クレーンを装備したタイプで、武装は車体後方の戦闘室前面ボールマウントにMG34機関銃を装備しており、1944年初頭には車内から操作可能な機関銃が戦闘室上面に追加された。ベルゲフェルディナント、ベルゲエレファントなどとも呼ばれる。

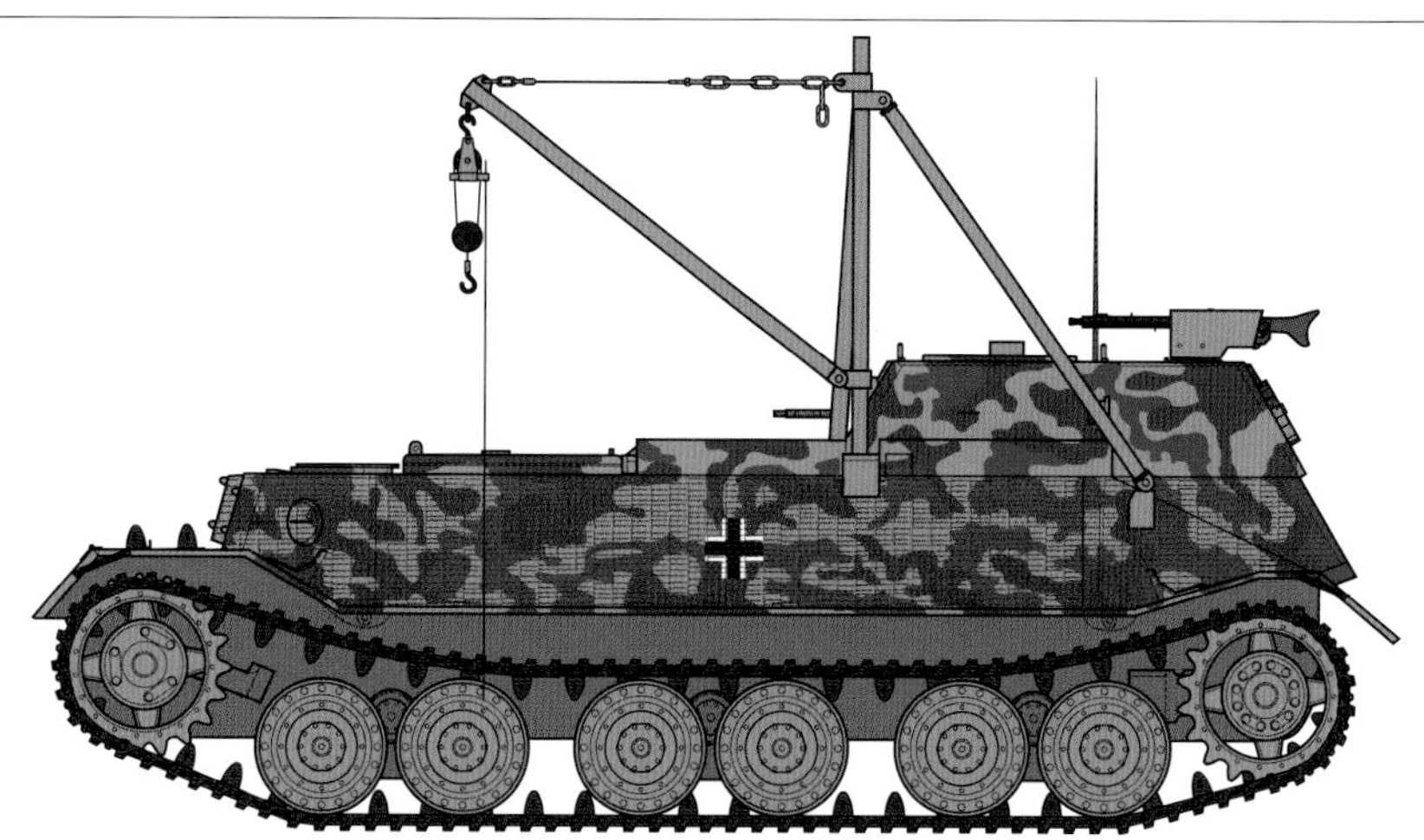

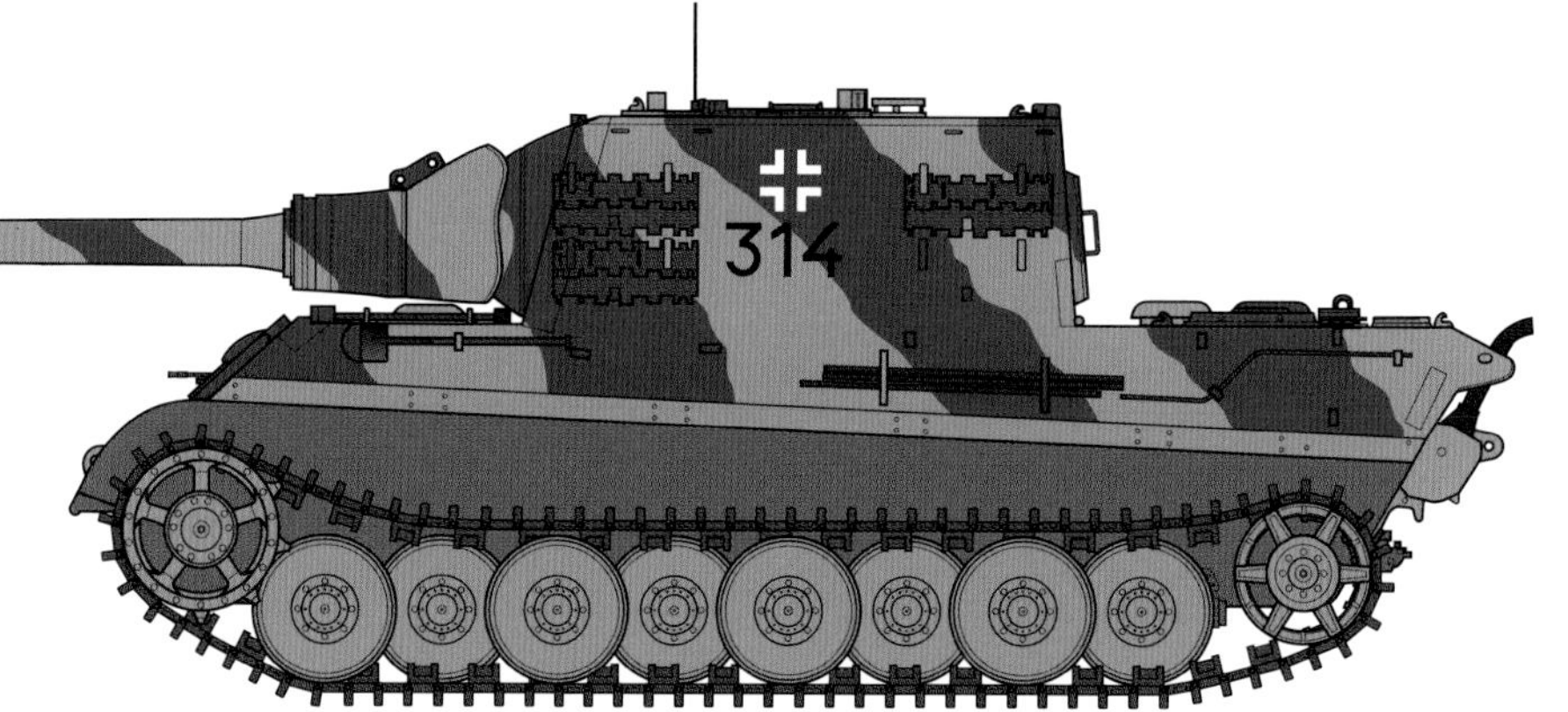

ヤークトティーガー
第653重戦車駆逐大隊

10輌が生産された、ポルシェ式足回りを備えたヤークトティーガーのうちの1輌。1945年3月にドイツ本土で撃破された、第653重戦車駆逐大隊第3中隊の「314」号車である。塗装は三色迷彩や「光と影」迷彩とする資料もあるが、ここでは写真からダークイエロー地にオリーブグリーンの二色迷彩と推定した。

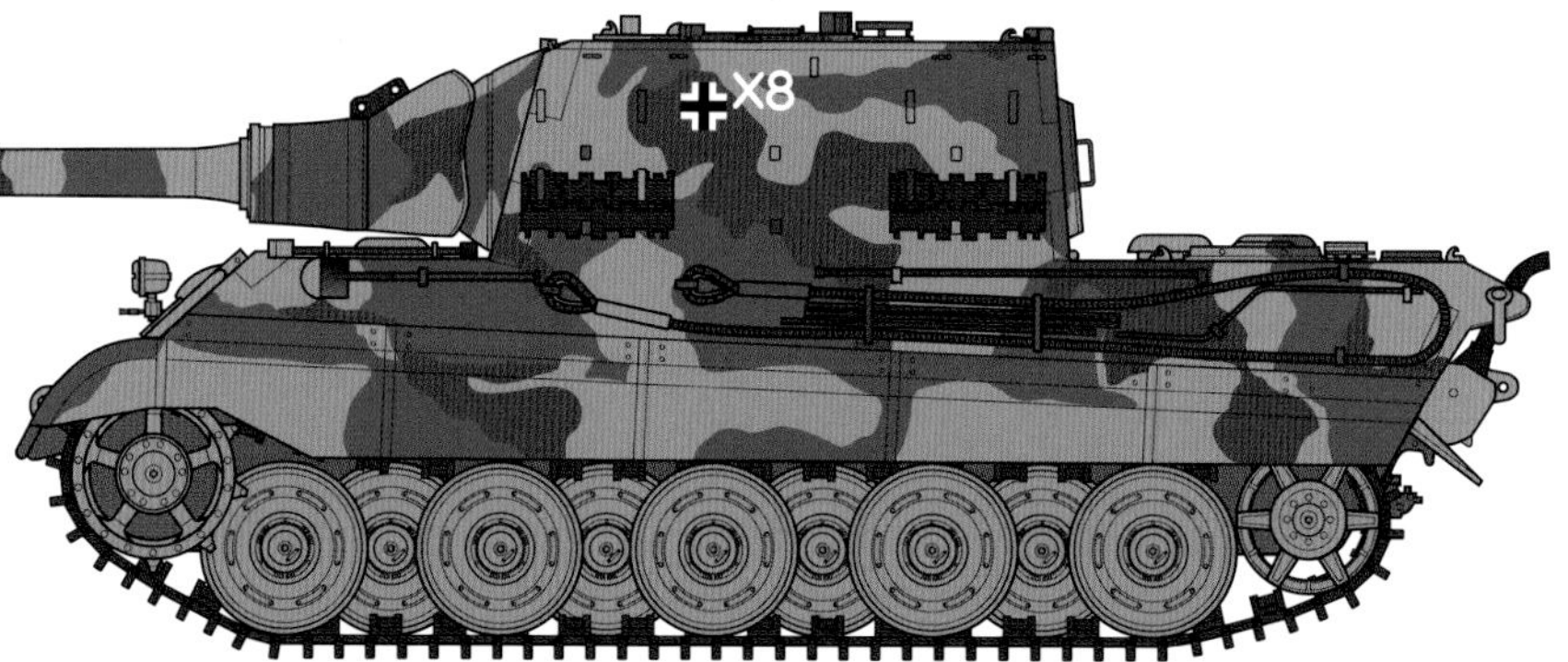

ヤークトティーガー
第512重戦車駆逐大隊

第512重戦車駆逐大隊第1中隊のヤークトティーガーで、三色迷彩が施されている。戦闘室側面に白で「X8」のマーキングが記入されているが、第512大隊では第1中隊が「X」、第2中隊が「Y」を使用して中隊を識別していたと考えられている。1945年3月、ジーゲン。

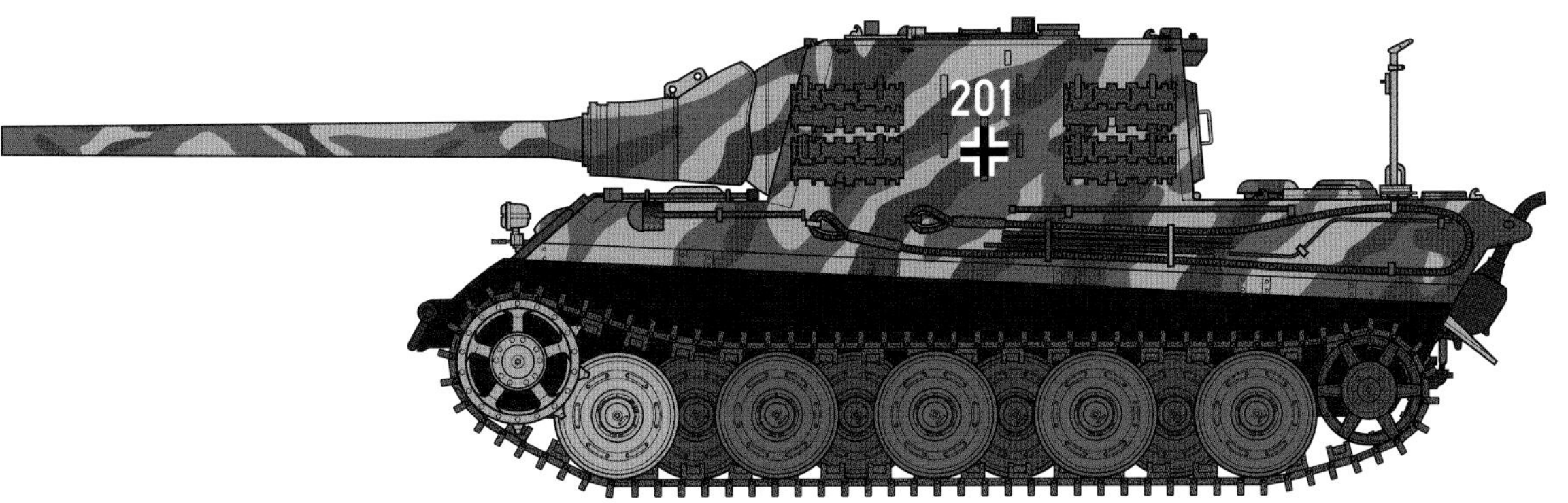

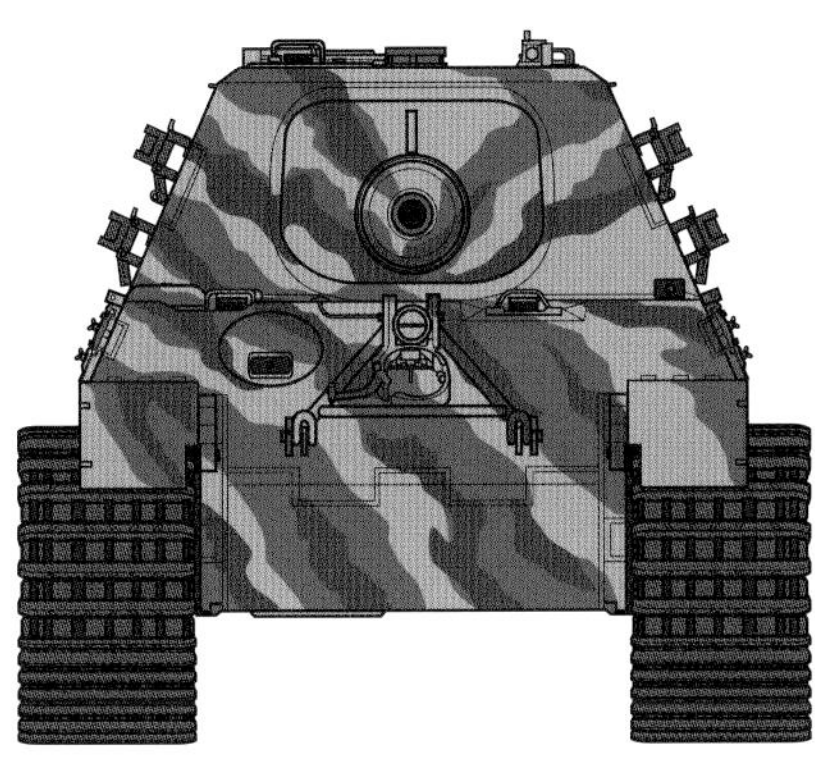

ヤークトティーガー
第512重戦車駆逐大隊

戦車150輌以上の撃破記録をもつ、オットー・カリウス中尉の最後の搭乗車とされるヤークトティーガー。塗装は三色迷彩で、戦闘室側面には第2中隊の中隊長車を示す「201」の車輌番号が白で記入されている。国籍標識は戦闘室の両側面と後面2カ所に描かれていた。1945年4月、ドイツ本土イーザーローン近郊。

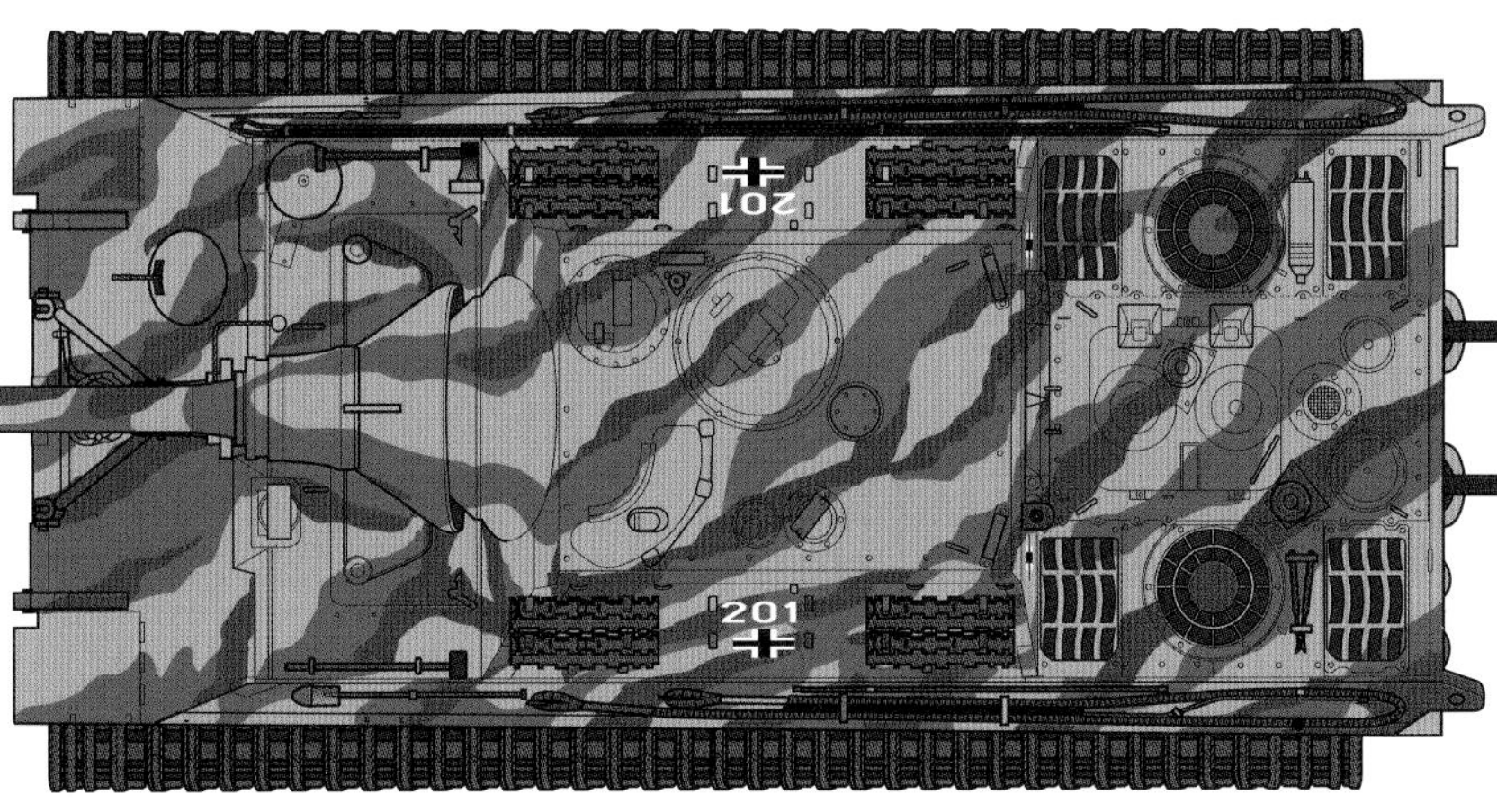

ヤークトティーガー
第653重戦車駆逐大隊

図は1945年4月に生産されたヤークトティーガーで、塗装は塗り分けラインのはっきりした三色迷彩。戦闘室両側と後面(2カ所)の国籍標識を除いて、マーキング等は記入されていない。機関部上面には単脚式の機関銃架を装備している。1945年5月、オーストリア。

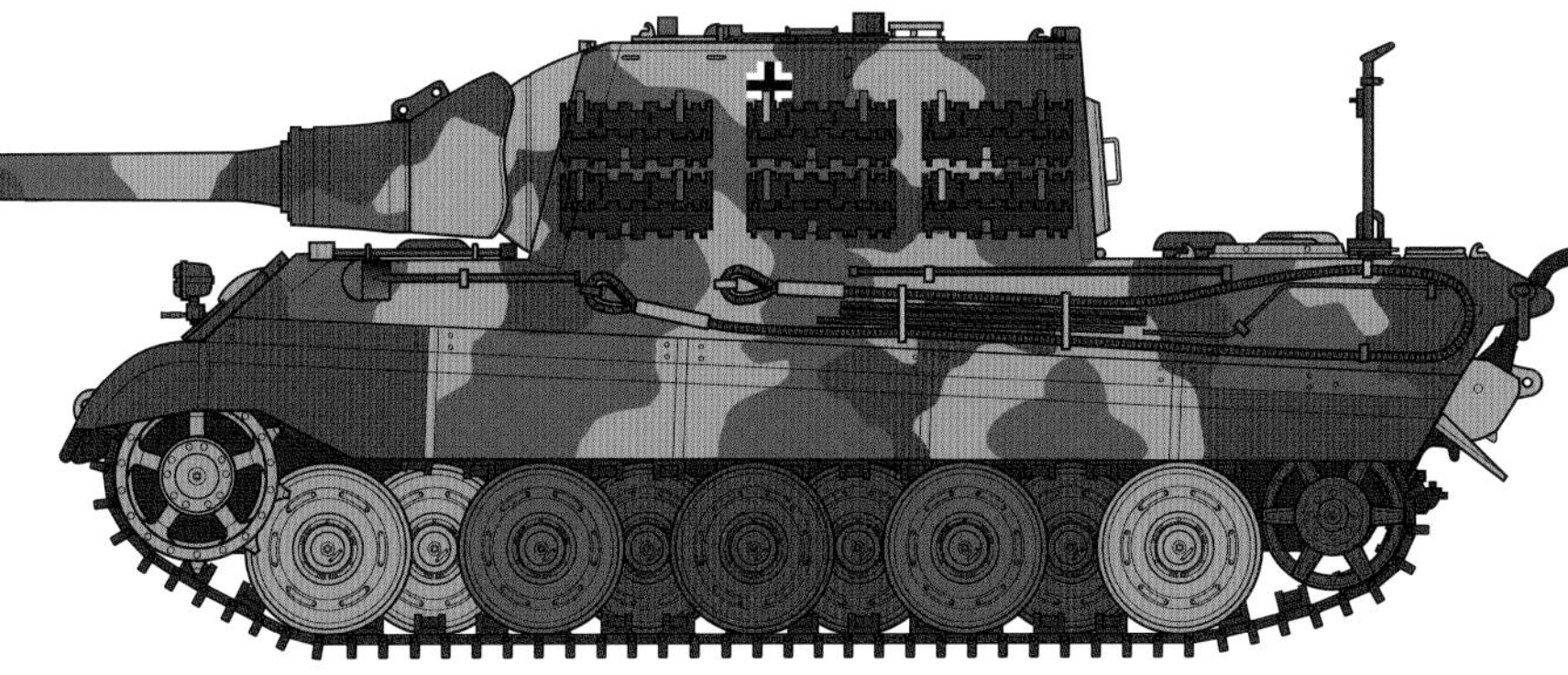

CG図解 フェルディナント/エレファントのメカニズム

圧倒的な攻防力を誇った重駆逐戦車フェルディナント/エレファント。ここではその武装や車体構造、独特な駆動系といったメカニズム、そして本車輌の特徴や欠点などを、3DCGとともに解説していく。

文/古峰文三
CG/原田敬至(特記以外)

■フェルディナントの各部

❶PaK43/2 71口径 8.8cm対戦車砲
❷トラベリング・クランプ
❸補助装甲鈑
❹戦闘室
❺雨樋
❻操縦手用視察孔
❼前照灯
❽誘導輪
❾操縦手ハッチ
❿ジャッキ
⓫ピストルポート
⓬小ハッチ
⓭増設無線機用アンテナ基部
⓮ジャッキ台
⓯戦闘室後面ハッチ
⓰モーター冷却用通気口装甲カバー
⓱車間表示灯
⓲起動輪
⓳牽引ワイヤー固定具
⓴転輪

■フェルディナント/エレファント諸元

重量	65t	全長	8.14m
車体長	6.80	全幅	3.38m
全高	2.97m		
エンジン	マイバッハHL120TRM水冷V型12気筒ガソリン(300hp)×2		
モーター	ジーメンス・シュッケルトD1495a (230kW)×2		
最大速度	30km/h (整地)		
行動距離	150km (整地)/90km (不整地)		
武装	71口径8.8cm対戦車砲PaK43/2×1、7.92mm機関銃MG34×1 (改修後)		
最大装甲厚	200mm	乗員	6名

主砲 71口径8・8㎝戦車砲とは?

フェルディナントが搭載した71口径8・8㎝砲(ＰａＫ43/2)は高射砲を原型としている。ドイツ陸軍が高射砲を対戦車用途に用いる構想を抱いたのは第一次世界大戦中にまで遡る。

1917年11月のカンブレー戦で前線を突破したイギリス軍のマークⅣ戦車を、緊急展開した牽引式野砲部隊が直接照準で撃破した戦訓から、敵戦車を遠距離で撃破できる高初速、高発射速度の大口径砲に対戦車砲として適性があることが認識され、こうした特性を持つ高射砲が注目されるに至った。

このため1935年からの再軍備時代に登場したＦｌａＫ18/36 8・8㎝高射砲は、最初から対戦車用に用いる弾薬と装備が用意されている、野戦用の対空対戦車両用砲として開発されている。

このＦｌａＫ36を電気発射方式へ改造し戦車砲としたものがＫｗＫ36で、ティーガーⅠ戦車の主砲として使用された。

8・8㎝高射砲はＦｌａＫ36の後に、対戦車用の弾薬と装備を用いない高射専用砲ＦｌａＫ37を経て長砲身化されたＦｌａＫ41へと発展し、これを対戦車砲専用砲架に搭載したＰａＫ43が開発され、同時に突撃砲用としてＰａＫ43/2が完成した。

装甲車輌に搭載されるにもかかわらず、戦車砲ＫｗＫ43ではなく対戦車砲ＰａＫ43/2の型式が与えられているのは、牽引

■PaK43/2 各徹甲弾の貫徹力（30度傾けた装甲に対して）

弾種/射距離	100m	500m	1,000m	1,500m	2,000m
PzGr.39/1（初速1,000m/s）	203mm	185mm	165mm	148mm	132mm
PzGr40/43（初速1,130m/s）	237mm	217mm	193mm	171mm	153mm

式の対戦車砲ＰａＫ43を自走化した突撃砲として位置づけられているからだ。

　これはフェルディナントがナースホルン／ホルニッセと同様の自走式火砲として扱われる兵器であることを示している。

　ＰａＫ43／３は後に製造されたヤークトパンターに搭載された改良型を指している。

　本来のドイツ陸軍の戦車砲開発は５cm砲を採用した後は装甲貫通力に優れた7・5cm減口径砲を装備する方向へと向いていた。

　減口径砲は対戦車用にきわめて優れた性能を示したが、砲弾に用いるタングステン鋼の供給に難点があり、第二次大戦開戦後の連合軍による厳しい海上封鎖をすり抜けてタングステンの輸入を確保することは難しく、減口径砲の大量配備には暗雲が立ち込めていた。

　このため、通常型砲弾で同等の威力を得るべく、戦車砲の８・８cm口径への拡大が求められ、次期重戦車計画は主砲を７・５cm減口径砲から装甲貫通力は多少劣るものの、榴弾威力に優れるメリットを持つ大口径通常型火砲へと変更し、その結果、ティーガーⅠ戦車への８・８cm砲搭載へと進んで行くことになる。

　この選択は資源節約の観点から為されたものだったが、結果的には戦車が最も恐れる軟目標である対戦車砲の制圧効果が野砲（７・５cm口径）よりも大きい８・８cm口径の榴弾を発射でき、支援用戦車を必要としないＭＢＴ（※１）的存在へと繋がる戦術的発展をもたらしたともいえる。

　ＰａＫ43／２は71口径の長砲身であるため、砲身長は６３００mm、砲口に取り付けられた制退器先端からの砲身長は６６８６mmに及んだ。

　この長大な砲身はそれまでの戦車搭載用火砲の常識を超えたもので、フェルディナントのような巨大な車輌が生みだされた理由となっている。

　使用する砲弾はパンツァーグラナーテ39／１（ＰｚＧｒ39／１）、パンツァーグラナーテ40／43（ＰｚＧｒ40／43）、シュプレンググラナーテ（ＳｐｒＧｒ）、グラナーテ39ホーラドゥンク（Ｇｒ39ＨＬ）の４種が用意された。

　ＰｚＧｒ39／１はＡＰＣＢＣ（※２）タイプの被帽と風帽付徹甲榴弾で、砲口初速１０００ｍ／ｓの高初速徹甲弾として対戦車戦用の主力砲弾となった。風帽で空気抵抗を減じて初速を遠距離まで維持し、被帽によって表面硬化処理を施された装甲の表面を破壊して目標物の内部へ貫通してから、遅延信管によって内蔵された少量の炸薬が炸裂する弾薬である。

　有効射程は４０００ｍ、砲弾重量は10・２kgだった。

　ＰｚＧｒ40／43はタングステン鋼芯を持つＡＰＣＢＣタイプの徹甲弾で、砲口初速はＰｚＧｒ39／１を上回る１１３０ｍ／ｓ、装甲貫徹力は通常の徹甲弾より約15％の向上が見られた優秀弾薬だったが、タングステン資源の不足に悩むドイツにとってこの弾薬の大量配備は困難で、少量のみ供給されるＰｚＧｒ40／43は前線では貴重品として扱われたが、ＰａＫ43のような大威力の高初速砲では過剰な性能でもあった。

　ＰｚＧｒ40／43は資源節約の見地から、やがて生産は中止された。

　有効射程は４０００ｍ、砲弾重量は７・65kgと軽い。

　ＳｐｒＧｒは軟目標用のコンベンショナルな榴弾だったが、Ⅲ号突撃砲が発射する７・５cm口径榴弾よりもほぼ倍の威力がある８・８cm口径の榴弾は、対戦車砲や機関銃座の制圧に大きな威力があり、搭載弾種の１／２から１／３を占める、無くてはならない弾薬だった。

　有効射程は５４００ｍ、砲弾重量は９・４kgだった。

　Ｇｒ39ＨＬは成形炸薬弾である。

　成形炸薬弾の特徴として、運動エネルギー弾と異なり距離とは無関係に一定の装甲貫徹力があり、各距離で約１００mmの装甲を貫通することができたほか、榴弾代用としても使用できた。

　またライフル砲から高初速で打ち出され激しく旋転されることを嫌う成形炸薬弾の特性から、初速は６００ｍ／ｓに抑えられた。

　有効射程は３０００ｍと最も短く、砲弾重量は７・３kgと最も軽い。

　しかし画期的高初速砲であるＰａＫ43／２には、徹甲弾より装甲貫徹力が劣っていたこの当時の単純な成形炸薬弾は適していなかった。

　それでも成形炸薬弾が用意されたのは、陸軍兵器実験局第６課による成形炸薬弾の大量配備計画が存在したからだ。

　製造工程が複雑で単価も高い徹甲弾よりも、単純な構造で希少資源を消費せず安価に製造できる成形炸薬弾をすべての砲に対して供給し、徹甲弾の代用とする構想だったが、前線では威力と命中精度に優る通常型徹甲弾を求める声がきわめて強く、徹甲弾の成形炸薬弾への切り替えは実施されなかった。

　このため８・８cm口径のＧｒ39ＨＬ供給は少数に留まり、ＰａＫ43／２にはあまり使用されなかった。

　ＰａＫ43／２の照準装置は直接照準用として砲側に装備されたテレスコピック型の自走砲架用望遠照準器１ａ（Ｓｆｌ.ＺＦ１ａ）と、間接照準用に用いられるパノラマ式照準眼鏡36が装備されていた。

　フェルディナントに搭載されたＰａＫ43／２は最大仰角18度、左右旋回15度、最大俯角８度で、大仰角を与える機構ではないため最大射程は５０００ｍ級として設計された。

副武装 存在しなかった車載機関銃

　フェルディナントには車載機関銃の装備は考慮されなかった。

　これは副武装の必要性に考えが及ばなかったという単純な話ではない。

　フェルディナントの素材となったポルシェティーガーことＶＫ45・01（Ｐ）には車体前面に機関銃用マウントとその開口部が存在していたからである。

　この機関銃装備はフェルディナントの前面に取り付けられた追加装甲によって塞がれている。

　機関銃装備を簡単に廃止してしまった理由は、フェルディナントがそれまでの突撃砲のフォーマットで設計されたことによる。

　Ⅲ号突撃砲、Ⅳ号突撃戦車など歩兵支援用兵器として、歩兵と共に前進する突撃砲には車体装備の機関銃は考慮されていなかった。

　もし近接戦闘が発生した場合は車内に格納されているＭＧ34軽機関銃（弾薬６００発）とＭＰ38／40短機関銃（弾薬３８４発）を、戦闘室上面のハッチを開けて乗員が車体上面に身を乗り出して使用するか、ピストルポートからＭＰ38／40の銃身を出して射撃する構想だったが、長く取り回しの悪いＭＧ34を戦闘室上面から二脚を使って射撃するには乗員が敵歩兵の狙撃に身を曝す危険があり、ＭＰ38／40を用いたピストルポートからの射撃ではポートの穴径が小さ過ぎて実用性が無かったという。

　そして戦闘室を車体後部に持

(※1)MBT…Main Battle Tankの略。戦車、歩兵、対戦車砲など多くの目標を制圧でき、走攻守のバランスに優れた主力戦車。
(※2)APCBC…Armor-Piercing Capped Ballistic Cappedの略。砲弾の先端に鋼製の被帽と空気抵抗を抑えるための風帽を備えた徹甲弾。

ち、戦闘室前面からの射界が限られ、視界が遮られることが多い操縦席横に機関銃架を設けても実用性が無いとの判断も存在した。

もともと装備位置の低い車体前面機関銃の能力は限られたもので、戦後の新世代の戦車では廃止されてゆく装備でもある。

このためフェルディナントには戦闘室側面／後面に設けられた5カ所のピストルポートが主砲以外の唯一の「武装」となった。

こうしてフェルディナントは敵歩兵による肉迫攻撃の排除を随伴する歩兵に頼る、巨大な鉄の箱として完成した。

しかしクルスク戦の戦訓によってフェルディナントの近接防御力が事実上皆無であることが問題視された結果、車体前面機関銃が復活することになる。

原型のポルシェティーガーと同じく、車載用のMG34がボールマウントに装備された。

MG34はドイツ陸軍が第一次大戦中の戦訓から構想を得た「統一型機関銃」の第一号となった機関銃だ。

軽量な二脚を取り付けて軽機関銃として使用する以外に三脚銃架に固定して重機関銃として使用でき、重い水冷式機関銃の銃身冷却器を持たない代わりに銃身交換が比較的容易に行えるよう工夫されていた。

また、900発／分と高い発射速度は対空機関銃としても適していた。

フェルディナントの製造当時にはすでにMG34の後継機関銃であり1200発／分の発射速度を誇るMG42が登場していたが、車載用機関銃ではMG34が最後まで残されている。

しかし改修によって操縦室前面装甲に設けられた車載機関銃のボールマウント銃架によって、近接防御力は若干向上したものの、同時にフェルディナントの特長である強力な200㎜前面装甲に、敵対戦車砲手にとってひときわ目立つ弱点が生まれてしまった。

その後の戦闘で車体前面機関銃が大活躍したとの戦訓報告はない。

フェルディナントのような重突撃砲を敵歩兵の中に孤立させるような戦術的失策を繰り返さないように運用が工夫されたからである。

車体 200㎜の装甲の意味と実力

フェルディナントの車体は骨格を持たず装甲鈑を組み合わせて構成されたもので、その形状は試作重戦車VK30・01（P）から受け継がれたものだった。

その装甲はVK45・01（P）の持つ100㎜の車体正面装甲に、さらに100㎜の装甲をボルトオンするかたちで強化され、合計200㎜の厚さを持つ驚異的な防御力を持っていた。

当初はVK45・01（P）への装甲追加は車体前面下部への80㎜装甲の取り付けも含むものだったが、あまりにも重量が増大す

■フェルディナント車体前部

❶予備履帯
❷アンテナ基部
❸ボルト留め増加装甲（100mm厚）
❹ジャッキ
❺ペリスコープ付き操縦手ハッチ
❻前照灯

■フェルディナント車体前部及び機関室上面

❶操縦手用ハッチ
❷無線手用ハッチ
❸排気グリル
❹吸気グリル
❺冷却水注入口カバー

■後に車体前面に追加されたMG34機関銃とボールマウント部

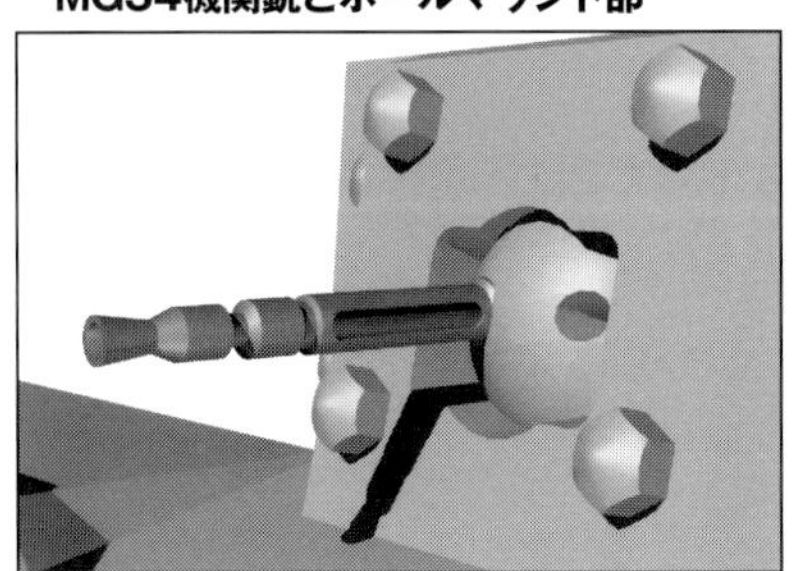

CG/小林克美

■エレファント内部配置図　CG/中田日左人

❶操向レバー
❷操縦手席
❸発電機
❹HL120TRMエンジン
❺砲手席
❻縦置きトーションバーサスペンション
❼電動モーター
❽通気口
❾砲弾ラック
❿ペリスコープ
⓫砲俯仰ハンドル
⓬照準器
⓭砲旋回ハンドル
⓮ラジエーター冷却ファン

るため、操縦席前面と車体前面上部の100㎜装甲追加に留められた経緯がある。

側面と後面は80㎜厚の装甲で護られ、事実上、フェルディナントの車体前面の傾斜装甲と操縦室前面の装甲を実用的な距離から貫通できる砲は存在しなかった。

このように強力な装甲鈑で造り上げられた車体は、近距離からの対戦車砲による射撃に耐え得るものとして導入され、フェルディナントに与えられた、陣地突破戦で歩兵と共に前進する重突撃砲としての性格を示している。

VK45・01(P)からフェルディナントへの改造で最も考慮されたのが、長大な砲身と巨大な砲尾を持つPaK43/2と、同じように巨大な重量物である戦闘室前面の200㎜装甲の配置、すなわち、戦闘室を車体のどの位置に設けるかという問題だった。

実用的な寸法と重量バランスを実現するためにPaK43/2の砲架と戦闘室前面装甲は車体のほぼ中央に置かれることとなった。

このため発電機2基と発電機用のエンジン2基とラジエーターは前方に移動し、戦闘室は車体中央に前面装甲を置きその後方に配置されている。

その結果、エンジンと発電機の上面に設けられる防御力のほとんど無いルーバー部が戦闘室前面の車体上面に広がることとなり、従来の戦車や突撃砲の多くでは砲塔や戦闘室に隠れていたこの弱点が敵弾に曝される欠点を生んでいる。

フェルディナントの装甲は高初速砲により撃ち出される直射弾道の砲弾には無敵の強靱さを示したが、逆に装甲貫徹力の小さい曲射弾道の榴弾によって機関部上面から破壊される脆弱さを併せ持っていた。

戦闘室
巨大な鋼鉄の箱は弱点でもあった

わずかに傾斜した200㎜厚の前面装甲と、同じく傾斜を与えられた側面と後面の装甲(80㎜厚)に囲まれた戦闘室は、長く大きなPaK43/2の砲尾を収容するために必要とされた巨大な鋼鉄の箱だった。

その天井は砲に俯角を掛けた際に跳ね上がる砲尾を収めるために前方に向けて傾斜している。

後面には主砲を取り出す際に使用する大直径の円形ハッチを持ち、その中心部には薬莢投棄用の小さな円形ハッチを持っていた。

この戦闘室内部には車長、砲手、装填手2名が配置される。

装填手が2名配置となっているのは、それまでの砲とは格段に長く重い8・8㎝砲弾を砲弾架から取り出し、すばやく安全に装填するために2名の人員が必要と考えられたためだったが、後の同級砲搭載車輌では装填手は1名に減じられていることから、装填手問題は杞憂に過ぎなかったともいえる。

しかし日本でも五式中戦車に75㎜長砲身戦車砲の搭載を計画した際、このクラスの砲の人力装填による連続発射は難しく、専用の自動装填装置が開発されていることからもわかるように、8・8㎝砲弾の装填は容易とはいえないものがあった。

戦闘室は比較的容積に恵まれ

■フェルディナント砲身基部の補助装甲板

■フェルディナントの各部装甲厚　図版／おぐし篤

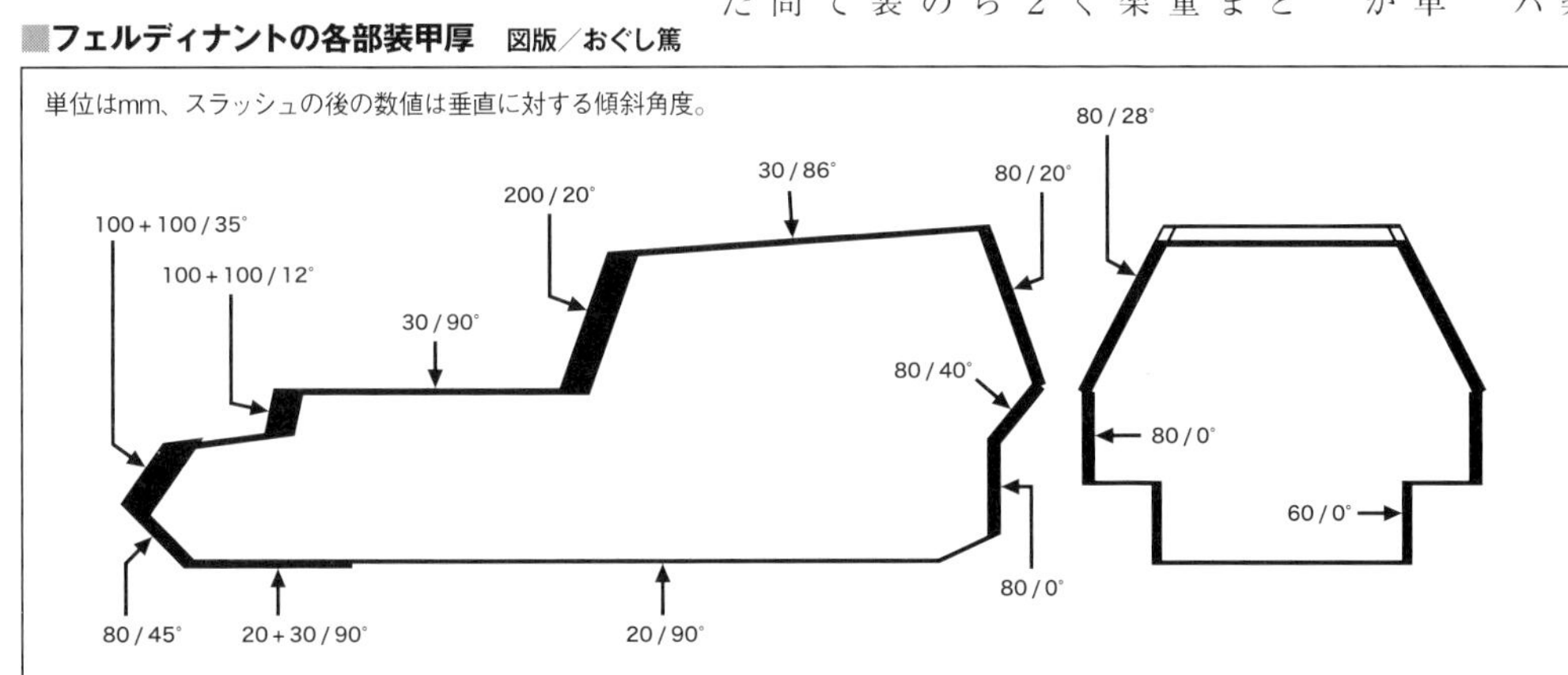

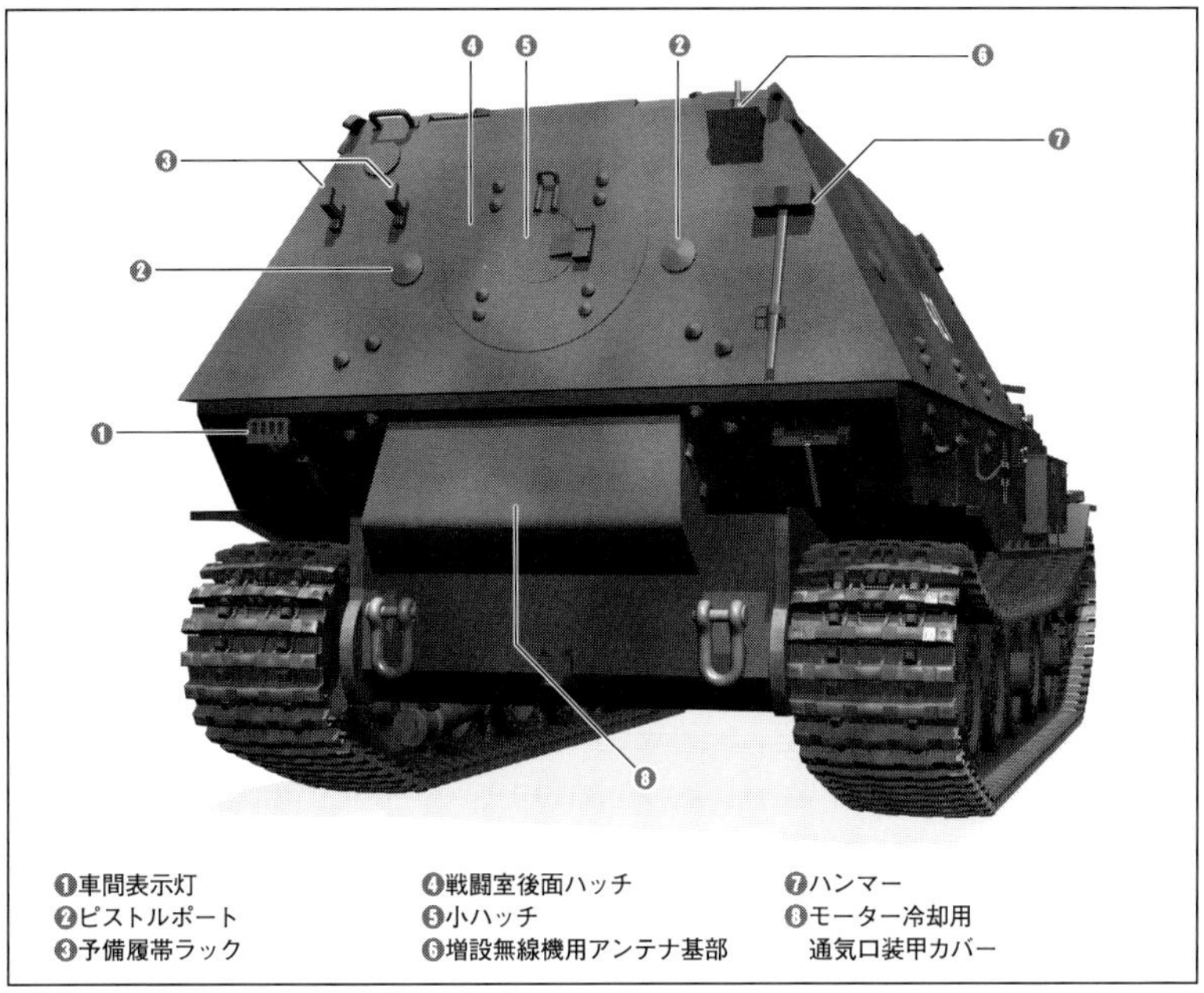

てはいたが、一旦走行し始めると、室内は機関部からの熱によりきわめて高温となった。

　温度上昇により砲弾の装薬に影響があらわれ弾道が変わってしまうトラブルのほか、信号用拳銃が熱により暴発するなどの事故が生じていた。

　車体後部に聳え立つ巨大な戦闘室はフェルディナントの外観の一大特徴といえるものだが、この巨大な戦闘室の側面は80㎜装甲で護られているとはいえ、前面に比べればはるかに脆弱で、しかも側面から見れば高い位置に大きく露出しているため、敵火砲にとっての好目標となる恐れがあった。

　前面200㎜の均質圧延装甲という破天荒な防御力は当然のことながら全方向を護る訳ではなく、敵戦車に側面に回られるような近距離格闘戦は本質的に突撃砲であるフェルディナントには不向きだった。

　また、PaK43／2を取り付けたボールマウント式砲架にはわずかに隙間があく欠点があり、フェルディナント部隊の実戦投入直前に、この欠点を補う目的で砲身付け根部分に補助装甲板が取り付けられているが、それでも実戦では弾片の侵入による乗員の負傷が発生している。

パワートレイン
合理性を徹底追求した不合理の塊

VK45・01(P)の動力システムは当時の戦車としてはきわめて珍しい電動モーターによるもので、2基のガソリンエンジンによって発電機を回し、駆動軸に直結する電動モーターを動かすという複雑なものだった。

　新奇な発明品に見えるこのガソリンエンジンと電動モーターのハイブリッド方式はすでに鉄道などで実績を持っており、発想そのものは珍しくは無かった。

　直結式の電動モーターを使用することで、回転数にかかわらず安定したトルクを得られるため、困難な切削加工を伴う各種歯車を複雑に組み合わせた変速装置を省略することができるメリットがあり、不整地を加速、減速を繰り返しつつ走行する重戦車に適していた。

　ポルシェ博士はこの駆動システムをVK45・01(P)の原型となった30t級重戦車であるVK30・01(P)から採用し、ポルシェ設計によるポルシェ101／3空冷V型10気筒エンジン2基でエンジンの前方に置かれた発電機を回し、エンジンの後方に置かれたジーメンス・シュッケルト直結モーターを駆動している。

　だが、ポルシェ設計の空冷V型10気筒エンジンは冷却に問題があり、激しいオーバーヒート傾向を示し実用性を欠いていた。

　このためVK45・01(P)では発電機を駆動するエンジンをⅢ号戦車やⅣ号戦車で実績のある、水冷式V型12気筒のマイバッハHL120TRM(最大出力265馬力／2600回転)に換装しオーバーヒート対策とした。

　しかしエンジンの確実な冷却を実現する水冷化と共に、機関部にラジエーターが追加されたため、機関部から容積の余裕が失われラジエーターへの冷却空気の取り入れが困難になるだけでなく、電動モーター自体の冷却も不十分なものとなった。

　その結果、フェルディナントのオーバーヒート傾向は根本的な解決を見ることなく、過熱したエンジンとモーターに気化した燃料が触れることで時たま発生する機関室火災と共に、この車輌の生来の欠点として最後まで持ち越されることとなった。

　加えて発電機が発生する電磁ノイズは無線機での通話を事実上不可能とするレベルにまで達していた。ノイズ対策は予め実施されてはいたものの、その効果はまったく不十分なものだった。

　また、1輌のフェルディナントに2基の戦車用エンジンを消費するだけでなく、電動モーター2基には大量の銅線を使用することから、戦略物資である銅の消費が激しいことも無視できず、資源の消費が激しい欠点を持っていた。

　フェルディナントの駆動システムは機構的に合理性を追求したものではあったが、限りある戦略物資を大量消費する点で戦時量産兵器としては失格と判定されていた。

　実績と信頼性のある水冷エンジン、実績のある発電機、そして実績のある大型直結式電動モーターという構成要素は個別に見れば問題の無い選択だったが、それをフェルディナントの機関部に組み込んだ時点で不具合の塊と化してしまったのである。

　合理的なはずだった駆動シス

■フェルディナント戦闘室上面

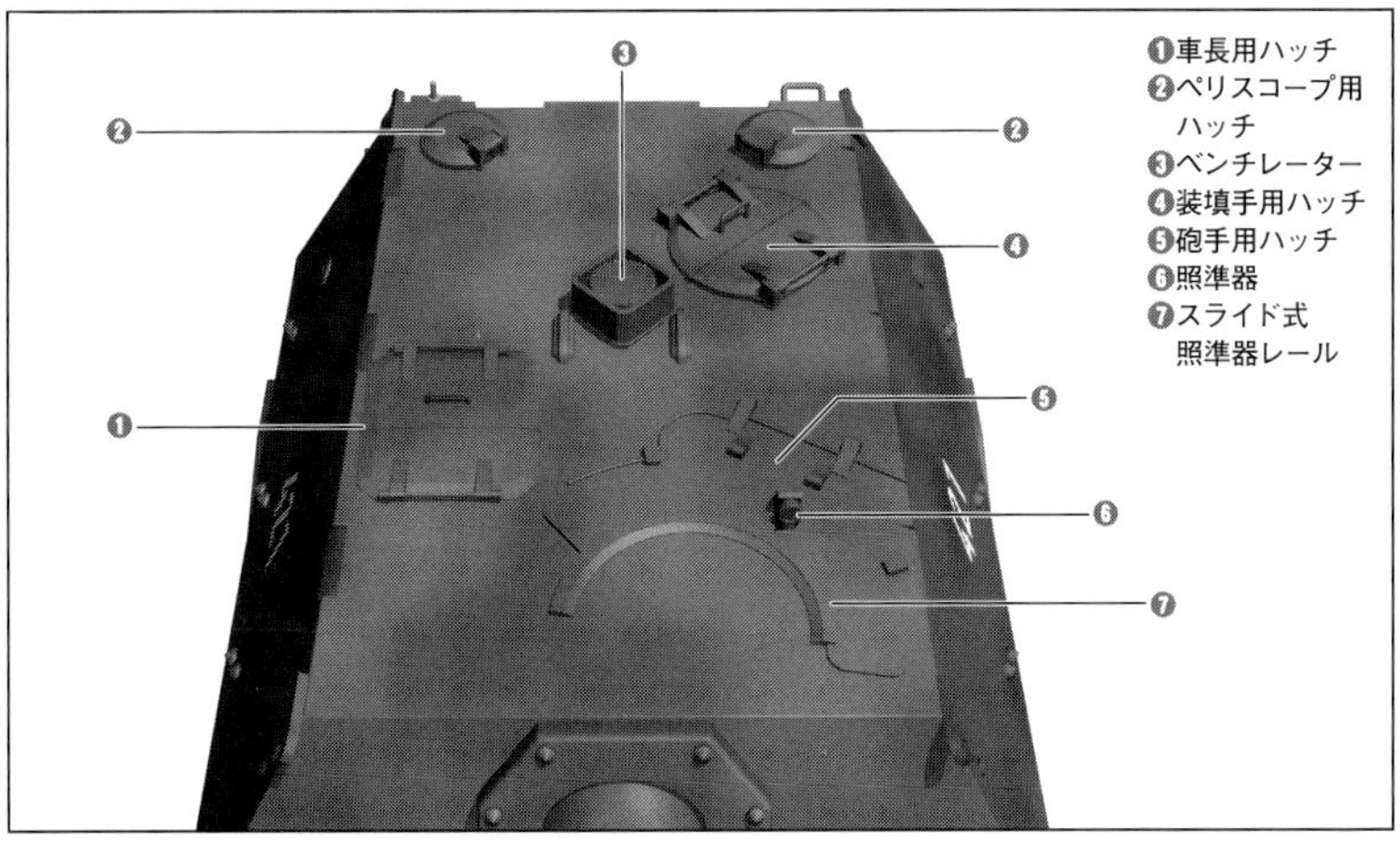

❶車長用ハッチ
❷ペリスコープ用ハッチ
❸ベンチレーター
❹装填手用ハッチ
❺砲手用ハッチ
❻照準器
❼スライド式照準器レール

■フェルディナント車体・戦闘室後面

❶車間表示灯
❷ピストルポート
❸予備履帯ラック
❹戦闘室後面ハッチ
❺小ハッチ
❻増設無線機用アンテナ基部
❼ハンマー
❽モーター冷却用通気口装甲カバー

テムの燃料消費は予想外に悪く、車内搭載燃料９５０リットルを持ちながら路上巡航時で１５０km、作戦時には90km程度に短縮した。

また、マイバッハHL１２０TRMに使用されるガソリン燃料も戦争後期には合成石油燃料の導入による質的低下があり、エンジンに負荷のかかる重量級車輛にとってさらなる故障原因となった。

そしてフェルディナントの特殊な駆動系に搭載されて負荷の掛かるエンジン自体の寿命も、実用上８００km程度に過ぎなかった。

この距離以上を走行した発動機は多くの場合、重大な故障を発生して、より手間の掛かる交換作業を必要とした。

足回り
先進的だったポルシェ式サスペンションと転輪

VK45·01（P）は転輪とサスペンションにも新たな工夫と特徴がある。

ドイツ戦車ではⅢ号戦車から横置きトーションバー方式のサスペンションが採用され、ティーガーI、パンター、ティーガーIIなど戦争後期の重戦車がそれに続いたが、VK45·01（P）のサスペンションはそれらとはまったく異なる方式を採用していた。

転輪2組を1基の縦置きトーションバーを取り付けたボギー架台に組み合わせた方式で、車体の両側に3基ずつのボギー架台がボルトで取り付けられ、車体を横に貫く横置きトーションバーを持っていない。

このため、車内容積をトーションバーに潰されることなく広く取ることができ、その余裕でガソリンエンジンとラジエーター、発電機、電動モーターを機関部に収容している。

新方式のサスペンションの採用は新しい駆動方式と連携した合理的なものだった。

さらに戦闘でサスペンションに破損が生じた際も、比較的簡単な設備でボギー架台ごと交換することができることも戦闘車輛として実用的な利点となった。

そしてフェルディナントの転輪そのものも、戦争後半のドイツ重戦車に特徴的なゴム節約型となっている。

第二次大戦の開戦以来、ドイツは南方のゴム資源から隔絶された環境にあった。

しかし１９４２年になると日本が東南アジアとインドネシアを勢力下に収めたことからドイツ本国からの封鎖突破船によるゴム資源の決死的輸送が試みられた。

連合軍の妨害を潜り抜けた幾つかの封鎖突破船は輸送に成功したものの、ゴム不足の根本的な解決には程遠く、ゴムに関する省資源型の工夫が必要とされていた。

そこでゴムを大量に消費する自動車タイヤと同様に、戦車用の転輪が履くゴムタイヤも供給が危機に瀕していたことから、ゴムを履帯に接することのない、金属ディスクの間に挟み込むことで消音と振動を吸収させてゴムタイヤの代用とする方式が生まれた。

このゴム不足による対応は１９４３年以降、合成ゴム（ブナゴム）の生産が増加し危機的な状況が回避された後になってからも、ティーガーII以降の戦

■発電機/電動モーターの配置 図版／小林克美

❶誘導輪
❷起動輪
❸主制御機
❹エンジン
❺発電機
❻電動モーター

■フェルディナントの足回り

■縦置きトーションバー及びボギー透視図 CG／小林克美

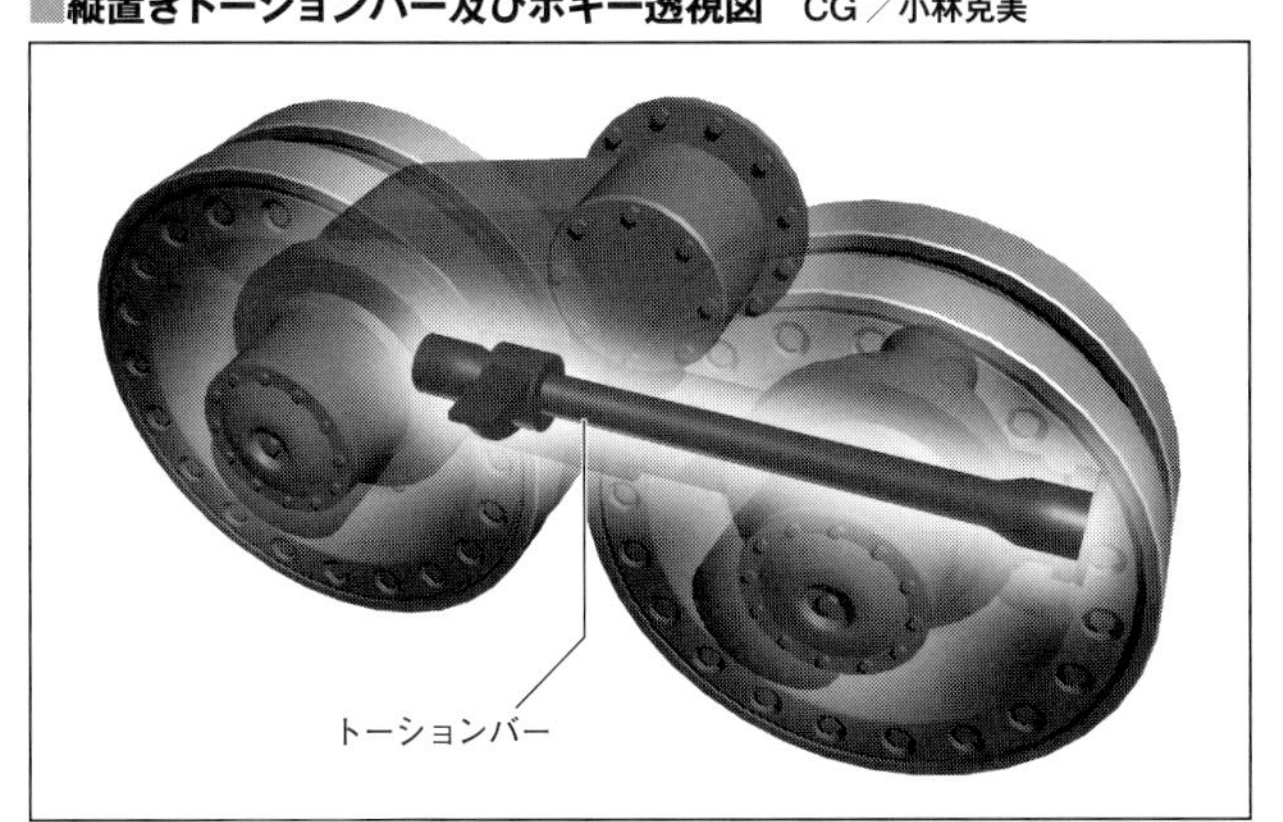

車に実施されており、終戦までゴムの節約は重要な課題であり続けた。

フェルディナントはこの新転輪をティーガーやパンターに先駆けて採用しているが、他の車種より遥かに早く省ゴム型の転輪が採用された理由の一つとして、原型のＶＫ45・01（Ｐ）自体が既製戦車では経験したことのない重量となり、ゴムタイヤに大きな負担を掛けることが予想され、ゴムタイヤそのものを省略する意図があったことも注目される。

転輪2個をペアとした縦置きトーションバー式サスペンションと、新工夫の省ゴム型転輪によって、フェルディナントはその外見からの印象とは異なり、20km／hから30km／hの高速走行ではⅢ号戦車、Ⅳ号戦車、ティーガーⅠ、そして敵戦車Ｔ-34よりも優れた安定性と乗り心地を実現し、走行間射撃の精度向上と乗員の疲労軽減に貢献した。

そしてドイツ戦車の中でフェルディナントを超える乗り心地を持っていたのはパンターだったといわれる。

「フェルディナント」と「エレファント」

1943年11月、ヒトラー総統は陸軍総司令部に対して戦車の命名に関しての提案を行い、翌年の1944年2月1日より通達された。

その結果、特殊車輌184（Sd.Kfz.184）フェルディナントはエレファントと改称されることとなった。

フェルディナントからエレファントへの変更は何も存在しない。

1944年2月の名称変更通達があるのみで、フェルディナントはボルト一本変わることなくエレファントへとその名を変えたのである。

このためフェルディナントの要目、エレファントの要目といったものは存在せず、エレファントへの改称後もフェルディナントの呼称は報告書類上でもしばらくの間、使われ続けた。

エレファントであろうとフェルディナントであろうと単に名称の違いがあるだけで実用上、何の問題も生じなかったからである。

しかし前述の通りフェルディナントには早急に改修すべき欠陥があり、クルスク戦への投入とその後の東部戦線での戦闘によって判明した戦訓改修と共に改修工事を実施するため、1943年11月から12月にかけてフェルディナント部隊はすべてドイツ本国へと引き上げられた。

フェルディナントの改修項目は多岐にわたり、乗員が悩まされた各種火災発生要因の除去が行われたほか、武装、走行装置、駆動系に至るまでの完全なオーバーホールと改修が実施されている。

まず操縦席前面装甲の右側にＶＫ45・01（Ｐ）にあったボールマウント機関銃架が復活した。敵歩兵との近接戦を意識したものだったが実際の効果は疑問だった。

この前方機関銃架の復活が決定する前に、第653重戦車駆逐大隊からはＰａＫ43／2の砲身内を通してＭＧ34を発射できるようにする、何らかのデバイスの製作が要求されていた。

8・8cm砲の砲身内部を通しての機関銃発射はクルスク戦で行われたとされるが、このようにクルスク戦の後から要求が出ている点からも、砲身内からの

■エレファント各部

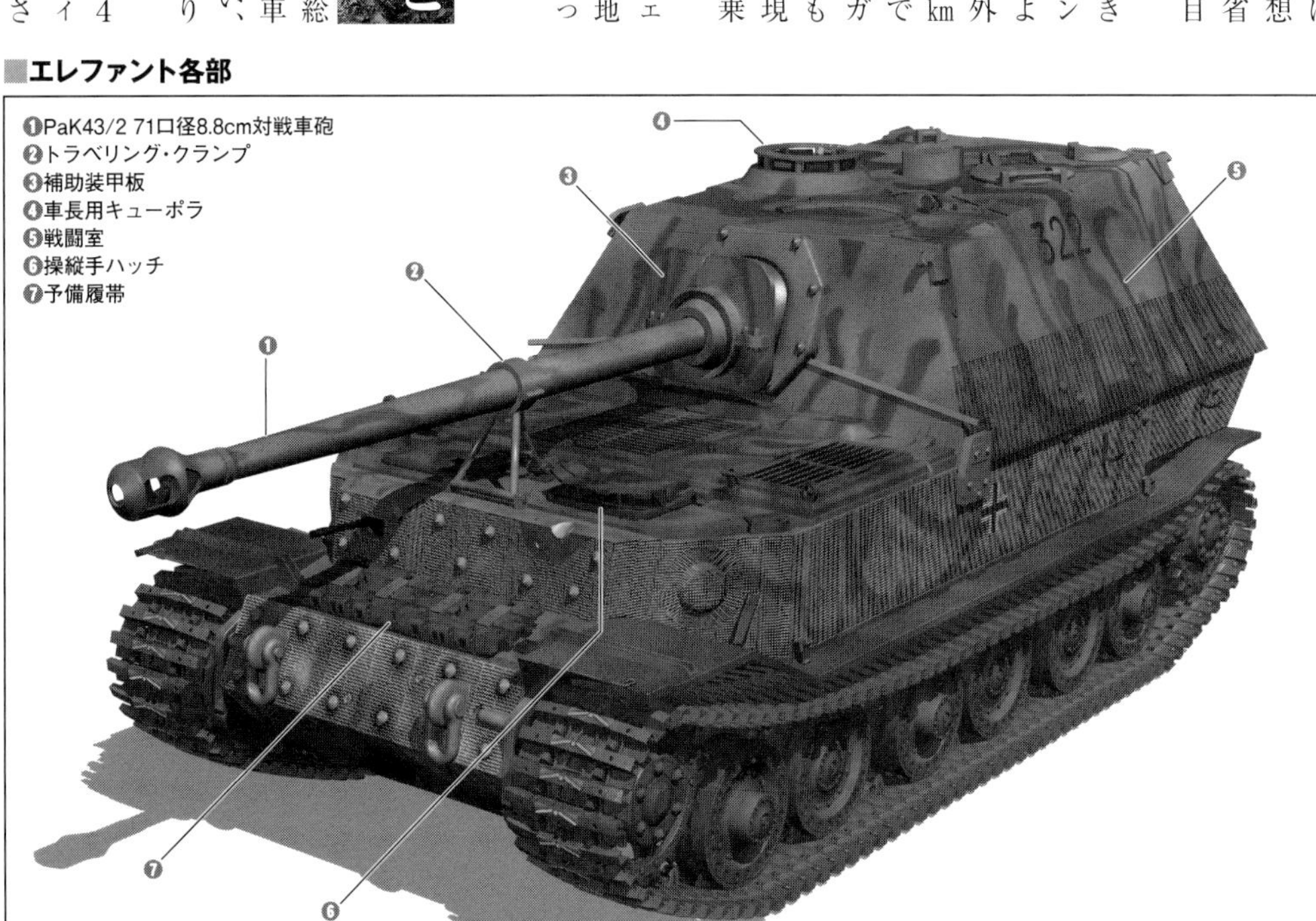

■車体前部の主な改修箇所

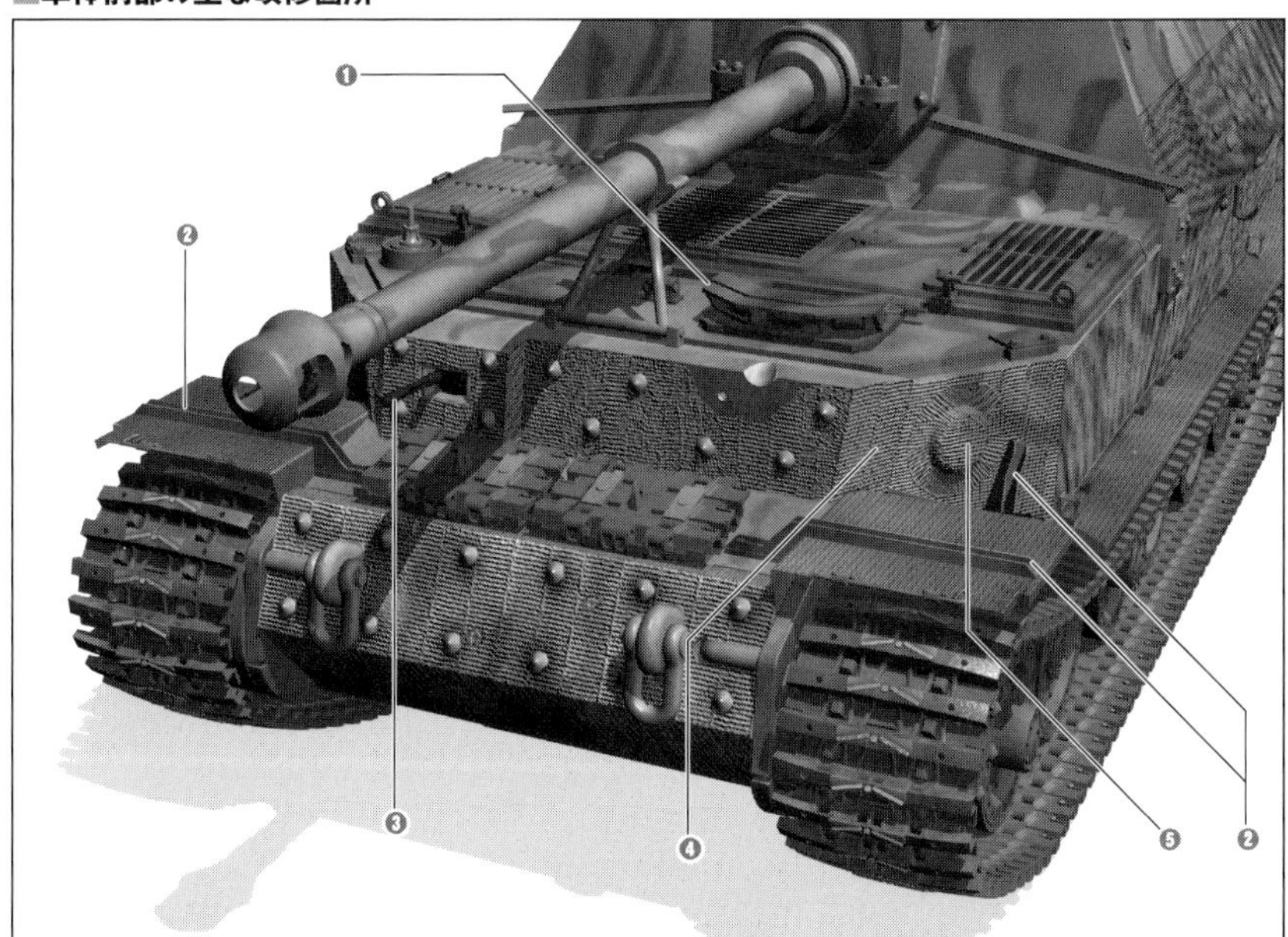

戦闘室・車体後面の主な改修箇所

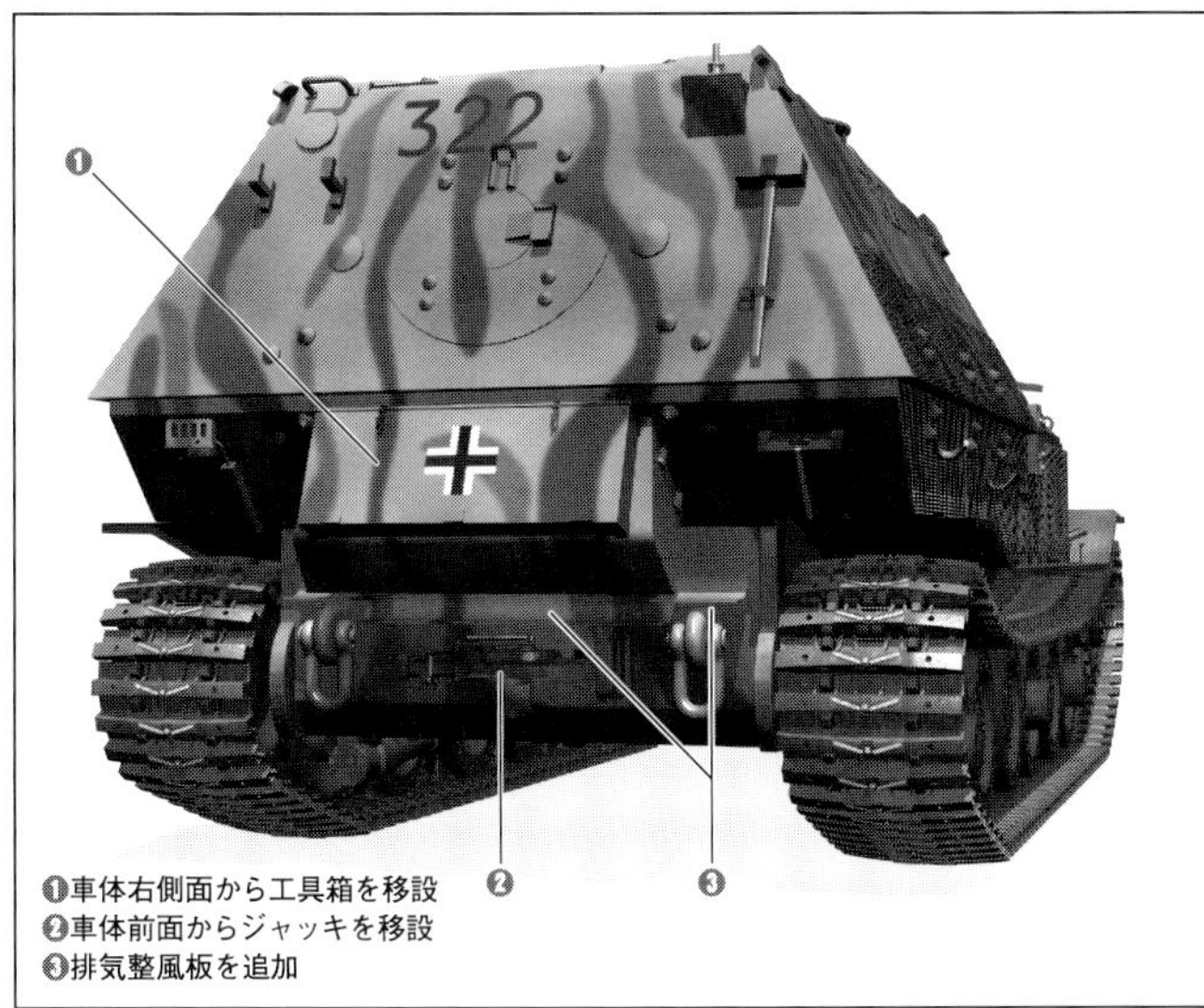

戦闘室上面の主な改修箇所

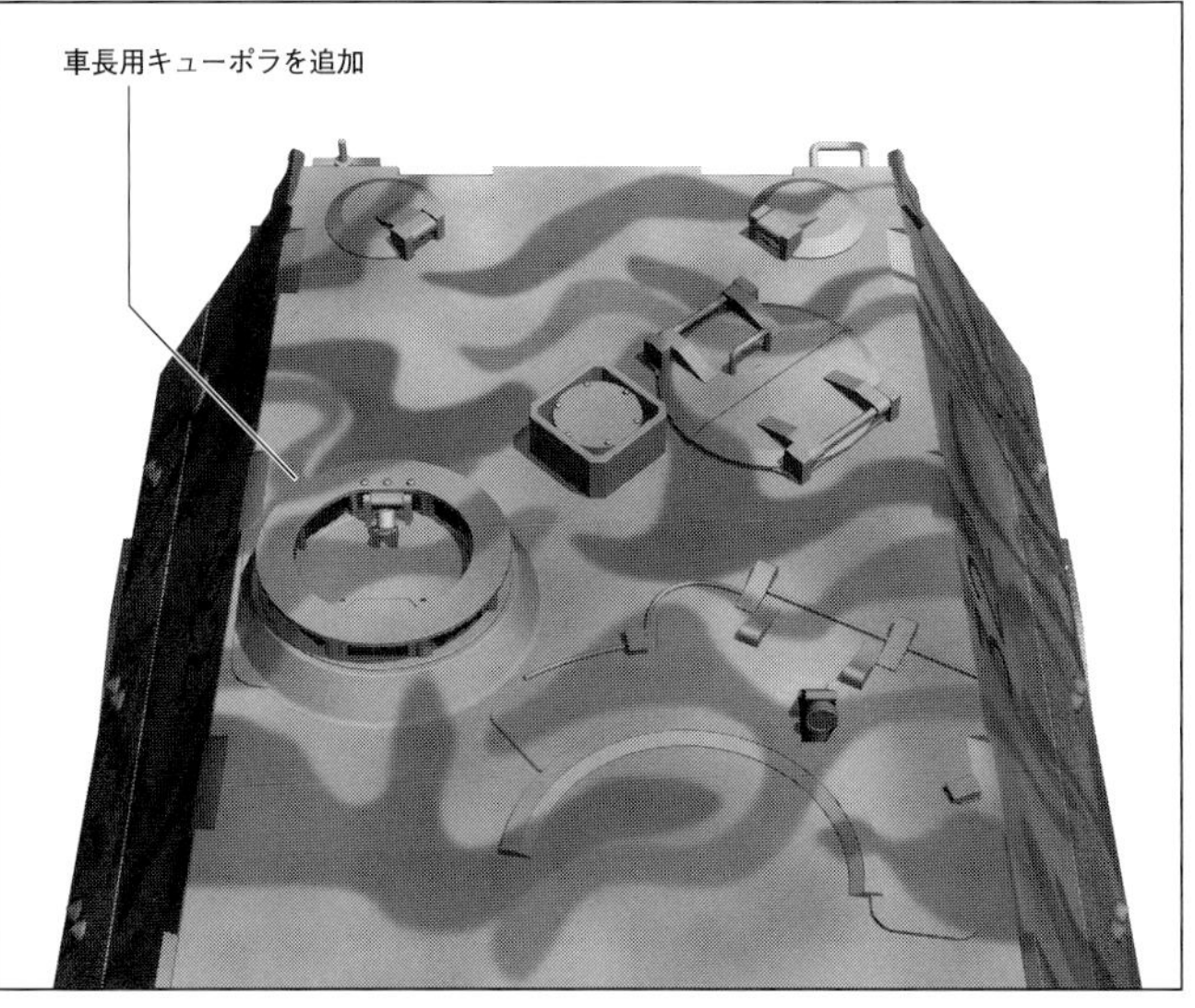

砲身基部の補助装甲板

砲身付け根部分に設けられた弾片防御用の補助装甲板は、改修後は取り付け方が裏表逆となり、ボルトが前側にくるよう変更された

機関銃発射は実際に発射すれば砲内を損傷して主砲を廃品としかねない危険行為であるため、実施されたとしても例外的なものか、あるいは発想のみで実際には行われなかった提案のひとつと思われる。

また戦闘室上面ハッチからJ字型の曲射銃身を持つStG44を射撃する案も検討されたが採用には至っていない。

そして戦闘室上面の車長用ハッチは、Ⅲ号突撃砲と同様のキューポラに置き換えられて車長は安全な車内から外部を視察できるようになっている。

乗員を悩ませた頻繁に破損する履帯も新しい設計のものに置き換えられ、従来、数㎞の移動ごとに発生したという履帯切断も緩和された。

車体には吸着爆雷対策としてツィンメリットコーティングが施され、改修車輌の大きな識別点となっている。

無線電話の通話を妨げた発電機も改修され、無線電話用の副出力取出部の電圧をノイズ軽減のために24Vから12Vへと下げている。

これらの改修作業は1944年1月から徐々に進められ3月中に完了した。

フェルディナントからエレファントへの改称通達はこの改修工事中に通達されたもので、改称の通達は2月1日付のものと同内容を再通達する2月27日付のものがある。

このために車体機関銃架を持ち、新履帯を装備し、ツィンメリットコーティングを施された車輌が公式にフェルディナントであった時期もあれば、クルスク戦時と変わらない仕様のまま名称だけがエレファントに改められた車輌も短期間存在したし、改称通達後も部隊は改称後の車輌をフェルディナントと呼び続けた。

このように実際には複雑な様相を呈しているものの、フェルディナントとエレファントの二つの名称は非常にざっくりと改修前と改修後を分けて呼ぶには便利ではある。

この改修工事でフェルディナントの持っていた欠陥が全て改善された訳ではない。

相変わらずに扱いが難しく故障が多く、整備に手間の掛かる車輌であることに変わりは無かった。

しかしクルスク戦で半減した車輌数はその後の戦闘でさらに減少し、1944年初頭の改修以降、大規模な改修作業は行われず、重大な故障を起こしていない生き残り車輌だけが小規模修理を繰り返しながら終戦まで戦い続けている。

履帯

フェルディナントが当初装備した履帯（左）に対して、新型履帯では中央の接地する部分に「ハ」の字形の滑り止めが付けられた

フェルディナント／エレファントの開発経緯

多くの紆余曲折の上で開発されたことが知られる重駆逐戦車フェルディナント。ここでは発端となった30トン重戦車の計画からポルシェティーガーの挫折、そして重突撃砲への車台流用を経て、改修・改称されたエレファントに至るまでの経緯をみていこう。

文／古峰文三

最初の重戦車構想

重駆逐戦車フェルディナントに車台を提供したＶＫ45・01（Ｐ）の開発は１９３９年９月にまで遡る。

フェルディナント・ポルシェ博士を議長とする戦車委員会は将来の戦車についての基本仕様を検討した。

この委員会は兵器の開発実験を管掌する陸軍兵器局第６課とは別に、ヒトラーとフェルディナント・ポルシェの個人的つながりから活動を許されたものだった。

その結果１９４０年に入るとヘンシェル・ゾーン社は新しい30トン重戦車ＶＫ30・01（Ｈ）の試作を受注した。

この30トン重戦車は「Durchbruchswagen」（敵陣突破用車輌）と呼ばれた。

またポルシェ社も30トン重戦車計画に参加しＶＫ30・01（Ｐ）として独自の車台を提案した。

１９４０年は戦争突入によりドイツ戦車が搭載する武装の方向性が再検討された時期にあたり、30トン重戦車の主砲は既製の７・５cm戦車砲から強化されることとなった。

主砲の候補は二つあり、ヘンシェル社製試作車はタングステン弾芯を用いる７・５cm減口径砲を搭載し、ポルシェ社試作車は装甲貫徹力には劣るが通常型徹甲弾を使用できて榴弾威力も大きい８・８cm砲を搭載した。

希少資源のタングステンを必要とする減口径砲と、標準的な大口径砲という二つの性格を異にする砲が比較検討された結果、両社ともに８・８cm高射砲ＦｌａＫ36をベースとしたＫｗＫ36を搭載することが決定した。

翌１９４１年５月26日、ソ連侵攻計画「バルバロッサ」作戦直前に「戦車計画41」として戦車開発計画が更新された結果、前面装甲の要求が１００mm厚に増強され、搭載する８・８cm砲の更なる性能強化方針も決定した。

８・８cm砲と強力な装甲を持つ重戦車の構想は独ソ戦開戦後にＴ-34、ＫＶ-1といったソ連製新型戦車との交戦によって出現したのではなく、ドイツ戦車の発展過程で独自に誕生したものであることがわかる。

しかし「戦車計画41」に基づいた開発計画はしばらく具体化せず、旧計画となったＶＫ30・01（Ｈ）とＶＫ45・01（Ｐ）の両試作車の製造がそのまま進められた。

１９４２年初頭になってようやく新計画によるＶＫ30・01の拡大強化版である45トン重戦車の試作が発注され、それらはＶＫ45・01（Ｈ）、ＶＫ45・01（Ｐ）と呼ばれた。

二つの試作車は競争試作としてではなく、それぞれの特性を生かした並行した開発計画であり、どちらも生産と部隊配備が計画されている。

特にＶＫ30・01（Ｐ）はポルシェ社製空冷ガソリンエンジン（ポルシェ１０１／３空冷Ｖ型10気筒）によって発電機を回す電動モーター駆動で、冷却水を用いない空冷方式であるため、新しい重戦車用に編成が予定されていた第５０１重戦車連隊と第５０３重戦車連隊に配備して北アフリカに派遣する構想があった。

ダミーの砲塔を搭載したポルシェティーガーの試作車輌。エンジンのオーバーヒートなど、多くの技術的問題により不採用となった

ポルシェティーガーの運命

ＶＫ45・01（Ｈ）とＶＫ45・01（Ｐ）の試作はそれぞれ別個に進んでいたが、ＶＫ45・01（Ｐ）には様々な問題が発生した。

それはＶＫ30・01（Ｐ）の車台が完成した段階で判明したポルシェ社製空冷ガソリンエンジンの不具合多発と空気冷却システムの能力不足から来るオーバーヒート傾向だった。

この問題はＶＫ45・01（Ｐ）の車台が完成し始め試験を開始した時期になっても変わらず、このまま空冷ガソリンエンジンを搭載して製造を進めることは余りにも危険であると判断され、ポルシェ社製空冷エンジンは放棄され、その代用としてⅢ号戦車とⅣ号戦車で実績のあるマイバッハＨＬ１２０エンジン（水冷Ｖ型12気筒）が搭載された。

ヘンシェル社のティーガー(H)に敗れて不採用となった、ポルシェのティーガー(P)。量産は見送られたものの、試作1輌が第653重戦車駆逐大隊の大隊本部で、指揮戦車として配備・運用された

マイバッハＨＬ１２０は通常の水冷ガソリンエンジンで信頼性の高い量産中の実用エンジンだったが、ポルシェ社製空冷エンジンに合わせて設計されたＶＫ30・01（Ｐ）の車台を受け継いだＶＫ45・01（Ｐ）の機関室にこのエンジンを収容しようとすると水冷方式であるための追加部分であるラジエーターが搭載できない。

このために機関室内の設計変更が行われたが、車台の基本的寸法は変更できなかったことから容積に余裕の無い機関室となり、冷却能力の不足によるオーバーヒート傾向が依然として解消しないという本末転倒の結果となった。

ＶＫ45・01（Ｈ）とＶＫ45・01（Ｐ）の試作車は１９４２年４月20日のヒトラー誕生日に「狼の砦」でヒトラーに供覧された。

ヒトラーの興味は、革新的な駆動方式で理論上は合理的なポルシェ社製試作車に集中し、平凡な機構のヘンシェル社製試作車には関心を示さなかった。

しかし実際に走行してみるとポルシェ社製試作車は不具合を起こして満足に走行できなかったのに対して、ヘンシェル社製試作車は問題なく走行した。

総統への供覧で失敗した後にも両試作車の試験は進められ、１９４２年７月にはクンマースドルフ試験場で比較試験が行われた。

新たにティーガー（Ｈ）、ティーガー（Ｐ）と呼ばれるようになったＶＫ45・01（Ｈ）とＶＫ45・01（Ｐ）の評価はこの試験で決着したとされる。

結果は単純明瞭だった。

ティーガー（Ｐ）は技術的な欠陥を数多く抱えており、ティーガー（Ｈ）のみを量産するとの決定が下ったのだ。

しかしこの決定は純粋に技術的な評価というよりも、ドイツ国内の産業を軍需品生産へ総動員するために全力を挙げる軍需大臣アルベルト・シュペーアが実施した改革の一端として、試作兵器が整理され技術的問題を理由にティーガー（Ｐ）の量産が中止されたと見ることもできるだろう。

ティーガー（Ｐ）の量産は進行中で既に１００台の車台が製造途中にあったが、これに搭載する砲塔はヘンシェル社製のティーガー（Ｈ）に流用されることとなった。

遊休化したティーガー(P)車台の活用

１９４２年９月に重戦車としてのティーガー（Ｐ）の量産が中止された際、余剰となったその車台を突撃砲に転用する計画が動き始めた。

重戦車用車台の突撃砲への転用という思い切った計画が直ちに実行に移された背景には、突撃砲に対する急速な評価の高まりがある。

突撃砲は「バルバロッサ」作戦から全面的に実戦投入された車種だったが、強力な装甲を誇るＴ-34とＫＶ-1に対して、１９４１年から突撃砲用に供給され始めた成形炸薬弾Gr.38によって対抗し、短砲身の24口径７・５cm砲でありながら対戦車戦闘にも実力を発揮していた。

さらに１９４２年度からは長砲身７・５cm砲を搭載した型式の製造が開始された。

突撃砲への長砲身７・５cm砲の搭載構想も、ティーガーへの８・８cm砲搭載と同じく、Ｔ-34、ＫＶ-1といったソ連製新型戦車の登場による緊急の武装強化ではなく、独ソ戦前から予定されていた開発方針だった。

突撃砲はその開発構想時から、歩兵への火力支援任務と同様に、突撃成功後に予想される敵戦車による逆襲を撃退できる対戦車能力が求められていたからで、実際に突撃砲は対戦車兵器として極めて優秀な成績を収めていた。

１９４２年度半ばという時期は、突撃砲に対する評価がその実績によってピークに達した時期なのである。

そしてⅢ号戦車車台の突撃砲は43口径、48口径へと長砲身化

フェルディナントに車台が流用されたポルシェティーガーことティーガー(P)の二面図。足回りや車体部分はフェルディナントとほぼ共通だが、機関室は車体後部に位置している（図版／田村紀雄）

VK30.01(P)の開発に深く関わり、重突撃砲の名称の由来にもなったフェルディナント・ポルシェ博士。ヒトラーにも気に入られており、後に超重戦車マウスの開発にも携わる

して徹甲弾の威力が増大し、ソ連軍戦車との対決は一層有利なものとなっていた。

突撃砲は近距離からの成形炸薬弾による射撃だけではなく敵戦車による突破を遠距離から撃破する能力を持ち始めていた。

それは兵力で優る敵に対抗するには極めて有効な能力で、戦術的選択肢を増やす意味でも有意義な進化といえた。

遊休化したティーガー（Ｐ）の車台を利用すればこうした特性をさらに強化し、優勢な敵戦車部隊の攻撃を遠距離から撃退する超大型突撃砲が実現できるかもしれない。

これがティーガー（Ｐ）車台を利用した重突撃砲構想の出発点となった。

Ⅲ号戦車の車台に固定戦闘室を設け、7.5cm砲を搭載したⅢ号突撃砲。主砲は当初、歩兵支援用の短砲身砲だったが、対戦車戦闘力を向上すべく、写真のF型から長砲身化が図られている。フェルディナントも計画段階では、これと同様のコンセプトを持つ重突撃砲だった

ニーベルンゲンヴェルケ戦車工場

ティーガー（Ｐ）車台の組立はミュンヘンに近いサンクト・ヴァレンチンにあるニーベルンゲンヴェルケ戦車工場で行われていた。

この戦車工場はドイツ陸軍の指導で設立された実験設備を併設した大規模な総合的戦車工場だった。

ドイツ国内の工業生産は第二次大戦勃発当時、まだ総動員体制には組み入れられていなかった。

工業生産品の多くは民需が占める状態で、兵器増産に向けての指導は行われていたものの、各企業の経営者は戦争が短期間で終結すると予想し、大規模な設備投資を嫌っており、ナチス政権といえども国内産業界を敵に回すような政策は実行できずにいた。

このような状況は第二次世界大戦初期の参戦国で頻繁に見られたもので、民間企業の将来予測と政府の戦争計画との齟齬は兵器増産の大きな障害となっていた。

そこで機械工業の総合的な動員の嚆矢として最初に手がつけられたのが、ドイツに併合されたことで政府による強権発動が実行しやすい環境にあったオーストリアだった。

まずオーストリアでのシュタイヤー社を中心とした民間企業の動員とグループ化が開始されて成果を上げると、その経験とシュタイヤー社の協力を得て戦車生産の中心となるべき巨大工場の建設が開始された。

目指す目標は増産が思うにまかせない大型戦車、すなわちⅣ号戦車を大量生産できる充実した設備を持つ戦車工場で、Ⅲ号戦車以下の軽量な小型戦車の増産は民間企業に任された。

こうした経緯でニーベルンゲンヴェルケ戦車工場はⅣ号戦車車台の生産から稼動し始め、大型戦車専門工場としてＶＫ30・01（Ｐ）の試作車の製造もここで行われた。

続いてＶＫ45・01（Ｐ）の量産も開始され、充実した設備に助けられて車台の製造そのものは極めて順調に進捗している。

ニーベルンゲンヴェルケ戦車工場で組み立て中のフェルディナント。車台をオーバードナウ製鋼所、主砲と戦闘室をクルップ社が生産した後、ニーベルンゲンヴェルケ工場で組み立てられた

平凡な機構を持つヘンシェル社製のティーガー（Ｈ）よりも不具合多発の新機軸を盛り込んだティーガー（Ｐ）の量産が先行していた背景には、このニーベルンゲンヴェルケ戦車工場の優れた設備による貢献があったのである。

その製造能力はティーガー（Ｐ）車台の突撃砲への改造に於いても遺憾なく発揮された。

どのように改造するか？

ティーガー（Ｐ）を強力な重突撃砲に改造するに当たり、最初に選定されたのはその主砲だった。

ティーガー（Ｐ）の主砲として選定された56口径８・８㎝ＫｗＫ36よりも強力な砲でなければ突撃砲化する意味が無い。

そこでＫｗＫ36よりも長砲身で高初速の８・８㎝高射砲ＦｌａＫ41をベースとした対戦車砲ＰａＫ43／２が重突撃砲用として選ばれた。

しかし、この砲は威力こそ絶大だったが砲身長は７ｍ級と破格に長く、エンジンと発電機、モーターが並ぶ機関部に押されて前部寄りに位置するティーガー（Ｐ）の戦闘室にそのまま配置すれば、長大な砲身が車体前部から大きく突き出してしまう。

それではお世辞にも機動力に優れるとは言えないティーガー（Ｐ）の操縦をさらに困難なものにするのは明らかだった。

長過ぎる砲身を車体より前に出さないためには戦闘室を車体後部に移設して車体前部からの砲身突出を最小にしなければならなかった。

また巨大なＰａＫ43／２の砲尾を収める戦闘室前面装甲とＰａＫ43／２そのものを搭載するにあたり、重量バランス的にも車体中央部に砲架と戦闘室前面装甲を置く必要があった。

このような事情で重突撃砲が後方に戦闘室を置いたことは必然だった。

そして重突撃砲の仕様で当時の常識を大きく超えており、その導入理由に疑問さえ抱かせるのが装甲である。

車体前面装甲２００㎜という破格の装甲厚はどんな要求から来たものなのか。

８・８㎝ＰａＫ43／２は遠距離から敵の全戦車を破壊できる強力な砲だったので、近距離戦は考

慮する必要があまり無かった。

そしてティーガー（P）の車体前面100㎜の装甲は赤軍の76㎜野砲との対決でもそれほど不利なものではなく、むしろ当時のドイツ戦車の中で最高水準にあった。

そして装甲を100㎜程度に抑えて数トンの軽量化を行っていれば鈍重な重突撃砲の機動性は確実に向上したであろうし、重量過大による故障多発も幾分は和らいだかもしれない。

計画時の要求は重突撃砲ではティーガー（P）よりも装甲を強化するといった程度の漠然としたもので、具体的な装甲厚を示してはいなかった。

しかし戦闘室前面は200㎜の装甲を採用し、車体前面には100㎜の増加装甲がボルト留めされて合計200㎜となった。

そして側面装甲と後面装甲は共に80㎜となっている。

こうした過度の重装甲は零距離からの大口径砲の直撃を予想していたというよりも、重突撃砲自体が持つ主砲の装甲貫徹力を基準に装甲厚が決定したと推測される。

写真はクンマースドルフ試験場で試験中のものとされるフェルディナント量産初号車。主砲の砲身基部に補助装甲板が無いなど、実戦投入後の量産車輌とはやや外観に異なる部分が見られる

戦訓による改修工事

1943年2月、重突撃砲はヒトラーによりフェルディナントと命名された。

この異例の命名は斬新な駆動システムの考案に対する評価として、フェルディナント・ポルシエ博士の個人名を冠したものだった。

ティーガー（P）の実用試験での不成績は強力なスペックを誇る重突撃砲の完成によって相殺されていた。

そして1943年7月5日、初の実戦となった「ツィタデレ」作戦でクルスク突出部の敵陣地線突破の先頭に立ったフェルディナントは、この戦いで多数の敵戦車を撃破したものの投入車輌89輌のうち39輌を完全損失した。

クルスク戦で歩兵の攻撃により撃破された、とされる第654重戦車駆逐大隊のフェルディナント。初陣の戦訓から、肉迫する歩兵への対抗手段に乏しいという欠点が明らかになった

クルスク戦からの戦訓による改修工事は戦闘終了後、ただちに検討に入ったが、改修部品が用意され実際に工事に入るまでに時間が掛かり、1944年1月から3月中旬までの間に完了した。

ティーガー（P）にあった車体前面機関銃架が復活したほか、車長が車外を安全に視察できるように戦闘室上面に車長用キューポラが設けられ、破損と切断が多かった履帯も新型へ改修されたほか、頻発した火災対策も各部で細かく実施された。

これらの改修によって要目上では特に近接戦闘能力が向上していたが、その効果が確認されるような戦闘は殆ど発生していない。

むしろ実用面での小改修がフェルディナントの整備を多少なりとも容易にし、機械としての安全性を向上させた点が重要だった。

近接戦闘での不利はこのような大型で鈍重な戦闘車輌にとって宿命的なものであり、車長用キューポラを増設したところで後部に戦闘室を置くために生まれる死角が解消される訳でもなく、敵の肉迫攻撃に曝された場合、車体前方機関銃架の復活程度ではどうなるものでもなかった。

改修工事で不具合を修正したフェルディナントは工事期間中にエレファントへの改称が通達され、終戦までエレファントとして実戦部隊に存在し続けることができた。

90輌の限定生産で二度と新造車輌が補充されることの無いエレファントが、戦争の最終段階まで稼動車輌をまとまった数で維持できたのは、配備された部隊での必死の整備作業と修理努力によるが、1944年初めに徹底して実施された改修作業の成果でもある。

改修工事を実施し、名称も改められたエレファントとその乗員たち。車体前面機関銃、戦闘室上面の車長用キューポラ、新型履帯、ツィンメリットコーティングなどの改修箇所が確認できる

CG図解 ヤークトティーガーのメカニズム

WWⅡ最強の攻防力を誇ったヤークトティーガー。本稿ではその戦闘力の源である主砲や車体構造、エンジン、足回り、そして各種装備などのメカニズムを、3DCGイラストを交えつつ明らかにしていく。

文／古峰文三
CG／一木壮太郎

■ヤークトティーガー各部

❶牽引用ケーブル
❷戦闘室
❸PaK44 55口径12.8cm対戦車砲
❹前照灯
❺トラベリング・クランプ
❻MG34 7.92mm機関銃
❼フロント・フェンダー
❽サイド・フェンダー
❾クリーニングロッド

⑩スコップ
⑪予備履帯
⑫戦闘室後面ハッチ
⑬排気管
⑭クランクハンドル
⑮誘導輪
⑯転輪

■ヤークトティーガー諸元

重量	75t	全長	10.654m
車体長	7.52m	全幅	3.625m
全高	2.945m		
エンジン	マイバッハHL230P30水冷V型12気筒ガソリン（700hp）		
最大速度	38km/h（整地）／17km/h（不整地）		
行動距離	170km（整地）／120km（不整地）		
武装	55口径12.8cm対戦車砲PaK44×1、7.92mm機関銃MG34×1		
最大装甲厚	250mm	乗員	6名

内部透視図

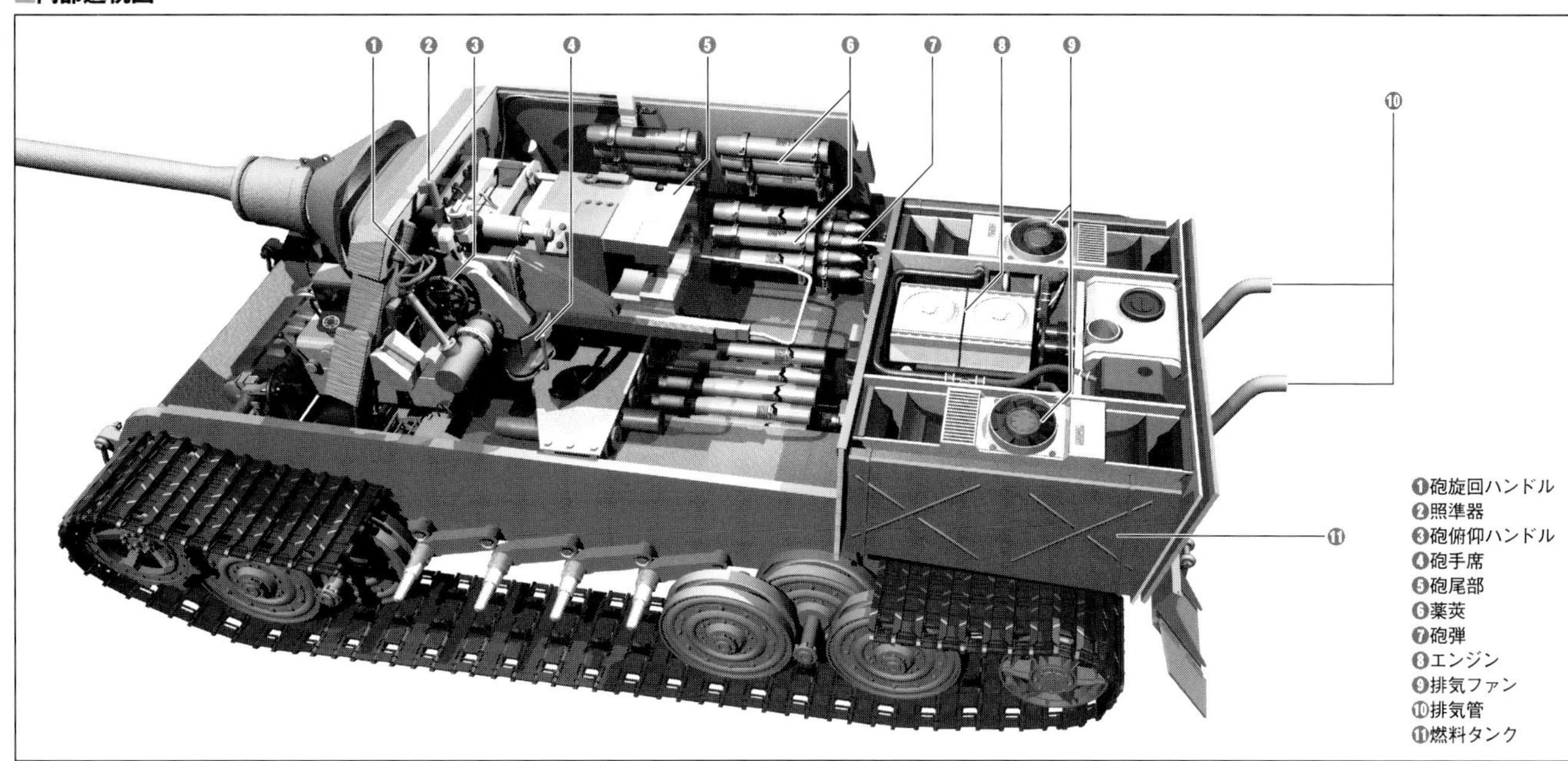

PaK44 55口径12.8cm対戦車砲の砲尾周辺

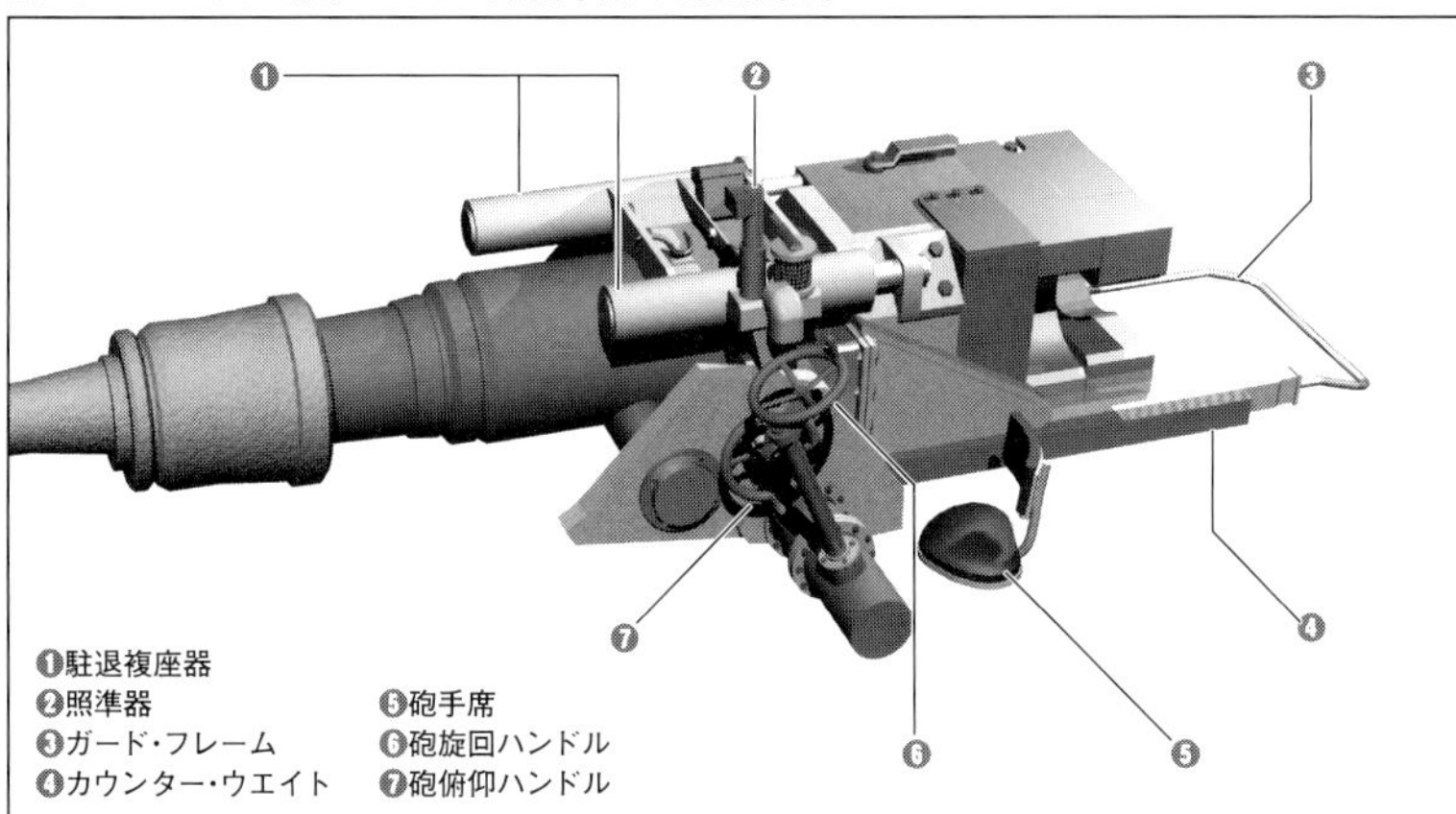

主砲

12・8cm対戦車砲

ヤークトティーガーが搭載した55口径12・8cm対戦車砲PaK44は、高高度用の12・8cm高射砲からの改造砲で、当初は超重戦車マウスの主砲として研究されていたものだった。

構想時には12・8cm砲は70口径の長大な砲身を持つ破格の車載砲とすることも検討されていたが、実用的な搭載方法が無いためにこの案は放棄された。

55口径とはドイツ式の口径長表示で、砲身先端から尾栓までの砲身長7020㎜を砲弾の直径で割った数値が約55であることを意味する。

エレファントの71口径8・8cm対戦車砲PaK43／2やティーガーIの56口径8・8cm戦車砲KwK36とは異なり、55口径12・8cm対戦車砲PaK44には砲口に装着される砲口制退器が無い。

これはAPDS（装弾筒付徹甲弾）の使用が予定されていたためだったが、この方式の砲弾は最後まで供給されなかった。

実際に使用された砲弾は2種類で、パンツァーグラナーテPzGr43（風帽被帽徹甲榴弾）は初速920m／sの伝統的な構造の徹甲榴弾で、炸薬量は550g、2000mで垂直から30度傾斜させた鋼鈑148㎜を貫徹する威力を持ち、500mでは178㎜の貫徹力を持つ強力な砲弾だった。

弾丸は黒色仕上げが施されていた。

シュプランググラナーテSpr.GrL／50も通常型の榴弾で、炸薬量は3600g、最大射程は仰角15度で発射した場合1万2200mと野砲クラスの長射程を持っていた。

この砲弾は強力な弾殻を持つため装甲貫徹力も大きく、垂直から30度傾斜させた鋼鈑に対して2000mで117㎜の貫徹力を持ち、500mでは166㎜とパンツァーグラナーテPzGr43徹甲榴弾に迫り、100mでは189㎜とほぼ並んでいる。

弾丸は黄色い識別塗装が施されていた。

しかしこれらの強力な12・8cm砲弾はPzGr43の砲弾重量で28・3kg、Spr.GrL／50で28・0kgある重量級の砲弾だった。

これでは弾丸と薬莢を組み合わせた完全弾薬筒状態での迅速な人力装填は難しく、連続発射はさらに困難だった。

このためにPaK44は分離薬筒方式を採用し、弾丸と薬莢を別々の架台から人力で取り出して別々に装填するようになっていた。

分離薬筒方式を採用し、しかも閉鎖器は自動ではなく手動で閉鎖レバーを引いて行う方式であったために発射までの手数が多く、発射速度はドイツ戦車の標準から大幅に低下し、ヤークトティーガーの戦術を限定する要因となっている。

またPaK44は1944年9月に12・8cm Panzerjäger Kanone 44（L／55）PaK80と改称された。

副武装

ヤークトティーガーの副武装は車体前面の傾斜装甲に設けられた、ボールマウント式の機関銃架に取り付けられるMG34だった。

MG34そのものは車載用に尾部が改造されている他は戦争前半の歩兵用統一機関銃の転用だ

ったが、ヤークトティーガーの完成車の多くには機関部上面にテレスコピック式に高さを調整できる一本脚の銃架が取り付けられていた。

この銃架にはMG34の後継銃となったMG42が取り付けられた。

発射速度がMG34の900発／分から1200発／分へと向上したMG42は、MG34よりも対空射撃に適した機関銃ではあったが、無防備な機関室上に取り付けられたMG42ただ1挺で、12・7mm機関銃6挺から8挺で猛烈な地上銃撃を行う敵戦闘爆撃機と対決するのは勇気の要る仕事だったことだろう。

この機関室上面のMG42は地上目標も射撃できたが、何の防御も無い機関室上で地上戦闘を戦うには、対空射撃にまさる乗員の献身を要求したことは間違いない。

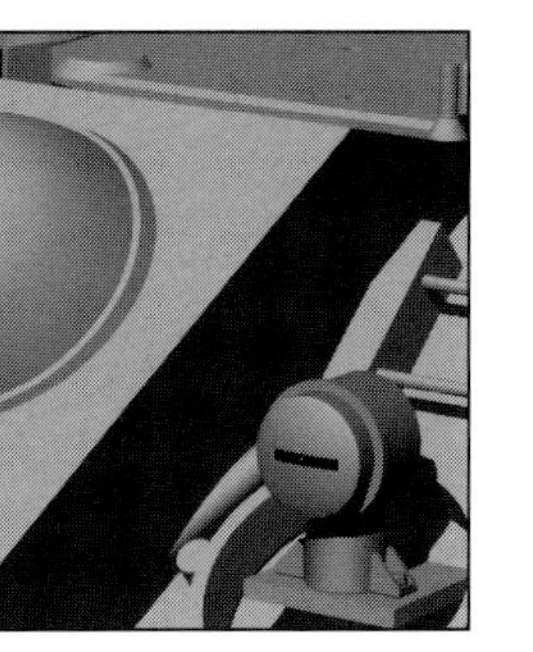
■MG34機関銃

車体／装甲

150mmの正面装甲

車体の基本構造はティーガーIIと同様だったが、ヤークトティーガーはティーガーIIからの改造車ではなく、専用車台として作られたために構造はよく似ていても全長が異なる。

それでもティーガーIIとの共通部品を増やすために、7020mmもの長大な砲身を持ちながらエレファントのように車体後部に戦闘室を設けることをせず、機関室を後部に置き、変速機と操縦室を前に取り、その中間部に戦闘室を設けた。

車体中央に戦闘室を設けるとティーガーIIの基本寸法では戦闘室長が不足することから車体をわずかに延長した設計となっていた。

車体前面装甲は上部が150mmの均質圧延装甲で垂直から50度傾けられた傾斜装甲で、下部が同じく50度傾けられた100mmの装甲となっていた。

この車体前面上部の150mm傾斜装甲を実用的な距離から貫通できる砲は第二次世界大戦中には存在しない。

戦後の冷戦期に登場したアメリカ陸軍M60戦車の車体前面上部の傾斜装甲も150mmであり、ソ連軍の戦車設計に影響を与えたことを思えば、ティーガーIIとヤークトティーガーの装甲が当時としては飛びぬけて強力なものだったことに納得が行く。

側面は25度傾斜の80mm厚の装甲で覆われ、後面は30度傾斜の80mm装甲、そして車体上面は敵戦闘爆撃機の銃撃に堪える40mm装甲とされた。車体底面前半は40mm、後半部は25mmの装甲が張られていた。

また車体前部上面には操縦手と車体機関銃手用のハッチが設けられ、400mm×370mmの切り欠きが存在した。

操縦手、車体機関銃手用のハッチは車体上面と同じく40mmの厚さがある重いものだったが、車体内部からロックを外すと回転軸に仕込まれたスプリングによって浮き上がり、そのまま操縦手用ならば時計回り、車体機関銃手用ならば反時計周りに回転して開放状態となった。

このハッチは基本的に車内からの操作でのみ開放されるものだったが、専用工具を用いることで外部から開けることもできた。

この二つのハッチの周囲は変速機の積み下ろし用に四角く切り取られ、この部分はボルト留めされている。

車体後面には排気管を取り出す開口部がある。

車体の装甲はホゾを組み合わせる形で組み立てられ、互い違いに組み合わせた上で溶接されている。

また車体側面先端には最終減速器を保護するために80mm厚の円弧状の装甲が追加されていた。

装甲鋼鈑同士の溶接は困難だったが、車体の強度はこのホゾの組み合わせで半ば保たれており、大口径砲の直撃を受けた際に溶接部が剥がれることはあっても装甲鈑が外れることは少なかった。

しかし戦争後半のドイツ戦車に用いられた装甲の材質は、希少資源の節約を進め早くから取り除かれたニッケルをはじめ、モリブデンまでも省略することで装甲にとって重要な熱処理への適性が失われると共に、仕上がった装甲が衝撃に対して割れずに堪える性質である靭性（じんせい）が減少する傾向にあった。

戦車用装甲に対して代用材が用いられる資源節約傾向にあったため、ドイツ戦車の装甲は従来の火炎焼入れによる表面硬化を施した比較的薄い装甲よりも硬度を低くとった厚い装甲で敵砲弾に対抗する方向へと向かっていた。

ドイツ戦車の均質圧延装甲が諸外国の戦車より目立って厚い傾向にあるのは、その開発が極端な重戦車志向にあるだけでなく、こうした材質上の劣化を補う意味で装甲厚が増加されていることも見逃せない。

こうした材質的劣化は被弾時の装甲に亀裂が入りやすく破壊されやすい傾向を生み、それは鹵獲戦車を試験した赤軍からも指摘されている。

希少資源の節約からドイツ戦車の装甲は厚く脆いものへと変化していたが、装甲鈑同士の互い違いのホゾによる嵌め（は）め合わせ法によって生まれる構造的な強度がその欠点を何とか補っていたと言えるだろう。

傾斜装甲で覆われた車体で最も脆弱だったのは車体側面下部、転輪取り付け部の垂直に切り立った80mm装甲だった。

■各部装甲厚　図版／おぐし篤

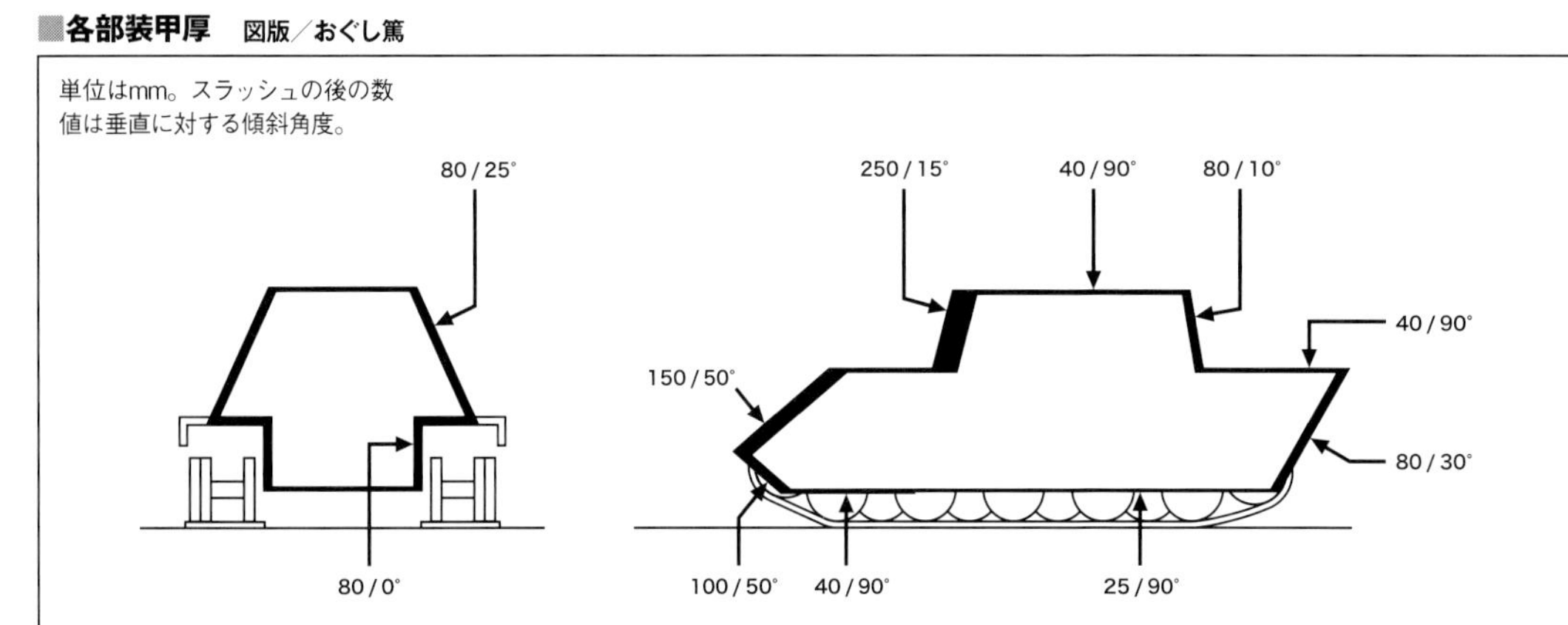

転輪と履帯を取り付ける関係上、この部分に傾斜を設けることは困難なため垂直面が残されたが、転輪上部と車体上部の間に除く横腹はティーガーII車台の弱点ともいえた。

とくにアメリカ軍歩兵の戦術が進歩し、諸兵科協同のミニ戦闘団方式で組織的に戦いを挑んで来るようになると、バズーカ砲を持つアメリカ軍歩兵小隊は戦車にとって侮れない敵となって来た。

もはや重戦車といえども、うかつに前進すると多くの場合、強力な前面装甲はともかくバズーカ砲で貫通可能な側面装甲を射撃される危険が増大したため、転輪上部を覆う分割式の装甲スカートが用意された。

この装甲スカートによってバズーカ砲で発射される成形炸薬弾を本装甲から距離を置いて炸裂させ、威力を大幅に減じることができた。

また1944年9月までに製造された試作車は車体表面に吸着爆雷対策用のツィンメリットコーティングを施していたが、9月からの製造車（ヘンシェル式サスペンション装備の量産車）にはツィンメリットコーティングは施されなかった。

戦闘室の特徴

ティーガーIIとできるだけ多くの部品共通化を図るため、あえて車体中央に置かれた戦闘室は前面装甲250㎜（垂直から15度傾斜）、側面は車体側面を延長したもので25度傾斜の80㎜装甲、後面は10度傾斜の80㎜装甲、上面は敵戦闘爆撃機の銃撃に対抗できる40㎜装甲で計画されている。

戦闘室上面には半円形の車長用ハッチが設けられていた。これは台座ごと任意の方向に回転させることができる計画だったものの、回転機構は省略されてしまい、車長は自身の被弾を避けるためにハッチを任意の方向に開けることができなくなっていた。

車長用ハッチ周囲の装甲は60㎜に強化されていたが、通常型のヒンジで開閉するハッチそのものは重量軽減のため20㎜厚とされている。

このハッチに加えて上面には双眼鏡形態のペリスコープ用開口部も設けられている。

戦闘室の後面装甲には主な乗員の乗降用と薬莢投棄用、そして砲自体の取外し用をかねる高さ600㎜、幅700㎜の大型の開口部があり、ここを塞ぐドアは両側のヒンジによって観音開き式で左右に開くもので、厚さは戦闘室後面装甲と同じく80㎜、車内の気密性は内側に取り付けられたゴムシールで保たれた。

戦闘室は前後の切り立った装甲と車体側面装甲の延長で構成された鋼鉄の箱だったが、この中には12・8㎝ＰａＫ44の巨大な砲尾が存在する。

これは容積を圧迫するだけでなく、発射のたびに徹甲弾ＰｚＧｒ43で発射薬15kg、榴弾ＳｐｒＧｒＬ／50で12・2kgが薬室内で燃焼する。

この燃焼ガスの多くが車内に放出されるため、密閉された戦闘室では一発の発射でさえ耐え難い空気の汚染が生じた。

この問題を解決するために尾栓の上部にあたる天井に電動換気扇が取り付けられ、その上部は戦闘室天井を貫いて円形の装甲カバーで護られていた。

そして正面の装甲は実車では250㎜に強化され、中心部には12・8㎝ＰａＫ44の砲身が通る開口部が設けられ、そこに半球状の基部がはめ込まれている。

そしてエレファントで後から取り付けられた弾片侵入防止用の補助装甲は、最初から砲身基部に取り付けられた漏斗状の装甲防盾としてマウント部装甲に被せられ、砲身基部の防御はエレファントよりも充実したものとなった。

■戦闘室上面

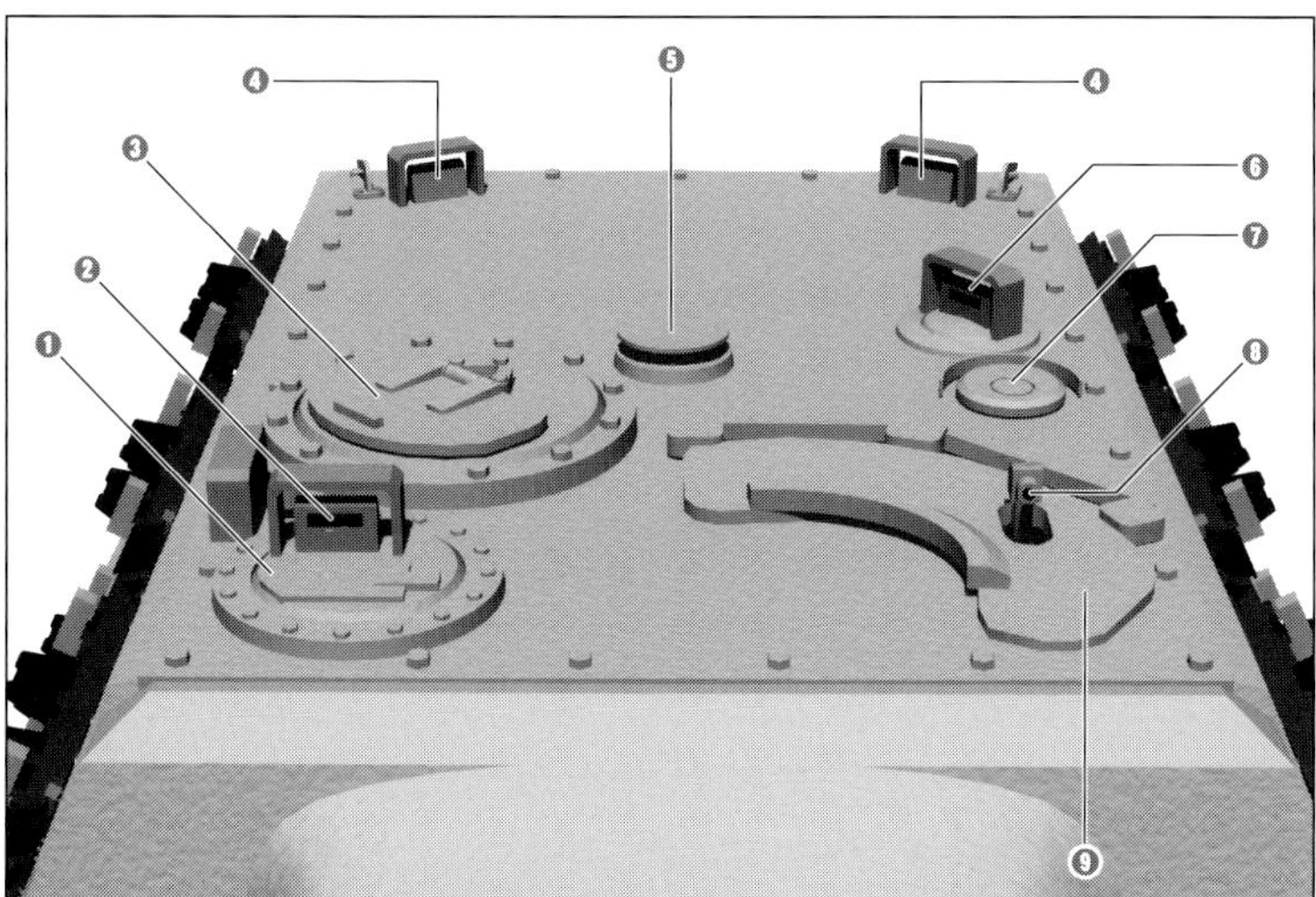

❶砲隊鏡用ハッチ ❷車長用全周旋回式ペリスコープ ❸車長用ハッチ ❹後方用ペリスコープ ❺ベンチレーター（換気装置） ❻装填手用全周旋回式ペリスコープ ❼近接防御兵器 ❽照準器 ❾スライド式照準器レール

■戦闘室後面とハッチ

エンジン HL230P30
700馬力エンジンの実力

ヤークトティーガーのエンジンはパンター、ティーガーIIと同じ水冷V型12気筒のマイバッハHL230P30（700馬力）だった。

このエンジンはパンターの初期型に搭載された水冷V型12気筒のマイバッハHL210エンジン（600馬力）の改良型として開発された。

HL210はT-34のV2エンジンなどと同じく、クランクケースとシリンダーブロックにアルミニウム合金を使用して軽量化を図ったエンジンで当時の世界水準にあったが、戦時下のドイツでは戦車よりも優先順位が格段に高い航空機生産と資源的に競合するため、HL210の生産は中止され、アルミニウム合金を使用しない鋳鉄製クランクケースとシリンダーブロックを使用する省資源型のエンジンに交代させる計画が進められた。

　これがＨＬ２３０Ｐ30エンジンだった。

　戦争後期に各国で用いられた戦車用の大馬力エンジンは航空機用エンジンからの転用例が多かったが、ＨＬ２３０Ｐ30は戦車搭載用としての工夫が施された専用設計の戦車エンジンである。


　車体全長を不必要に伸ばせば装軌式車輌の旋回性能の悪化に直結する。

　車体長が伸びる要素として機関部の設計とエンジンの寸法はきわめて重要な要素となることから、ＨＬ２３０Ｐ30の設計テーマは全長の短縮に置かれている。

　通常のＶ型12気筒エンジンの気筒配置は向き合って並んだ各気筒が正対せず、互いに位置をずらして配置され、向き合った気筒のピストンがコネクティングロッドでクランクシャフトに繋がれているものだったが、ＨＬ２３０Ｐ30ではこれをあえて正対させることで気筒列のずれを無くし、その分の全長を短縮させている。

　そのためにコネクティングロッドは複雑なものとなったが、全長短縮が優先された結果、容認されている。

　この全長短縮という設計テーマはＨＬ２３０Ｐ30の後継機として１９４５年に計画された16気筒発動機Ｓｌａ16（ポルシェ２１２）ではさらに発展し、16気筒という多気筒エンジンでありながら、８気筒ずつのＶ型ではなく、４気筒ずつ４列に配置されたＸ型16気筒形式が採用されている。

　このため、気筒数が増えていながらもエンジンの全長はＶ型12気筒エンジンより短くなり、車体設計に余裕をもたらすことが期待されていたが、ティーガーⅡの１輌に搭載されて実験が行われたのみに終わった。

　このＳｌａ16エンジンはＸ型16気筒の気筒配置だけではなく、冷却方式もラジエーターを持たない冷却ファンによる空冷方式が採用されたディーゼルエンジンであることも重要な特徴で、第二次世界大戦中のドイツ戦車エンジン開発がたどり着いた頂点ともいえる存在だった。

　ＨＬ２３０Ｐ30エンジンはこのような多気筒化と空冷化、そしてディーゼル化へと至る道筋の入り口に存在する過渡期のエンジンだといえる。

　ＨＬ２１０エンジンと比較してＨＬ２３０Ｐ30エンジンは最大出力が６００馬力から７００馬力へと向上しているように見えるものの、実態は違っていた。

　戦争後期の燃料事情の悪化と高性能燃料の航空機への優先供給のため、戦車用燃料の品質は急激に悪化し、ＨＬ２３０Ｐ30エンジンは低規格の燃料で運転せざるを得ず、７００馬力を発揮する３０００回転まで回転を上げることができなくなっていた。

　無理に回転を上げればそのま

■戦闘室内部

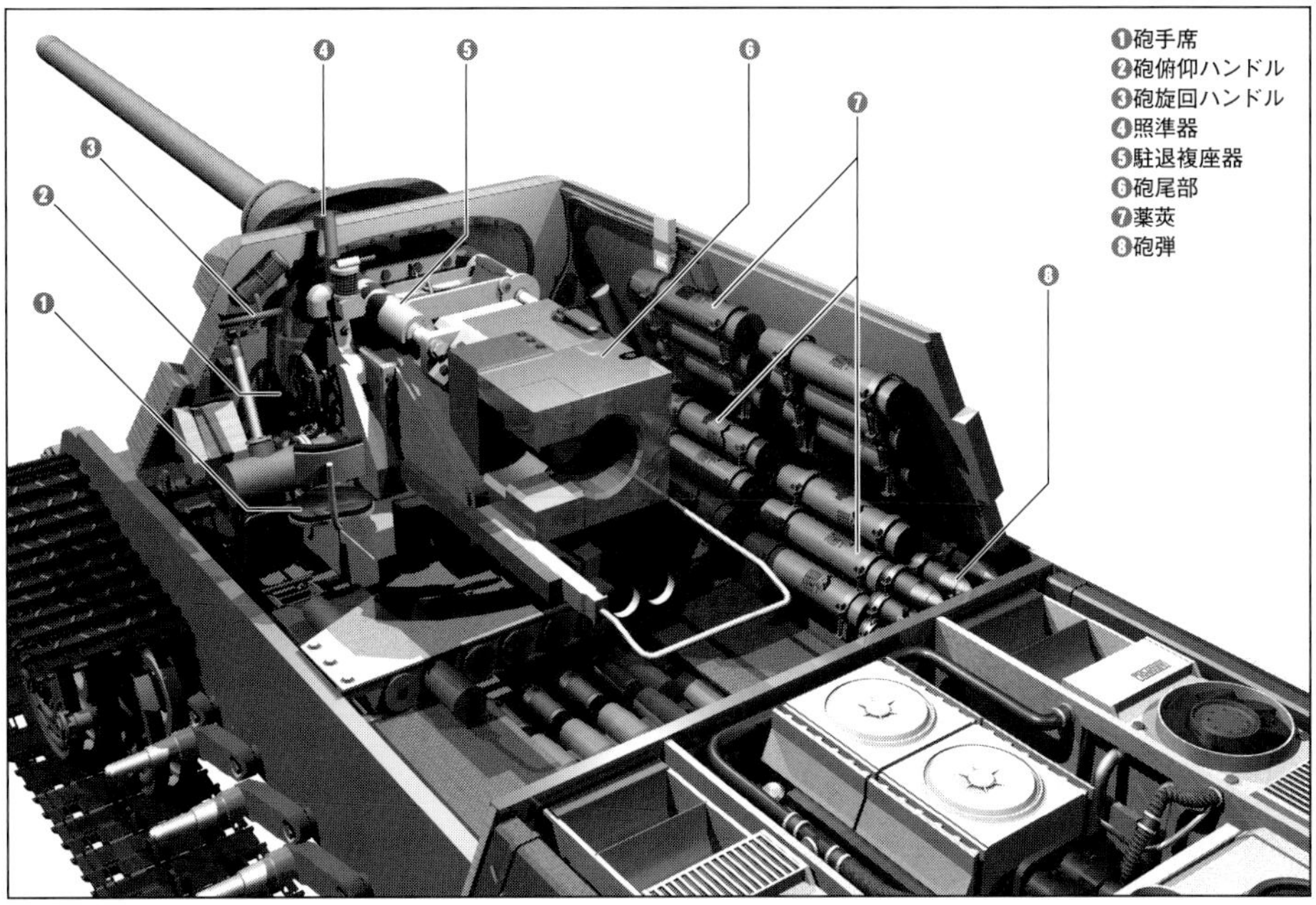

❶砲手席
❷砲俯仰ハンドル
❸砲旋回ハンドル
❹照準器
❺駐退複座器
❻砲尾部
❼薬莢
❽砲弾

■機関室上面

❶吸気グリル
❷排気グリル
❸エンジン通気口カバー
❹ワイヤーカッター
❺通気口装甲カバー
❻冷却水給水口カバー
❼給油口カバー

■機関室内部

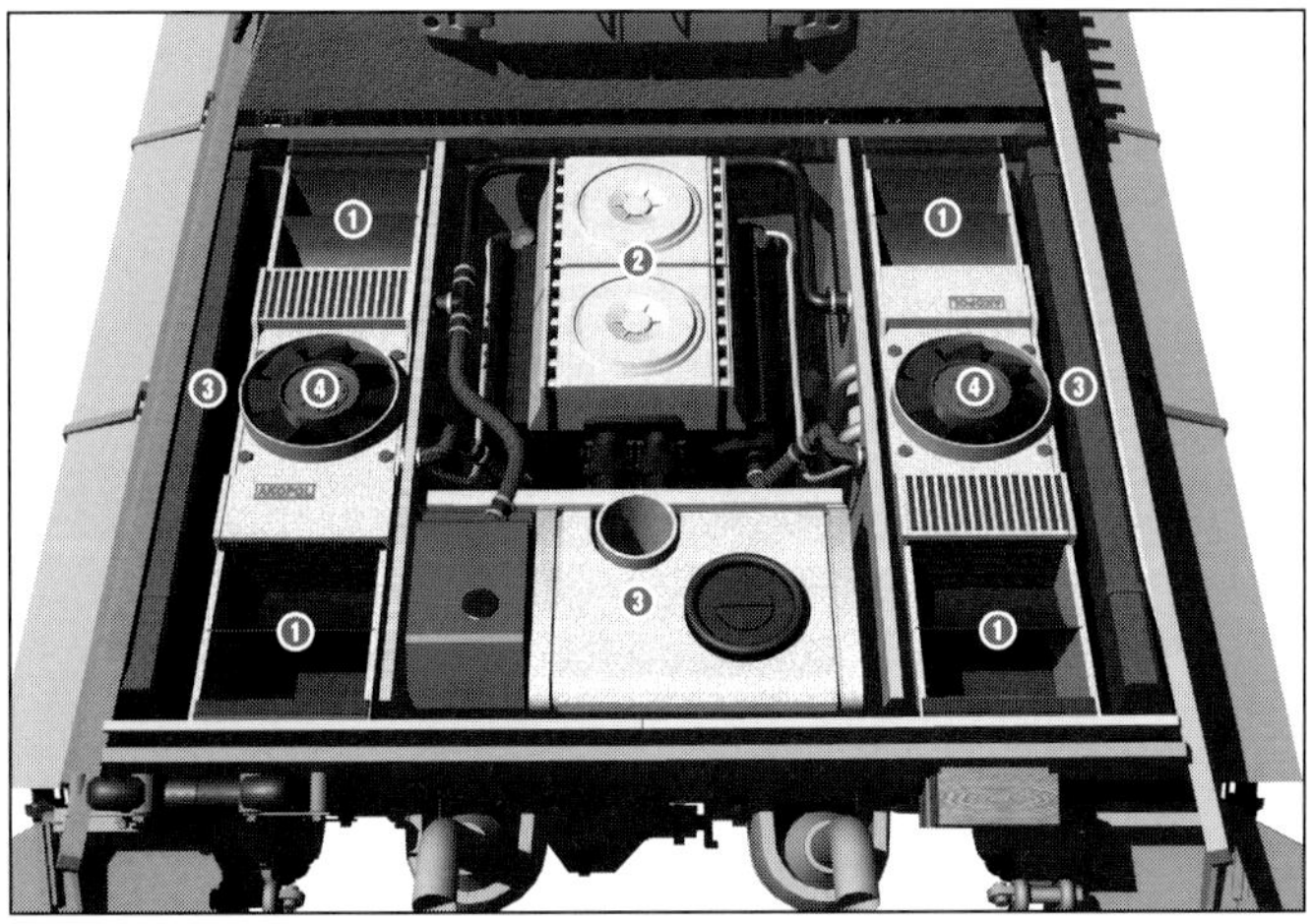

❶整風板
❷エンジン・エアクリーナー
❸燃料タンク
❹排気ファン

ま重大な故障につながるため、HL230P30エンジンにはリミッターが追加され、最大回転数を2500回転に抑える機構が採用されている。

このために最大出力は2500回転で650馬力へと低下し、重量過大の傾向にあったヤークトティーガーの機動力をさらに低下させる要因となった。

燃料は機関部に置かれた、コックで相互に切り替え可能な7つのタンクに収容され、合計容量860リットルとなっていた。

ヤークトティーガーの燃料消費は名目上、路上で100kmあたり500リットル、路外で100kmあたり700リットルだったが、実際の燃費はさらに悪化するのが普通だった。

メッサーシュミットBf109を1機、機内燃料タンクと300リットル落下タンクを満載状態とした700リットルと同じ量の燃料を消費してヤークトティーガーは戦場で100km弱を走るのがやっとだった。

操向装置と変速機

ヤークトティーガーとティーガーIIの操向装置はパンターの単差動式とは異なり、ティーガーIと同系統の遊星歯車を用いた複差動式HS"L801"が採用されていた。

このため左右への旋回操作はパンターよりも円滑に行うことができた。変速装置もパンターの前進7段、後進1段から前進8段、後進4段で、クラッチ方式はウェットディスク方式だった。これはパンターのドライディスク方式に対してより滑らかに適切なギア比を選択できるため、ウェットディスク方式を採用したティーガーIIとヤークトティーガーは、過大な車体重量による影響の少ない路上での操縦性はパンターに優っていた。

このことからもティーガーI、ティーガーII、ヤークトティーガーといった重量級車輌が、大量配備を前提としたパンターとは異なり、ドイツ戦車の中で特別な位置に置かれていたことがわかる。

足回り ポルシェ式とヘンシェル式

ティーガーIIのサスペンションは転輪一組に対して車体底部を横切る横置き型のトーションバーが組み合わされたものだった。

互い違いに重なる複合型転輪配置によって片側9個の転輪を支えるためのトーションバー16本が車体底部のスペース一面を占めていた。

この方式そのものの性能は良好で、地面の凹凸によく対応し、複合型転輪配置のお蔭で履帯にかかる重量を分散させられることから重量級の車輌に適したものだった。だが、車体側面の80mm装甲に転輪と同数の孔明け加工が必要で、さらに8個の小径の孔を開けなければならなかった上に、修理、整備に関わる工数も多く、内側列の転輪1個を交換するために外側の転輪2個を外さねばならないなど欠点も多いものだった。

戦時大量生産の見地からこのサスペンションを合理化する着想は当然のようにして生まれた。

ポルシェ博士による新懸架装置の提案はフェルディナントの懸架装置とよく似たもので、車輪2組を1つのボギー架台に取り付けて縦置きのトーションバーで支えるものだった。

この方式によって車体側面装甲に多数の精密な孔開け加工を施す必要が無くなり、片側4個のボギー架台取り付け部を設けるだけで済んだ。

さらに転輪数は片側4個のボギー架台に2個ずつ合計16個に減少し、転輪自体も直径がヘンシェル式の800mmから700mmに縮小され、薄く単純な構造だった。

ポルシェ式サスペンションはこのように部品数と工数の画期的な減少をもたらす合理的な発想として歓迎されたが、実車に装着して走行試験が開始されると問題が生じた。

ポルシェ式サスペンションはヤークトティーガーの第1号車である車台番号305001号車に装着され、同じく305002号車に装着されたティーガーIIと同様のヘンシェル式サスペンションと比較試験が行われた。

しかし、ポルシェ式サスペンションは一定の速度に達しない限り車体の揺動を吸収し切れず不快な上下動が続き安定した走行ができなかった。

戦車にとって重要な低速時の安定走行が困難であることは深刻な問題だった。

■足回り

加えて転輪数が減少し、転輪自体も薄くなったことから履帯にかかる重量が偏り、履帯の消耗、破損を招くことが判明した。

このためポルシェ式サスペンションの性能は疑問視されたが、ポルシェ博士によるサスペンションの機構上の問題ではなく、ティーガーII用の履帯のピッチに原因があるという反論によってエレファント用の履帯を流用することが推奨された。

こうしてエレファント用履帯を取り付けた305004号車での実験が開始されたが、低速時の上下動は収まらず、一時期は有望視されたポルシェ式サスペンションは生産を混乱させただけで放棄された。

しかしヘンシェル式の横置きトーションバーに対応した車体と部品類が整うまでの間、合計10輌のヤークトティーガーがポルシェ式サスペンションと700㎜径の転輪を装備して完成した後に、1944年9月からヘンシェル式サスペンションを使用したヤークトティーガーの量産が開始された。

このポルシェ式サスペンションへの一時的な注目はパンター、ティーガーを再度統一したE50、E75といった新戦車ファミリーにも同種のサスペンションの採用が検討されるまでに至ったが、ヤークトティーガーでの実験成績不振によってこれらは再検討を迫られた。

乗員間連絡装置

旋回砲塔を持たないヤークトティーガーは主砲の左右旋回限度を超える場合には車輌全体を旋回させて目標と正対する必要があった。

このため車長と操縦手間の密接な連絡が重要だったが、大型の車輌であることから直接の会話を行うには距離があり過ぎ、しかも戦闘中はエンジンの騒音が通常の会話を妨げていた。

このため操縦手への指示はインターコムによるが、状況によって使用できない場合であっても車長の意思を操縦手に伝える機械的な信号伝達器が装備されていた。

車長は車長席からこの装置を操作すると操縦手は機械式信号によって前進後退左右旋回の指示を受けることができた。

無線装備の種類と用途

ヤークトティーガーはフンクゲレート5無線送受話器（Fu5）とフンクゲレート2無線受話器（Fu2）を車内用インターコムと共に装備していた。

Fu5は2万7200kHzから3万3300kHzの周波数の超短波を用いた中隊用の近距離無線装備で12ボルト電源を使用し、10W出力の送信機「C」は車体前部の変速機上部に置かれ、超短波受信機「E」は戦闘室の車長席近くに配置された。

通信距離は車輌が静止している場合は約4000m、走行中の場合は約2500mとされている。

また無線通話は車長の操作により車内用インターコムを介して操縦手や砲手に伝えることができ、車内用インターコムの喉マイクとヘッドフォンはFu5と共用できるようになっている。

車内用インターコムと外部との無線通話はスイッチで切り替えられ、車長と無線手（前方銃手）が操作したが「Bord」（インターコム）と「Funk」（無線電話）との切り替えを行っても車内通話が優先され、「Funk」モードに入っていても車内の通話が切られることは無く、戦闘時の緊急車内通話を妨げない工夫が施されていた。

Fu5用のアンテナは車長用ハッチ前方に2mの高さで立てられている。

Fu2は補助無線機として搭載されたもので、送信機を持たず受信のみの機能を持っていたが、車内用インターコムとの切り替えスイッチはFu5と同様のシステムで車内通話が無線電話に割り込むことができた。

このFu5と補助用Fu2の組合せにも名称があり、両者を統合してFu13と呼ばれている。

そしてヤークトティーガーにも中隊長が使用する指揮車仕様が存在した。

中隊長用の指揮車輌は中隊外の上級指揮官と交信するために、Fu5の倍の出力を持つ20Wの送信機「D」と超短波受信機「D」からなるFu7を搭載するか、さらに強力な30W送信機「A」と中波受信機「C」を組み合わせたFu8を装備した。

どちらも長距離無線電話器だったが、Fu7は地上から航空機へ交信する機能を持ち、Fu8はより通信距離が長く師団規模の司令部との連絡に適していた。

これらの指揮車用追加無線機を装備するためには戦闘室内左後方の弾薬架を撤去する必要があり、このためにヤークトティーガー指揮車仕様は最大40発とただでさえ少ない搭載弾薬がさらに減少することになる。

■車体下部透視図

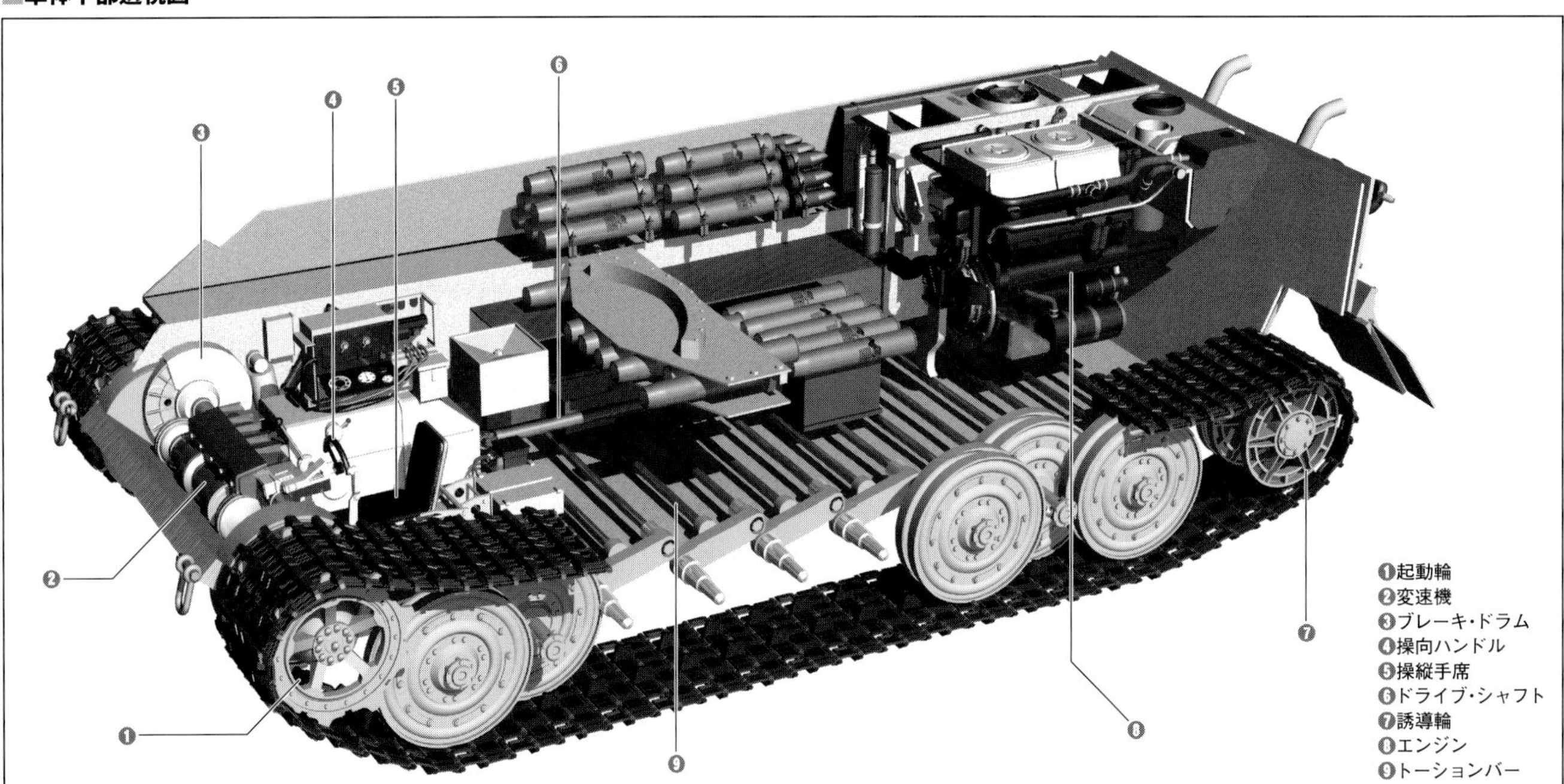

■車体後部

❶牽引用C型フック
❷排気管
❸ジャッキ台
❹ジャッキ

外部装備アクセサリー

ヤークトティーガーの車体外部には次のような装備が取り付けられていた。

車体後面には鋼製スクリュージャッキ（20ｔ用）が取り付けられ、ジャッキ用の木製台座1個も添えられていた。

さらに後面には牽引用に用いるC型フック2個も取り付けられている。

車体左側には牽引用の32㎜径の鋼製ケーブル（8・2ｍ）1本、1・8ｍのクロー・バー1本、エンジン始動用のクランクハンドル1本、スコップ1本、そして連結式の主砲用クリーニングロッド1本が取り付けられた。

車体右側には左側と同じく牽引用の32㎜径鋼製ケーブル（8・2ｍ）1本が取り付けられたほか、履帯交換に用いる14㎜径の鋼製ケーブル（15ｍ）1本、連結式の主砲用クリーニングロッド3本が取り付けられていた。

機関部上には容量2リットルの消火器とワイヤーカッターが置かれ、車体前部上面には斧とハンマーが固定されていた。

履帯

ヤークトティーガーには2種類の履帯があった。

ひとつは行軍と戦闘に使用する幅790㎜の標準履帯で、もうひとつは鉄道の車輌限界に合わせた幅600㎜の鉄道輸送用履帯だった。

材質はマンガン鋳鋼製で、標準型履帯の接地圧は1・11kg／平方cm、鉄道輸送用履帯は1・44kg／平方cmで、鉄道輸送用履帯の接地圧は標準用に比べて大幅に高く、この履帯での一般的な走行は禁じられていた。

だがヤークトティーガーの重量は履帯の寿命を極端に短いものとし、200km程度の走行で消耗して切断事故が頻発したことから履帯の供給は常に不足し、鉄道輸送用履帯を標準履帯の代用として用いるという非常手段が取られた車輌も複数存在した。

これらの車輌は標準履帯を装着した車輌よりも軌道が制限され、不整地走行はきわめて慎重に行う必要があった。

履帯の破損と切断事故が後を絶たないことから、ヤークトティーガーの戦闘室側面に取り付けられた予備履帯用の16個の履帯吊り掛け用ラックは1944年12月の生産車から24個に増やされ、戦闘室側面を予備履帯が覆うこととなった。

これは結果的に80㎜装甲の戦闘室側面に対する補助装甲としても機能したが、予備履帯の追加は車体重量のさらなる増加をもたらし、その結果、履帯の消耗が早まり、破損、切断が増加するという悪循環を招いている。

■履帯

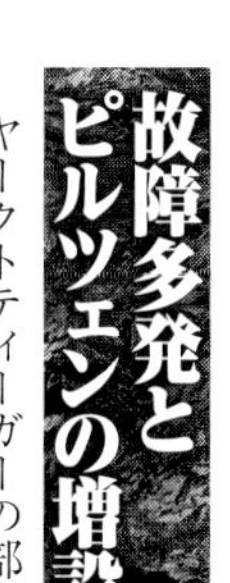

故障多発とピルツェンの増設

ヤークトティーガーの部隊配備が始まり、故障多発により野戦修理を頻繁に行わねばならない実情が認識されると、整備隊が装備する野戦修理用クレーンの取付を容易にするため、1945年3月の生産車からは戦闘室上部にクレーン用のキノコ型金具（ピルツェン）3個から4個が溶接されるようになった。

ヤークトティーガーを野戦で重修理する場合、たとえば変速機を降ろして修理または交換する場合、重量1200kgの変速機を車体前部上面の開口部から吊り上げなければならない。

また破損した主砲を取り外す場合には、主砲一式の重量約8000kgを吊り上げる必要があった。

このような作業を行うために整備隊の装備が充実されると同時にヤークトティーガーの車体にも野戦用組み立て式クレーン装備に適するような改修が行われていた。

ヤークトティーガーの開発経緯

類稀な攻防力を備えた重駆逐戦車、ヤークトティーガーはどのような背景で計画され、いかなる過程を経て開発されたのか。ここでは、その経緯と生産の実態までを解説していく。

文／古峰文三

12.8cm重突撃砲計画

ヤークトティーガーはティーガーⅡとほぼ同じ車台を用いた重駆逐戦車として戦争末期に少数が活動したことから、ティーガーⅡから改造された車輌のような印象があるが、これは正しくない。

写真はヤークトティーガーとほぼ同型の車台をもつティーガーⅡ重戦車（ヘンシェル砲塔）。両車輌の開発はほぼ同時期にスタートしている

ヤークトティーガーの原構想はティーガーⅡの完成以前から始まっており、両車はほぼ並行して開発されている。

12.8cm重突撃砲の計画が始まったのは、最初の重突撃砲となったティーガー（P）車台を利用した完成車がヒトラーに供覧され、フェルディナントの名称を与えられた1943年2月まで遡ることができる。

重突撃砲がグデーリアンによって砲兵管轄から機甲総監の管轄下に移される以前にその構想が生まれており、ヤークトティーガーもフェルディナントの完成によって生まれた超重量級の突撃砲計画に源流があった。

言い換えれば1942年に最高潮に達した突撃砲への評価から生まれた超兵器のひとつがヤークトティーガーである。

突撃砲ブームとも言うべき開発環境下で、既に完成したフェルディナント以上の威力を持つ主砲と、フェルディナントの200mm装甲を上回る重装甲を持つ重突撃砲の計画はスタートしている。

基本コンセプトは「距離3000mで敵戦車を撃破できる重突撃砲」だった。

当初はティーガー（H3）の車台を利用し、12.8cm砲を搭載する重突撃砲という漠然とした内容だったが、ただちに具体案の検討がヘンシェル・ゾーン社に命じられ、3月中に計画案の提出が求められ、4月中に木製実物大模型の制作が行われた。

最初に検討された課題はフェルディナントの8.8cmPaK43／2と同じく、長大な12.8cmPaK44を車体の何処に配置するかという問題だった。

フェルディナントは砲身が車体前方に大きく突出しないように車体後部に戦闘室を置く形態を採用していたので、これに倣って戦闘室を車体後部に置くことが検討されたが、この案は間もなく放棄されている。

写真は1943年10月、ヒトラーに披露されたイタリアのP26/40重戦車（手前）だが、その奥に見えるのがヤークトティーガーの木製実物大模型。さらに後方にはティーガーⅡやヤークトパンターの実物大模型も並んでいる

車体後部に戦闘室を設けるとティーガー（H3）との車台の共通性が損なわれ、設計を大きく変更しなければならず、戦時下での兵器生産合理化の見地からそのような事態は避けねばならなかった。

車体後部への戦闘室配置はティーガー（P）車台という特殊な条件下で実行されたものであり、同時にフェルディナントの計画開始時よりも兵器増産への要求がより切迫していたことも見逃せない。

車体中央への戦闘室配置にはティーガー（H3）との共通化を図る見地から合理性があったが、この形態を採用すると車体前部から砲身が3m程度前方へはみ出すことになる。

フェルディナントでは憂慮された砲身の前方突出はこの計画では生産合理化が優先され、前方に大きく突出する砲身による不便さは運用の工夫で凌ぐこととなった。

しかし砲塔を旋回させて後ろに回すこともできない固定戦闘室に装備された主砲が、車体前方に大きく突き出している問題は部隊配備後に不評を生んでおり、実用的とは言い難かった。

そしてPaK44の巨大な砲尾を収める戦闘室のお蔭で、共通化を進めたはずの車台も厳密に言えばティーガーⅡとは全長が異なっている。

ヤークトティーガーの特徴

ティーガーⅡの単なる改造車輌ではなく、並行して開発された別の車輌であることは足回りのメカニズムからもわかる。

それはポルシェ式サスペンションと転輪の採用だった。

フェルディナント・ポルシェ博士が提案した生産性と整備性が良好なポルシェ式サスペンションは、確かに要目上では合理的でヤークトティーガーの生産を効率化してくれる新機軸となるはずだったが、実際に走行試験を行うと振動の発生と転輪数の減少から来る履帯への偏った負荷により不具合の種となってしまった。

結局、ポルシェ式サスペンションと転輪の採用は諦められたが、半ば採用が決定していた機

ポルシェ式の足回りが採用されたヤークトティーガーは量産初期に10輌のみ完成した。写真はその内の1輌で、転輪がヘンシェル式より1個少ない片側8個となっており、各転輪の間隔も広い

構であるため、ティーガーⅡと同様の横置きトーションバーサスペンションで量産車が製造される決定が為された後も仕掛かり品を使った製造が続けられ、合計10輌のポルシェ式サスペンション装着車が完成した。これらは部隊配備も行われ、配備先の第653重駆逐戦車大隊では整備上の問題から厄介な存在となった。

主砲となる12・8cmPaK44は将来の装弾筒付徹甲弾の採用を考慮して、砲口のマズルブレーキを持たなかった。

このため反動は強力なものとなったが、強固な砲架と超重量級の車体によって対処された。

装弾筒付徹甲弾は終戦まで供給されることはなかったが、マズルブレーキの排除は猛烈な発射煙を吐き出すPaK44にとってはかえって幸いだったかもしれない。

実際に戦場で自車の発射煙によって視界が遮られて次弾が撃てない事態が発生しているので、マズルブレーキの装着はこの傾向を助長したと予想される。

車体前面上部の装甲はフェルディナントとは異なり150㎜厚の均質圧延鋼鈑で構成され、シンプルかつ防御力の向上が見られた。

戦闘室前面装甲は室内容積の関係上、傾斜装甲にはできず、フェルディナントと同じ200㎜で計画されていたが、後に250㎜に強化された。

戦闘室側面と車体側面は連続した一枚板の80㎜装甲で、こちらは防御上、強化すべき厚さではあったが、ティーガーⅡの車台と駆動系を利用するにはすでに重量が限界に近かったことから80㎜のままとされ、戦闘室側面には予備履帯が補助装甲の役割も兼ねて装着され、後期の車体では装着する履帯が増やされている。

ヤークトティーガーの側面装甲はアメリカ軍歩兵に普及し始めたバズーカ砲に対して十分とは言えず、最初の戦闘損失は側面へのバズーカ砲の命中による弾薬誘爆によるものとなっている。

ヤークトティーガーの生産状況

ヤークトティーガーの生産にはフェルディナントと同じくニーベルンゲンヴェルケ戦車工場が大きく関与している。

このような大型装甲車輌の生産は同工場の主要な任務であるため当然の措置だったが、生産準備段階でⅣ号戦車の増産の優先順位が上げられたことから、ヤークトティーガーの生産は細々としたものとなった。

それでも1944年7月に3輌が完成し、生産は進捗し始めたが、資材の不足からヤークトティーガーの製造は当面150輌を目標とすることとなり、1945年1月にはヒトラーから現状以上の製造を中止する要求が突きつけられた。しかし、資材が準備されていた生産途中の車輌を中止する訳には行かず車輌の組み立ては続行されている。

主砲となる12・8cm砲の生産は高射砲と競合し、分厚い装甲鋼鈑の製造は空襲により傷ついたドイツ国内の製鋼能力にとって大きな負担となったからである。

またニーベルンゲンヴェルケでのヤークトティーガー生産も3月の空襲による被害などから1945年4月中には停止して、組立工場を1945年5月からユンゲンタール社に移管する計画が立てられていた。

ニーベルンゲンヴェルケ戦車工場のヤークトティーガー生産ラインは1945年5月4日に完成間近の車輌と共に破壊された。

最終的にヤークトティーガーは車体番号305001から305088まで、すなわち1944年2月に完成した試作車2輌と7月から完成し始めた量産車86輌の合計88輌が製造されたと言われる。

しかし生産ライン上で撮影された写真からは車体番号305098の姿が確認できるため、88輌とは1945年4月までの完成数とも推定される。

また4月と5月の完成車はPaK44が払底し、既製品からの流用も途絶え、もはや供給されなくなったことから主砲を8・8cmPaK43/3へと変更し、少なくとも7輌か8輌にはこの砲が搭載されたと言われる。

このようにヤークトティーガーの生産数は車体番号により88輌から98輌と見られるものの、空襲により工場内で破壊された車体も含まれると考えられる上に、照準器の取り付けが行われていないヤークトティーガー（おそらくは8・8cmPaK43/3搭載車）数輌が5月4日に爆破されていることから、これより少ない可能性が大きい。

ニーベルンゲンヴェルケ工場におけるヤークトティーガーの組み立てライン。その正確な生産数は不明ながら、90輌にも満たないと考えられる

重駆逐戦車の運用と部隊編制

すでに解説した通り、重駆逐戦車フェルディナントは本来「重突撃砲」として開発された。本稿ではその運用構想の背景、そしてフェルディナント／エレファントとヤークトティーガーの配備部隊の編制などを詳述していく。

文／古峰文三

突撃砲とはどんな兵器か？

最初の重駆逐戦車フェルディナントはポルシェティーガー車台を利用した重突撃砲として開発された。

このため初期の構想では砲兵の管轄下にある突撃砲と同じく、突撃砲大隊として第190重突撃砲大隊、第197重突撃砲大隊、第600突撃砲大隊に編成される予定だった。

突撃砲とは歩兵に随伴する野砲の役割を担う装甲車輌だ。

第一次世界大戦で歩兵を支援して突撃路を切り開いた野砲が、いざ前進が始まると歩兵に取り残されるため、突撃前の火力支援に参加しない旧式の軽量野砲を装備した馬匹牽引の野砲部隊が用意されて歩兵に随伴した。

この随伴砲兵は、前進した歩兵が敵のストロングポイントにぶつかって停止すると、ただちに前に出て直接射撃で歩兵を支援した。

しかし歩兵随伴専用とはいえ馬匹牽引の野砲（1896年式7・7cm砲）では機動力にも限界があり、しかも敵小火器の射撃の中で裸の野砲を前に押し出す戦い方は大いなる勇気を必要とした。

こうした歩兵随伴野砲が機械化されたものが突撃砲だった。

1930年代に熱病の如く世界中に蔓延した、機械化による機動戦思想は多くの欠点を持っていた。

戦車中心に発想された機動戦の枠組みでは高度に機械化された部隊は、戦車と共に突破前進して行くことになっていたが、その機動戦を実現するために敵防衛線に突破口を切り開く一般歩兵部隊は、第一次世界大戦レベルの状況に置き去りにされていた。

そして安価なことから持て囃された、軽装甲で火力の小さい機動戦志向の快速戦車は歩兵の支援には向かなかった。

そのために各国陸軍は歩兵支援用戦車の構想を持ち続け、これら歩兵支援用の低速ではあるが重装甲で比較的大きな火力を持つ戦車は、一般に旧思想の残滓として扱われるものの、当時としてはきわめて重要な存在なのである。

しかし、こうした歩兵支援用戦車は重く大きく何よりも高価であることから、1930年代を通じてその配備はなかなか進まなかった。

旧思想を体現した保守本流の戦車といった印象を受ける歩兵支援用戦車は、けして主流ではなかったのである。

そして1935年にヴェルサイユ条約による軍備制限を破棄して再軍備を開始したドイツに対応した再軍備時代を迎えたことで、ようやく欧米各国陸軍で開発と配備が始まった、重く大型の新戦車が、一般に言われる「歩兵戦車」なのである。

戦間期の軍縮時代では緊縮予算のために配備できなかった高価な「歩兵戦車」は、再軍備時代を迎えて初めて本格的に配備できるようになった新しい存在なのだ。

強力な装甲で有名なイギリス陸軍のマチルダⅡ戦車は、まさに本格的歩兵戦車の第一号となる新鋭戦車として第二次世界大戦を迎えた。

そして機動戦用のM2軽戦車、M3軽戦車系列に対して、M2中戦車、M3中戦車、M4中戦車として発達したアメリカ陸軍中戦車も紛れもなく歩兵戦車である。

旧式な外観ではあるものの、フランス陸軍のB1戦車も対戦車砲を受け付けない強力な装甲と野砲口径の主砲を装備した歩兵戦車の先駆け的存在として、各国の戦車開発に影響を与えた。

長らく禁止されていた戦車開発を再開したドイツ陸軍でも、歩兵支援用の戦車の必要性が説かれた。

エーリッヒ・マンシュタイン大佐がその必要性を唱えた「突撃砲」がそれだった。

しかしマンシュタインの「突撃砲」構想は他国の「歩兵戦車」よりも砲兵を志向したもので、歩兵突撃の火力支援を第一の任務としていただけでなく突破後の逆襲に含まれる敵戦車を撃退する対戦車戦闘能力をも求められた。

第一次世界大戦の随伴野砲兵と同じように歩兵と共に前進し、敵のストロングポイントを近距離で破壊する火力と装甲防御力を持ち、さらに逆襲に備えて対戦車戦闘能力をも備える万能砲兵が「突撃砲」構想だった。

突撃砲部隊の編制

ドイツ陸軍部内でも歩兵戦車の仕様について多くの議論が存在したが、第一次世界大戦で経験した随伴砲兵の伝統が強い影響力を持っていた。

随伴砲兵とは野砲を装備した馬匹牽引の軽砲兵隊であり、野砲とは75㎜級の長砲身砲を意味している。

1917年11月のカンブレー戦で野砲隊が前線を突破した敵戦車の前方に急速展開したことが、ドイツ砲兵の組織的対戦車戦の出発点であったことから、歩兵と共に前進する野砲である突撃砲には最初から対戦車戦闘任務が期待されていた。

実際の突撃砲の開発にあたっ

写真は1896年型7.7cm野砲（7.7cm FK96）に駐退複座装置を搭載した7.7cm FK96 n.A.（n.A.は新型の意）。第一次大戦を通じてドイツ軍で使用された

第二次大戦において米軍戦車部隊の主力をなしたM4中戦車も、歩兵支援用というコンセプトに基づいて開発された「歩兵戦車」であった

ては主力戦車として開発中のⅢ号戦車車台を利用することとなり、搭載する主砲は火力支援戦車として開発中だったⅣ号戦車に搭載された24口径の短砲身7・5cm砲が選定された。

ドイツの戦車生産は戦車部隊用の通常型戦車の生産に追われていたため、車台も主砲も通常型の戦車から流用する以外に突撃砲を実現する余力が無かったのだ。

初速が400m／sを切る低初速砲であるにもかかわらず、突撃砲にAPCBC弾が供給されていたのは、こうした対戦車戦闘任務が開発当初から織り込まれていたためである。

開発と生産は通常型戦車に圧迫されながらゆっくりと進み、当初の構想では大隊規模の突撃砲部隊を各歩兵師団に配備するはずだったところを中隊規模に縮小し、最初の突撃砲部隊は独立突撃砲中隊として編成された。

独立突撃砲中隊の特徴は歩兵部隊の戦術的要求に従って、小隊ごとの分割投入に対応できるように弾薬補給車が小隊に所属している点にあり、独立して行動できる突撃砲小隊3個を柔軟に運用できるよう配慮されていた。

そしてようやく突撃砲の生産と配備が進み、車輌数に余裕が見え始めた1941年前半、ソ連侵攻作戦を前にした時期に突撃砲部隊は構想通りの大隊編制が導入され始める。

このように突撃砲大隊の歴史は意外に新しい。

重突撃砲大隊と重戦車駆逐大隊の違い

フェルディナントが重突撃砲として完成しつつあった1942年末、この車輌を装備する重突撃砲大隊として三つの重突撃砲大隊が編成されようとしていたが、機甲兵総監となったグデーリアンの強力な主張から重突撃砲は戦車部隊の管轄下に置かれ、砲兵から取り上げられてしまった。

グデーリアンは砲兵管轄下での三つの重突撃砲大隊を第653重戦車駆逐大隊、第654重戦車駆逐大隊の二つの大隊に編成した。

砲兵管轄下では三つの大隊だったものが、機甲兵管轄下では二つの大隊となっているのはどうしてだろうか。

その理由は1941年／1942年の突撃砲大隊の標準的な編制が1個中隊10輌の3個中隊編制だったことによる。

砲兵の常識では重突撃砲部隊もそれまでの突撃砲と同じく、必要に応じて分割投入することを考慮して通常の突撃砲大隊の編制をそのまま適用した。

フェルディナントの生産数は90輌に限定されていたため、そのまま30輌ずつの3個大隊としたのだ。

これに対してグデーリアンは、重駆逐戦車に名称を変更したフェルディナントともうひとつの重突撃砲であるⅣ号突撃戦車ブルムベアを、集中的に運用し突破作戦の槍の穂先として用い

24口径の短砲身7.5cm砲を搭載したⅢ号突撃砲B型。突撃砲には当初から対戦車戦闘能力が要求されており、F型以降は主砲を長砲身化して装甲貫徹力を向上させている

第656重戦車駆逐連隊（1943年7月のクルスク戦時：定数）

- 連隊本部中隊（Ⅱ号戦車×3、Ⅲ号戦車×22※）
  ※連隊本部中隊のⅢ号戦車のうち12輌は後に第12装甲師団へ委譲
  - 第653重戦車駆逐大隊（フェルディナント計45輌）
    - 大隊本部（フェルディナント×3）
    - 第1中隊
      - 中隊本部（フェルディナント×2）
        - 第1小隊（フェルディナント×4）
        - 第2小隊（フェルディナント×4）
        - 第3小隊（フェルディナント×4）
    - 第2中隊（編制は第1中隊と同様）
    - 第3中隊（編制は第1中隊と同様）
  - 第654重戦車駆逐大隊（フェルディナント計45輌）
  - 第216突撃戦車大隊（ブルムベア計45輌）
    - 大隊本部（ブルムベア×3）
    - 第1中隊
      - 中隊本部（ブルムベア×2）
        - 第1小隊（ブルムベア×4）
        - 第2小隊（ブルムベア×4）
        - 第3小隊（ブルムベア×4）
    - 第2中隊（編制は第1中隊と同様）
    - 第3中隊（編制は第1中隊と同様）

上記以外に、第313無線操縦戦車中隊（Ⅲ号戦車×10、BⅣ無線操縦戦車×36）、および第314無線操縦戦車中隊（Ⅲ号戦車×10、BⅣ無線操縦戦車×36）を含む。

る構想を抱いていた。

従来の突撃砲のような歩兵突撃の火力支援ではなく、重駆逐戦車集団の衝撃力を主体的に利用しようとする発想だった。

このため重戦車駆逐大隊はそれぞれ45輌ずつのフェルディナントを装備している。

重突撃砲大隊3個の編制と比較して大隊本部が1つ減り、中隊本部が3つ減ったのは、分割投入から集中投入へと運用が変更されたことで指揮組織を減らすことができたからである。

こうして、やがてクルスク戦に敵陣突破用の強力な新兵器として集中投入されるフェルディナント部隊の編成が開始された。

運用構想は改められたが、第653重戦車駆逐大隊は既にフェルディナント部隊として編成途上にあった第197重突撃砲大隊の名称を改めたもので、乗員は突撃砲出身者で占められており、その技量も思考も突撃砲兵として鍛えられていた。

初期の重戦車駆逐大隊は、砲塔を持たない突撃砲の運用に習熟した突撃砲兵によって構成されていたのである。

Ⅳ号戦車の車台に固定戦闘室を設け、15cm砲を搭載したⅣ号突撃戦車ブルムベア。写真はイタリア戦線における第216突撃戦車大隊の所属車輌

さらに第653重戦車駆逐大隊と第654重戦車駆逐大隊という2つの大隊は重駆逐戦車の集中運用を目的としたものである以上、2個大隊を一度に運用する本部機能が必要とされた。

このために第656重戦車駆逐連隊本部が設けられ、フェルディナントは連隊規模で運用されるようになった。

そして第216突撃戦車大隊も第656重戦車駆逐連隊の指揮下に編入され、連隊は第653重戦車駆逐大隊を第1大隊、第654重戦車駆逐大隊を第2大隊、第216突撃戦車大隊を第3大隊とする3個大隊を持ち、2個大隊編成が標準の戦車連隊と比べて大規模な戦車連隊となっている。

加えてクルスクの赤軍陣地に敷設された地雷原に突破口を開く目的で、無線操縦戦車中隊2個が加わった。

この無線操縦戦車中隊は当初BⅣ無線操縦戦車と支援車輌のⅢ号戦車、Ⅲ号突撃砲を装備していたが、後に改良型のBⅣ無線操縦戦車と新型のゴリアテ無線操縦戦車が加わった。

このように重駆逐戦車の集中運用構想による充実した装備の連隊が誕生し、クルスクでの攻勢に備えることとなった。

クルスクを目標とした「ツィタデレ」作戦が中止され、赤軍攻勢を迎え撃ちながらの後退戦が一段落した段階で、フェルディナントの約半数が失われた。

新造車輌が補充されないフェルディナント部隊は縮小を余儀無くされ、第654重戦車駆逐大隊は装備車輌を第653重戦車駆逐大隊に引き渡して東部戦線から引き上げられ、フェルディナントに代わる新しい重駆逐戦車であるヤークトパンターへの改変準備に入った。

もし戦局が悪化することとなく、加えてヤークトパンターの生産が順調に進んでいれば、第654重戦車駆逐大隊は新装備と共に第656重戦車駆逐連隊に復帰したかもしれないが、現実には装備改変は遅れ、重駆逐戦車の集中運用を目的とした第656重戦車駆逐連隊本部は解体されてしまった。

1944年2月に名称変更が通達されたフェルディナントはエレファントと改称され、第653重戦車駆逐大隊は連合軍のアンツィオ上陸に対する緊急対応のため第1中隊をイタリアに派遣することとなった。

この派遣は重駆逐戦車の集中運用という創設以来の方針から外れる異例の措置で、独立して行動する第1中隊に大量の支援車輌と支援要員を随伴させたために、残された第2中隊、第3中隊の作戦行動に重大な支障を来たした。

この時期においても、重戦車駆逐大隊は中隊ごとの分割投入を考慮していなかったことがわかる出来事でもある。

また1944年前半を東部戦線で戦った第2中隊、第3中隊からなる第653重戦車駆逐大隊には前年の戦訓から中隊付属の弾薬補給車各2輌（第2中隊にはⅢ号戦車改造車1輌と鹵獲T-34改造車1輌、第3中隊にはⅢ号戦車改造車2輌が存在した）と回収戦車が付属し、大隊本部には観測戦車としてエレファントと同等の装甲強化を施された車体に旋回砲塔を持つポルシェティーガーと、Ⅳ号戦車の砲塔を持つパンター各1輌も存在した。

数が減る一方のエレファントに代わる重駆逐戦車として生産されたヤークトパンターに加えて、ティーガーⅡと多くの部品を共用する12・8㎝砲装備の重駆逐戦車であるヤークトティーガーが開発されると、第653重戦車駆逐大隊の主力はヤークトティーガーへの装備改変に入り、フェルディナントは残る1

第653重戦車駆逐大隊の大隊本部に配備されたポルシェティーガー（左）。右奥には、パンターの車体にⅣ号戦車（長砲身型）の砲塔を搭載した車輌も見える

第653重戦車駆逐大隊（1945年3月：定数）

大隊本部中隊（Sd.Kfz.251/6×3）
- 第1中隊（ヤークトティーガー計14輌）
  - 中隊本部（ヤークトティーガー×2）
    - 第1小隊（ヤークトティーガー×4）
    - 第2小隊（ヤークトティーガー×4）
    - 第3小隊（ヤークトティーガー×4）
- 第2中隊（ヤークトティーガー計14輌）
- 第3中隊（ヤークトティーガー計14輌）
- 対空小隊×2
  （Ⅳ号対空戦車メーベルヴァーゲン×4、Ⅳ号対空戦車ヴィルベルヴィント×4）
- 偵察小隊（Sd.Kfz.251×7）
- 工兵小隊（Sd.Kfz.251×3）

第512重戦車駆逐大隊（定数）

大隊本部中隊（ヤークトティーガー×3）
- 第1中隊（ヤークトティーガー計10輌）
  - 中隊本部（ヤークトティーガー×1）
    - 第1小隊（ヤークトティーガー×3）
    - 第2小隊（ヤークトティーガー×3）
    - 第3小隊（ヤークトティーガー×3）
- 第2中隊（ヤークトティーガー計10輌）
- 第3中隊（ヤークトティーガー計10輌）

個中隊に集中され第614重戦車駆逐中隊へと改変された。

Ⅲ号戦車ベースの突撃砲が通常の戦車と同様に大量生産されたのに対して、重駆逐戦車であるヤークトパンターとヤークトティーガーの生産は限定的なものだった。

これは多くの支援を必要とする重量級車輌であり、特定の突破作戦に使用されるべき存在だったことも大きな理由の一つだったが、深刻な戦車不足に悩む戦車部隊が通常型戦車をより必要としていたことも見逃せない。

ヤークトパンター装備大隊は当面、第654重戦車駆逐大隊1個で十分とされ、強力な秘密兵器として位置づけられていたヤークトティーガーの生産も比較的ゆっくりとしたものだった。

1944年のドイツ戦車部隊にとって切実に必要だったのは、特殊用途の重駆逐戦車ではなく、汎用の通常型戦車だったのである。

1944年9月から再編成に入った第653重戦車駆逐大隊の編制はエレファント時代と基本的に変更は無く、中隊本部に2輌、3個の小隊に各4輌で車輌番号も第1中隊本部が101、102、第1小隊が111から114、第2小隊が121から124といった典型的な番号割り当てが行われ、欺瞞用の番号は使われていない。

そして1944年後半になると、ティーガー重戦車の不足から重戦車大隊の要員が余剰となり、重戦車駆逐大隊への転換が目立つようになる。

1944年12月に計画されたアルデンヌでの攻勢、「ラインの守り」作戦に際しては通常の重戦車大隊の戦力強化のために、ヤークトティーガーを増強する構想も打ち出された。

しかしこの構想は実現せず、その代わりに1945年1月に第512重戦車駆逐大隊が新編成された。

第512重戦車駆逐大隊は第653重戦車駆逐大隊に比べて編制がやや小さく、各中隊は中隊長車と3個小隊各3輌の編制でこれに大隊本部小隊3輌が加わる33輌が編制定数となっていたが、これでもヤークトティーガーの生産は追いつかず、定数が満たされることは無かった。

もう1つの特徴は要員にあった。

大隊長は元第503重戦車大隊長のヴァルター・シャーフ少佐で、第1中隊長はホルニッセ装備の第519重戦車駆逐大隊で戦い、ヤークトパンターの経験も持つアルベルト・エルンスト大尉、第2中隊長は元第502重戦車大隊で戦い、負傷回復と共に配属されたオットー・カリウス中尉、といったように重戦車大隊出身者が目立ち、隊員にもティーガー乗員が多かった。そして第3中隊は編成完結していない。

ティーガー経験者は旋回砲塔を持たず、機動力が極めて低いヤークトティーガーの扱いに困惑し、さらにティーガーよりも整備に手間が掛かり、故障も頻発することからこの車輌に対する信頼と愛着はなかなか生まれなかった。

特に第2中隊は、中隊長であるカリウス中尉以下の中隊員の士気は低かったと伝えられ、通常型戦車からの転換が難しかったことを示している。

一方、ホルニッセとヤークトパンター経験者のエルンスト大尉が率いる第1中隊は、新兵器であるヤークトティーガーの火力と装甲に大いに期待し、士気も旺盛だったとされるのは、戦車乗員と駆逐戦車乗員の気質の違いを見るようで興味深い。

第1中隊、第2中隊ともに限定的ではあったが勝利を経験した戦闘があり、第512重戦車駆逐大隊の技量は当時の戦車部隊としては総じて優秀だったと考えられるが、大隊が集結して戦場に投入されることは無く、ルール地区で連合軍に対する遅滞戦闘に用いられただけだった。

重駆逐戦車の戦術・戦法

攻防力こそ強力無比であったものの、限られた射界や大重量に起因する戦略的・戦術的機動力の不足に悩まされることも多かったドイツ重駆逐戦車。本稿では、そうした特徴をもつ重駆逐戦車が、具体的にどのような戦い方をしたのかを解説する。

解説・イラスト／坂本明

見通しの良い地形での戦闘

旋回砲塔をもたない重駆逐戦車は、射角が限定されているため自由な機動戦を展開できない。ゆえに対戦車戦闘における戦術は、待ち伏せによる一撃離脱（ヒットエンドラン）が基本となる。敵に見えないように自らを隠蔽、敵の戦車を砲撃／撃破するごとに別な隠蔽位置に移動したり、後退して砲撃を繰り返す戦術である。この戦術では、戦闘を開始する前に予め次の隠蔽場所や足回りに負荷をかけずに移動できる経路を確保しておくことが重要になる。

強力な大口径砲と厚い装甲を持つ重駆逐戦車は、遠距離からの砲撃では威力を発揮するが、重量のある砲弾を発射するため装填作業に時間がかかるし、簡単に射界を変えることはできない。その間に敵が近接すれば、近接した敵戦車との交戦では移動に制約があり、走行速度も遅いため撃破される可能性も高くなる。相手が対戦車兵器を携えた歩兵を伴った集団であればなおさらだ。

そこで、これらの車輌では可能な限り交戦距離を大きく取り、自らの砲撃で位置が特定されても、すぐには反撃を受けずに戦闘を継続できるようにする。

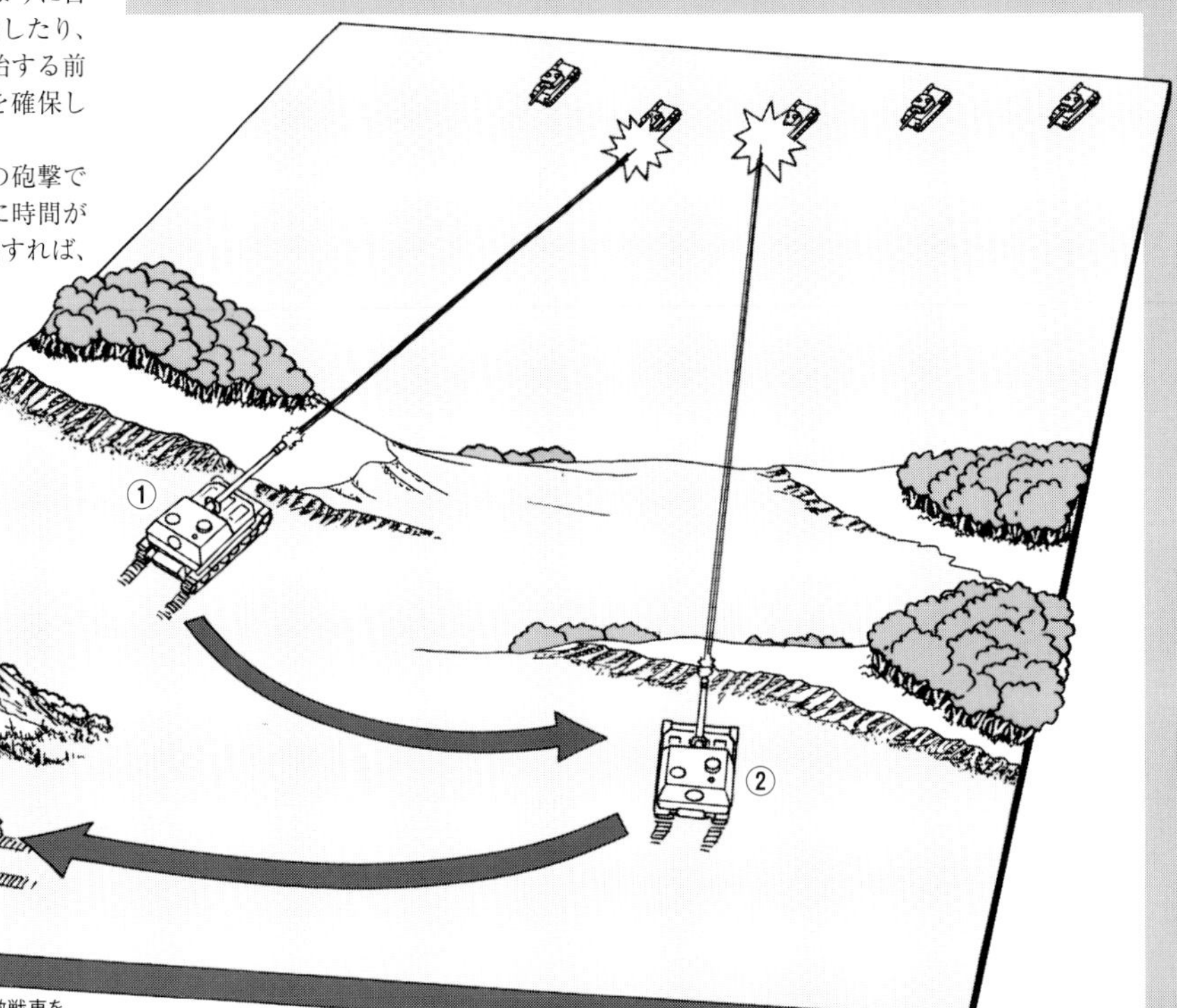

車体を覆う擬装ネット

敵から見えないように窪地や茂みを利用して隠蔽した場合でも、より効果を高めるために擬装ネットを使用することが望ましい。擬装ネットは車体のシルエットを視認しづらくし、周囲に溶け込ませることができるからだ。

①敵から車体が見えづらいように地形の凹凸や茂みなどを活かして隠れ、前進してきた敵戦車を遠距離から砲撃する。一発必中で敵戦車を撃破したら、敵に位置を特定されて反撃を受けないうちに次の掩蔽位置に移動する。
②隠蔽位置に移動したら、次の獲物となる敵戦車に砲撃を加える。
③砲撃後、再び次の掩蔽位置に移動する。

見通しの悪い市街地での戦闘

市街地などの見通しのきかない場所での戦闘でも、待ち伏せ攻撃が基本になる。建物やその残骸など障害物が多い市街地における戦闘では、障害物が自身を隠すための隠蔽物となるが、その一方で移動はより困難になる。

そこで、待ち伏せ攻撃を行う場所は、敵の戦車からはこちらの位置が見えづらいところ、敵の戦車が建物に挟まれ見通しのきかない状態で通りに面する場所、敵の戦車が装甲の弱い側面を晒して走行するような場所が良い。また、自分の周囲の障害物が敵の攻撃を妨げるような場所はより理想的だ。

周囲の見通しの効かない状態で通りに出てきた敵戦車

建物の残骸を利用して車体を隠蔽し、待ち伏せ攻撃を行う重駆逐戦車。相手から見えづらく、自身は見通せるような場所が理想的。敵に砲撃位置を特定され、反撃を受けるまではその位置に留まって攻撃を続ける。また、反撃を受けた場合は逃げられるように退路を確保しておくことが重要。

側面を晒しながら走行する敵戦車

担当区域を決めた対戦車攻撃

この戦術は、敵戦車の進攻が予想される地域を小隊ごとに区分、担当区域を決め、さらに担当区域を座標化（というより区画化、砲兵の砲撃手段に似ている）して敵を効率的に攻撃できるようにしたもの。個々に砲撃を行うのではなく、指揮官の指示する座標に火力を集中してより強力な打撃を与えるのである。

イラストは一つの中隊が構成する対戦車陣地の例。受け持つ地区をA/B/Cの三つに分割、さらにそれぞれを細かく区分して1から9までの座標を振り、A地区を第1小隊、B地区を第2小隊、C地区を第3小隊が担当する。そして各小隊は「Aの4」「Bの5」「Cの7」といった指揮官の命令を無線通信で受け、火力を一つの座標に集中して敵戦車を撃破するのだ。

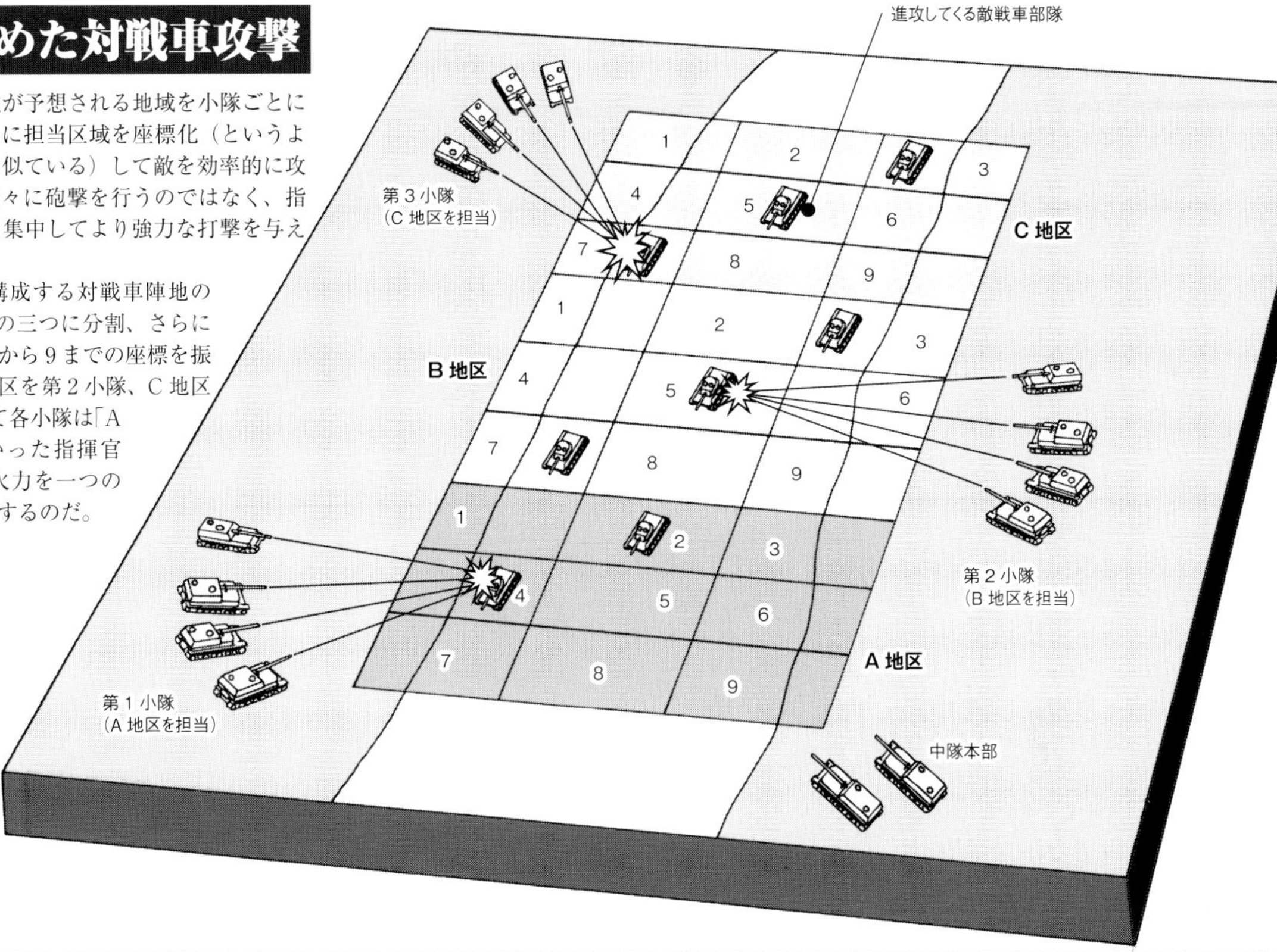

進攻してくる敵戦車部隊
第3小隊
（C地区を担当）
C地区
B地区
第2小隊
（B地区を担当）
A地区
第1小隊
（A地区を担当）
中隊本部

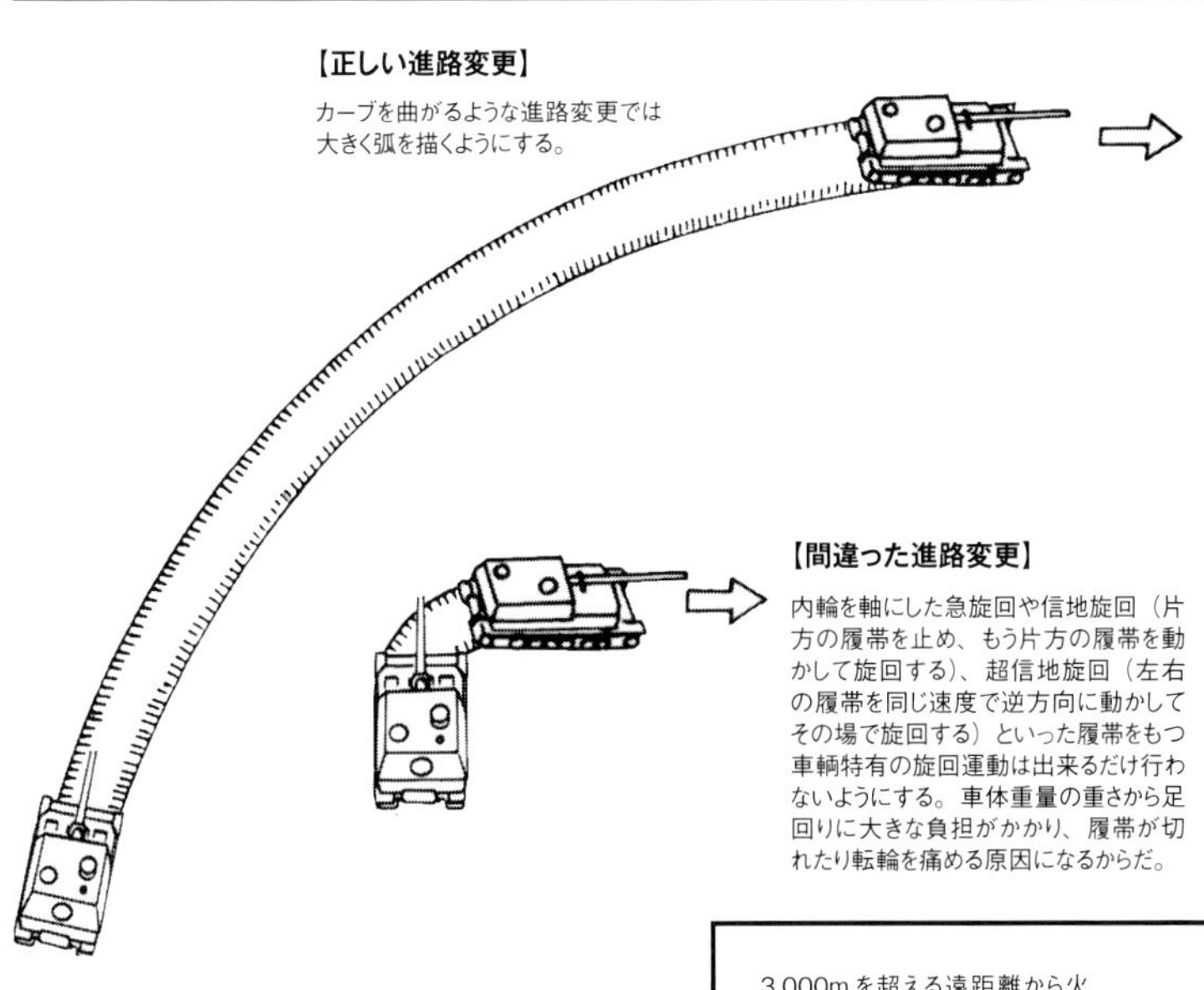

味方の戦車部隊の支援

イラストは、敵の戦車部隊に向かって前進する味方の戦車部隊を、大口径砲で後方から火力支援する重駆逐戦車。重量のある徹甲弾を使用し、有効射程が長い大口径砲ならば、通常の戦車では有効な攻撃を成し得ない遠距離からでも、敵戦車にとって脅威となる火力を発揮することができた（フェルディナントの搭載する71口径8.8cm対戦車砲の有効射程は4,000m）。イラストでは味方戦車への誤射を避けるため、やや見通しの良い高い場所から砲撃を行っている。

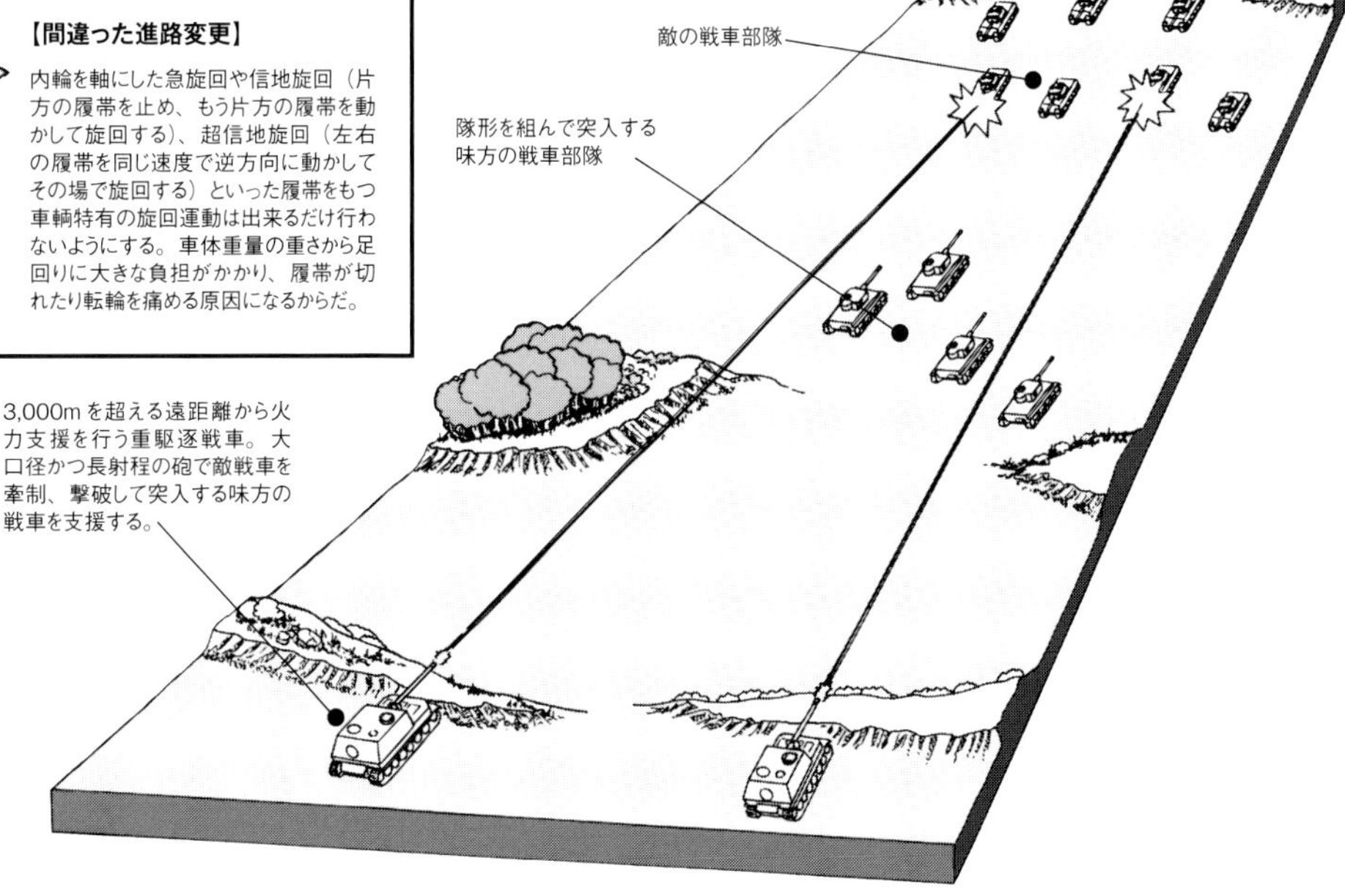

重駆逐戦車特有の機動

フェルディナントやヤークトティーガーのような車体重量が60～70トン以上もある車輌では、単に走行するだけでも足回りに大きな負担がかかる。そのため進路変更、深い轍（わだち）のついた地面の走行、障害物の乗り越え方など、通常の走行においても足回りに負担をかけないようにするための注意事項があった。イラストは進路変更の例を図示したもの。

黒鋼の巨獣（ベヒーモス）

フェルディナント／エレファント／ヤークトティーガー戦闘記録

生産数は少ないながらも圧倒的な攻防力を誇り、数多の連合軍戦車を屠ったフェルディナント（エレファント）やヤークトティーガー。ここでは、1943年夏のクルスク戦からドイツ敗戦までのその戦歴を紐解いていく。

文／古峰文三　イラスト／六鹿文彦

欧州戦線概要図

重戦車駆逐大隊の誕生

1942年12月の段階で陸軍総司令部は、完成しつつあるフェルディナント重突撃砲を3個の独立突撃砲大隊に編成する計画だった。

第190重突撃砲大隊、第197重突撃砲大隊、第600重突撃砲大隊がフェルディナントの装備を予定していた。

3つの大隊は砲兵の管轄下にある突撃砲部隊と同様の部隊で、乗員も戦車兵ではなく突撃砲兵であり、重突撃砲の名の通り、砲兵が装備する超重量級の突撃砲として扱われていた。

この時点までフェルディナントは砲兵の兵器だったのである。

しかし東部戦線初年の敗北により失脚していたハインツ・グデーリアン上級大将が機甲兵総監として再び権威に返り咲くと、開発中の新兵器の中であまりにも目立つ存在である超重量級の「戦車」を見逃すことはなかった。

グデーリアンは装甲戦闘車輌の中で大きな比率を占める突撃砲に対して、きわめて冷淡な態度と反発を示した。

突撃砲は戦車部隊の管轄下にはない砲兵の兵器として扱われるにもかかわらず、事実上の戦車として機能していた。

グデーリアンの突撃砲批判にはあまり鋭い論理は無く、突撃砲は旋回砲塔を持たないことで戦術的柔軟性に欠けるといった言わずもがなの主張が主体で、旋回砲塔を持たないことによる生産性の高さや、通常型の戦車より火力と防御力を増大できるメリットは無視された。

そして間もなく部隊配備に移行しつつある突撃砲の化け物であるフェルディナントについても、総統のお気に入りのポルシェ博士による「作品」として冷淡な態度をとりつつも、「装甲部隊、装甲擲弾兵部隊、自動車化歩兵部隊、装甲捜索部隊、対戦車部隊と『重突撃砲部隊』」に及ぶとされた機甲兵総監の権限によってこれを砲兵から取り上げ、2個の戦車大隊からなる戦車連隊に編成するように強く求めてこれを押し通した。

フェルディナント自体の仕様と運用構想には何の変化もなかったし、変更を加えようもなかったが、このときに砲兵の突撃砲から装甲部隊の「戦車」となった。

そして本来はフェルディナントを装備するはずだった第190重突撃砲大隊、第600重突撃砲大隊はそれぞれ「軽突撃砲大隊」に改称され、Ⅲ号突撃砲を装備するように変更されている。

そして第197重突撃砲大隊を重戦車駆逐大隊へと改称し、第653重戦車駆逐大隊と新編の第654重戦車駆逐大隊が新たなフェルディナント装備部隊とされた。

1943年3月22日には、第35戦車連隊本部が第656重戦車駆逐連隊本部へと改称し、2つの重戦車駆逐大隊を指揮下に置く超重戦車連隊が誕生した。

この第656重戦車駆逐連隊は単にフェルディナント大隊を2個持つだけではなかった。

8・8cmPaK43／2のみを装備するフェルディナントを支援する目的で、近距離の火力支援に絶大な威力を発揮する、15cm榴弾砲を搭載したⅣ号突撃戦車ブルムベアを装備する第216突撃戦車大隊が連隊の指揮下に加えられた。

大隊名が突撃榴弾砲大隊ではなく突撃「戦車」大隊であるのは、フェルディナント大隊の名称変更経緯と同じくグデーリアンの強い主張による。

ブルムベアはフェルディナントと共に敵防御線突破用の重装甲突撃砲で、防御された敵火点をその強力な榴弾によって制圧するほか、大口径榴弾の威力を利用して対戦車戦闘にも対応する「ミニ・フェルディナント」というべき任務を帯びていた。

さらに無線操縦爆薬運搬車BⅣとその指揮戦車として活動するⅢ号戦車10輌を装備した第313無線操縦戦車中隊、同じく無線操縦爆薬運搬車BⅣとⅢ号突撃砲10輌を装備する第314無線操縦戦車中隊が加わった。

無線操縦戦車中隊は敵地雷原を爆破して進撃路を啓開し、フェルディナントとⅣ号突撃戦車を前進させる役割を担っていた。

2つのフェルディナント大隊の識別は戦闘室側面に描かれる車輌番号によって行われ、第653重戦車駆逐大隊の所属車は黒の縁どりで車輌番号を描き、第654重戦車駆逐大隊の所属車は白文字で車輌番号を描いており、前述の編成経緯により第653重戦車駆逐大隊所属車には第197重突撃砲大隊のマーキングを施したものがあった。

そしてこれら全ての装備は来るべき1943年夏季攻勢「ツィタデレ」に向けたものだった。

強力な新兵器であると同時に破格の重量級車輌であるフェルディナントを「ツィタデレ」攻勢の何処に投入するかは慎重に検討されている。

すでにフェルディナントは大重量と馬力不足から機動力に欠け、低速で行動半径が小さく長距離の突破作戦には不適な兵器であることはよく認識されていた。

しかし、敵対戦車砲の近距離からの射撃に十分に耐える装甲と、掩蔽陣地を撃破し、反撃する敵戦車を遠距離から撃破でき

る強力な8・8cmPaK43／2の威力には大きな魅力があり、適切な箇所に投入されれば敵陣地線に突破口を形成する強力な楔（くさび）となると考えられた。

クルスク突出部の南から攻撃する南方軍集団に配備するか、それとも北から攻撃する中央軍集団に配備するかは、それぞれの地形についての検討から決定された。

こうしてフェルディナント部隊の配備先はクルスク突出部の赤軍防衛線を北から突破する中央軍集団第9軍とされ、「ツィタデレ」作戦におけるフェルディナントの運命は定まった。

幸か不幸か第9軍はフェルディナント部隊という大きな負担を受け持つこととなり、そのためにさまざまな配慮が行われた。

この「超重戦車」はエンジンを始動するとその轟音が30km離れた地点からも聴き取ることができ、車輌の自力移動を隠蔽する手段が無いため、攻撃発起点への移動には厳重な警戒が必要で、上空に特別の護衛戦闘機隊を付けるなどの対策が検討された。

敵から行動を隠蔽できないだけでなく、移動する経路にも気を遣い、道路を修理し橋梁を補強する必要もあり、フェルディナントは何につけても手の掛かる兵器だったのだ。

クルスク戦での消耗とその後の後退戦

延期に延期を重ねて1943年7月5日に開始された突破作戦は、初日から予想外の展開となった。

赤軍防衛線が有り余る時間を利用して十分に強化されていることは判明していたが、戦車の突撃前にそれを制圧するはずの砲兵戦が北部の中央軍集団戦区では大きく失敗したのだ。

赤軍の航空偵察と情報収集は天候と戦術的状況に恵まれてクルスク突出部北部ではきわめて正確に行われ、欺瞞（ぎまん）のために陣地変換を繰り返すドイツ軍野砲の移動さえもほぼ完全にトレースされ、しかもそれをドイツ側に察知されないように攻勢当日までドイツ軍砲兵に対する対砲兵戦は慎重に手控えられた。

そして攻勢当日の7月5日朝、ドイツ軍野砲部隊が赤軍陣地への攻撃準備射撃と赤軍野砲兵に対する対砲兵戦の火蓋を切ろうとしたその時に、赤軍重砲弾がドイツ軍砲兵陣地に落下し始めた。

ドイツ軍の攻勢は砲兵の戦いにおいて完全に機先を制されてしまったのだ。

このために赤軍砲兵の戦力はほとんど欠けることなく、ドイツ軍の陣地突破部隊に対しての反撃に全力を投入できたのである。

フェルディナント部隊を迎え撃った赤軍砲兵は約100門に及ぶ野戦重砲と172門の76mm野砲、386門のカチューシャロケットランチャーによる猛烈な弾幕射撃を実施した。

前線に姿を見せたフェルディナントは巨大であまりにも目立つことから敵砲火が集中し、フェルディナントの周囲に炸裂する砲弾は随伴すべき歩兵を近づけさせなかった。

それだけではなく、赤軍の猛烈な砲兵弾幕は地雷原を爆破処分して進撃路を開く任務の無線操縦戦車中隊の作業を停止させた。

砲撃によって指揮戦車が無線操縦戦車をコントロールできないだけでなく、爆煙によってフェルディナント部隊はわずかに開かれた地雷原の通行帯を視認することができず、地雷による損傷車輌が続出した。

第656重戦車駆逐連隊は赤軍の複線陣地を数kmにわたって突破することができたものの、赤軍砲兵の反撃によって歩兵部隊が追随できず戦果を拡大することができなかった。

そして予想した通りにフェルディナントの200mm装甲は赤軍の対戦車砲弾を寄せ付けなかったが、前線の後方から撃ち込まれる野砲弾はフェルディナントの車体で唯一無防備にさらけ出された機関部上面の通気グリルを貫き、致命的な損傷を与えた。

フェルディナントはその重装甲によって対戦車砲との闘いを有利に進めることができ、PaK43／2の長大な砲身から撃ち出される8・8cm砲弾は敵戦車との戦いにその実力を遺憾なく発揮したが、そんな無敵の巨人戦車が野砲の集中射撃を受けるとあっけなく撃破されてしまうのだ。

またフェルディナントの基本設計が「突撃砲」であるゆえに敵歩兵の肉迫攻撃を撃退する手段に欠ける点も苦戦の原因となっていた。

これは予想されていた状況で、敵歩兵の肉迫攻撃を撃退する目的でⅢ号戦車12輌がフェルディナントに随伴していたが、それで十分とはいえなかった。

戦闘室に設けられた5箇所のピストルポートは実用性に欠け、まともな照準ができないため、8・8cm砲によって歩兵を狙撃する場合さえあったと言われる。

また、車内に格納されているMG34で主砲用照準器（SflZF1a）を使って照準し、尾栓を開放する器具を使って開かれた砲身内を通じて砲身を廃品にする覚悟で射撃したとも言われるが、実際に行われたかどうかは素直には信じ難く、今後の詳しい記録の発掘に期待したい。

「ツィタデレ」作戦初日の戦闘はこのように敵対戦車砲と野砲兵との戦闘だった。

7月6日、二日目以降の戦闘はドイツ軍の予想に反してきわめて迅速に投入された赤軍戦車との戦闘となった。

赤軍の予備兵力投入は迅速で、地区予備兵力の戦車部隊がただちに投入されただけでなく、作戦

クルスクの戦い

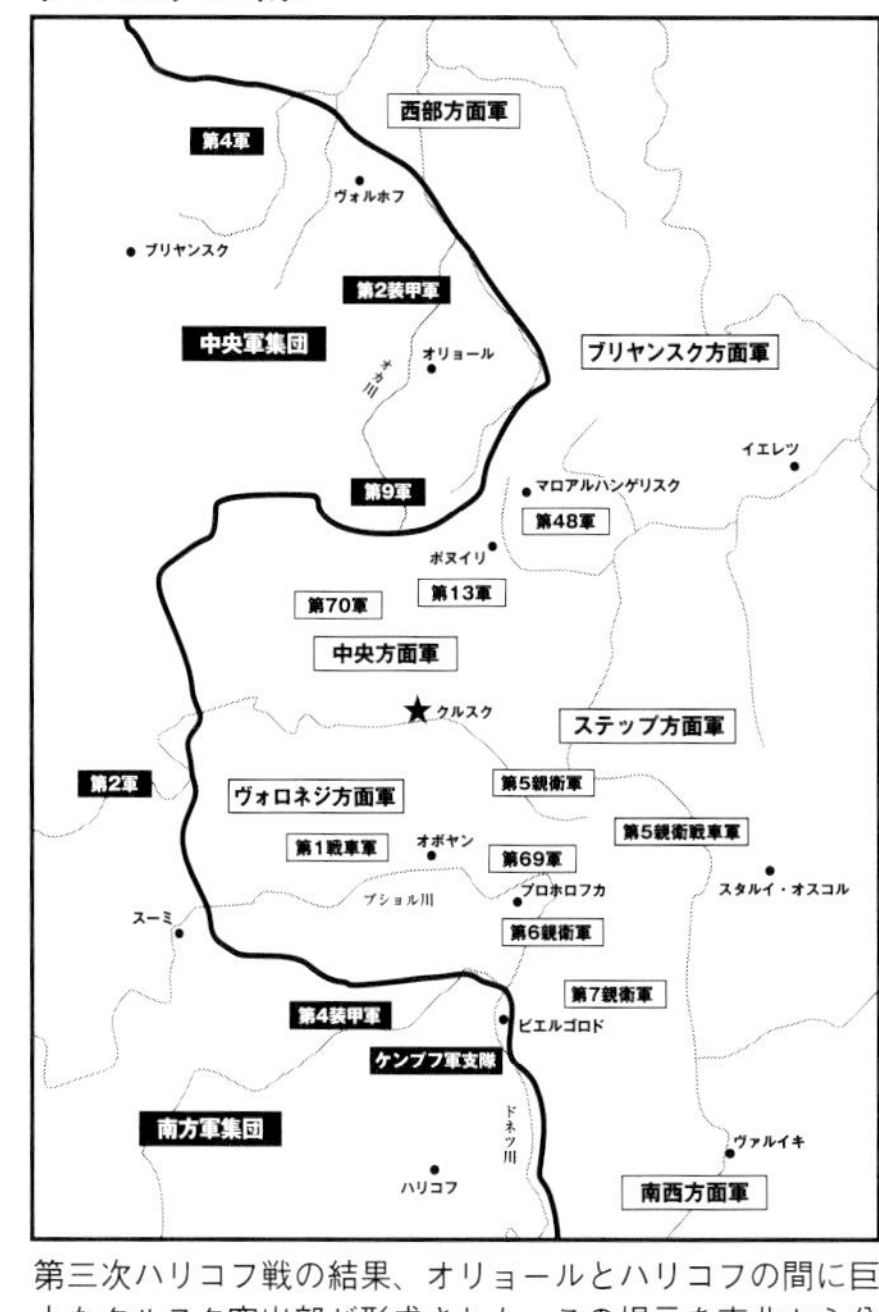

第三次ハリコフ戦の結果、オリョールとハリコフの間に巨大なクルスク突出部が形成された。この根元を南北から分断し、ソ連野戦軍主力を包囲殲滅することがドイツ軍の作戦目的であった

ニュースフィルムに収められたクルスク戦時のフェルディナント。迷彩のパターンから、第653重戦車駆逐大隊の所属車輌と推察できる

予備兵力となる戦車部隊も即座に突破正面へと投入された。

このために二日目以降の戦闘は敵砲兵による支援を受けた敵戦車との戦いが主たるものとなり、しかも戦車による反撃は歩兵部隊の肉迫攻撃をも伴っていた。

こうした濃密な反撃によって北部からの突破は敵防御線の半ばで停滞し、戦闘を機動戦局面に進展させることができなかった。

第9軍はこの膠着状況を打開すべく攻撃を中止し、7月10日を期して攻勢を立て直す計画を立てたが、戦闘の推移はそれを許さず、しかもその7月10日には地中海戦線でシシリー島への連合軍上陸が報じられた。

陸軍総司令部では「ツィタデレ」作戦に全機甲兵力を投入していられる状況には無いとの判断が下り、作戦に投入された兵力の引き上げとイタリア方面への転用が実施された。

1943年夏季攻勢は連合軍のシシリー上陸作戦によって潰えた。

クルスク突出部を北から突破しようと試みた第9軍の攻勢は頓挫し、7月5日から14日までの「ツィタデレ」作戦で第656重戦車駆逐連隊のフェルディナント89輌のうち、19輌が失われたとされている。

第653重戦車駆逐大隊（第656重戦車駆逐連隊第1大隊）、第654重戦車駆逐大隊（第656重戦車駆逐連隊第2大隊）の個別の報告では違った損害数が提出されているので正確な損害は不明だが、19輌前後の完全損失は確実と考えられるので19輌説を採る。

うち4輌は電気系統のショートによる車輌火災によるものだったが、大半の車輌損失は野砲弾により機関部上部グリルを撃ち抜かれて大破し、損傷の度合いと周囲の状況によって回収を諦められたことから発生した。

クルスクの戦い　北部戦域

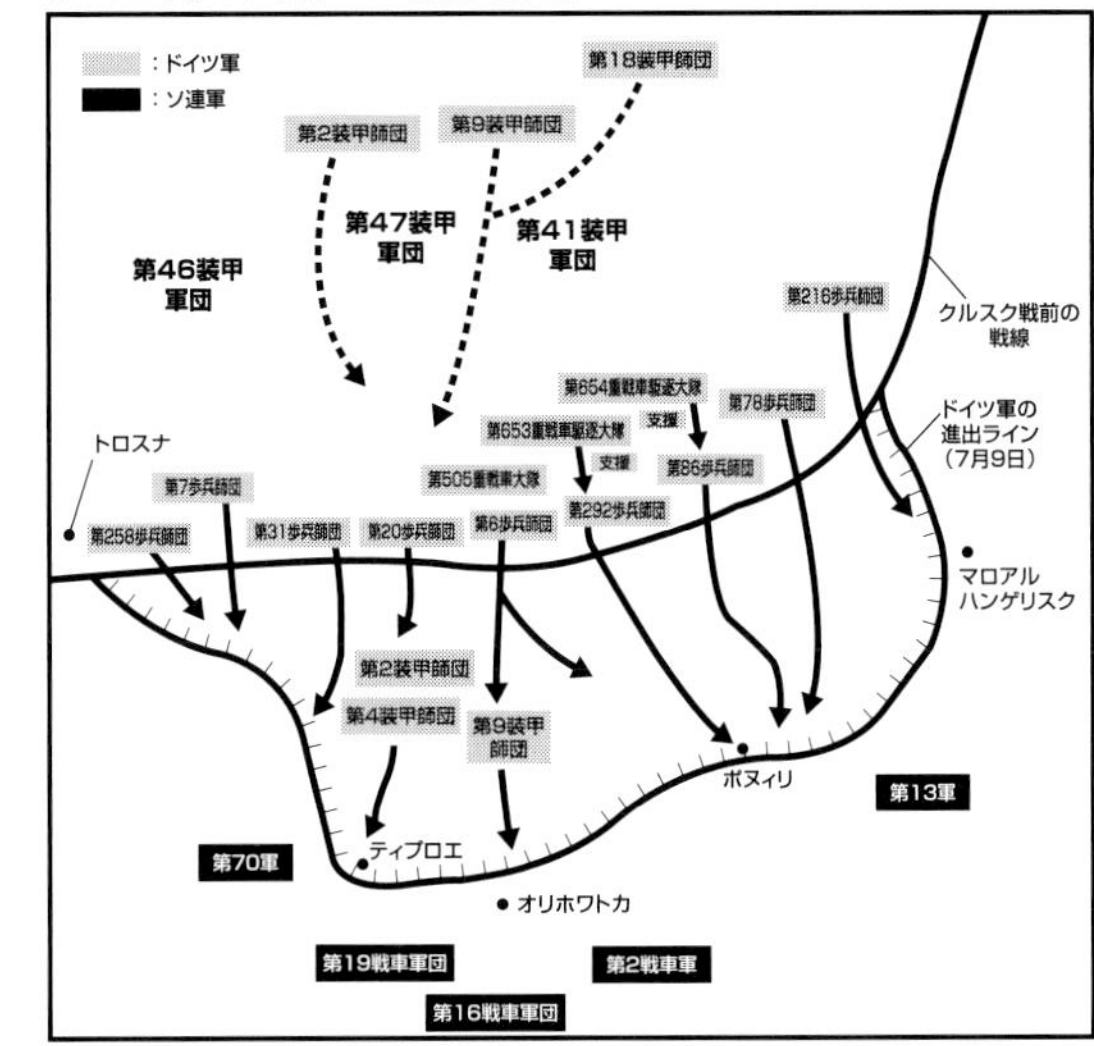

クルスク戦においてフェルディナント装備の第656重戦車駆逐連隊は、第653重戦車駆逐大隊が第292歩兵師団を、第654重戦車駆逐大隊が第86歩兵師団を支援して北部戦域の戦闘に参加した

クルスク戦北部戦域のポヌイリ駅周辺では、ソ連軍の敷設した地雷により多くのフェルディナントが失われた。写真の車輌は「Ⅱ 03」のマーキングから第654重戦車駆逐大隊の大隊本部3号車とわかる。ソ連側記録では、「Ⅱ 03」号車は地雷で履帯を破損して行動不能に陥り、歩兵の火炎瓶攻撃で炎上したとされる

クルスク戦での損害と戦果

さまざまな文書で損害の数値は錯綜しているが、「ツィタデレ」作戦第2日目までの損失報告が存在し、そこから戦闘の様相を垣間見ることができる。

戦闘2日目を経過した7月7日の第9軍所属戦車の損害は、全損車輌、Ⅳ号戦車（長砲身）11輌、フェルディナント2輌、ブルムベア3輌、ティーガー戦車2輌で、敵砲火による損傷車輌で修理可能なものはⅣ号戦車（長砲身）20輌、Ⅳ号戦車（短砲身）5輌、Ⅲ号戦車2輌、ブルムベア4輌、ティーガー戦車16輌だった。

戦闘におけるフェルディナントの損害はきわめて少ない。

しかし、2日間の戦闘でフェルディナント部隊の戦力は激減した。それは修理可能な故障車輌の報告に現れている。

Ⅳ号戦車（長砲身）29輌、Ⅳ号戦車（短砲身）5輌、Ⅲ号戦車15輌、ブルムベア12輌、ティーガー戦車5輌、そしてフェルディナントの故障車輌は投入兵力の半数を超える49輌に及んだ。

戦闘初日から2日間だけの戦いで89輌のフェルディナントのうち51輌が戦闘不能となったとの報告である。

この後のフェルディナント部隊は修理班の必死の作業によって作戦中止日まで何とか戦力を維持できたものの、作戦初日の兵力にはまったく及ばないまま終わった。

7月後半の後退戦ではさらに20輌のフェルディナントが完全に失われた。

当時の装甲車輌の中では並外れて重量があり、従来のやり方では牽引どころかジャッキアップもままならないフェルディナントは、機械故障で自走不能になると無敵の突撃砲から極めて厄介な重量物として人手と支援車輌を独占した。

そして人も車輌も不十分な場合には爆破処分するしかない。

クルスク戦終了後の半月で生じた20輌の完全損失はこのようにして発生しているが、これは戦線後方の修理拠点や路上にもともと存在していた故障車輌という借金のような潜在的な損害が、戦線の後退と共に一気に取り立てられたようなものだった。

この損失の多くは、頻発する故障で行動不能となった車輌を乗員の手で爆破処分したことで生じている。

この損害に対して第656重戦車駆逐連隊の報告した戦果は確かに驚異的なものではあった。

敵戦車502輌を撃破し、対戦車砲20門、野砲約100門を

車輌番号「501」が記された第654重戦車駆逐大隊の第1中隊車。このフェルディナントもポヌイリ地区で地雷により行動不能となったが、乗員は脱出している

破壊したと主張しているからだ。

これだけの敵戦車を実際に撃破したかどうかは赤軍側の記録が不確かなため確認できないものの、対戦車戦闘ではフェルディナント部隊が奮戦活躍したことを示している。

破壊された戦車が戦闘後にどれだけ回収されて修理再生されたかはまた別の話として、戦闘参加車輛のキルレシオはフェルディナントに極めて有利で、フェルディナント1輛あたり15輛の敵戦車を撃破したとの報告がなされている。

独ソ戦を通じての平均的な戦車対戦車のキルレシオはほぼ1対4だったと言われ、ドイツ軍戦車1輛の損失は敵戦車4輛と引き換えだったことから見ると、その3倍以上の戦果を挙げている。

しかし、こうした1輛あたりの驚異的な戦果はフェルディナント部隊に限らなかった。Ⅲ号突撃砲部隊全体の1輛あたりの撃破数も、フェルディナント部隊に匹敵する数値だったからである。

クルスク北部の対戦車戦闘は戦車部隊同士の格闘戦が展開されることはほとんど無く、地形を利用して迎え撃つドイツ軍戦車部隊と突進する赤軍T-34戦車との戦いとなった結果、フェルディナントだけではなくⅢ号突撃砲部隊も十分に実力を発揮したのだ。

クルスクの戦場で戦果を左右したのはフェルディナントの装甲防御力と火力もさることながら、それらの要素に優る戦術面での熟達と乗員の技量だった可能性もある。

クルスク戦で捕獲されたフェルディナント「501」号車の別角度からの写真。比較的損傷の少なく見える本車は、クビンカ試験場で調査され、今も同地の戦車博物館に展示されている

またフェルディナントと共に敵陣突破の要となったブルムベアの戦いもフェルディナントとよく似ていた。

車体上部の装甲は赤軍の76・2㎜砲を寄せ付けなかったが、中古車体を利用して改造されたブルムベアは疲労したエンジン、変速機をそのまま受け継いでおり、その古さがそのまま頻繁な故障発生につながった。

そしてフェルディナントより貧弱な車体部の装甲は敵対戦車砲による被害を招き、さらに広範囲に敷設された地雷に対しても貧弱な車体底部の装甲は不十分で大きな損害を生んだ。

ブルムベアはフェルディナントと同じく突撃砲のフォーマットで設計された車輛であるため車体前面の機関銃架を持っていないことから、フェルディナントと同じく敵歩兵の肉迫攻撃に対して反撃手段が無いとの批判を受け、後期の生産車には前方機関銃架が増設されている。

両者ともに突撃砲としての特徴を備えていたために部隊から同じような批判を受けたが、高初速で対戦車戦闘に極めて有利な8・8㎝PaK43／2と、絶大な榴弾威力を発揮する15㎝榴弾砲43は、両者の短所を補い合う意味で同時投入の効果が評価されている。

突破作戦は失敗に終わったものの、重駆逐戦車フェルディナントと突撃戦車ブルムベア、そして地雷原突破用の無線操縦戦車中隊の組合せはそれ自体、極めて有用な編制だった。

クルスクでの戦いを終えた後、撤退のためカラーチョフに向けて移動している第653重戦車駆逐大隊のフェルディナント

フェルディナント部隊の再編成と転戦

クルスクの戦場から後退した第656重戦車駆逐連隊は、その後の東部戦線で戦い続けた。

7月後半はオリョール、ブリヤンスク地区の赤軍反撃に対しての連続的な防御戦闘に投入され、オリョール、クルスク間の鉄道線の防衛に当たり、オリョールの維持が困難になるとブリヤンスクの東に設けられた防衛線、ハーゲンラインに後退した。

「ツィタデレ」作戦での攻勢が失敗した後のフェルディナント部隊はもっぱら防御戦用の対戦車部隊として戦闘に投入され、それぞれの残存兵力は8月1日時点で第653重戦車駆逐大隊が戦闘可能12輛、修理中17輛で、第

ザポロジェのダム付近で防備に付く第653重戦車駆逐大隊のフェルディナント。ザポロジェやニコポリといったドニエプル河沿岸の戦闘において、フェルディナントの損耗は低く抑えられた

654重戦車駆逐大隊は戦闘可能13輌、修理中6輌となっていた。

8月中旬、第656重戦車駆逐連隊はオリョール地区から引き上げられ、稼働するフェルディナントがほぼゼロになっていた第654重戦車駆逐大隊は、残存フェルディナント19輌を第653重戦車駆逐大隊に引き渡してフランスのオルレアンに移動し、新たな重駆逐戦車であるヤークトパンターへの装備改変に備えることとなった。

クルスク戦で約半数を失ったフェルディナント部隊は1個大隊へと縮小した。

残された第653重戦車駆逐大隊はブリヤンスクから鉄道でドニエプロペトロフスクへ送られ、休養と修理を開始している。

ドニエプロペトロフスク周辺での小規模な戦闘を経験したのち、第656重戦車駆逐連隊は9月後半に突撃戦車大隊と共にザポロジェ橋頭堡へと送られて、防御戦に就く。ニコポリ、ザポロジェでは大規模な戦闘が無く、厳しい後退戦も無かったことから、連隊の保有車輌は11月1日現在でもフェルディナント48輌を維持していた。

人員の損害も極めて少数に留まっていた。

またこの時期には、重いフェルディナントの行動不能車輌が回収困難だった戦訓により、回収車輌としてベルゲパンター3輌、ベルゲフェルディナント3輌の追加が行われている点が目立つ。

東部戦線での防御戦闘の中で、クルスク戦での戦訓を反映した改修工事の準備が完了し、当初は前線での改修が用意されたものの、結局は本国に引き上げられての一斉改修工事が実施された。

部品調達の遅れから改修作業は1月から3月中旬までの長期間を要したが、その間にイタリア戦線で連合軍がアンツィオに上陸し、第653重戦車駆逐大隊第1中隊のフェルディナント11輌は急遽イタリア戦線に送られることとなった。

残る第2中隊と第3中隊は改修作業中の車輌とともに残留し、完了後に東部戦線へと送られている。

この改修期間の最中の2月1日に戦車名称の改正通達があり、フェルディナントはエレファントに改称されているが、第653重戦車駆逐大隊は報告書に使い慣れたフェルディナントの名をしばらく使い続けていた。

イタリア戦線でのエレファントは2月後半から戦闘に参加し、山がちな地形と中小河川に妨げられつつも連合軍への反撃に使用されたが、この戦場でも歩兵との連携の欠如、砲兵支援の不足によって十分な戦果は得られず、7月までの苦しい戦いの後、ドイツ本国へと引き上げられている。

第2中隊と第3中隊のエレファント30輌は東部戦線のタルノポリ付近の防御戦に投入された。イタリア戦線へ送られた第1中隊に支援車輌と要員を随伴させたため、深刻な車輌不足に陥りながらも包囲された友軍の救出や赤軍攻勢への反撃にと戦い続けたが、車輌人員ともに損失は少なく、7月に4輌の補充を受けて7月1日時点でエレファントの保有数は34輌となった。

そして8月には第3中隊が前線から引き上げられ、イタリア戦線から引き上げられた第1中隊と合流し、ドイツ国内でヤークトティーガーへの改変準備に入ったが、第2中隊はポーランドのクラコフ南方の防御線に投入されて戦闘を続け、第653重戦車駆逐大隊から分離されて第614重戦車駆逐中隊と改称した。

イタリア戦線と東部戦線で超重量級のエレファントの運用経験を持つ第653重戦車駆逐大隊は、同じく70トン級の重車輌でしかも取り扱いの困難が予想されるヤークトティーガー装備部隊と

ドニエプル河撤退戦

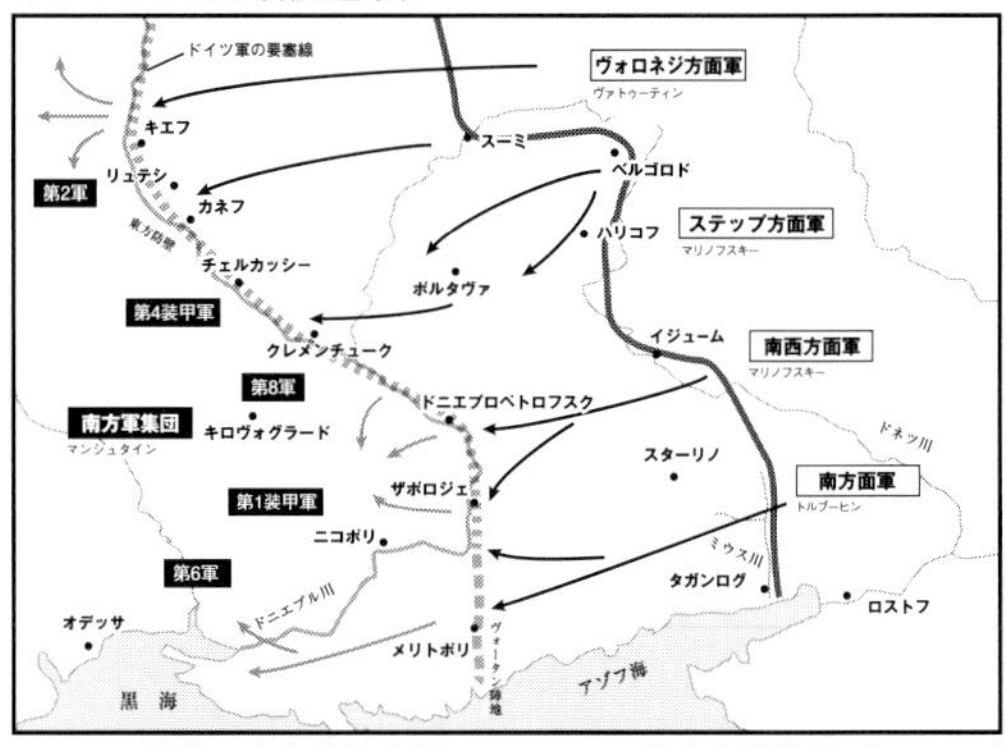

クルスク戦後の東部戦線南翼では、ドイツ軍南方軍集団がドニエプル河へ向けて撤退、これを追撃するソ連軍との戦闘が続いた。ソ連軍はドニエプル河西岸各地に橋頭堡を築くが、その中でも大規模な水力発電所や大きな橋のあるザポロジェを巡る戦闘では、フェルディナントやブルムベアも多くの戦果を挙げている

イタリアに向けて鉄道輸送されるフェルディナント改めエレファントと、第653重戦車駆逐大隊第1中隊の隊員たち。車体や戦闘室側面には改修によりツィンメリットコーティングが施されている

2月28日、連合軍が上陸したネットゥーノ橋頭堡に対する攻撃に投入された第653重戦車駆逐大隊第1中隊のエレファントだったが、前日からの雨によりぬかるんだ道で1輌が路肩を踏み外し、さらに1輌が地雷で行動不能に陥った。回収も不可能となったため、結局この2輌は自爆放棄される

しては最適な存在と考えられた。

どちらにしても、もはやエレファントの新造車輌は無く、重駆逐戦車の補充という意味でもヤークトティーガーへの改変は避けられない運命にあったともいえる。

ヤークトティーガーの実戦投入

第653重戦車駆逐大隊へのヤークトティーガーの配備は極めてゆっくりとしたペースで進んでいた。

来るべきアルデンヌでの「ラインの守り」作戦に投入すべく整備と訓練が進められ、1944年12月の攻勢開始に際して主力となる第6装甲軍の後方に第653重戦車駆逐大隊の一部が到着した。だが、肝心の第6装甲軍の進撃が停滞したことと輸送状況の悪化から、まとまった戦力としての投入が諦められ、部隊は南方に移動し、「ラインの守り」作戦の支援作戦として位置づけられたもうひとつの突破作戦である「ノルトヴィント」作戦に参加することになる。

「ノルトヴィント」作戦に投入された第653重戦車駆逐大隊の最初の戦闘は1945年1月9日、第17装甲擲弾兵師団の指揮下での、リムリンク南方の旧マジノ線に置かれたアメリカ軍陣地に対しての攻撃だった。

参加できたヤークトティーガーは第3中隊の3輌に過ぎず、降雪に視界を妨げられながらの攻撃となった。

ヤークトティーガー各車は1000mの距離から4つの敵トーチカを攻撃し、これを破壊したほか、反撃に出たシャーマン1輌を撃破した。

この戦闘でSprGr（榴弾）46発、PzGr（徹甲榴弾）10発が発射されている。

そしてアメリカ軍歩兵のバズーカ砲による近接攻撃により1輌（134号車　車体製造番号305024号車　ヘンシェル式サスペンション）が側面を貫通され、搭載弾薬が誘爆し、乗員6名と共に完全損失となった。

この車輌は連合軍が鹵獲したヤークトティーガー第一号となった。

無敵の装甲を誇るはずのヤークトティーガーを最初に撃破したのは、何処にでもいる歩兵のバズーカ砲だったのである。

この地区の戦闘は敵戦車との戦闘が殆ど無く、悪天候下での陣地攻撃が主体となったため、ヤークトティーガーの活躍する余地が無いまま2月に入って部隊は後方へ移動した。

こうした一連の作戦行動で第653重戦車駆逐大隊は一日30kmから40km程度の行軍能力があることが認識された。

この成績は装備と状態の良い歩兵部隊と比べてあまり変り映えのしない行軍速度であり、機動戦を戦う機械化部隊には相応しくない。

しかし大隊の乗員たちはこの程度のゆっくりとした行軍ですら故障が頻発する現状では、荷が重いと感じていたという。

短距離の自走で脱落車輌を生み出すヤークトティーガーの現状と燃料の深刻な不足から、部隊の移動はもっぱら鉄道輸送に頼らざるを得なかったが、1944年秋から本格的になった連合軍の鉄道操車場への猛爆撃によって、ドイツ国鉄の組織的な運行体制は崩壊しつつあり、多くの機関車は燃料となる褐炭ペレットの不足から放置され、幹線鉄道は各所で破壊されていた。

このため部隊の移動に用いる列車数を確保することが困難になり、半ば徴発に近いかたちで機関車と貨車を準備する必要があり、大部隊の迅速な鉄道輸送は事実上不可能になっていた。

イタリア戦線で地雷により行動不能となったエレファント。左奥には第4戦車連隊のパンターD型の車列も見える

こうした事情から「ノルトヴィント」作戦から引き上げられた第653重戦車駆逐大隊の移動と整備は2月一杯を費やすこととなり、次の戦闘参加は3月を待たねばならなかった。

3月の防御戦では大口径長砲身の主砲によって敵戦車を遠距離から一方的に撃破するという、重駆逐戦車の理想を体現した戦いが一度だけ発生している。

3月14日夜から15日深夜にかけて、モーダー河畔のグライシュバッハ、ラウバッハ付近の戦闘で、林の中でアメリカ軍戦車縦隊を待ち伏せた第653重戦車駆逐大隊第3中隊のヤークトティーガーは、道路に沿って一列に伸びた敵戦車隊列を、照明弾を頼りに照準して3kmから4kmの遠距離から射撃し、隊列前後の車輌を撃破して行動の自由を奪った後、次々に破壊した。

アメリカ軍戦車の反撃も行われたが、遠距離のため効果は無く戦闘は一方的に展開した。

この苦戦を打開するためにアメリカ軍砲兵の制圧射撃が実施され、夜が明けるとP-47サンダーボルトによる近接航空支援が実施されたが、第653重戦車駆逐大隊第3中隊を指揮するクレッチマー中尉は損傷車輌を1輌も出さずに戦場から脱出した。

東部戦線のタルノポリ地区でフェルディナントを率いて戦った歴戦のクレッチマー中尉の優れた指揮によって達成されたこの戦果は、長く苦しい戦いの中でわずかに輝く勝利の瞬間だった。

第653重戦車駆逐大隊にとって、このような鮮やかな勝利は二度と訪れなかった。

そしてアルデンヌの戦いに投入するはずだった新たな重戦車駆逐大隊用装備で新編成された、もうひとつのヤークトティーガー部隊が第512重戦車駆逐大隊だった。

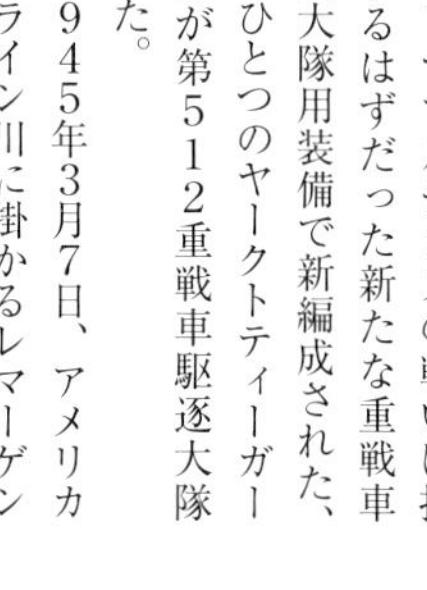

1945年3月7日、アメリカ軍がライン川に掛かるレマーゲン

ノルトヴィント作戦に参加し、アメリカ軍歩兵のバズーカ砲により撃破されたヤークトティーガー（製造番号305024号車）。弾薬誘爆により装甲板が吹き飛ばされている

鉄橋を確保し、たちまちのうちにライン川東岸に橋頭堡を築き上げたため、集結途中で機材を待っていた第512重戦車駆逐大隊に出撃命令が下った。

だが第1中隊の機材はろくに届いておらず、第2中隊のみが概ね戦闘可能という中途半端な状況で、大隊戦力での出撃は不可能だった。

第512重戦車大隊第2中隊の指揮官は敵戦車150輌を撃破した戦車エースであるオットー・カリウス中尉で、第2中隊の乗員たちは第502重戦車大隊から転属したティーガー乗りが多くを占めていた。

すでにドイツ国鉄による鉄道輸送は壊滅的混乱の中にあり、連合軍は操車場の破壊だけでなく個々の貨物列車に対する直接攻撃を常時実施し、部隊の移動は困難を極め、戦場に到着できたカリウスの中隊はヤークトティーガー5輌に過ぎず、第506重戦車大隊と第654重戦車駆逐大隊と共にフーデル戦闘団が臨時編成された。

ヴァイデナウにおける戦闘で、家屋の後ろに隠れたM4シャーマンを家屋ごと撃破する第512重戦車駆逐大隊第2中隊のヤークトティーガー。ティーガーから車種転換した者が多かった第2中隊は士気が上がらず戦果も少なかったが、12.8cm砲の威力は桁違いだった

アメリカ軍のライン川渡河から3週間近く経過した3月24日にレマーゲンの北9kmから開始されたフーデル戦闘団の攻撃はすでに敵に察知されており、待ち構えた対戦車砲の猛反撃により攻撃は数kmで頓挫し、第2中隊は撤退戦の後衛を務めただけで終わってしまった。

第512重戦車駆逐大隊の初戦果は、レマーゲン攻撃に取り残された第1中隊によって飾られた。

3月28日、友軍の撤退援護中にジーゲン近郊でシャーマンの隊列と遭遇した第1中隊は直ちに攻撃、先頭戦車を撃破したが自らの発射煙に視界を妨げられてその後の戦果は無く、シャーマンからの応射もヤークトティーガーに損害を与えることはなかった。

もはや組織的な戦闘とは言い難く、ヤークトティーガーは散在するトーチカと変わらない任務に甘んじていた。

重駆逐戦車部隊の最期

第653重戦車駆逐大隊は西部戦線から後退に次ぐ後退の末、ミュンヘン周辺までたどり着いた。

ヤークトティーガーの組立工場があるリンツにもアメリカ軍が迫り、組立途中のヤークトティーガーが爆破される中、東から迫る赤軍部隊とも戦いつつ、さらに後退を続け5月7日に312号車と324号車がリンツェンでアメリカ軍に降伏して終戦を迎えた。

二番目のヤークトティーガー部隊として包囲下にあったルール地区防衛に当たっていた第512重戦車駆逐大隊はドルトムントの東、ウンナでアメリカ軍戦車部隊と交戦した。

カリウス中尉に率いられた第2中隊のヤークトティーガーは待ち伏せ位置につき、アウトバーンをウンナからドルトムントに向かうアメリカ軍戦車隊列を発見、アウトバーンを射程に収めた2輌とウンナ市街外縁に配置された5輌が戦闘に参加し、戦車と装甲車約20輌を撃破した。

この戦果はカリウスのみならず、第512重戦車駆逐大隊最大の戦果となった。

4月11日には第3中隊がシュヴァイガースハウゼンでアメリカ軍戦車部隊と交戦し、シャーマン10輌以上を撃破して、その前進を停止させた。

大損害を受けたアメリカ軍戦車部隊は直ちに航空支援を要請したが、これを予想した第3中隊は陣地を退き損失は無かった。

第2中隊が戦果を上げた8日のウンナ郊外での戦闘の翌日、ウンナはアメリカ軍に包囲され陥落した。

そしてウンナ奪回を目的としてエルンスト大尉の率いる第1中隊のヤークトティーガー4輌とⅣ号戦車3輌、Ⅲ号突撃砲3輌と自走対空機関砲4輌からなる臨時戦闘団が編成された。

ウンナに向けて国道B233に沿って前進しルール河を越えた4月11日早朝、「戦車接近」の警報を受けた臨時戦闘団は国道を見下ろす丘の稜線に車体を隠して布陣した。

エルンスト大尉の臨時戦闘団は視界に恵まれ、そして高地に位置して稜線射撃によって攻撃できる絶好の機会を逃さなかった。

戦車を先頭にしたアメリカ軍隊列を4kmの遠距離から見下ろすかたちで一方的に射撃し、シャーマン11輌と車輌50輌前後を撃破したといわれる。

この戦闘で混乱に陥ったアメリカ軍部隊が緊急要請で近接航空支援に呼び寄せたP-47編隊に戦闘団所属の自走対空機関砲4輌が反撃し、1輌の損害と引き換えに2機を撃墜した。

P-47の発射したロケット弾が戦闘室後部扉を貫通したヤークトティーガー1輌が乗員と共に完全損失となり、対空弾薬も消耗し切ったことから、戦闘団は残る3輌のヤークトティーガーを後衛として撤退した。

つづいて4月12日、ダイリンクホーフェン近郊で飛行場の防衛についた第1中隊は、4km以上の遠距離から2輌のシャーマンを撃破している。

第512重戦車駆逐大隊の戦果は遠距離からの敵戦車撃破という、重駆逐戦車に期待されていた本来の戦闘を実施できたことによる。

敵の行動を予測して待ち伏せ

攻撃を行い、損害を受けた敵が砲兵または戦闘爆撃機を呼び寄せる頃合を見計らって撤収する、巧みな指揮もそれを助けている。

このように戦えば技術的問題を山ほど抱えたヤークトティーガーを有効活用することができたのだ。

しかし、こうした幾つかの遅滞戦闘が成功しても、ルール地区の陥落は時間の問題だった。

第512重戦車駆逐大隊は4月15日から16日にかけてアメリカ軍に投降し、戦車エース・オットー・カリウスもここで彼の戦争を終えた。

第653重戦車駆逐大隊がヤークトティーガーに改変されたことで、残された唯一のエレファント部隊となった第614重戦車駆逐中隊はポーランドで戦いながら後退し、1945年2月末にはベルリン防衛用兵力に予定されて整備に入り、4月10日に戦闘準備を完了予定となっていた。

この中隊にはヤークトティーガーが含まれていたとされる。

1945年2月に保有エレファント10輌のみで補充の見込みの無い第614重戦車駆逐中隊の戦力を増強するため、第653重戦車駆逐大隊が保有していた6輌のポルシェ式サスペンション装備のヤークトティーガーを、第614重戦車駆逐中隊へ移管する命令が下されている。

写真はアメリカ軍に捕獲されたヤークトティーガー生産第4号車。アメリカ兵が手にしているのが12.8cm PaK44の薬莢

第653重戦車駆逐大隊で整備用の部品が異なるポルシェ式サスペンションのヤークトティーガーを他隊に移管するのは合理的な判断だったが、厄介者で部品補給が難しい限定生産型を押し付けられる第614重戦車駆逐中隊にとっては、それ程ありがたくない決定だった。

そして1945年4月時点では、すでにヤークトティーガー用の部品製造工場は連合軍の手に落ち、整備用部品の入手が途絶えていたことから、稼働車輌はほぼ無かったと考えられる。

そしてベルリンをめぐる包囲戦で数輌のエレファントがベルリン南方のツォッセン、ヴュンスドルフ付近で戦闘に突入したことが判っているが、具体的な戦果は明らかではない。

これがドイツ重駆逐戦車部隊の最後の戦いとなった。

最後に戦争の最終局面で誕生した、ヤークトティーガーを含む奇妙な部隊について触れておきたい。

1945年3月31日にクンマースドルフ戦車試験場の試験用戦車をかき集めて編成された臨時戦車中隊「Berka」である。

この中隊にはティーガーII 1輌、ヤークトティーガー1輌、パンター4輌、IV号戦車（長砲身）2輌、III号戦車（60口径5cm砲）1輌、ホルニッセ1輌、シャーマン2輌からなる戦車小隊と偵察小隊、さらに不動戦車をまとめた小隊に「ポルシェティーガー（8・8cmL/70）」1輌が存在したとされる。

ティーガーIの砲塔に試験的にティーガーIIの主砲を搭載したポルシェティーガーだとも言われるものの、ミステリアスな印象を与えるこの車輌の詳細は不明である。

この臨時戦車中隊の戦果もまた明らかではない。

第512重戦車駆逐大隊第1中隊は4月16日、イーザーローンでアメリカ軍に降伏した。写真は降伏後、市街の広場に集結させられた同中隊のヤークトティーガー

ベルリン包囲戦で奮闘する第614重戦車駆逐中隊のエレファント。その戦果は詳らかではないが、欧州大戦の最終局面においても重駆逐戦車の戦いは続いていた

重駆逐戦車の車長になってみよう！

ここでは、第653重戦車駆逐大隊の一員として、フェルディナント、ヤークトティーガーを乗り継ぎながら大戦半ば以降の戦闘に参加した車長の視点を通じて、両車の特徴や運用にともなう苦労、戦闘の様相などを見ていこう。

文／伊吹秀明　イラスト／松田大秀

突撃砲乗員が驚いた〝ゾウのような砲〟

「まさか、ゾウに乗って戦うことになろうとはな」

誰かがそう呟いたが、異論は出なかった。ほとんどの者がそう感じていたからだ。この時点では、その名が兵器に付けられることは誰も知らなかったにも関わらず。

しかし、これがゾウだとすると、俺たちがいままで乗っていたのは何だ? ウマか。いや、もっとギャップがある。せいぜい、ロバといったところか。

俺たちは第197突撃砲大隊の隊員……いや、そうだったが、いまは違う。

順を追って話そう。

東部戦線からもどった俺たちの部隊が改称されたのは、オーストリアのライタ川流域にあるブルックの地だった。時に1943年4月1日。この日を境に、俺たちは第653重戦車駆逐大隊（シュヴェーレ・パンツァーイェーガー・アップタイルンク）と呼ばれるようになった。正確には第197突撃砲大隊を基幹に、複数の補充訓練大隊からの新兵、輸送補給廠の要員を加えて千人規模の新部隊に改編されたのだ。

同時に、隊は突撃砲兵科から機甲兵科へ転属となったが、砲兵の伝統や慣習はなかなか抜けず、会話や記録文書などで「車輌」ではなく「砲」、「1輌」ではなく「1門」と称することが多かった。

一番のとまどいは、俺たちに新しくもたらされた「ゾウのような砲」だった。その名は「フェルディナント」。フォルクスワーゲンの設計者としても有名なフェルディナント・ポルシェ博士自身の名が付けられた新兵器だ。バルバロッサ作戦の発動時から1年半にわたって対ソ連の最前線で戦ってきて、たいていのことには動じなくなっていた俺たちにとっても、それは驚きの「砲」だった。

43年5月、受領時期に合わせて、隊員たちはオーストリア、ザンクト・ヴァーレンティーンにあるニーベルンゲンヴェルケ製作所におもむき、フェルディナントの最終組立に参加した。誰の立案かは知らないが、これは良い試みだった。新兵たちはもちろん、俺たち元砲兵にとっても、フェルディナントの構造が理解でき、新しい兵器にも馴染めるというものだ。

とはいえ、先述のとおり「ゾウに乗って戦うことになろうとはな」という声が出たのも事実。いままで俺たちが乗っていたⅢ号突撃砲C型が全長5・4m、全幅2・95m、全備重量22tだったのに対して、フェルディナントはそれぞれ8・14m、3・38m、65t（3倍の重さ！）もあるのだ。全体的なスケールはもちろんのこと、部品のひとつひとつが大きく、重く感じられた。

フェルディナント45門（以後は輌としよう）を受領した第653重戦車駆逐大隊は、ノイジーデル・アム・ゼーを宿営地とし、大隊専用のブルック演習場にて新兵器の慣熟訓練を開始した。

フェルディナントの乗員は6名だ。見た目の大きな特徴である戦闘室は、全長の半分以上を占めて、中央から後部に据えられている。分厚い装甲鈑の中には、車長、砲手、装填手2名が乗りこんでいる。

操縦室は車体の前部にあり、操縦手と通信手が配置される。

フェルディナントのメカニズム上でユニークな点は、ドイツ軍戦闘車輌で初となる電気式の変速装置が採用されていることだ。操縦手に言わせると操作は簡単で、巨体のわりにはスムーズに変速しやすいとのことだった。

乗ってすぐに気づいた問題は、戦闘室と操縦席が遠く離れていて、その間に大音量（初めてその音を聞いた一般市民が敵の爆撃機襲来と勘違いした音だ）を発する機関室があることだった。こんなレイアウトは、どんなドイツ軍の戦車や自走砲にも前例はない。戦闘室と操縦室のやりとりには金属ホースの通話装置を使うが、連絡の難しさは容易に予想できる。

演習場での仕事の半分は俺た

1943年5月、俺たち元第197突撃砲大隊の隊員は、ニーベルンゲンヴェルケ製作所で完成間近のフェルディナントの車体を検分する機会を得た。いままで乗っていたⅢ号突撃砲とは大きさ、重さ、車内レイアウト、動力機構などあらゆる点が異なり、慣熟するまでには相応の努力を要することだろう

ち乗員、残りの半分は大隊の整備中隊の手によるものだった。新兵器にトラブルはつきものとはいえ、故障の多さも不安要素だった。

5月下旬、ハインツ・グデーリアン上級大将視察の中で実弾演習が実施され、対戦車砲PaK43をベースに専用に開発された砲身長71口径の8.8cm砲の威力が示された。その後は演習場からノイジーデルまでの42kmを、1輌の落伍もなく移動することができた。この報告に「驚くべきことに」という但し書きがつくこと自体、フェルディナントの多難ぶりがわかるというものだ。

6月9日、パンドアフから鉄道輸送によりロシアへ向けて出発する。フェルディナントは車幅が列車内に収まるので、重戦車ティーガーのように履帯交換の手間がなくて済んだ。

12日にはオリョールの南35kmにあるズミーイェフカ駅で下車して、中隊ごとに集結地に向かった。フェルディナントの装備数は第1、第2中隊が各14輌、第3中隊が17輌である。各中隊はそれぞれの駐屯地にて訓練の仕上げを行い、7月1日よりソロチ・クストゥイに移動して燃料と弾薬の搭載を行った。半ば追い立てられるように、新兵器の重突撃砲を前線まで持ちこむことになったのは、乾坤一擲の大作戦に参加するためだった。

その名は「ツィタデレ（城塞）」作戦。第653重戦車駆逐大隊は、事前に補強された橋をわたってグラズノーフカの出撃地点に進み、5日未明の作戦発動を待った。

ツィタデレ作戦発動！ 鋼鉄の箱の中の苦闘

額から湧きでた汗が流れ、鼻の先からしたたり落ちた。何度拭っても落ちてくる。硝煙にまみれた黒い汗だ。

何が起きているのか、ペリスコープから目を凝らす。フェルディナントの戦闘室の天蓋にはハッチが5つある。戦場の視察は後方の右隅と左隅の小ハッチに据えられたペリスコープから行うようになっているが、お世辞にも視界が良いとはいえない。

エンジンの駆動音や履帯のきしむ音に混じって、砲声や爆発音が聞こえてくる。銃弾の弾ける音、弾片が装甲鈑をたたく音もあるが、敵の姿は見えなかった。車長席の上の大型ハッチから身を出そうと思ったが、たちまち狙撃の標的にされそうだ。キューポラ（展望塔）構造になっていないのがもどかしい。

おそらく状況をつかめていないのは俺だけではあるまい。

7月5日から発動したツィタデレ作戦。東部戦線の中央より、やや南寄り。南のベルゴロドから北のポヌイリまでの南北200km、東西180kmという、クルスクを中心にできた巨大なソ連軍の突出部を断ち切り、孤立した敵の包囲殲滅を目指すという大作戦だ。

北から攻めるのは第9軍で、俺たちはそこに組みこまれた。第653重戦車駆逐大隊は、同第654大隊とともに第656重戦車駆逐連隊麾下として行動。ポヌイリ駅からマロアルハンゲリスク方面のソ連軍防衛線突破の使命を与えられていた。

ところが——

敵の砲撃がひっきりなしに続く中、目標とする高地目指して突き進んだが、早い段階で失敗は目に見えていた。敵の地雷原は友軍の無線誘導戦車が啓開することになっていたものの、地雷の数と範囲がこちらの予想をはるかに上回っていた。啓開が追いつかない。無線誘導戦車とフェルディナントの速度差も連携を困難にしていた。フェルディナントは、スペック上は可能とされる時速35kmを出すと、ほぼ確実に足回りにトラブルが起こるのだ。地雷を踏んではやられ、味方に追いつこうと速度を上げると自滅する。八方ふさがりだ。

そして、この暑さ。ただでさえ夏だというのに、俺たちは鉄の箱の中。しかも、足下では機関室が熱と唸り声をまき散らしている。緊張もあって喉はカラカラだった。

「見て下さい、あまりの暑さに味方が燃えていますよ」

「バカ、あれは敵の火炎ビンだ！」

前方の僚車が炎上を始めるのを目にして総毛立った。忍び寄ってきた敵が通気グリルに火炎ビンをたたきこんだに違いない。

「敵歩兵、左から後方にまわりこんだ！」

ペリスコープ式照準装置を覗いていた砲手が叫んだ。前方機関銃を撃って接近を阻止しろ、と言いたいところだが、この重突撃砲にはそんな気の利いた副武装はない。

「後ろだ！ 撃て！」

携行していたワルサーP38を手に、ピストルポートの栓を抜いた。個人携行銃を射撃できる箇所は、戦闘室の側面に左右ひとつずつ、後面に3カ所。俺とふたりの装填手は銃身を突き入れて撃ちまくった。敵兵がひとり倒れた。

地雷原を前に二の足を踏んでいると、僚車が敵歩兵の火炎瓶を食らって炎上し始めた。本来が重突撃砲であるフェルディナントは歩兵掃討用の機関銃を装備していない。やむなくピストルポートから拳銃を突き出し、肉迫してくる敵歩兵を遮二無二撃ちまくる

「あとひとり！」

「見えないぞ」

　ピストルポートからの射撃は、視界と射界が限られているので有効ではない。ようやくまぐれ当たり同然で、もうひとりの敵兵が登りかけていた車体から転げ落ちた。手に持った火炎ビンで自らを焦がしながら。

　作戦初日の戦いにて、フェルディナントは数多くの欠点をさらけ出すこととなった。17時の時点で、第653重戦車駆逐大隊の稼動できる車輌は45輌中わずか12輌。早くも翌日には第654大隊の残存兵力ともども軍団予備兵力にまわされ、ブズルークに転進となった。

　以後、整備上の都合からフェルディナントは小規模の「戦闘団」に分けられ、さまざまな師団に派遣される運用をとられた。機関銃がなくて敵歩兵の接近を阻止できない弱点は、他の戦車や自動車化歩兵と連携することでカバーした。

　30日までに第9軍本部の命令によって、すべてのフェルディナントは前線から外され、カラーチェフまで後退した。この時点での第653大隊のフェルディナントは13輌が全損、戦死および行方不明者24名、負傷者126名という被害だった。

　対して我が隊は、ソ連軍戦車320輌および多数の野砲、対戦車砲、トラックを撃破する戦果を挙げていた。やられている場面ばかりを紹介していたので（トラブル続きなので愚痴が多くなるのは仕方ない）、見かけだけの大した兵器ではないと思われるかもしれないが、新型重突撃砲の砲と装甲は間違いなく効果を発揮していた。とくに主砲と照準装置の性能は優れ、T-34などの敵主力戦車を3000mの長射程から軽々と撃破した。

　ツィタデレ作戦終了後も大隊は東部戦線にとどまり、11月のコシャソーフカからミローポリの戦いでは、ソ連軍戦車54輌を撃破するという大戦果を挙げている。自ら動くことの少ない防御戦闘において、フェルディナントはその真価を発揮したといえるだろう。

　フェルディナントの名がエレファントに変更されたのは、1944年5月19日だった。「ゾウに乗って戦うことになるとは」と言っていたのが本当になったわけだが、それから間もなくして俺たちはエレファントすら子ゾウに思えるものに乗ることとなった。

超破格の兵器 ヤークトティーガー

　新しく第653重戦車駆逐大隊にもたらされた兵器の名は、ヤークトティーガーという。無敵といわれている重戦車ケーニヒスティーガー（ティーガーII）の車体をベースに、固定式戦闘室と新型砲PaK44を搭載した重駆逐戦車だ。

　ヤークトティーガーがどれほど破格かは、やはり破格の兵器だったエレファントと比べてみれば分かる。主砲口径は8・8cmから12・8cmへ、戦闘室前面の装甲の厚さは200mmから250mmへ拡大。機関銃も最初から7・92mm2挺が搭載されている。

　まあ、強力なことはこの上なく強力だが、そうそう上手い話は落ちていない。戦闘重量は65tから70tに増加していた。重い分、運用の大変さはエレファントを上まわり、故障の多さもまた容易に予想できた。

　そうした難物を我が大隊に与えることにしたのは、やはりエレファントを扱ってきた経験を買ってのことだろう。伝え聞くところだと、重戦車による戦闘経験があっても旋回砲塔のない駆逐戦車の扱いは難しく、無理に車体ごと回頭しようとして自滅することが多いという。その点、元々戦車兵ではなく、III号突撃砲に乗る砲兵だった俺たちは慣れたものだ。

　第653重戦車駆逐大隊の第1、第3中隊は、1944年9月3日からファリングポステルの補充訓練大隊で新型重駆逐戦車の試運転を開始。訓練終了後の21日からはフェルディナントのときと同様に、ニーベルンゲンヴェルケ製作所にてヤークトティーガーの製造作業を手伝った。第2中隊は、ミュンヘンの第7戦車駆逐補充訓練大隊下で6月に創設されたヤークトティーガー訓練中隊を中核とし、10月に再編された。

　12月7日、第1中隊は射撃訓練を行っていたデラースハイム練兵場から移動命令を受け、ゲプフリッツに向かった。西部戦線での来たるべき「ラインの守り」作戦（アルデンヌ攻勢）に参加するためだ。

「ツィタデレ作戦」のときもそうだったが、陸軍上層部は大きな作戦に合わせて無理やり新兵器を投入したがる傾向にあるようだ。それは誤算に誤算を重ね合わせるようなもので、上手くいった試しがない。第1中隊は鉄道で西部に向かったものの、線路は寸断されていて、作戦発動日の15日にはモーゼル渓谷で足止めされている状態だった。仮に間に合っていたとしても、鈍足のヤークトティーガーがいては友軍の進撃の足を引っ張っていた可能性が高い。

　結局のところ、ドイツ軍最後の賭けとなったラインの守り作戦は失敗に終わった。遅れて馳せ参じた第653重戦車駆逐大隊は、中隊ごとに分かれ、それぞれ友軍の撤退戦を援護する役回りとなった。

巨砲で米軍戦車を圧倒 クライスハイムの戦い

　1945年4月7日、クライスハイム。

「目標、敵先頭の戦車。弾種、パンツァーグラナーテ（徹甲弾）」

　俺はペリスコープを覗きながら、攻撃目標を指示した。第1装填手が戦闘室後部の弾薬架から取りだした砲弾を砲尾に入れ、第2装填手が煙突ほどもありそうな薬莢を抱え、押しこんだ。ふつうの大砲の砲弾なら薬莢が一緒に付いているのだが、口径が12・8cmもあるPaK44は砲弾の重さだけで28kgもあって、砲弾と薬莢を分けての収納・装填方式がとられている。

「装填よし」

　装填手が安全ボタンをたたくと装填ランプが点灯した。砲手は、移動中の敵戦車を照準器のレチクルに捉えている。まず距離を割りだし、俯仰ハンドルを回し、レンジ指針を使用弾種ごとの距離目盛りに合わせていく。

「フォイエル！（撃て！）」

　ペリスコープの中が発砲炎の光でいっぱいになる。砲身が後退して、灼けた空薬莢を防危板の下のケースに吐き落とした。

「命中した！　M4を撃破！」

　耳の中にまだ轟音が残っていて、自分の声もくぐもって聞こえた。12・8cm砲は3500mの距離から敵戦車の正面装甲を貫徹することができる。威力は絶大だ。

　欠点は発射速度が遅いことだろう。弾薬の重さに加えて、薬莢を排出するために砲の俯仰角度をいちいち0度に戻さなくてはならない。これを補うには、十分な数のヤークトティーガーをそろえる必要があるが、それは叶わぬ望みだ。装備車輌は定数割れが常態化し、補充は望めない。

　故障しても交換部品はなく、燃料やオイルも届かない。空を飛んでいるのは敵機のみという状況なので、移動は夕方以後に限られる。もちろん見つからないよう擬装網を使っているが、ヤークトティーガーの大きな履帯の跡を完全に消すことは難しかった。発見されれば、ヤーボ（戦闘攻撃機）の餌食だ。

　そんな苦しい撤退戦の連続で、多くの米軍戦車M4シャーマンを撃破したクライスハイムの

戦いは、ヤークトティーガーにとってのクライマックスといえるだろう。
だが、それにも終わりがくる。

獣のいななく声に似た金属音を発したあと、俺たちのヤークトティーガーは動きを止めた。

「油圧低下！」


「減速機か」

　これまで見てきた僚車同様、自らの重さに屈し、ついに変速機が言うことを聞かなくなった。回収戦車（牽引にはベルゲパンター1輌と18tトラック2輌を必要とする）の手配は望めそうない。敵の手に渡らぬよう、爆薬をしかけ、自爆処分することとなった。

　俺たちは命令を受け、重駆逐戦車を失った他の隊員たちとともにニーベルンゲンヴェルケ製作所に向かった。5月8日、終戦の知らせを聞いたのは、まさにその地である。

　エレファントに、ヤークトティーガー、巨獣たちが誕生した場所で終焉を迎えるのは、いかにも運命めいたものを感じるではないか。


ヤークトティーガーの12.8cm砲の威力はまさに絶大だ。俺たちは3,500mの遠距離から発砲を開始し、米軍のM4を順に撃破していく。「狩りをする虎」の面目躍如だ。砲弾と薬莢が別々で発射速度が遅いのが難点だが、この距離ならすぐに反撃を受ける心配はない

無敵の攻防力を誇るヤークトティーガーも燃料切れと故障には勝てない。変速機の故障で自走不能となり、修理も回収戦車の手配も望めない俺たちは、やむなく車輌を爆破処分して徒歩での撤退を続けた

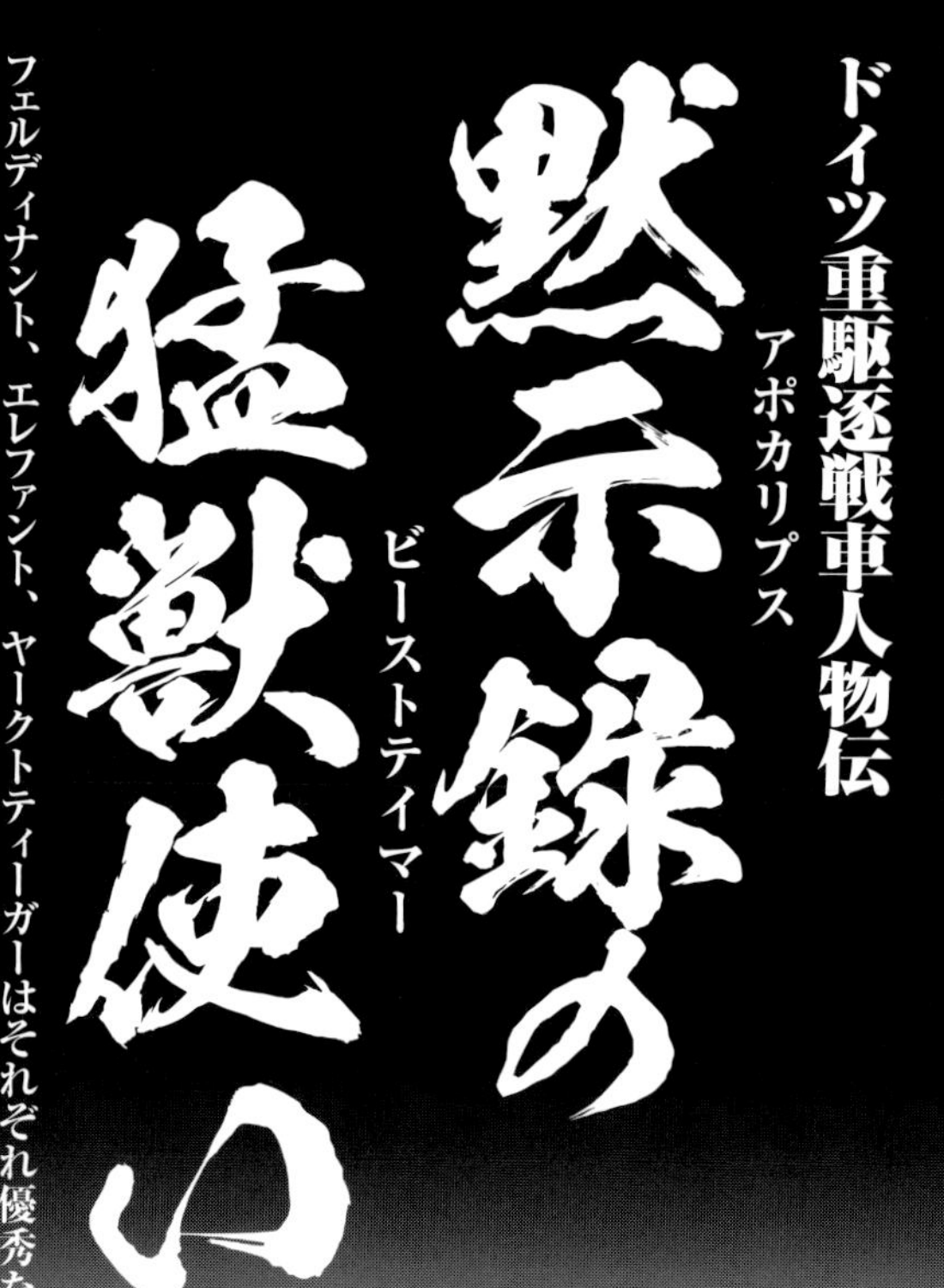

ドイツ重駆逐戦車人物伝

黙示録(アポカリプス)の猛獣使い(ビーストテイマー)

フェルディナント、エレファント、ヤークトティーガーはそれぞれ優秀な装甲戦闘車輌だが、戦いの中で武功を挙げ得たのは、優秀な部隊指揮官・乗員あってのことだ。本稿ではドイツの重駆逐戦車を駆って戦い、後の世に知られる戦果を残した人物たちを紹介する。

文／内田弘樹

ヤークトティーガーを駆った〝ヴィテブスクの虎〟

アルベルト・エルンスト大尉

Albert Ernst

アルベルト・エルンストは1912年、ニーダーザクセンの「狼の城」を意味する名前の街、ヴォルフスブルクに生まれた。

1930年、ワイマール共和国の軍に入隊、第4自動車大隊第2中隊に配属される。その後、国防軍に採用され、第2プロシアオートバイ兵中隊や第24歩兵師団第24対戦車大隊を巡る。戦前は陸軍の教官になるために勉強していたが、開戦を受け、士官候補生として第24対戦車大隊所属のまま軍務を続けることになったようだ。ポーランド侵攻には、同大隊の輜重部隊の一特務曹長として参加した。

アルベルト・エルンスト
（1912年12月15日～1986年2月21日）

開戦時のドイツ軍の歩兵師団の対戦車大隊は、37㎜対戦車砲3門を装備する中隊3個で編成されていた。その任務はもちろん対戦車戦闘。その意味でエルンストは生粋の対戦車戦の専門家だったと言える。

１９４３年前半、エルンストは少尉に任官し、新編成の第５１９重戦車駆逐大隊に配属され、第１中隊第１小隊の指揮官となる。同大隊は新鋭の重対戦車自走砲「ホルニッセ」、後に「ナースホルン」と改名される車輌を装備していた。大隊は１９４３年夏に編成を完了、ドイツ中央軍集団戦区のヴィテブスクを巡る攻防戦に投入され、エルンストの小隊は激しい対戦車戦闘に明け暮れていく。

小隊長としてのエルンストはかなり優秀で、幾度もソ連軍の攻勢を弾き返した。１９４４年3月までに49輌の戦車を撃破し、その功績を称えられて中央軍集団司令部での晩餐会にも招かれたこともある。家族想いの性格だったらしく、同軍集団指揮官のエルンスト・ブッシュ元帥に「柏葉騎士鉄十字章と中尉への昇進、どちらがいい？」と聞かれた際には後者を希望した。中尉に昇進すれば給料が上がり、家族の元に入るお金が増えるからである。柏葉騎士鉄十字章の授与は5月に行われた。ここでの活躍で、エルンストには「ヴィテブスクの虎」という愛称が付けられたようだ。

その後、新編の第１２９９駆逐戦車大隊の中隊長となり、Ⅳ号駆逐戦車を装備して北方軍集団戦区に転戦。この戦いで重傷を負った後、スコルツェニーSS中佐の第１５０戦車旅団に参加し、バルジの戦いに参戦している。

１９４５年春には、重駆逐戦車ヤークトティーガーを装備する第５１２重戦車駆逐大隊の中隊長となり、レマーゲン鉄橋を巡る攻防戦の退却戦における後衛戦闘で活躍した。ヤークトティーガーは生粋の戦車乗りには「砲塔が動かない」「戦闘時以外は砲身を支持架で固定しないといけない」などの理由であまり好まれなかったようだが、対戦車自走砲や駆逐戦車を乗り継いできたエルンストは苦にならなかったようだ。

4月16日、エルンストは小規模な戦闘団とともにイーザーローンで防衛司令部の代表として米軍に降伏した。終戦までの戦車撃破スコアは80輌（一説には54輌）と言われている。

重戦車駆逐中隊でも指揮を執ったティーガー・エース

オットー・カリウス中尉

Otto Carius

オットー・カリウスはおそらく日本で最も名の知られている戦車戦エースである。

カリウスの生まれは現在のラインラント＝プファルツ州にあるツヴァイブリュッケン。ギムナジウムを卒業後に第二次大戦が勃発すると、陸軍に志願入隊し、訓練の後に38(t)戦車を装備する第21戦車連隊に配属され

オットー・カリウス
（1922年5月27日～2015年1月24日）

た。その後、数々の戦いを経て少尉に任官、1943年にはⅥ号戦車ティーガーⅠを装備する第502重戦車大隊に配属され、ティーガーⅠの車長となる。第502重戦車大隊はその後、レニングラード～エストニア方面に展開し、ソ連軍と激しい戦いを繰り広げることになる。

オットー・カリウスは良くも悪くも生粋の戦車乗りであり、戦車の良い点も悪い点も見極めていた。慎重かつ堅実な性格で、それを反映した彼の戦車戦術は、他の戦車や歩兵、対戦車砲との連携を重視し、また地形の利用に長けていた。一見精強そうに見える戦車という兵器が、隠蔽された対戦車砲や歩兵の近接戦闘に簡単に討ち取られる脆い存在であることを熟知していたのである。

こうした戦術方針が功を奏したのか、カリウスは見事にティーガーⅠを扱い、数々の戦車戦で勝利した。最も有名なのは、1944年7月22日のエストニア・マリナーファの戦い。この戦いでカリウスはアルベルト・ケルシャー曹長のティーガーⅠと協同でIS-2スターリン重戦車を10輌、T-34-85を7輌撃破するという大戦果を得たと言われている。

カリウスは1945年2月に第512重戦車駆逐大隊の第2中隊長となる。先に紹介したアルベルト・エルンストは第1中隊の指揮官だったので、その同格となったのだった。ヤークトティーガーに対するカリウスの感触はエルンストと正反対で、ヤークトティーガーが戦車と同じように扱えないこと、また、車体そのものが巨大すぎて他の車輌による牽引が不可能で、足回りを損傷すると遺棄するしか選択肢がなくなることにかなり不満を抱いており、控えめに言っても好印象は抱かなかったようだ。しかし、それでもカリウスは中隊をまとめ上げ、いくつかの戦闘で戦果を挙げている。

4月15日、カリウスの中隊はエルグステで最後に残った6輌のヤークトティーガーを自爆させて米軍に降伏した。終戦までの戦車撃破スコアは150輌以上。

第653重戦車駆逐大隊で戦い抜いた歴戦の勇士

フランツ・クレッチマー中尉 Franz Kretschmer

フランツ・クレッチマーは1918年、オーストリア＝ハンガリー帝国のオイラウに生まれた。14歳でヒトラー・ユーゲントに参加するほどナチスに心酔しており、1937年からはボヘミアのドイツ連盟のメンバーとして働いていた。1939年8月の招集を受け、第114砲兵連隊に所属、通信兵となる。

1942年、クレッチマーは第197突撃砲大隊の小隊長となり、クリミア方面で戦闘を繰り広げた。第197突撃砲大隊は1943年4月に重駆逐戦車フェルディナント45輌を備えた第653重戦車駆逐大隊に改組され、クルスク戦に参加した。

1943年11月、大隊はニコポリ橋頭堡に展開、ソ連軍と激闘を繰り広げた。国防軍の広報によると、この戦いで大隊は54輌の戦車を撃破し、このうちクレッチマーは21輌を撃破するという大戦果を挙げ、この功績により騎士鉄十字章を与えられた。

1944年、クレッチマーは予備中尉に昇進して第653重戦車駆逐大隊第3中隊の指揮官となり、タルノポリ防衛戦に参加。さらに12月、ヤークトティーガーに装備を改変してアルデンヌ攻勢に参戦した。その後、米軍と交戦しながら撤退戦を続け、オーストリアで米軍に降伏している。

戦後は西ドイツで暮らし、1987年にエッセンで死去。彼の未亡人は、第653重戦車駆逐大隊の動向を克明に追った名著『第653重戦車駆逐大隊戦闘記録集』の編纂に際して多数の資料を提供し、同大隊の研究に寄与した。

フランツ・クレッチマー
（1918年10月5日～1987年5月28日）

ハインツ・ロンドルフ中尉 Heinz Rondorf

終戦時のエルンスト戦闘団（第512重戦車駆逐大隊第1中隊を中核とした部隊）のヤークトティーガー中隊の指揮官で、階級は中尉。東部戦線で多数の戦車を撃破した有名なティーガー指揮官の一人であり、同戦闘団がイーザーローンで降伏した際に稼働していた3輌のヤークトティーガーのうち1輌を任されていた。

降伏直前まで米軍と交戦し、1945年4月12日の戦いでは4kmという遠距離からM4中戦車シャーマン2輌を撃破するという離れ業を見せた。戦車撃破スコアは、一説には106輌と言われている。

ハインリヒ・テリーテ中尉 Heinrich Teriete

クルスク戦における第653重戦車駆逐大隊第3中隊の戦車長。

1943年7月14日、ドイツ軍の攻勢が失敗した後に生起したオリョール防衛戦において、第36装甲擲弾兵師団戦区で400輌以上のソ連戦車の攻撃を迎え撃ち、22輌を撃破。ソ連軍の攻撃目標となっていた第118擲弾兵連隊の戦闘指揮所を守り切った。

彼はこの功績により1943年7月22日付で騎士鉄十字章を授与されている。

エレファント・ヤークトティーガー以外の
世界の駆逐戦車

文／古峰文三

破格の対戦車車輌であったエレファントとヤークトティーガー以外にも、対戦車戦闘を主目的に開発された車輌（駆逐戦車）は数多い。独ソ伊日の対戦車車輌は密閉式の固定戦闘室に大口径砲を搭載したが、米英は上部開放式の旋回砲塔に大口径砲を搭載していた。ここではそれらの駆逐戦車をひととおり紹介しよう。

38(t)式駆逐戦車（ヘッツァー）　（ドイツ）

チェコ製の38(t)戦車車台を利用した対戦車自走砲マルダーの旧式化に伴い、その更新車輌として、38(t)の改良拡大型車台を用いて密閉式戦闘室を持つ駆逐戦車が計画された。

それが38(t)式駆逐戦車（ヤークトパンツァー38(t)）で、ドイツ軍最小の駆逐戦車ではあるものの、Ⅲ号突撃砲と同等の48口径7.5cm砲を搭載し、前面装甲は60mm厚の60度傾斜装甲という意外に高い防御力を持っていた。

本車の最大のメリットはチェコで生産されるために、パンター、ティーガーなどのドイツ製戦車の生産を阻害しないことであった。1944年後半から主に一般歩兵師団の対戦車中隊に配備され、2,584輌という膨大な生産が行われた結果、末期の対戦車戦の主力を担う存在となった。

38(t)式駆逐戦車は「ヘッツァー」という通称でも知られるが、実は「ヘッツァー」は戦中のドイツ軍では使われていなかったという説もある。主砲は1000mで30度傾斜した82mmの装甲を貫徹できた

38(t)式駆逐戦車

重量：15.75t／全長：6.27m／全幅：2.63m／全高：2.17m／エンジン：プラガAC/2　6気筒液冷ガソリン（160hp）／最大速度：42km/h／行動距離：177km／武装：PaK39 48口径7.5cm対戦車砲×1、7.92mm機関銃×1／最大装甲厚：60mm／乗員：4名

SU-100自走砲　（ソ連）

大量生産のために大規模な改良が抑制されていたT-34の旧式化を補い、ドイツ重戦車を撃破可能な対戦車自走砲がT-34車台を基に製造された。

最初の型式は長砲身85mm砲を搭載するSU-85だったが、1944年初頭にT-34の性能向上型（T-34-85）が85mm砲を搭載して登場したためにその存在意義を失い、さらに強力な100mm砲を装備したSU-100へと発展した。

SU-100の強力な100mm砲はティーガーⅠ重戦車の正面装甲を遠距離から貫通できたが、長大な砲身が敏捷な機動を妨げたほか、車内容積を懸架装置に食われるT-34車台の欠点のため、戦闘室内が大口径砲を操作するには狭すぎる問題もあった。そのため決して好評な兵器ではなく、赤軍の装甲車輌としては比較的少数の運用に留まった。

赤軍の戦闘車輌屈指の対戦車攻撃力を誇ったSU-100だが、実戦投入はヤークトティーガーと同じく大戦最末期の1945年1月に入ってからだった。主砲は1,000mで30度傾斜した110mmの装甲を貫徹できた

SU-100自走砲

重量：31.6t／全長：9.45m／全幅：3.00m／全高：2.25m／エンジン：V-2-34 12気筒液冷ディーゼル（500hp）／最大速度：48km/h／行動距離：420km／武装：D-10S 56口径100mm対戦車砲×1／最大装甲厚：75mm／乗員：4名

駆逐戦車ヤークトパンター　（ドイツ）

製造数量が90輌に限られ、補充の見通しが立たないフェルディナントを補う後継車輌として、パンター車台をベースに8.8cm対戦車砲PaK43/3を搭載する突撃砲計画から生まれたのがヤークトパンターだった。

この車輌はパンターの設計を応用していたが、既製のパンター車台を改造したものではなく、本来はパンターとティーガーの部品共通化を狙った次世代のパンターであるパンターⅡをベースとする計画だったため、パンター各型とは微妙に異なる車輌となっている。

こうした経緯で、装備を消耗したフェルディナント部隊の機材更新用として配備されたが、生産されたのは415輌のみで、少数の部隊で限定的に使用されるに留まった。

同等の主砲を搭載したエレファントに比べるとやや防御力は劣るが機動力で勝り、総合的な性能はエレファント以上とも言えたヤークトパンター

ヤークトパンター

重量：46.0t／全長：9.9m／全幅：3.42m／全高：2.72m／エンジン：マイバッハHL230P30 12気筒液冷ガソリン（700hp）／最大速度：46km/h／行動距離：160km／武装：PaK43/3 71口径8.8cm対戦車砲×1、7.92mm機関銃×1／最大装甲厚：80mm／乗員：5名

Ⅳ号戦車/70(V)　（ドイツ）

Ⅳ号戦車の車台にパンターの主砲と同等の威力を持つ70口径7.5cm砲を装備するため、Ⅳ号駆逐戦車（ヤークトパンツァーⅣ）の48口径7.5cm主砲を70口径砲に換装した車輌が、終戦までに936輌生産された。これがⅣ号戦車/70（V）で、Vは生産を担当したフォマーク社の意である。

兵力に勝る敵戦車部隊を十分な遠距離から撃破して進撃を阻止するため、70口径7.5cm砲への換装はきわめて有効だったが、火力の向上を見た一方で、長い主砲と戦闘室前面の80mmの傾斜装甲によって重量バランスが悪化。その結果、前部の転輪の消耗が激しかったため、前から二つの転輪がゴムタイヤ式から鋼製タイヤに変更されている。姉妹車輌として、アルケット社で生産された、Ⅳ号戦車J型の車台にそのまま戦闘室を追加した、車高の高いⅣ号戦車/70(A)がある。

超長砲身の7.5cm砲を搭載し、前面装甲を傾斜した80mmとし、パンターと同等の攻防力を有したⅣ号戦車/70(V)。主砲は1000mの距離で30度傾斜した111mmの装甲を貫徹できた

Ⅳ号戦車/70(V)

重量：25.8t／全長：8.60m／全幅：3.17m／全高：1.96m／エンジン：マイバッハHL120TRM 12気筒液冷ガソリン（300hp）／最大速度：35km/h／行動距離：210km／武装：PaK42 70口径7.5cm対戦車砲×1、7.92mm機関銃×1／最大装甲厚：80mm／乗員：4名

セモヴェンテda105/25 （イタリア）

イタリア軍が戦争中期に開発した大火力の自走砲（セモヴェンテ）がda105/25で、アンサルド社によって1943年4月から12輌が生産されている。

P40戦車の車台を利用した固定式戦闘室を持ち、前面装甲厚は75mmとイタリア戦車にしては分厚く、25口径105mmの大口径主砲の威力と相まって、突撃砲として意外に優秀な車輌となっていた。

このためイタリア降伏後のドイツ占領下でも、イタリア軍からの接収車輌に加えて91輌の追加生産が行われ、突撃砲M43としてドイツ軍でも使用されている。山地の多いイタリア戦線では防御された敵火点の制圧に於いても、また近距離の対戦車戦闘に於いても105mm砲装備の突撃砲は価値ある存在だった。

P40重戦車の車台に大口径の105mm砲を搭載したセモヴェンテda105/25。主砲は1,000mで81mmの垂直装甲を貫徹できた

セモヴェンテda105/25

重量：15.8t／全長：5.1m／全幅：2.4m／全高：1.75m／エンジン：フィアットSPA 15TB-42液冷ガソリン（192hp）／最大速度：35km/h／行動距離：180km／武装：25口径105mm榴弾砲×1、8mm機関銃×1／最大装甲厚：75mm／乗員：3名

三式砲戦車ホニⅢ （日本）

日本陸軍の砲戦車とは、通常の戦車より大口径の主砲を搭載した支援戦車を意味していた。

短砲身75mm砲を旋回砲塔に搭載する二式砲戦車が初の砲戦車となったが、千葉戦車学校はその性能に満足せず、長砲身75mm砲である九〇式野砲を搭載した一式自走砲を砲戦車として位置づけた。その一式自走砲では開放式だった固定戦闘室を、装甲で囲まれた密閉式に改造することが求められ、開発されたのが三式砲戦車だった。

本来は砲兵の管轄となっていた75mm級の自走砲を対戦車自走砲として機甲科に取り込んだものが三式砲戦車だった。戦争後半、余剰となった九七式中戦車の車台を利用して簡易に生産できることから、本土決戦用の戦車師団に不足する三式中戦車の代用として配備され、対M4シャーマン用対戦車戦力の一翼を担った。

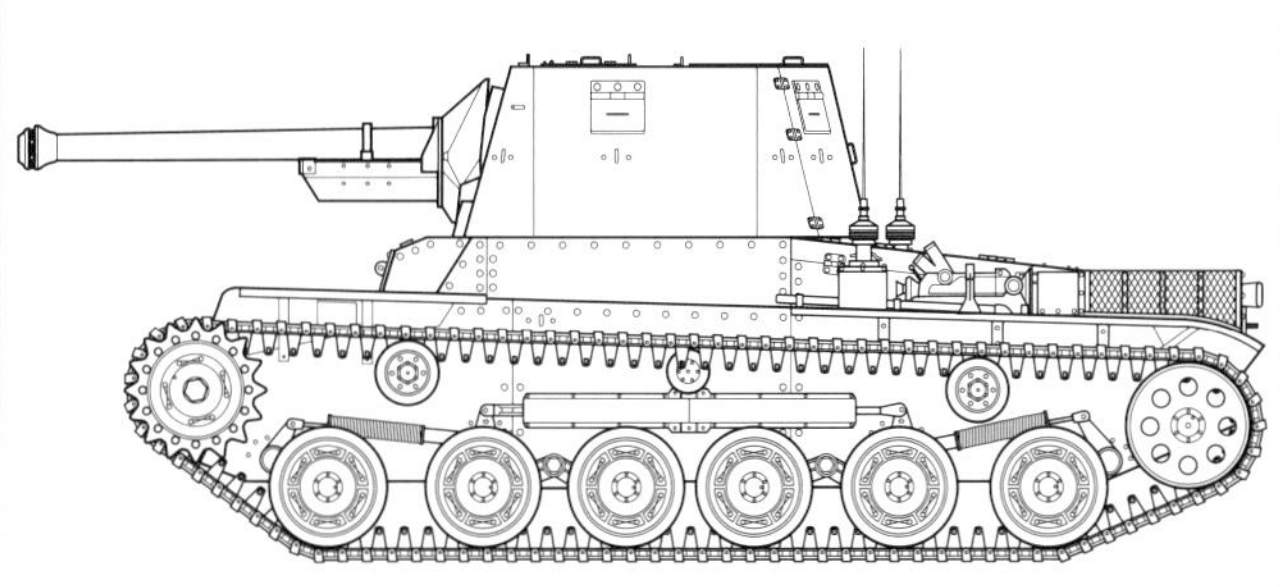

三式中戦車と共に温存され、実戦には投入されなかった三式砲戦車。戦闘室は一見すると旋回砲塔のようだが、実際は固定式になっており旋回しない。主砲の75mm砲は1,000mで約70mmの垂直装甲を貫徹できた（図／田村紀雄）

三式砲戦車

重量：17.0t／全長：5.52m／全幅：2.33m／全高：2.367m／エンジン：三菱SA12200VD 12気筒空冷ディーゼル（170hp）／最大速度：38km/h／行動距離：300km／武装：三式38口径75mm戦車砲×1／最大装甲厚：12+16mm／乗員：5名

M36ジャクソンGMC （アメリカ）

砲兵に属するタンクデストロイヤー（戦車駆逐車）部隊は米陸軍で対戦車戦闘を専門とする兵種で、牽引砲部隊と自走式部隊の二種があった。

GMC（ガンモーターキャリッジ）と呼ばれた自走式タンクデストロイヤーの中で、最も強力な90mm砲を装備したものがM36GMCだった。M4シャーマンの車台を利用して3インチ砲（76.2mm砲）を装備したM10GMCの後継車輌として、90mm砲を旋回砲塔に装備している。

しかし車体上部は軽装甲で、砲塔もオープントップなため、一般の戦車よりも乗員の防御が手薄で、敵砲兵による制圧を受けやすい欠点があった。しかし戦車大隊の不足から、タンクデストロイヤー大隊も一般歩兵師団へ配属され、戦車同様の歩兵支援任務に多用された。

M10A1 GMCの車台に90mm砲塔を載せたのがM36、M4A3中戦車の車台をベースとしたのがM36B1、ディーゼルエンジンのM10をベースとしたのがM36B2だった。主砲の90mm砲は914mで30度傾斜した122mmの装甲を貫徹できた

M36ジャクソン戦車駆逐車

重量：28.1t／全長：7.46m／全幅：3.04m／全高：2.71m／エンジン：フォードGAA 8気筒液冷ガソリン（450hp）／最大速度：42km/h／行動距離：240km／武装：50口径90mm戦車砲×1、12.7mm機関銃×1／最大装甲厚：76mm／乗員：5名

アキリーズ （イギリス）

イギリスがアメリカから供与された戦車駆逐車M10GMCの3インチ対戦車砲を、イギリス軍の新鋭対戦車砲である17ポンド砲に換装した車輌がアキリーズである。M4シャーマンの主砲を17ポンド砲に換装したファイアフライと同じく、M4系の車台はイギリス軍にはなかなか見当たらない17ポンド砲を搭載する余裕のある存在だった。

アメリカ式のタンクデストロイヤーとして、軽装甲でオープントップの砲塔を持つM10GMCは重量的にM4シャーマンよりも大型砲の搭載に有利だった。イギリス軍の戦車戦術には適合せず、自走砲としても不満が持たれる性能だったが、M10GMCの供給数が大量であったため、大量に生産された17ポンド砲搭載車輌となった。

ディーゼルエンジンのM4A2がベースになったM10GMC（戦車駆逐車）の車台に、オープントップ式に17ポンド砲塔を搭載した17ポンド自走砲アキリーズ。「アキリーズ」の名は戦後のカナダ軍で呼ばれていたものという説もある。17ポンド砲は914mで30度傾斜した130mmの装甲を貫徹できた

17ポンド対戦車自走砲アキリーズⅠC

重量：29.9t／全長：5.96m／全幅：3.04m／全高：2.48m／エンジン：GM6046 12気筒液冷ディーゼル（410hp）／最大速度：48km/h／行動距離：320km／武装：17ポンド砲×1、12.7mm機関銃×1、7.92mm機関銃×1／最大装甲厚：64mm／乗員：5名

重駆逐戦車ランダムアクセス

WWⅡ最強クラスの攻防力を持ちながら、某全国大会決勝戦では非力なM3リー中戦車に撃破されてしまった不憫な2車種に、薬莢を捨てる小ハッチからアクセスしてみよう！

文／古峰文三　図版／田村紀雄

フェルディナントとヤークトティーガーへの敵味方からの評価

兵力で優る敵戦車を遠距離で撃破できる、大口径高初速の主砲を搭載した重装甲の戦闘車輌であったフェルディナントやヤークトティーガー。それらについてのドイツ側の期待は極めて高く、高価かつ少数ではあっても、戦局を左右する重要地点に投入することで、その価値は何者にも代え難いものとなった。

実用兵器とは言い難い程の不具合と、機動戦にはおよそ不向きな走行性能に対する批判は常に存在していたが、それらを押さえ込むほどに火力と装甲への期待は大きかった。

クルスク、アルデンヌといった重要な攻勢作戦への投入が計画され、ライン河、ベルリンといった重大な危機に火消しとして投入される重駆逐戦車部隊は、運用上の困難を超えた重要な存在だった。

一方、東部戦線で対戦した赤軍からの、これら超重量級戦闘車輌への評価はあまり高いとはいえなかった。

投入直後から鹵獲車輌を検証してその火力と装甲についてはよく認識し、赤軍重戦車の武装強化を促進してはいたが、機動性と機械的信頼性があまりにも低いことから、きわめて冷淡な評価を下している。

クルスク戦で地雷を踏んで擱座、放棄されソ連軍に鹵獲された、第654重戦車駆逐大隊のフェルディナント501号車。ソ連軍はクルスク戦でフェルディナントと交戦しその重装甲と大火力に驚愕して以降、駆逐戦車や自走砲全般を「フェルジナンド」と呼ぶようになったという

また北アフリカ戦線からティーガーⅠ戦車と対戦していたアメリカ軍は、ティーガー系重戦車全体について、大量配備は実施できない特殊な戦車と認識していた。

ドイツの生産力でこのクラスの重戦車を主力戦車として大量生産することは、非現実的で実行不可能と考えていたからである。

この認識はノルマンディー上陸作戦直前に、アメリカ軍情報スタッフがパンター戦車の転輪の製造番号分析から、ドイツ軍がⅣ号戦車の倍近い45トンの重量を持つ事実上の「重戦車」であるパンターを大量生産していることに気づくまで変わらなかった。

ノルマンディー以降の戦場で、アメリカ軍戦車が対戦車戦闘能力でドイツ軍戦車に劣った理由はここにあったが、フェルディナントやヤークトティーガーといった重駆逐戦車に関してはその認識はほぼ正しかったといえる。

どちらの車輌も戦局を左右するような数が生産されることはなく、限られた戦場に限られた数だけが投入される特殊兵器の域を出るものではなかった。

こうした特殊兵器に対抗するには、航空と砲兵による大規模な火力戦で圧倒するか、その投入が予測される重要な戦場に、やはり特殊な重戦車を投入すれば対応可能だと考えたのだ。

それはドイツ軍の重駆逐戦車の本質をよく見抜いた認識だといえるだろう。

フェルディナントとヤークトティーガーの生産コスト

一回限りの建造となる軍艦などと異なり、量産される兵器のコストは変動するため、多くの場合、試作時の契約価格は開発費用を含む見積に従って算出され、量産時でも立ち上がり時点と量産最盛期とでは原価が異なり、それに応じて契約価格も異なる。

契約価格は年度ごとに設定されることもあれば、契約した数に応じてその都度見積もられることもある。さらに厄介なことに、不測の事態によって契約価格が原価を割っている場合すら存在する。

量産兵器の契約価格というものは基本的に変動するものであり、一部のみ判明している価格を採り上げて論評することは難しい。

また、ポルシェティーガーの車台を利用して製造されたフェルディナントのような改造車輌については複雑で、どのようにして見積もられたのかも判明していない。

そして戦争末期の混乱の中で製造されたヤークトティーガーの契約価格も不明である。

漠然と判明しているティーガーⅠ車体と装備一式と思われる価格、25万800ライヒスマルクと、パンターの17万6100ライヒスマルクを参考に推察してみよう。

第二次世界大戦当時の戦車の価格は概ね、その重量に比例する傾向にある。

パンターは重量約45トンであり、これを57トンのティーガーⅠに置き換えると22万3647ライヒスマルクとなり、ティーガーは2万7000ライヒスマルク程度の「何か」によって高価な兵器となっているらしいことが推測される。

それはパンターの単差動式操向変速機に対して、ティーガーで用いられた遊星歯車を利用した二重差動式操向変速機を始めとする諸要素によって価格が上昇しているように考えられる。

そしてティーガーⅠよりもエンジンが1基多く、発電機や電動モーターを使

用する複雑な機構を持つポルシェティーガーの価格はさらに高価であることも容易に想像できる。

ポルシェティーガーをベースとして改造されたフェルディナントは、おそらく200㎜装甲と前面への追加装甲などのコストが嵩み、さらに完成車からの改造コストも加わる上に限定生産車であることから、おそらく40万ライヒスマルク近辺まで価格が上昇しているのではないかと推定する。

またヤークトティーガーはティーガーⅡと共通部品も多いものの、30万ライヒスマルク以上の高価な車輌となっていたのではないかと想像される。

不確実な推定ではあるものの、大筋として両者のコストは通常型の戦車より高価であったことは間違いないだろう。

ドイツ軍以外の重駆逐戦車

重駆逐戦車的発想はドイツ陸軍だけに存在した訳ではない。

第二次世界大戦初期の電撃戦を驚異のまなざしで眺めた日本陸軍は、ドイツ陸軍の戦車体系をよく研究し、それに対応した戦車体系を導入している。

ドイツ陸軍が考案した、Ⅲ号戦車を主力としⅣ号戦車（短砲身）を支援戦車とする戦車体系の日本版が、長砲身47㎜砲の一式中戦車と短砲身75㎜砲の二式砲戦車の組み合わせであった。ドイツが戦争中期以降それらの旧戦車体系を捨てて、ティーガー、フェルディナント、パンターといった新戦車体系に移行しようとしていることも理解したうえで、昭和18年（1943年）には、「重戦車火力戦」を戦う長砲身105㎜砲を搭載し自動装填装置を装備する固定戦闘室方式の砲戦車「ホリ」車と汎用戦車の「チリ」（五式中戦車）」を組み合わせた戦車体系を構築する計画を立てている。「ホリ」はティーガー、フェルディナントといった重戦車・重駆逐戦車に対応し、「チリ」はパンターの日本版といえる車輌だった。

それらは車体重量こそ35トンから40トン級と、ドイツの重戦車に比べれば軽かったものの、ドイツのような重装甲志向が無く、戦車としての機動性を求めたことが第一の理由だった。加えて当時の日本では70トンから75トン級の超重戦車を量産するに足るエンジン、変速機、サスペンションの製造技術も無く、そもそも日本陸軍には100㎜以上の戦車用装甲鋼鈑を製造した経験も製造設備も無かったのである。

アメリカ陸軍はドイツの超重戦車情報を得て、それらが戦場に投入された場合の対抗策としてT28重戦車の試作を開始した。

日本陸軍は和製エレファント・ヤークトティーガーといえる、10.5cm砲を搭載した旋回砲塔のない砲戦車「ホリ」（便宜的に「五式砲戦車」と呼ばれることもある）を計画した。装甲は前面最大125㎜と日本戦車としては分厚いが、側面は25㎜と心もとない。二つの案があり、ホリⅠは戦闘室を後部に置いたエレファントに似た形状、ホリⅡは戦闘室を中央に置いたヤークトティーガーに似た形状であった。図版はホリⅠ

T28は日本の「ホリ」と同じく105㎜砲を搭載していたが、最大300㎜に達する重装甲を持ち重量は86・2トンに及んだ。

この重量に対応するため、履帯は4本を用い、輸送時には外側転輪と履帯1組を外すというティーガーⅠ系の戦車を極端にしたような方式を採用した。路上最大速度も13㎞／hという極端な低さだった。

そしてイギリス軍でもQF32ポンド砲（94㎜砲）を搭載し、最大228㎜の装甲を持つジークフリート線突破用重戦車トータスが試作されている。

トータス重戦車はT28よりも常識的な機構を持っていたが、79トンの重い車体を走らせるのは、クロムウェルなどの中戦車と同じロールスロイス ミーティア（600馬力）エンジンであり、たとえ実戦に投入されたとしても、「イギリス版ヤークトティーガー」として問題山積の車輌となったことは疑いない。

アメリカ陸軍はドイツの重戦車・重駆逐戦車対策として、長砲身105㎜砲を搭載し、超重装甲を持つT28超重戦車を開発した。旋回砲塔は無く、履帯が左右2本ずつある奇天烈な形状で、機動性が非常に低いため実戦に投入されてもかなり使いづらかっただろう

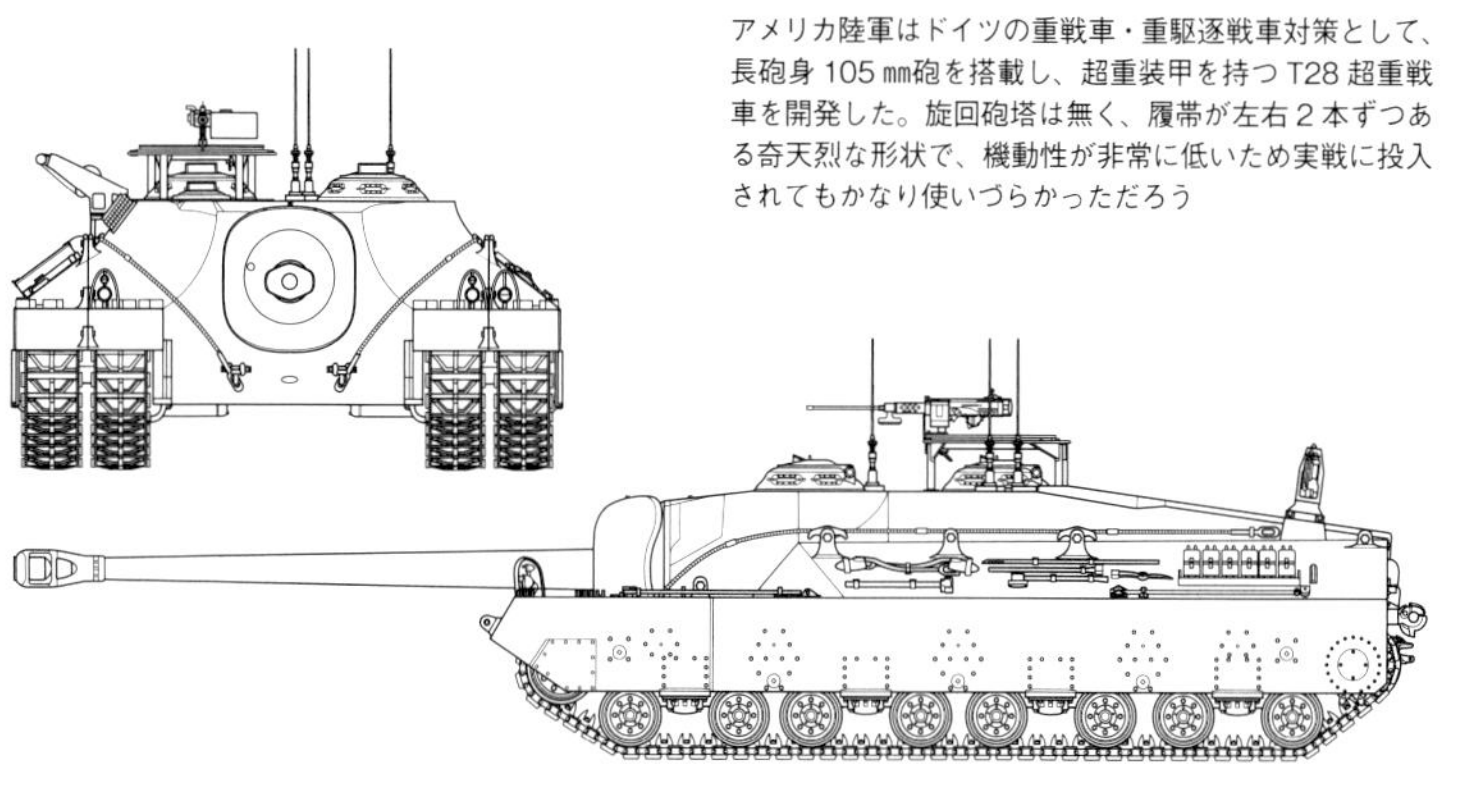

イギリス陸軍も超重装甲、超大火力の重突破戦車トータスを開発した。こちらも動くトーチカ然とした戦車で機動性と汎用性が低く、連合軍の圧倒的航空優勢が得られた大戦末期には必要性の薄い兵器であった

エレファント/ヤークトティーガー 関連年表

■フェルディナント/エレファント

1941年5月26日	ドイツ軍、新型重戦車(後のティーガーI)の開発計画を更新。
1942年4月20日	ヒトラー、ポルシェ社のVK45.01(P)(いわゆるポルシェティーガー)の試作車を視察。
1942年7月27日	VK45.01(P)、クンマースドルフの試験で不具合が続出し、採用は事実上見送られる。
1942年11月30日	VK45.01(P)用の資材を転用した「長砲身8.8cm砲搭載突撃砲」の基本図面が完成。
1943年1月	長砲身8.8cm砲搭載突撃砲の量産1号車が完成。以後4月までに90輌が生産される。
1943年2月6日	長砲身8.8cm砲搭載突撃砲は「フェルディナント」と改称。
1943年3月22日	第654戦車駆逐大隊がホルニッセ装備の第654重戦車駆逐大隊に改編されるが、後にフェルディナント装備となる。
1943年4月1日	第197突撃砲大隊がフェルディナント装備の第653重戦車駆逐大隊に改編される。
1943年5月10日	第654重戦車駆逐大隊、フェルディナント44輌の受領を完了。
1943年5月末	第653重戦車駆逐大隊、フェルディナント45輌の受領を完了。
1943年6月8日	第656重戦車駆逐連隊が新編。第653/第654重戦車駆逐大隊とⅣ号突撃戦車装備の第216突撃戦車大隊が配属される。
1943年7月5日	ツィタデレ作戦(クルスク戦)開始。第656重戦車駆逐連隊は北部戦線に参加。
1943年7月6日/7日	第653/第654重戦車駆逐大隊、ポヌイリ駅を巡る戦闘に参加。
1943年7月9日	ポヌイリ駅攻撃時、654大隊が地雷原に突っ込み大損害を受ける。
1943年7月12日	ツィタデレ作戦中止。第656重戦車駆逐連隊も後退戦闘に移行。
1943年8月26日	654大隊、残存のフェルディナント19輌を653大隊に受け渡して本国に帰還。
1943年9月19日～10月13日	653大隊、ザポロジェ橋頭堡防御戦に参加。
1943年11月中旬	653大隊、ニコポリ防御戦に参加。
1943年11月25日	653大隊のフェルディナント3輌、ニコポリで約45輌のソ連戦車を撃破。
1943年12月10日	653大隊、フェルディナントのオーバーホールと改修のためオーストリアのニーベルンゲン製作所へ移動。
1944年1月～3月	フェルディナントにオーバーホールと大改修が施される。
1944年2月1日	制式名が「フェルディナント」から「エレファント」に改称される。
1944年2月15日	653大隊第1中隊、改修なったエレファント11輌を受領。その後、イタリアに移動開始。
1944年2月末	653大隊第1中隊、イタリアでの戦闘を開始。
1944年4月	653大隊第2と第3中隊(エレファント34輌)、東部戦線に移動。
1944年7月18日	653大隊第2/第3中隊、ガリチアでソ連軍の大攻勢を迎撃、大損害を受ける。
1944年8月	653大隊第1中隊(残存エレファントは2輌)、イタリアから撤退。
1944年8月	653大隊第2/第3中隊のエレファントは稼動12輌となり、第3中隊の残存車輌を第2中隊に集約。
1944年9月	653大隊第2中隊、第1中隊の残存エレファント2輌を受領。稼動14輌で後退戦闘を続行。
1944年12月15日	653大隊第2中隊は653大隊から分離し、第614重戦車駆逐中隊と改名。
1945年4月下旬	第614重戦車駆逐中隊、残存エレファント4輌でベルリン防衛戦に参加。

■ヤークトティーガー

1943年2月	前線部隊から要望があった「歩兵を支援し、3,000mの距離から敵戦車を撃破できる12.8cm砲装備の重突撃砲」の検討が開始される。
1943年4月	ヘンシェル社が12.8cm砲搭載突撃砲/駆逐戦車の設計案を2つ提示。
1943年5月	ティーガーⅡの車台を用いる12.8cm砲搭載突撃砲/駆逐戦車の正式仕様が決定。
1943年10月	12.8cm砲搭載突撃砲/駆逐戦車の実物大木型模型が完成。
1943年10月20日	ヒトラーが実物大木型模型を視察、大きな感銘を受け生産開始を命じる。
1944年2月	量産第1号車が完成、「ヤークトティーガー」と命名される。
1944年6月	ヤークトティーガー訓練中隊が創設。
1944年10月	エレファントを装備していた第653重戦車駆逐大隊がヤークトティーガーへの改編命令を受け、転換訓練を開始。 旧第2中隊は第614重戦車駆逐中隊となって独立したため、新第2中隊がヤークトティーガー訓練中隊から新編される。
1944年12月	653大隊第1中隊にヤークトティーガー14輌が配備され、西部戦線に向かう。
1944年12月下旬～1945年1月	ノルトヴィント作戦に653大隊第1中隊のヤークトティーガー数輌が参加。
1945年1月	653大隊にヤークトティーガー41輌が配備。その後4月まで西部戦線で米軍と交戦しつつ後退。
1945年2月6日	ヤークトティーガー装備の第512重戦車駆逐大隊の編成が命じられる。 第424重戦車大隊(旧第501重戦車大隊)および第511重戦車大隊(旧第502重戦車大隊)を中心として新編。
1945年3月8日	第512重戦車駆逐大隊第2中隊(カリウス中隊)にヤークトティーガー10輌が配備、訓練を開始。
1945年3月13日	第512重戦車駆逐大隊第1中隊(エルンスト中隊)にヤークトティーガー10輌が配備、訓練を開始。
1945年3月24日	512大隊第2中隊、レマーゲン鉄橋の米軍橋頭堡への攻撃に参加するも失敗。
1945年4月8日	512大隊、ウンナ付近で米軍と交戦。
1945年4月11日	512大隊第1中隊基幹のエルンスト戦闘団が米M4戦車11輌、車輌約50輌を撃破。
1945年4月15日	512大隊第2中隊、エルグステで米軍に降伏。残存ヤークトティーガー6輌を爆破。
1945年4月16日	512大隊第1中隊、イーザーローンで米軍に降伏。残存ヤークトティーガー3輌を米軍に引き渡し。
1945年4月後半	653大隊は新ヤークトティーガー受領のためオーストリアに移動、5月8日にアメリカ軍に投降。 一部の搭乗員はヤークトティーガー4輌を受領し脱出、そのまま現地の第1SS装甲師団の指揮下に入り終戦まで戦う。

フェルディナント／エレファント
ヤークトティーガー図版

図版／田村紀雄

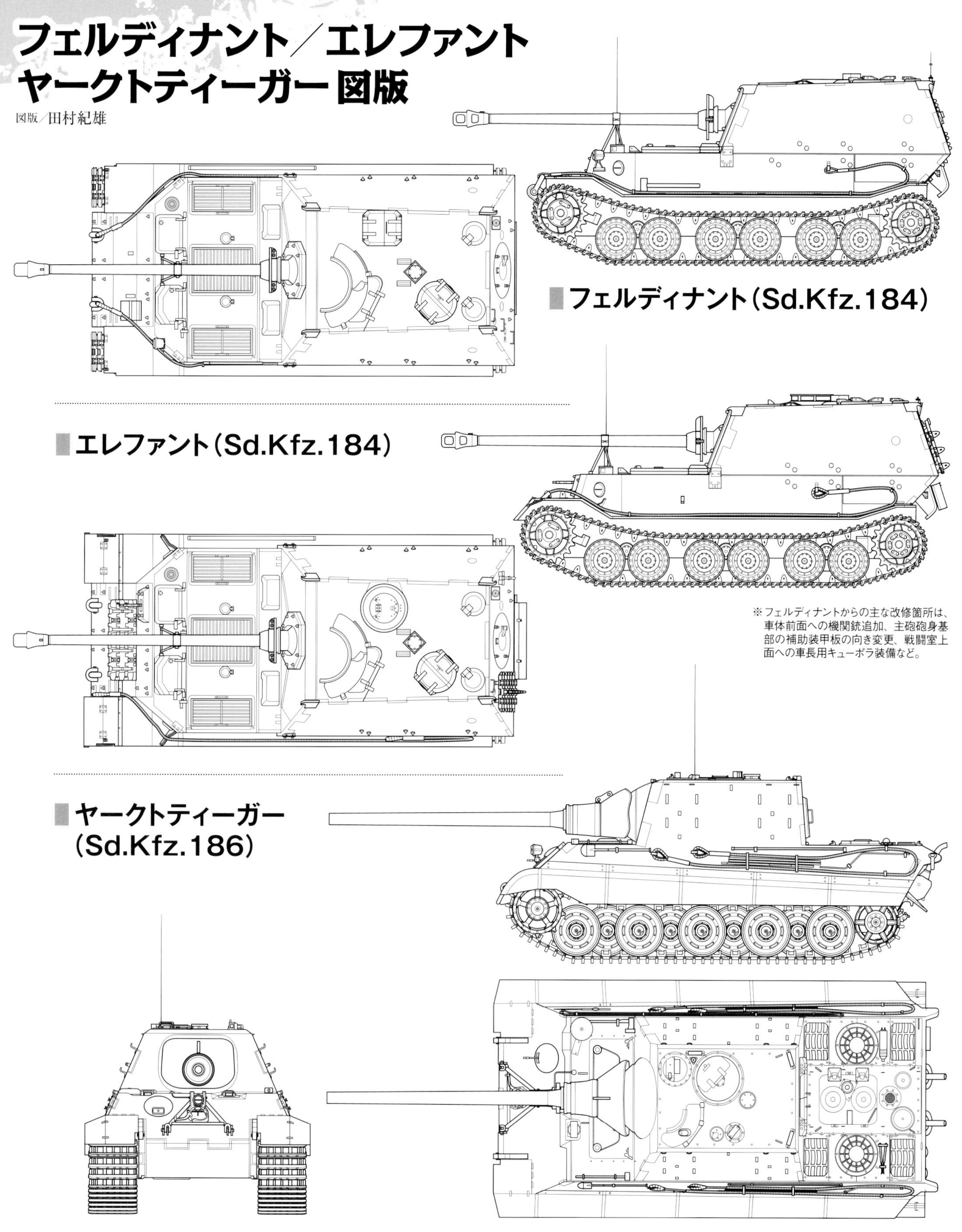

フェルディナント(Sd.Kfz.184)

エレファント(Sd.Kfz.184)

※フェルディナントからの主な改修箇所は、車体前面への機関銃追加、主砲砲身基部の補助装甲板の向き変更、戦闘室上面への車長用キューポラ装備など。

ヤークトティーガー(Sd.Kfz.186)

写真解説／ミリタリー・クラシックス編集部

写真で見る ドイツ重駆逐戦車 in 博物館

このページでは、博物館に展示され往時の姿を偲ばせるドイツ重駆逐戦車の貴重な現存車輌、復元車輌を写真とともに紹介しよう。

ロシアのクビンカ戦車博物館「パトリオット・パーク」に展示されているフェルディナント。1943年7月のクルスク戦でソ連軍によって鹵獲された第654重戦車駆逐大隊の501号車で、ソ連のクビンカ兵器試験場で各種の試験に用いられた後、博物館の展示車輌となった。幾つかの車外装備品が欠損しているが、展示状態は良好。塗装はクルスク戦時の二色迷彩を再現したものが施されている　写真／Mike1979 Russia

フェルディナント／エレファント

イギリスのボービントン戦車博物館に展示されているエレファント。1944年5月のイタリア戦線でアメリカ軍に鹵獲された第653重戦車駆逐大隊の102号車で、アメリカのアバディーン陸軍兵器試験場に送られ各種の試験に供された後、同地の博物館展示車輌となった。近年になってボービントン戦車博物館に移管され、さらなる復元作業を受けたうえで再展示されている　写真／Morio

斜め後方から見たボービントン戦車博物館のエレファント。戦闘室側面及び後面の装甲の傾斜が良く分かるとともに、戦闘室容積の大きさが伝わってくる一葉である　写真／Morio

ヤークトティーガー

イギリスのボービントン戦車博物館に展示されているヤークトティーガーを斜め後方から見た写真。終戦時にヘンシェル社の工場に残置され、イギリス軍により接収された生産第4号車で、1946年にイギリスに運ばれ博物館展示車輌となった。車体の周囲に施されたツィンメリット・コーティングは当時のままだが、サイドフェンダーや予備履帯は外されている　写真／Morio

アメリカのアバディーン陸軍兵器博物館に展示されていたヤークトティーガー。1945年3月、ドイツ南部で行動不能となり放棄されていた車輌で、所属部隊は不明だが1944年10月の生産車と推定されている。鹵獲時点で既に幾つかの車外装備品が欠損していた。塗装は二色迷彩を施されている。長らくアバディーンで展示されていたが、近年になってジョージア州フォート・ベニングの陸軍機甲騎兵博物館に移管された　写真／Raymond Douglas Veydt

ドイツ駆逐戦車
完全ガイド

ヤークトパンター／Ⅳ号駆逐戦車編

1944年12月、「ラインの守り」作戦に参加するためアルデンヌ地方の森林地帯を進撃する第560重戦車駆逐大隊のヤークトパンター。パンター中戦車を基に開発された駆逐戦車であるヤークトパンターは、長砲身8.8cm砲による非常に高い攻撃力と分厚い傾斜装甲による防御力、優れた機動力を併せ持っていたが、パンターに輪をかけて足回りの故障が多かった。戦車キラーの専門部隊である重戦車駆逐大隊に配備され、44年6月のノルマンディー戦から実戦に参加。少なくない活躍を見せたものの、如何せん数が少なく、戦局に影響を及ぼすには至らなかった。

イラスト／佐竹政夫

第二次大戦中のドイツ軍は、戦車をベースに多種の装甲戦闘車輌を開発したが、その中でも対戦車戦闘に特化した車輌が駆逐戦車(ヤークトパンツァー)であった。いずれも戦車の砲塔を撤去し、固定戦闘室に主砲を限定旋回式に装備、大きく傾斜した前面装甲を持った車輌である。元となった戦車より優れた攻撃力と防御力を持つが、砲塔を持たないため攻勢作戦や機動戦には向かず、待ち伏せを最も得意とした戦闘車輌だった。

そしてV号戦車パンターを元に開発された駆逐戦車がヤークトパンターである。本車は極めて強力な超長砲身8.8cm砲を装備、前面装甲も80㎜と分厚く、パンター譲りの高い機動性を持っていた。ほぼすべての連合軍戦車を一方的に撃破できる戦闘力を持ち、最良の駆逐戦車と称されている。

またⅣ号戦車を元に開発されたのがⅣ号駆逐戦車シリーズであり、元のⅣ号戦車と同じく48口径7.5㎝砲を搭載したⅣ号駆逐戦車と、さらに超長砲身の70口径7.5㎝砲を持つⅣ号戦車/70(V)、Ⅳ号戦車/70(A)が生産された(通称はラング)。彼らも、正面切っての戦車戦なら連合軍の中戦車に対し圧倒的に有利であった。

これらヤークトパンターとⅣ号駆逐戦車シリーズは、ドイツ軍が劣勢となった1944年から実戦に投入され、各戦線で大きな戦果を挙げたものの、敗勢を覆すには至らなかった。

ここでは戦闘力と運用性のバランスが取れた駆逐戦車であるヤークトパンターとⅣ号駆逐戦車を、開発の経緯、運用と編制、メカニズム、戦歴など、様々な側面から解説していく。

長槍にて仇敵を狩る 勇往の鋼豹と邁進の軍馬

Jagdpanther und Jagdpanzer IV

ヤークトパンターとIV号駆逐戦車

ラインの守り作戦（バルジの戦い）にて、アルデンヌの森を進撃していくIV号戦車/70(V)（手前）とIV号戦車/70(A)

画／吉原幹也

異形の豹、ノルマンディーで初陣！敵歩兵戦車の重装甲を難なく食い破る

大戦開始直前に対戦車部隊として編成された第654戦車駆逐大隊は、1943年4月に第654重戦車駆逐大隊に改編。重駆逐戦車フェルディナントを装備して、43年7月のクルスク戦を戦った。クルスク戦後、消耗して本国に帰還した654大隊は、44年1月から新鋭の駆逐戦車ヤークトパンターを受領、同車初の装備部隊として訓練を重ねた。

そして44年6月6日、米英連合軍がフランスのノルマンディーに上陸し、654大隊も迎撃に向かう。7月11日には第2中隊の4輌が戦闘に参加、これがヤークトパンターの初陣となった。続く7月25日、米軍はノルマンディー戦線を一気に南に突破する「コブラ」作戦を発動、7月30日にはそれを東側面から支援する英軍の「ブルーコート」作戦が始まった。これに対し、ヤークトパンター25輌を保有する同大隊の第2、第3中隊は、第326歩兵師団の指揮下に入り防戦に当たった。

そして7月30日、654大隊のヤークトパンターは、コーモン＝レヴォンテの街付近で歩兵を先導して前進してきた、イギリス近衛第6戦車旅団スコティッシュガード連隊第3大隊の歩兵戦車チャーチルを攻撃。直接交戦したパンターは3輌のみだったが、わずか2分で重装甲を誇るチャーチル11輌を撃破するという鮮やかな勝利を収めた。この戦闘で撃破されたヤークトパンターはなかったが、2輌が履帯や変速機の損傷で放棄されている。

だがこういった局地戦での勝利にも関わらず、大局的にはコブラ作戦が成功。ノルマンディー戦線のドイツ軍は8月中旬にはファレーズに包囲されることとなるが、654大隊は何とか包囲を破って脱出に成功している。

ヤークトパンター

第654重戦車駆逐大隊

1944年7月30日
コーモンの戦い

サン・ローの東、カーンの西にあるコーモンの街付近で歩兵戦車チャーチルを撃破した、第654重戦車駆逐大隊第2中隊のヤークトパンター。この時第1中隊はメイイ・ル・カン（マイイ・ル・カンプ）で訓練中だった

画／佐竹政夫

Ⅳ号駆逐戦車

第12SS戦車駆逐大隊

1944年8月9日
「トータライズ」作戦迎撃

Ⅳ号戦車の車台から砲塔を撤去し、固定戦闘室を設けて元のⅣ号戦車と同じ48口径7・5㎝砲を搭載、戦闘室前面を傾斜装甲としたⅣ号駆逐戦車は、1944年3月から部隊への配備が開始された。まず装甲教導師団の第130戦車駆逐大隊に31輌、第2装甲師団の第38戦車駆逐大隊に21輌、第12SS装甲師団〝ヒトラー・ユーゲント〟の第12SS戦車駆逐大隊に10輌（後に11輌が追加）が配備され、この62輌は1944年6月にノルマンディーに上陸してきた米英軍を迎え撃つことになった。

ファレーズ北の平原で英連邦軍の戦車を待ち受ける、第12SS戦車駆逐大隊第1中隊のフルデルブリンク中尉とロイ曹長のⅣ号駆逐戦車。ロイ曹長は36輌の敵戦車撃破を記録し、Ⅳ号駆逐戦車を駆ったもっとも有名な戦車エースとなったが、1944年12月のアルデンヌ攻勢の際に戦死した

画／福村一章

雌伏する黒騎士の槍が鉄騎兵の鎧を貫く！

ノルマンディー戦線でのⅣ号駆逐戦車は、大きな活躍を見せたが損害も大きく、7月1日には第130戦車駆逐大隊は28輌のⅣ号駆逐戦車を保有していたが、可動するのは9輌のみだった。

そして米軍の「コブラ」作戦が成功裏に終わった後の8月8日、英連邦軍はファレーズを目指して「トータライズ」作戦を発動。カナダ軍とポーランド軍がカーンから南下を開始した。対するドイツ軍は、クルト・マイヤー少将率いる第12SS装甲師団を中心とする部隊が迎撃する。

8月9日、Ⅳ号駆逐戦車を装備する第12SS戦車駆逐大隊第1中隊は、111高地付近で敵軍を待ち伏せていた。その前をメジエールとエストレ＝ラ＝カンパーニュ間の道路を進撃してきた、自由ポーランド軍第10機械化ライフル騎兵連隊のクロムウェル巡航戦車隊が通過。第1中隊はこれに攻撃を加え、ルドルフ・ロイ曹長車が短時間で8輌を撃破、また中隊長のゲオルク・フルデルブリンク中尉車も6輌を撃破した。

またその夜、第12SS戦車駆逐大隊第1中隊はソニョールの村を襲撃して敵戦車隊を側面から攻撃し22輌を撃破、その中の13輌はロイ車の手柄だった。ロイ曹長は、この戦いを通じて実に26輌の敵戦車を撃破している。Ⅳ号駆逐戦車がもっとも大きな活躍を見せた戦例の一つが、この「トータライズ」作戦の迎撃戦闘であったといえよう。

このように頑強な抵抗を見せ、英連邦軍に大損害を負わせた第12SS装甲師団であったが、新手の敵部隊の出現を受けて南下、ファレーズ付近に移動した。その後ファレーズ付近のドイツ軍部隊は連合軍に大包囲され、第12SS装甲師団は奮戦するも壊滅。数少ない脱出将兵を元に再編成が行われ、12月のアルデンヌ攻勢に備えることとなる。

雪の森を征く鋼鉄の豹(ひょう)
乾坤一擲(けんこんいってき)の攻勢に吼える!

ノルマンディー戦後の米英連合軍は概ね順調に進撃し、12月にはドイツの国境近くまで到達していた。これに対しヒトラーは、ベルギーのアルデンヌ地方で装甲部隊を先鋒とした大攻勢を発起、アントワープまで突破して米英連合軍を包囲し、一撃講和を狙う作戦を構想した。これはドイツ軍の残り少ない予備装甲戦力を注ぎ込む実現性の低い作戦であり、将軍たちは反対したがヒトラーは受け入れず、12月16日から「ラインの守り」作戦として実行に移されることになった。

強力な戦闘車輌であるヤークトパンターも、第519、第559、第560の3個重戦車駆逐大隊の計27輌がアルデンヌ攻勢に投入された。だが可動率は低く、作戦開始時に可動したのは15～20輌程度だったともいわれている。ヤークトパンターは開けた戦場での長距離対戦車戦闘を得意とするが、アルデンヌは視界が限られる森林地帯だったため利点を十分に活かせず、待ち伏せ攻撃で撃破される例もあった。

一例としては第560重戦車駆逐大隊が挙げられる。この攻勢で560大隊は第12SS装甲師団に配備され、エルゼンボルン南のビュトゲンバッハを攻略する任務に投入された。

12月20日、560大隊のヤークトパンターは、第12SS装甲師団麾下の第26SS装甲擲弾兵連隊を率いて攻撃の先鋒として進撃。しかしビュトゲンバッハ村で待ち伏せた米軍の攻撃を受け、至近距離から57㎜対戦車砲やM10戦車駆逐車の76・2㎜砲、歩兵のバズーカなどに側後面を撃ち抜かれ、数輌が撃破された。やはり駆逐戦車に狭い戦場での歩兵支援任務は不向きだったといえるだろう。攻略作戦も頓挫し、ビュトゲンバッハを落とすことはできなかった。

結局、アルデンヌでは23日から天候の回復とともに連合軍が持ち直して反撃、年明けには「ラインの守り」作戦も中止となり、西部戦線でのドイツの敗北はほぼ決した。この攻勢を通じて、ヤークトパンターは16輌が失われている。

ヤークトパンター

第560重戦車駆逐大隊

1944年12月 ラインの守り作戦

SS装甲擲弾兵たちを援護してビュリンゲン道を西進し、ビュトゲンバッハを目指す第560重戦車駆逐大隊第1中隊のヤークトパンター

画／吉原幹也

読者のチビッ子のみんな、おなじみロンメルのおっちゃんだよ～！

くちく戦車っていうのはふつうの戦車から砲塔をなくして
箱みたいな戦闘室をかぶせて、でっかい主砲をのっけた戦車で、
敵の戦車をやっつけるのがいちばんのおしごとだ。

正面からの撃ちあいなら、ほとんどの敵戦車をやっつけることができたぞ。

でもちょっと使い勝手が悪いのがタマにきずかな。

そーいや日本じゃなぜかヤクパンが「ロンメル」って呼ばれてたらしいけど、
おっちゃんはヤクパンとは何の関係もないぞ～。

……なん…だと…！　このまんがでは、ヤクパンとⅣ駆のむれが
連合軍戦車をけちらしながら突進している…のか…？

これなら東部戦線も西部戦線もワンチャンあるかも新米！

ヤークトパンター…ごぞんじ最強の中戦車・パンターの車体のうえにでっかい戦闘室をパカっとのっけた鬼畜…駆逐戦車。パンチ力と防御力はパンターを上回り、機動力も高いというゴキゲンな戦車だ！　でも砲塔がないから、横に主砲をむけるには車体ごと回らないといけないのがやっかいで、起動輪のギアとかの故障がおおかった。

M4シャーマン…75ミリ砲をつんだアメリカの主力戦車。

Ⅳ号駆逐戦車…「軍馬」ことドイツ軍の主力戦車・Ⅳ号戦車を元に作ったくちく戦車。主砲はⅣ号戦車の長砲身タイプとおんなじ48口径7.5センチ砲だけど、背が低くなって、ぶ厚い傾斜装甲になったので、防御力はアップしてる。

T-34-85…長い85ミリ砲をつんだソ連の主力戦車。

これが最強くちく戦車
ヤクパンとⅣ駆だ！
え／上田信
8.8センチ砲…ヤクパンの主砲は71口径8.8センチ砲。これは砲弾の太さが8.8センチあって、主砲の長さが8.8センチの71倍あるということ。つまりデカくて長いのだ。連合軍のほとんどの戦車の装甲を、3,000メートル以上のきょりからぶち抜くことができた。
Ⅳ号戦車ラング（V）…主砲がすっげぇ長くなってる。はっきりわかんだね。Ⅳ号駆逐戦車の主砲を、パンターの主砲と同じ70口径というなが〜い7.5センチ砲に変えて、装甲をぶちぬく力がアップしたタイプ。「ラング」は「長い」といういみ。VはVやねん！のいみ…ではなく、作ってるフォマーク社のこと。

Ⅳ号戦車ラング（A）…（V）と同じ70口径7.5センチ砲をつんでいるけど、Ⅳ号戦車のしゃたいをそのまま使いまわしたので、ちょっと背がたかくてぶかっこうだ。まぁ多少（の背の高さ）はね？　Aはメーカーのアルケット社のこと。

エルヴィン・ロンメル将軍
JSU-122…でっかい122ミリ砲をつんだソ連の自走砲。かたちはドイツの駆逐戦車に似ている。

「うおー！　ヤークトパンターやⅣ号駆逐戦車がノルマンディー海岸にめっちゃ押しよせれば、連合軍を海に追い落とせるぞ！」ノルマンディーを守っていた（けど上陸作戦当日は奥さんの誕生日でおうちに帰っていた）さばくのキツネことロンメル元帥も、元帥杖を手にたいこ判だ！

傾斜装甲…ヤクパンの車体の前の装甲は8センチとぶ厚く、おまけに大きくかたむいてるので、敵の砲弾が当たっても、すべらせたりそらせたりすることができた。傾斜装甲だからガマンできたけど、垂直装甲だったらガマンできなかった…

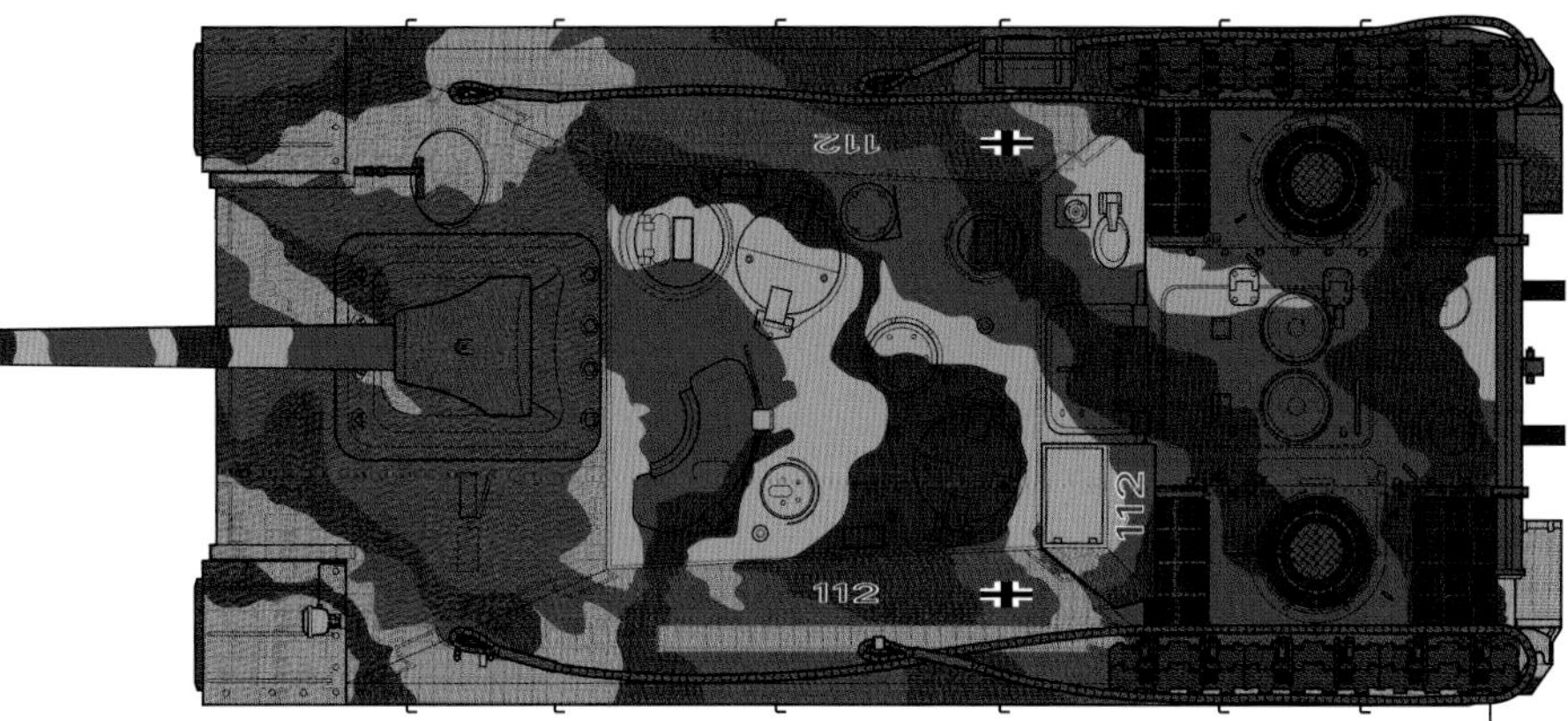

ヤークトパンター
第654重戦車駆逐大隊

1944年秋に再編成中の第654重戦車駆逐大隊のヤークトパンターG1。この部隊では砲身のクリーニングロッドケースを機関室後部に移設した車輌が多い。基本塗装がダークイエローからオリーブグリーンに変わり、不足するダークイエローが基本色から迷彩色へと位置づけを変えた時期の塗装。

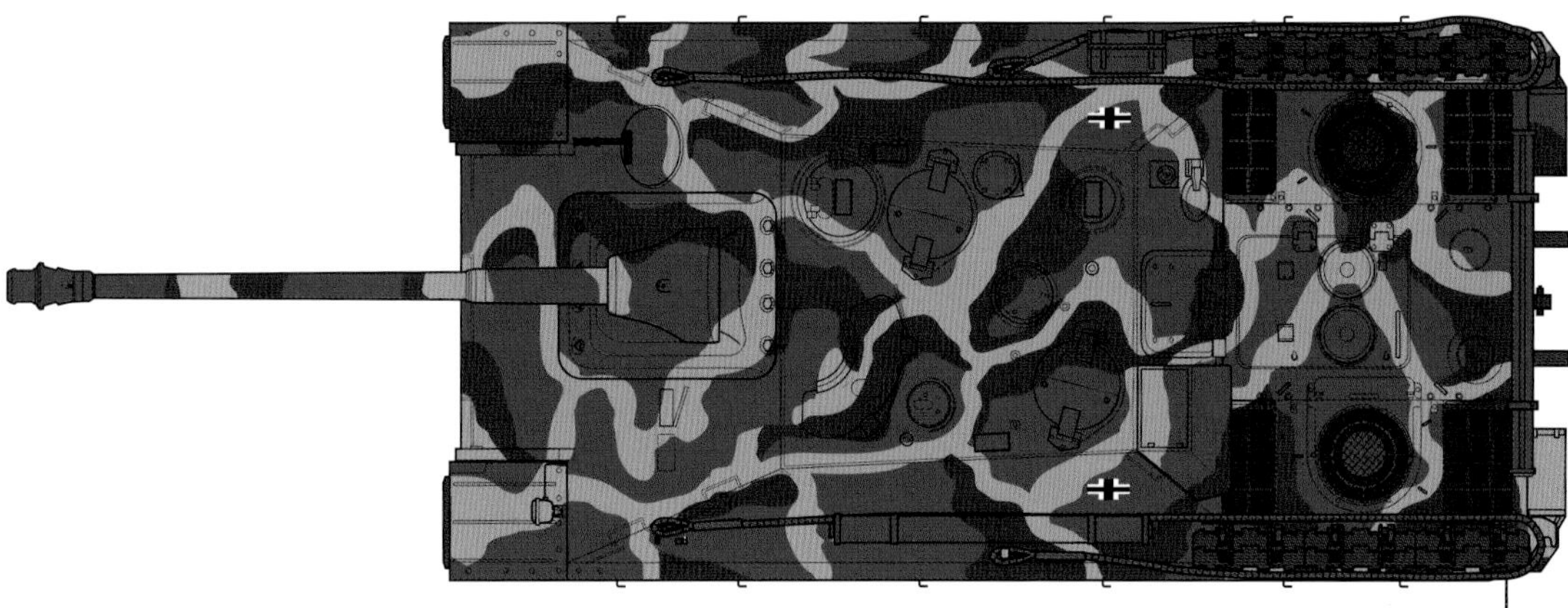

ヤークトパンター

遺棄されてアメリカ軍に鹵獲されたヤークトパンター G1。所属部隊は不明。基本色はオリーブグリーンで、その上にレッドブラウンとダークイエローのボケの無い雲状迷彩を施している。

ヤークトパンター

解説／古峰文三　図版／田村紀雄

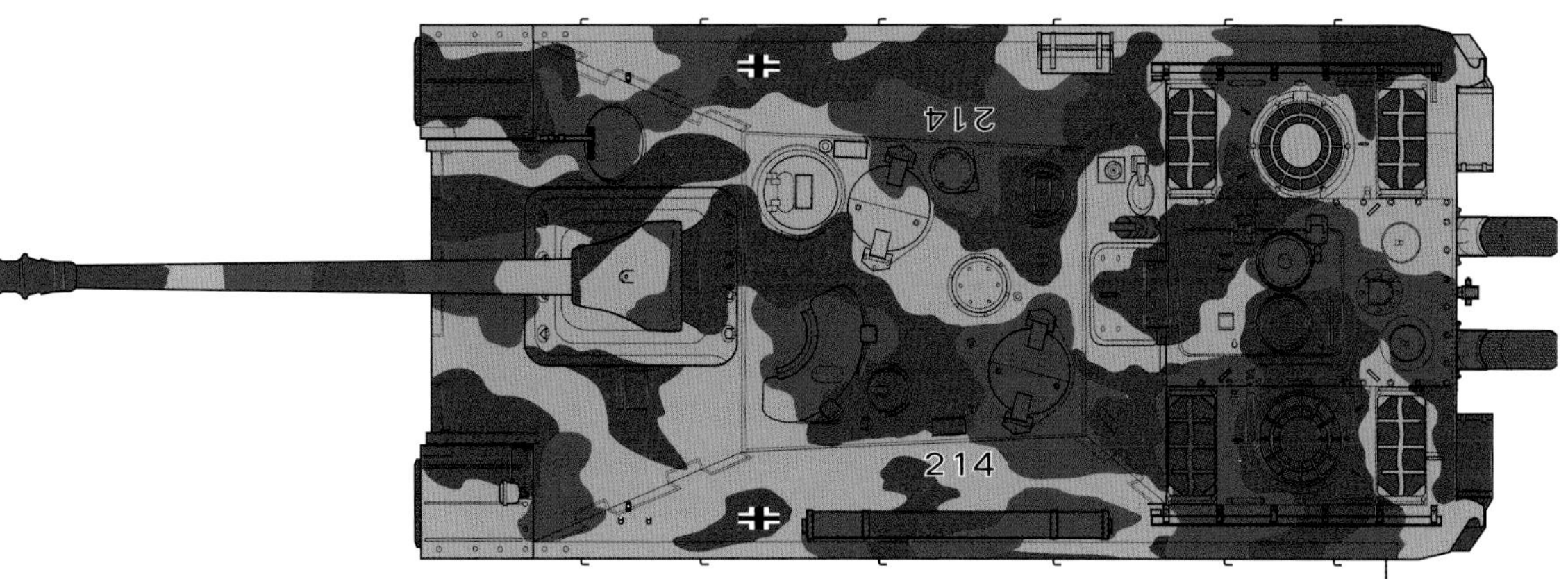

ヤークトパンター

1945年の終戦時にドイツ国内に放置されていた所属不明のヤークトパンター。奇妙な車輌で、G2の特徴をほぼ全て備え、機関室上面の対空装甲板も取付けられているものの、砲身は初期の一体型を装備している。このような特徴からG2仕様の実験車輌として使われていたものが終戦直前に部隊配備され、そのまま生き残ったものとの推定される。ハッチ裏が下地塗料の赤であるため、基本色を塗らずに下地塗料のまま工場を出た車輌の一部と思われる。

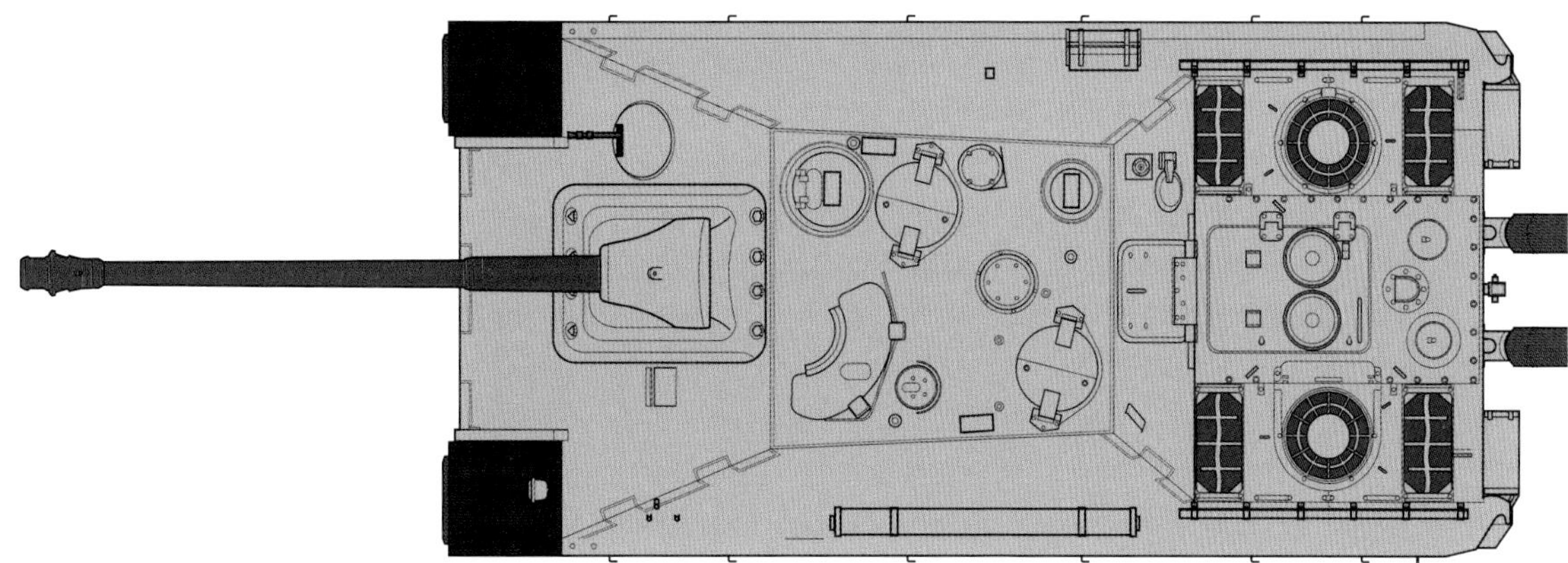

ヤークトパンター

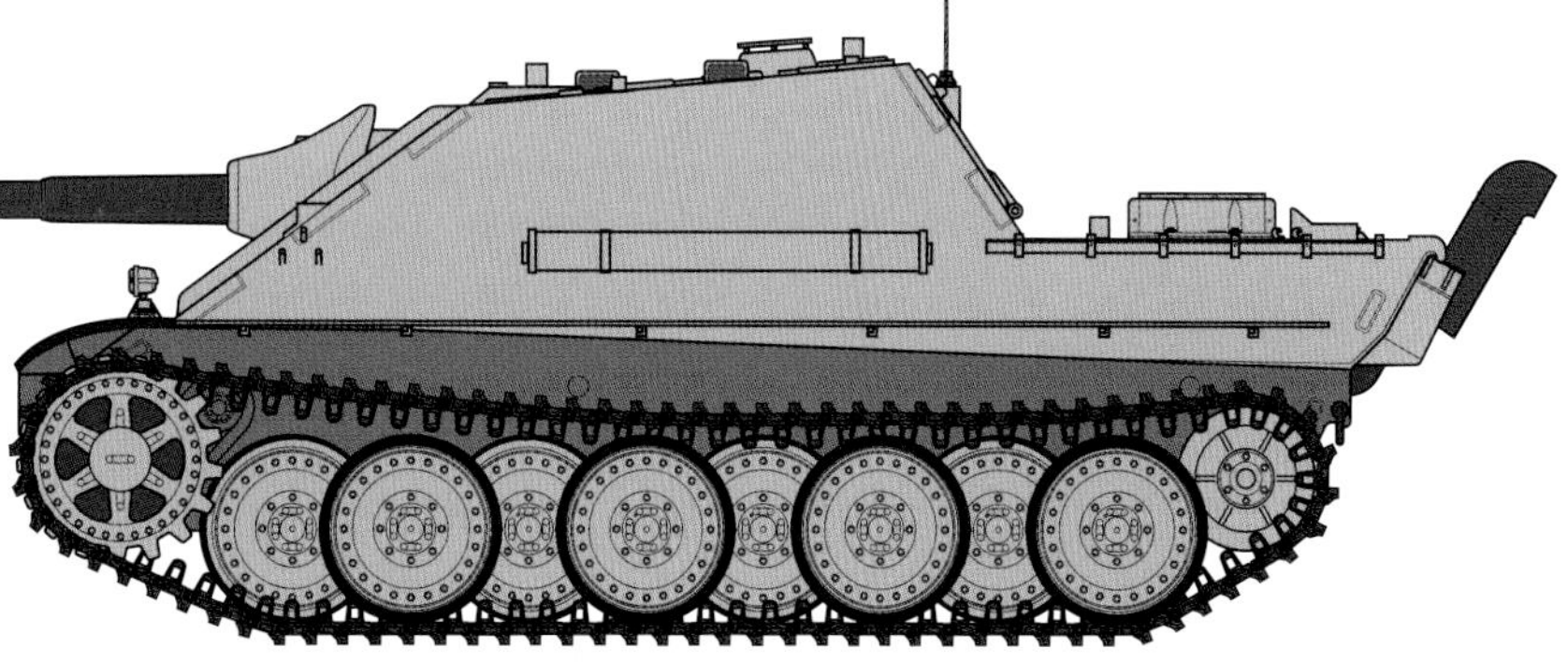

1945年5月、終戦時に工場内で放置されていた最後期のヤークトパンター G2。1945年に入ると下地塗料は灰色に変更され、フェンダーは黒い下塗りが行われたことがカラー写真から読み取れる。1945年4月に部隊が工場から直接、車輌を受領するようになると、このような状態の車輌がそのまま引き渡された可能性がある。

1943年2月からドイツ戦車の標準色に採用されたドゥンケルゲルプ（ダークイエロー）は材料となる顔料の産地をフランスとイタリアに持っていた。ドイツ戦車の色として広く知られる『ダークイエロー』顔料はドイツにとって輸入品だったのである。ヤークトパンターやⅣ号駆逐戦車が実戦に投入された1944年の夏から秋にかけては、このドゥンケルゲルプの材料となるイエローオーカーの産地が連合軍の手に落ち、ドゥンケルゲルプの生産が困難になっていた。そして顔料の不足によって色調が変化してグリーン味を帯び、いわゆる後期のドゥンケルゲルプ塗料が生まれたほか、1944年9月にはパンター系戦車へのドゥンケルゲルプによる基本塗装の中止が命じられ、工場での完成時に下地塗装の赤褐色塗装のみで仕上げられ、赤褐色の上から各色の迷彩塗装を施す塗装パターンが出現する。さらに1944年末以降にはドゥンケルゲルプに代わる基本塗装色としてドゥンケルグリュン（ダークグリーン）が採用された。ドイツ勢力圏の縮小にともなう資源の枯渇から基本塗装の目まぐるしい変遷があり、それがヤークトパンターとⅣ号駆逐戦車の塗装バリエーションを難解なものとしている。

Ⅳ号戦車/70(V)

1944年秋、西部戦線で鹵獲されたⅣ号戦車/70（V）。前部の転輪が通常型となっている車輌。迷彩はオリーブグリーン地にダークイエローとレッドブラウンの雲状迷彩。

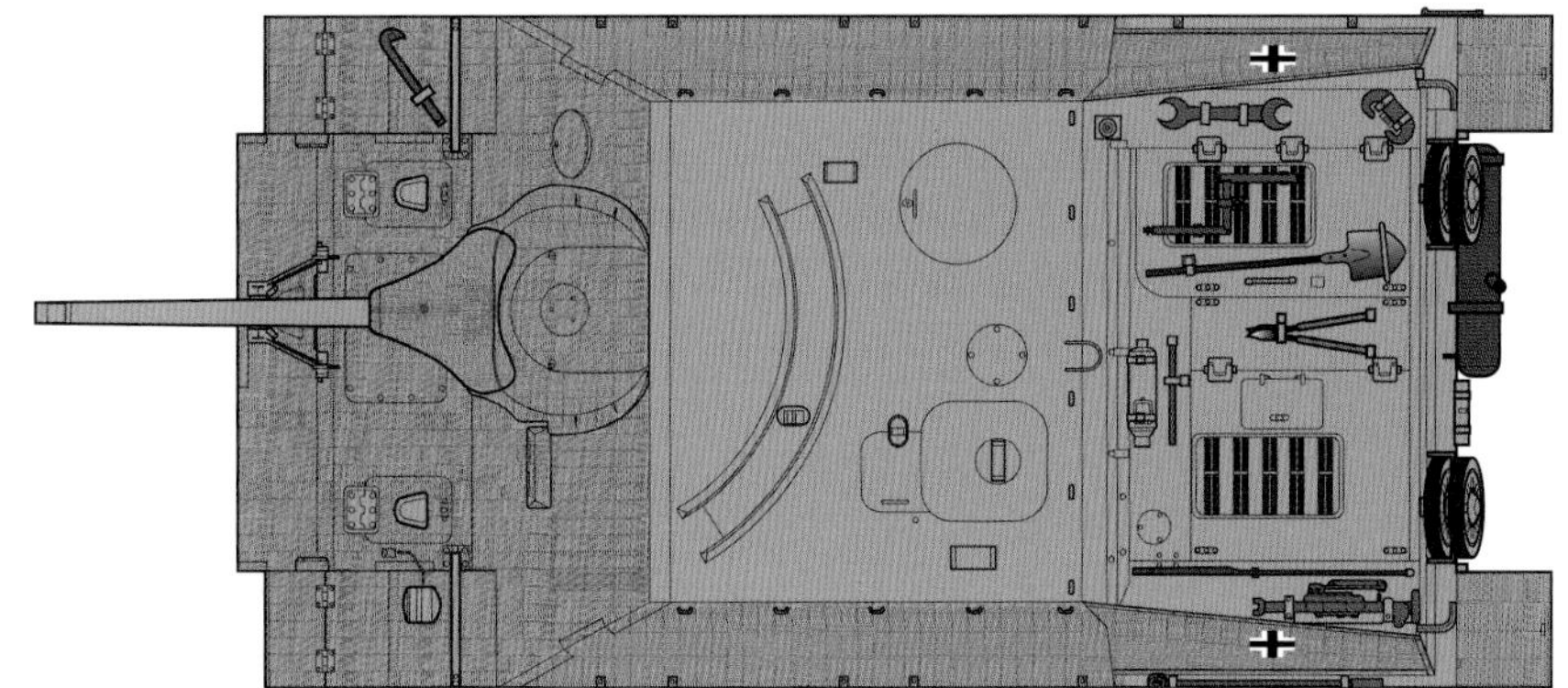

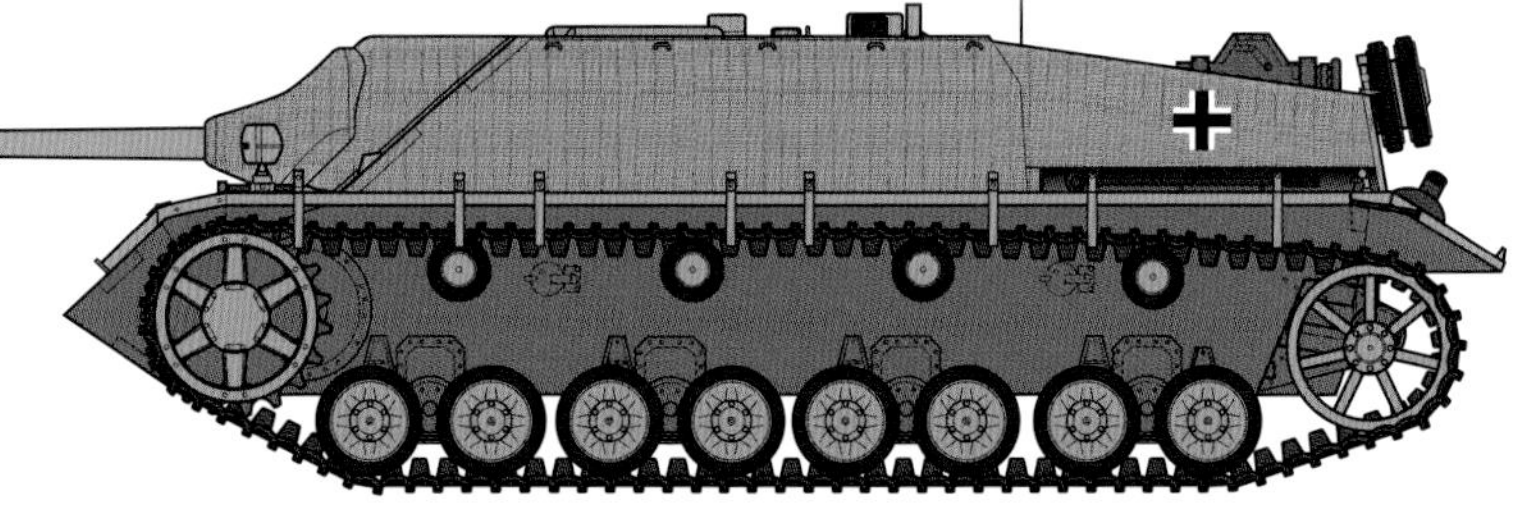

Ⅳ号駆逐戦車

工場完成状態で部隊に送られるⅣ号駆逐戦車。まだ迷彩が施されておらず、ツィメリットコーティングの上にダークイエローの基本塗装のみが施されているが十字章のみは車体側面後部に描かれている。

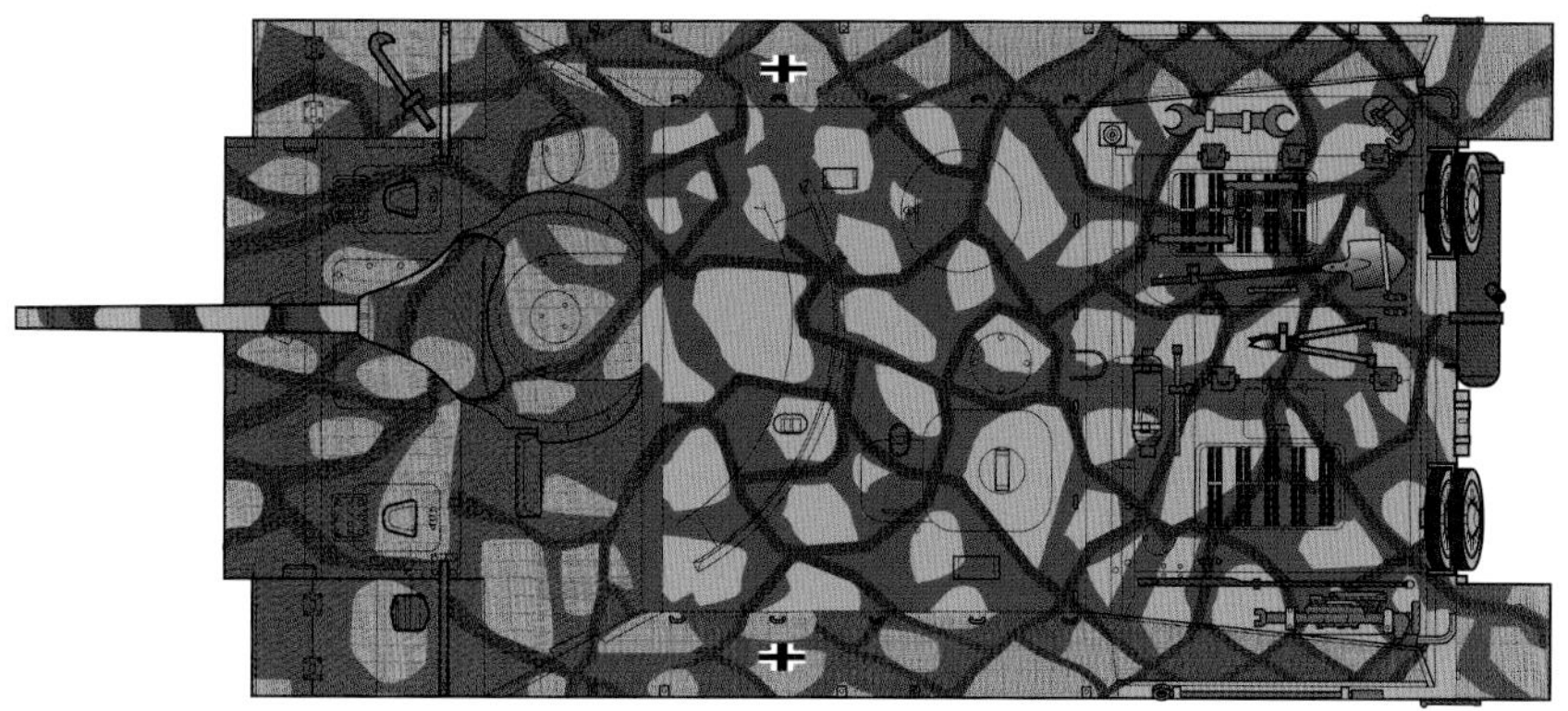

IV号駆逐戦車
ヘルマン・ゲーリング師団

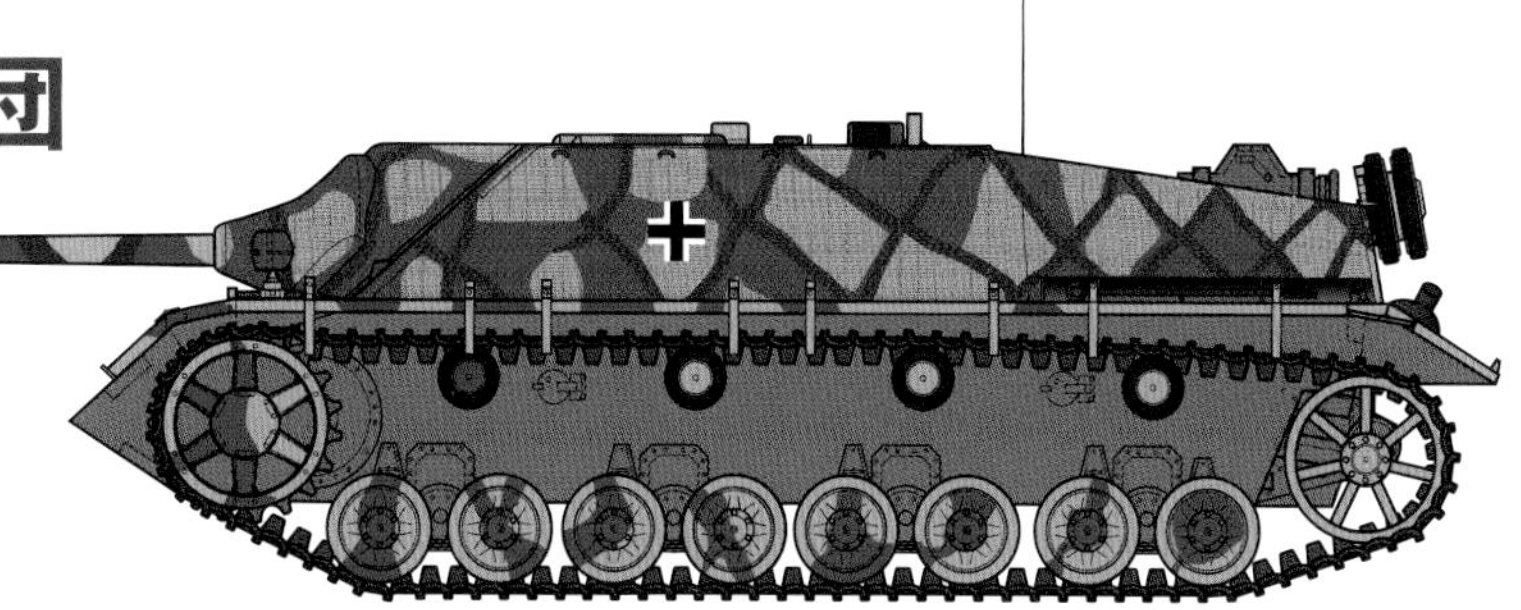

1944年春、イタリア戦線で鹵獲されたヘルマン・ゲーリング師団所属と思われるIV号駆逐戦車。ダークイエロー地に極太のダークグリーンによる格子状のパターンを描いた上に、レッドブラウンで細い斜めの格子パターンを重ねた印象的な迷彩が施されている。

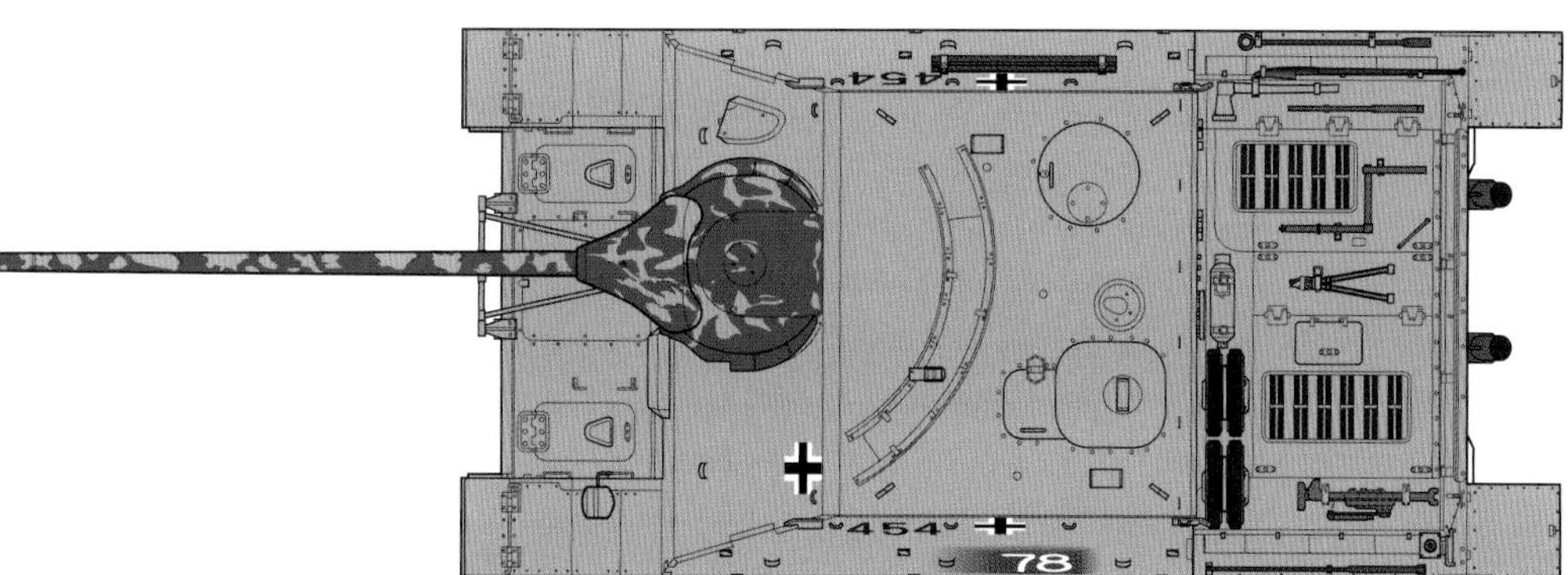

IV号戦車/70(A)
第560重戦車駆逐大隊

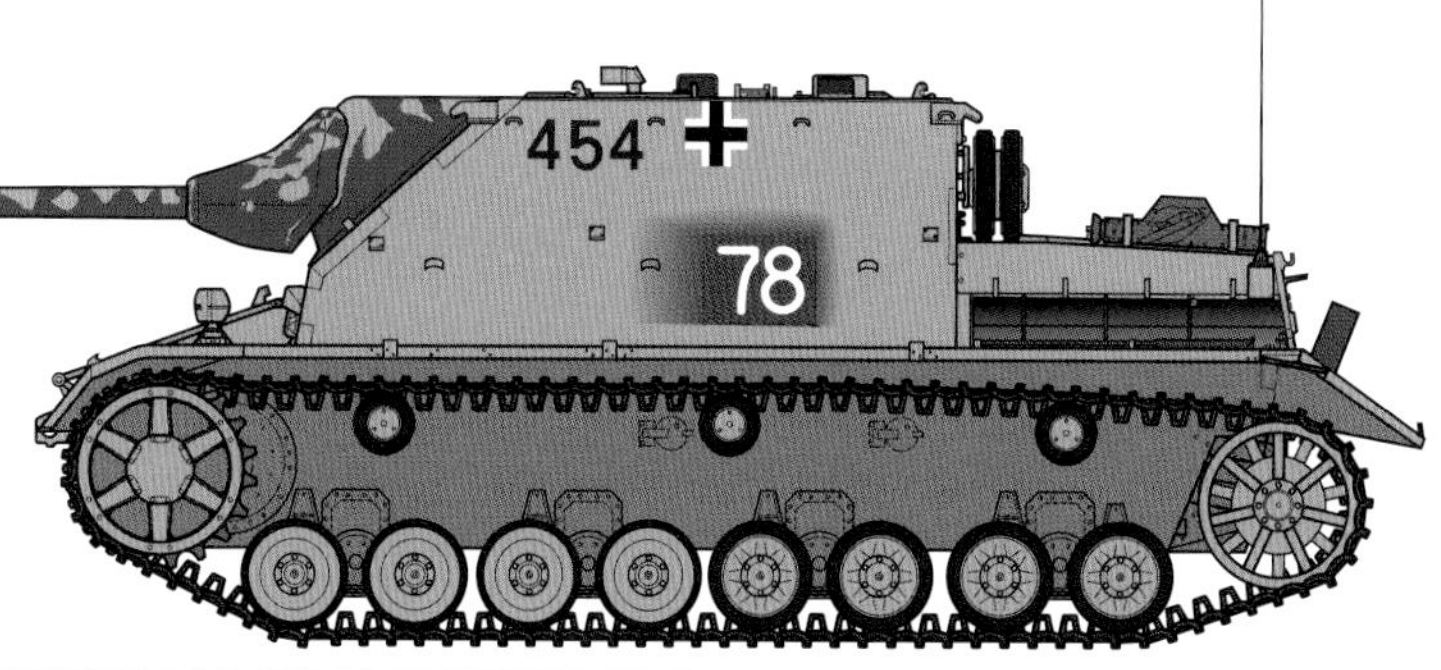

1945年3月、ハンガリーで爆破処分の後にソ連軍に鹵獲された第560重戦車駆逐大隊所属と推定されるIV号戦車/70(A)。赤い下地塗装の上にダークイエローとダークグリーンで濃密で細かいパターンの迷彩を施している。白の78はソ連軍によって描かれた鹵獲品整理番号ではないかと思われる。

参考資料（p14～45、p48～55、p60～61）

Anthony Tucker-Jones"The Panzer IV: Hitler's Rock"/Fred Koch"Motoren und Getriebe deutscher Panzer"/Gander, Terry J."Jgdpz IV, V, Vi & Hetzer Jagdpanzer (TANKS IN DETAIL)"/Lloyd, Lee"Panther Project: Engine and Turret (The Panther Project)"/Lloyd, Lee"Panther Project: Drivetrain and Hull (The Wheatcroft Collection)"/Paul Thomas"Hitler's Tank Destroyers (Images of War) (English Edition)"/Oliver, Dennis"Jagdpanther Tank Destroyer: German Army and Waffen-SS, Western Europe 1944-1945"/Thomas L. Jentz"Jagdpanther - Panzerjaeger Panther (8.8 cm Pak) (Sd.Kfz.173) Ausf.G1 und G2"/David R. Higgins, Richard Chasemore"Jagdpanther vs SU-100 : Eastern Front 1945"/Tony Le Tissier"Panzers on the Vistula: Retreat and Rout in East Prussia 1945 (English Edition)"/Walter J. Spielberger, Hilary Louis Doyle"Schwere Jagdpanzer : Entwicklung - Fertigung - Einsatz"/Walter J. Spielberger , Hilary L. Doyle"Light Jagdpanzer: Development - Production - Operations"

第二次大戦後半に登場したほとんどの連合軍戦車を圧倒できる攻防力を持つが、パンターと同様に駆動系に問題を抱えていたヤークトパンター。ここでは、その武装や車体構造、足回りなどのメカニズム、そして本車の特徴や欠点などを、3DCGとともに解説する。

文／古峰文三　CG／中田日左人（特記以外）

◆ヤークトパンター（初期型）

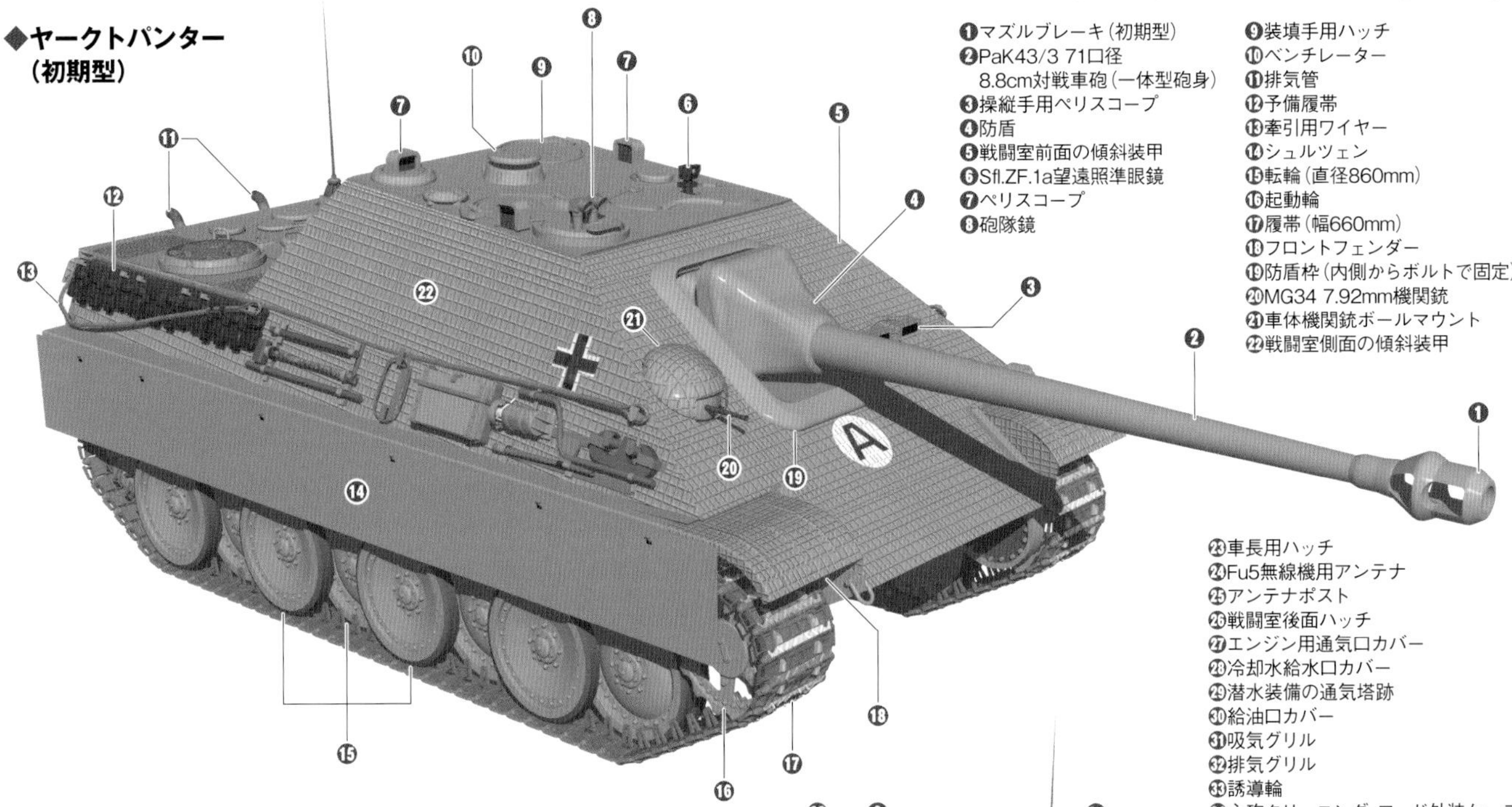

①マズルブレーキ（初期型）
②PaK43/3 71口径8.8cm対戦車砲（一体型砲身）
③操縦手用ペリスコープ
④防盾
⑤戦闘室前面の傾斜装甲
⑥Sfl.ZF.1a望遠照準眼鏡
⑦ペリスコープ
⑧砲隊鏡
⑨装填手用ハッチ
⑩ベンチレーター
⑪排気管
⑫予備履帯
⑬牽引用ワイヤー
⑭シュルツェン
⑮転輪（直径860mm）
⑯起動輪
⑰履帯（幅660mm）
⑱フロントフェンダー
⑲防盾枠（内側からボルトで固定）
⑳MG34 7.92mm機関銃
㉑車体機関銃ボールマウント
㉒戦闘室側面の傾斜装甲 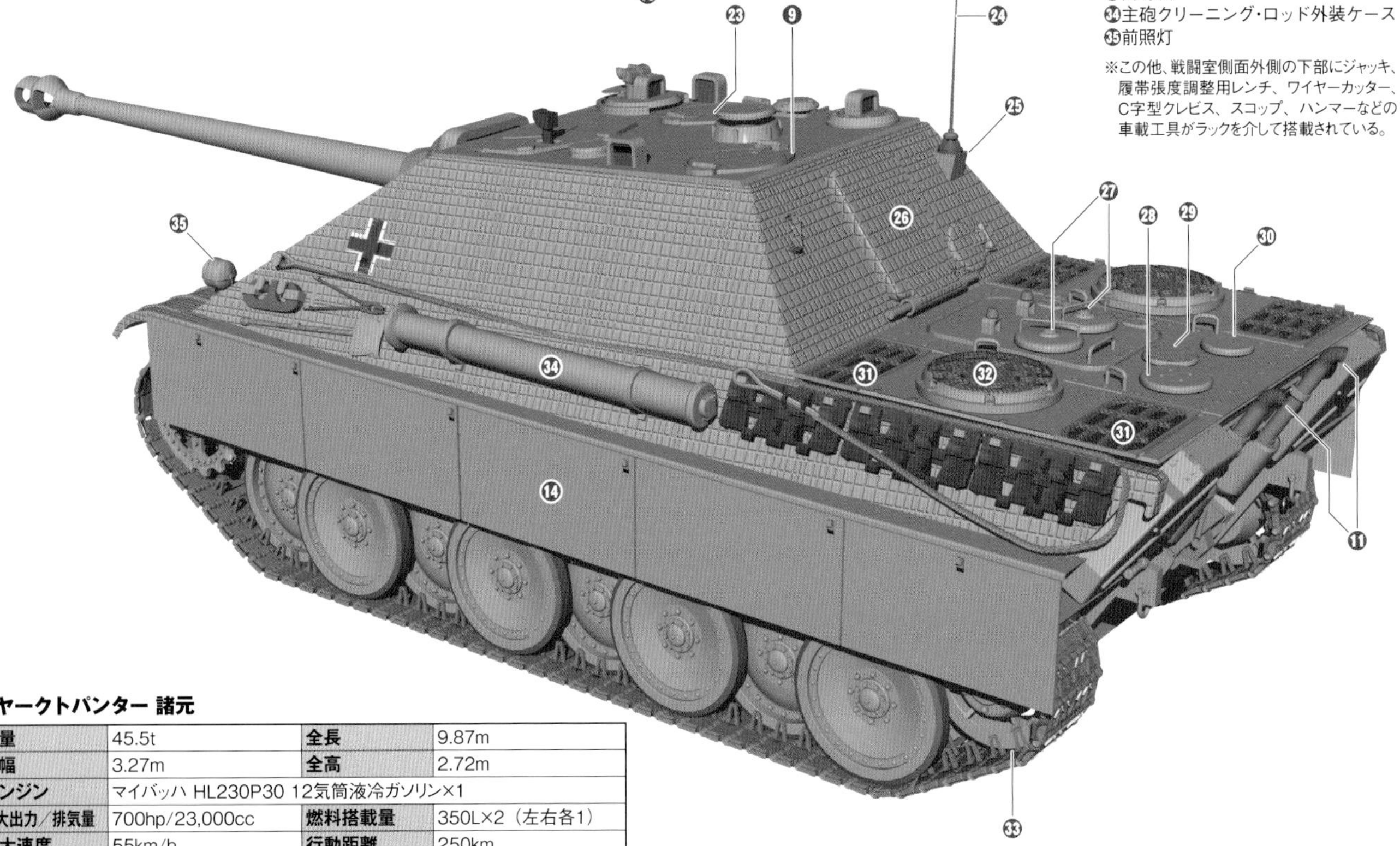
㉓車長用ハッチ
㉔Fu5無線機用アンテナ
㉕アンテナポスト
㉖戦闘室後面ハッチ
㉗エンジン用通気口カバー
㉘冷却水給水口カバー
㉙潜水装備の通気塔跡
㉚給油口カバー
㉛吸気グリル
㉜排気グリル
㉝誘導輪
㉞主砲クリーニング・ロッド外装ケース
㉟前照灯

※この他、戦闘室側面外側の下部にジャッキ、履帯張度調整用レンチ、ワイヤーカッター、C字型クレビス、スコップ、ハンマーなどの車載工具がラックを介して搭載されている。

■ヤークトパンター 諸元

重量	45.5t	全長	9.87m
全幅	3.27m	全高	2.72m
エンジン	マイバッハ HL230P30 12気筒液冷ガソリン×1		
最大出力／排気量	700hp/23,000cc	燃料搭載量	350L×2（左右各1）
最大速度	55km/h	行動距離	250km
武装	PaK43/3 71口径8.8cm対戦車砲×1、MG34 7.92mm機関銃×1		
最大装甲厚	80mm	乗員	5名

搭載砲

ヤークトパンターの主武装であり、存在意義そのものと言える71口径8・8cm対戦車砲PaK43／3は、ヤークトパンターの先代に当たる重突撃砲フェルディナント／エレファントのものと基本的に共通の砲だった。

ただし、フェルディナント／エレファントに比べてその装備法は洗練されたものになり、砲架は防盾と共に前面装甲に裏(内)側からボルトで固定される方式とされ、PaK43／3装備による前方転輪への負荷を軽減するため、できる限り小型とする方針で設計されていた。砲架に装備されたPaK43／3の砲身は仰角18°、俯角マイナス8°、左右方向に各15°の範囲で動かすことができた。

この小型の防盾と防盾枠は外側の突起が少なく、被弾時に有利な形状だったが、砲の交換(またはパンター系の泣き所でもあった変速機の交換)時に砲の取り外しが困難だったことから、より大型で長方形の鋳鋼製防盾枠が製作され、外側から8本のボルトで固定される方式に改められている。

このボルト留めによる防御力の低下を補うため防盾枠はより分厚いものとなり、その結果、前部転輪への負荷が増大したが、それでも整備性の改善が優先された。原設計はそれだけ扱いにくく、ただでさえ故障が頻発する傾向にあったヤークトパンターにとって、これは切実な改修だった。

PaK43／3には二種類のマズルブレーキと二種類の砲身が存在した。

マズルブレーキは大口径高初速のPaK43／3の射撃時の反動軽減のために装備されたもので、フェルディナント／エレファントのものと同様である。ただ砲の装備位置が比較的高いヤークトパンターでは、射撃時にマズルブレーキの孔から噴き出す発射ガスによって撒き上げられる土埃は少なめだった。マズルブレーキには、初期型とやや細身で軽量化された後期型の二種類があり、砲身先端の重量軽減に神経が使われていたことが分かる。

砲身は、初期型が装備した(フェルディナント／エレファントのものと同じ)一体型の砲身と、後期型が装備したツーピース型(分割型)の砲身があった。

これらマズルブレーキと砲身の組み合わせは、①初期型マズルブレーキと一体型砲身、②初期型マズルブレーキとツーピース型砲身、③後期型マズルブレーキとツーピース型砲身の三種が見られた。

PaK43／3は71口径の長砲身であるため、砲身長は約6・3mに及んだ。この長大な砲身はそれまでの戦車搭載用火砲の常識を超えたもので、そのぶん撃ち出される砲弾の初速も速く、威力も大きかった。

使用する砲弾は、39式徹甲弾(PzGr.39／43)とタングステン鋼芯弾の40式徹甲弾(PzGr.40／43)だったが、タングステン資源の枯渇から40式徹甲弾の配備はほとんど無かった。成形炸薬弾である39式対戦車榴弾(Gr.39／3HL)も供給が予定されたが、こちらもほとんど配備された様子がない。また、搭載弾数60発のうち約半数は非装甲目標用の39式榴弾(SpGr.39L／4・7)だった。

対戦車戦用の主力である39式徹甲弾の砲弾重量は10・2kgで、砲口初速1000m／s、有効射程は4000m。タングステン弾芯の40式徹甲弾の重量は7・65kg、砲口初速は39式徹甲弾を上回る1130m／s、有効射程は4000mであった。それぞれの射距離ごとの装甲貫徹力は、併載の表のとおり。戦車砲や機関銃座の制圧に効力を発揮する39式榴弾の砲弾重量は9・4kgで、有効射程は5400mであった。

なお、ヤークトパンターの乗員配置は通常の戦車と比較すると変則的で、装填手が2名乗車していた。車体前部左側に操縦手の席があり、その後方の戦闘室内に砲手、装填手、車体前部右側に車長、その後方に二人目の装填手が配置されていた。乗員は通常この5名だが、無線機を二種搭載する指揮車には通信手が追加され、計6名が乗車した。

■PaK43/3の装甲貫徹力(垂直面から30°傾けた装甲に対して)

弾種/射距離	500m	1,000m	1,500m	2,000m
39式徹甲弾(PzGr.39/43)	185mm	165mm	148mm	132mm
40式徹甲弾(PzGr.40/43)	217mm	193mm	171mm	153mm

◆PaK43/3 71口径8.8cm対戦車砲

Sfl.ZF.1a望遠照準眼鏡
駐退復座機
砲弾装填用トレー
丸みを帯びた初期型マズルブレーキ
一体型砲身
俯仰および水平方向の限定旋回機構
やや細くなり軽量化された後期型マズルブレーキ
分割型砲身

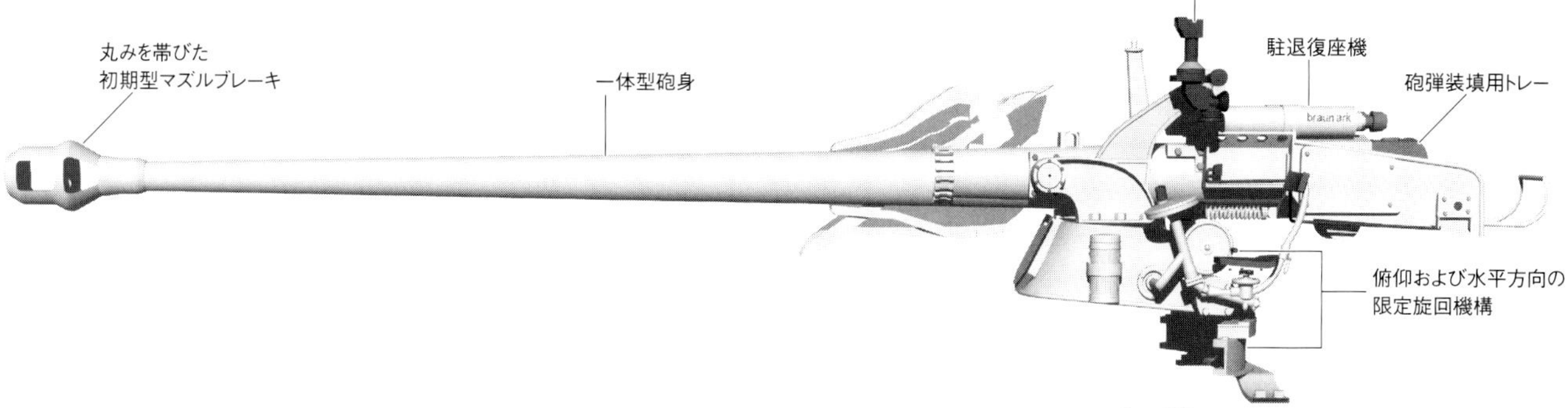

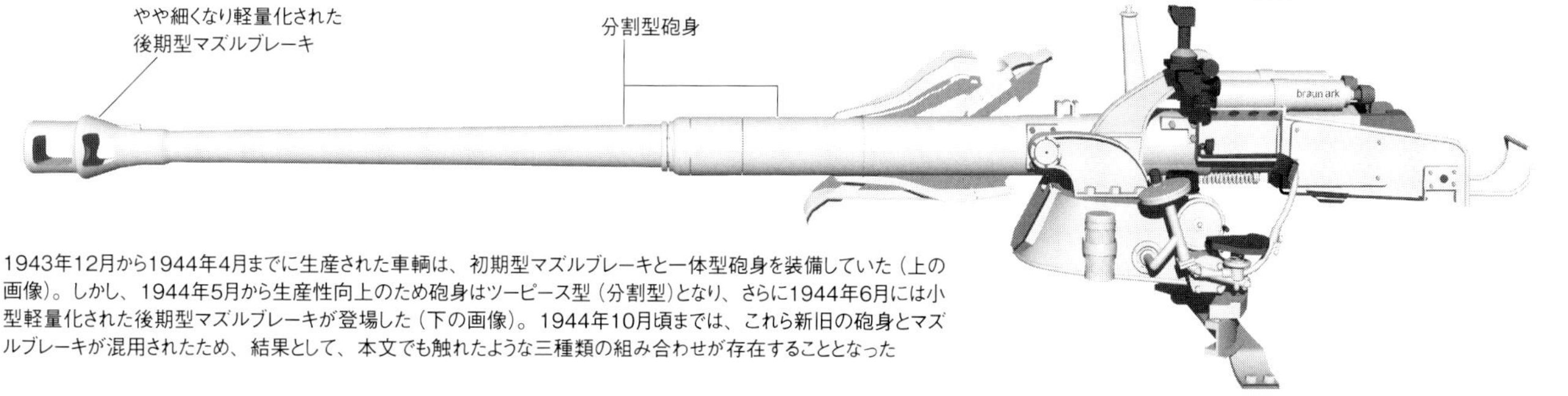

1943年12月から1944年4月までに生産された車輌は、初期型マズルブレーキと一体型砲身を装備していた(上の画像)。しかし、1944年5月から生産性向上のため砲身はツーピース型(分割型)となり、さらに1944年6月には小型軽量化された後期型マズルブレーキが登場した(下の画像)。1944年10月頃までは、これら新旧の砲身とマズルブレーキが混用されたため、結果として、本文でも触れたような三種類の組み合わせが存在することとなった

戦闘室内のヤークトパンターのPaK43/3の砲尾。駐退複座機のシリンダーが太く長いことから、砲身の後座量も大きいことがうかがえる

◆PaK43/3で使用できる砲弾

❶39式徹甲弾（PzGr.39/43）
❷40式徹甲弾（PzGr.40/43）
❸39式榴弾（SpGr.39L/4.7）
❹39式対戦車榴弾（Gr.39/3HL）

副武装

車体前面装甲の右側にはボールマウント式の機関銃架がある。この機関銃架はパンターのものよりも位置が高く、砲とほぼ同じ高さに配置されている。

この配置の理由は、Ⅲ号／Ⅳ号戦車やパンターにおけるように通信手ではなく、車長が自ら機関銃を操作するためで、巨大なPaK43／3の砲尾に圧迫されたヤークトパンターの戦闘室内部の余裕の無さと、独特な車長の配置による。

車長が副武装の操作を担当する乗員配置は、通常の戦車とはかなり異なるもので、ヤークトパンターが旋回砲塔を持つ標準的なドイツ戦車と異なり、車長を指揮に専念させることのできない車輌である点は注目に値する。

車体前面右側のボールマウント式機関銃架に装備されたMG34 【データ】全長1,219mm、銃身長627mm、重量（二脚を含まず）12.1kg、口径7.92×57mm、銃口初速765m/s、発射率800-900発/分、有効射程2,000m
写真／ The Swedish Army Museum

各乗員に支給されたMP40短機関銃。写真はストックを折りたたんだ状態 【データ】全長832mm（ストック展開時）、銃身長251mm、重量3.97kg、口径9×19mm、銃口初速400m/s、発射率500発/分、有効射程200m
写真／ Quickload

機関銃はボールマウントの機構上の都合から銃身の細いMG34（弾薬600発）が使用され、より新型で製造コストに優れ、発射速度も高いMG42は構想のみで実際には装備されなかった。そしてボールマウントを収める半球形突起の内側は、初期型では平滑な面で構成されていたが、1944年9月からは内側に銃弾が入り込まないよう段差が設けられるようになり、開口部の形状にも違いが見られる。

戦闘室上面には、ヤークトパンターにとって第三の武器である近接防御兵器（対人用榴霰弾）の装備が当初から予定された。車内から発射操作ができ、砲手が操作する円弧型の照準器覆いの後方に近接防御兵器装備用の円型の切り欠きが存在した。しかし実際には近接防御兵器の生産は遅れ、1944年前半に生産された車輌は近接防御兵器が装備されず、装備用の切り欠きは円型の鋼鈑で塞がれていた。

またヤークトパンターには、乗員5名に対してMP40短機関銃4挺と弾薬760発の装備が予定されていた。これは車体銃を取り外して軽機関銃として用いれば各乗員に1挺ずつ銃が行き渡ることを示している。

車体と装甲

ヤークトパンターの車体は溶接による装甲板の箱組みで構成されている。第二世代の重突撃砲らしく傾斜装甲を本格的に導入した単純な面構成は合理的で生産性に優れており、強度の面でも十分なものがあった。工場内で転輪も砲も取り付けられていないヤークトパンターの車体のみが幾重にも積み上げられた写真が残されているように、被弾に対してだけなく、それ自体が構造的に強固なひとつの筐体を作り上げている点に特徴がある。

戦争後期の装甲車輌であることから、ヤークトパンターの装甲には希少資源であるニッケルなどを省略した戦時生産用の材質が使われている。そのため初期のⅢ号戦車やⅣ号戦車の装甲とは異なり、熱処理の効果が十分ではなく、被弾時の衝撃で装甲に亀裂を生じやすい欠点があったが、そうした傾向は装甲自体の厚さを増し、装甲板同士をホゾで互い違いに組み合わせて溶接する方式を採用することで補われている。

車体前面上部（戦闘室前面）の装甲は厚さ80㎜で、垂直面から55°の傾斜を持つ。装甲の硬度はブリネル硬度（※1）で220～309と戦車の装甲板としては比較的硬度が低く、硬さよりも装甲の厚さと角度で敵弾に対処する性格だった。傾斜による避弾経始を加味した実質的な防御力は、第二次大戦当時の最強レベルと言えるもので、実用的な距離からの貫通は不可能と評されることもある。その一方、1944年12月の西部戦線ではアメリカ軍の対戦車砲または戦車砲によって200～500mの距

※1 1900年にスウェーデンの工学者ヨハン・ブリネルが考案した、工業材料の硬さを表す尺度。

◆ヤークトパンターの各部の装甲厚と傾斜角
イラスト／おぐし篤

80mm/55°
25mm
40mm/30°
16mm
50mm
40mm/30°

※角度は垂直面からの傾斜角を示す。

50mm/29°
16mm
40mm
25mm（前部）
16mm（後部）

離で貫通された例が複数記録されており、完全に無敵というわけではなかった。

車体前面下部の装甲は厚さ50㎜で55°の傾斜を持ち、装甲の硬度はブリネル硬度で278～324と車体前面上部よりも硬い材質となっている。車体前面下部は、装甲が薄い分だけ硬さに頼っていることがわかる。

砲の防盾とその支持部は鋳鋼製で、ブリネル硬度は220～266と最も低く、鋳鋼の割れやすい性質を補うために硬度を下げて厚みで耐弾性を高めている。

戦闘室側面の装甲は厚さ50㎜で29°の傾斜を持ち、ブリネル硬度は車体前面下部と同じ220～266で、敵に対して側面を曝すことの少ない突撃砲にとっては十分な防御力を備えていた。

車体下部側面は転輪に守られていることから傾斜はなく、直立した厚さ40㎜の装甲板で構成され、ブリネル硬度は車体前面下部と同じ278～324だった。

戦闘室後面の装甲は厚さ40㎜で30°（ヤークトパンターG2は28°）の傾斜を持ち、ブリネル硬度は車体前面下部と同じだった。

車体後面の装甲は厚さ40㎜で30°の傾斜を持ち、硬度は車体前面下部と同じだった。

車体下面の装甲は前部が25㎜、後部が16㎜、機関室上面は16㎜、戦闘室上面も16㎜で、これらの薄い装甲の硬度は高く、ブリネル硬度で309～353だった。

また、戦闘室上面の装甲は初期の50輌までは厚さ16㎜だったが、その後は25㎜に強化され、敵戦闘爆撃機の20㎜機関銃弾の被弾にも堪えられるようになっていた。

1943年後期以降のドイツ戦車に特徴的な、表面にひだ状の凹凸を持つ磁気吸着対戦車兵器対策のツィメリットコーティングは、ヤークトパンターの初期生産車でも採用されていたが、1944年9月の生産車から廃止された。

その理由は、コーティングの材質が被弾時に炎上することを警戒したものだったが、実際にはコーティングは簡単には引火しなかった。これはツィメリットコーティングの乾燥に時間を要したことと、車輌が完全に乾いていない状態で部隊に引き渡され、戦闘に投入された事実を示しているのではないだろうか。

戦闘室／視察装置

戦闘室前面の傾斜装甲には、砲と機関銃のほかに操縦手用のペリスコープが装備されていた。前面装甲の左側に初期には2個のペリスコープが装備され「へ」の字型の雨水避けが溶接されていた。量産開始から間もなくこのペリスコープは1個に減らされ、雨水避けも廃止されたが、すぐに車体左側に傾いた直線状のものが復活している。

ヤークトパンターにはパンターのような操縦手専用のハッチがなく、操縦手が座席位置を調整してハッチから顔を出し、その姿勢用のペダル類を使用するといった視界優先の運転姿勢がとれず、常にペリスコープの視界に頼って操縦しなければならなかった。このため視界が妨げられる天候や夜間においては、戦闘室上面ハッチを開けて車長が周囲を確認して指示を出さない限り、操縦手単独での夜間走行は（たとえ路上であっても）困難だったと考えられる。

戦闘室上面のデザインは、ヤークトパンターが突撃砲の血を引く車輌であることをよく示している。通常型の戦車に装備される全周観察用の車長用キューポラが無く、車長の観察手段は主に車内から前方視界を得ることに重点を置いた、前方観察用のペリスコープに限られる。このため車長が広い視界を得るためには、席を離れて後方のハッチから身を乗り出す必要があった。各乗員用のハッチは、戦闘室上面にヒンジで取り付けられた簡易なもので済まされた。

砲尾を挟んで車長と反対側の戦闘室左側に位置する砲手は、戦闘室上面の左側前方にある円弧を描いた摺動（スライド）式の装甲カバーを通してSfl.ZF.1a（自走砲用望遠照準眼鏡1a型）を操作できた。ヤークトパンターは砲の照準をこの間接照準器で行ったが、こうした照準方式はⅢ号突撃砲と共通だった。

また、戦闘室左側後方の装填手用ハッチの前方に基線長90㎝の砲兵用測距儀を取り付ける台座（二つ並んだ突起）が溶接されている点も、この車輌が本来は突撃砲兵のものであることを示している。この台座は初期生産車には無かったため、初期生産車の装填手はハッチを開けて両手で測距儀を保持しながら測距作業を行う必要があった。

このようにヤークトパンターの2名の装填手は、それぞれ砲弾の装填作業の他に、視界の限られる車長や操縦手の補助として、見張りと目標に対する測距も行わなければならない点が通常の戦車の装填手とは異なっていた。ヤークトパンターの乗員たちには一つの対戦車砲の砲手チームのような役割分担があった。

こうした戦闘室上面の各種要素の配置は、戦争後期のⅢ号突撃砲後期型やヤークトティーガー、ヘッツァーなどの駆逐戦車に基本的に共通したもので、ヤークトパンターの開発が〝次世代突撃砲〟として進められていたことを形に残している。

なお、車長用キューポラの追加など、対戦車戦闘用の全周視察能力の向上などでは皮肉にも

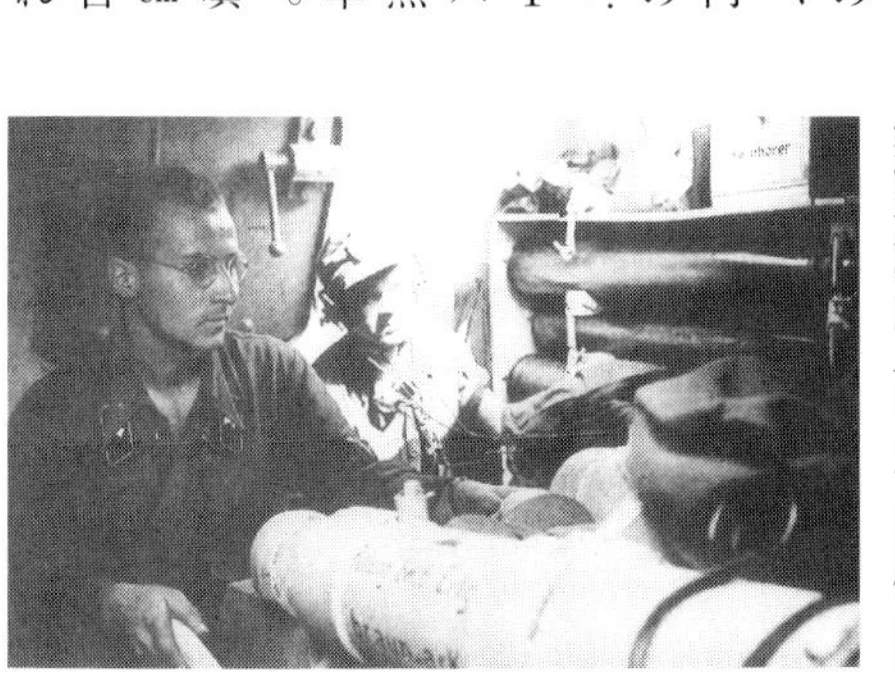
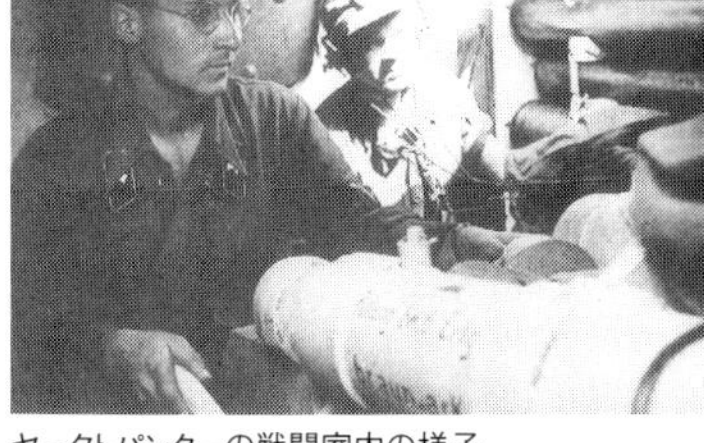
ヤークトパンターの戦闘室内の様子

旧世代に当たるⅢ号突撃砲の改良のほうが先を進んでいた。巨大な砲PaK43／3で戦闘室内が圧迫されるヤークトパンターでは車長が戦闘室の右前方に配置されているため、キューポラを追加するなら戦闘室内の根本的な再設計が必要だったともいえる。

また戦闘室後面には大型のハッチが設けられ、この開口部から薬莢の排出を行い、砲弾の積み込みも行った。さらに重整備の際にここから砲を引き出すこともできた。このハッチから砲身交換ができたため、ヤークトパンターはヤークトティーガーやⅣ号駆逐戦車と違って戦闘室上面の装甲をボルト留めとせずに、側面の装甲に溶接して強度を高めることができた。

そして戦闘中には8・8㎝対戦車砲PaK43／3の吐き出す膨大な発射ガスを車外に導く大きな換気口としても利用された。とくに後方からの脅威が小さい遠距離目標への射撃では、この戦闘室後面の大型ハッチは開かれている場合が多かった。

ヤークトパンターの戦闘室後面の大型ハッチ（中央）。場合によっては戦闘中でも換気のために開かれることがあった　写真／齋木伸生

戦闘室後面には、量産開始から間もなく雑具箱の取り付けが開始された。雑具箱は、パンターでは車体後面の両端に取り付けられるのが標準だったが、ヤークトパンターでは戦闘室内の余裕が無い、または日常使用する雑具類が増えたかのどちらかの理由で戦闘室後面に台形の雑具箱の取り付けが行われ、1944年11月生産分の車輌まで続けられた。

戦闘室側面にはシュルツェン取り付け用のレールが装備され、左側面には円筒形のクリーニングロッド・ケースが装着されていたが、ノルマンディー戦に参加した第654重戦車駆逐大隊の所属車にはクリーニングロッド・ケースを機関室上面後端に移設した車輌が多く見られる。理由は不明だが、まとまった数の改修が行われており目立つ特徴となっている。

エンジン回り

●エンジン

ヤークトパンターのエンジンは排気量2万3000㏄のマイバッハHL230P30だった。型式のHLとは高性能（Hochleistungsmotor）の略で、Pは戦車用エンジン（Panzermotor）の略号だ。

このエンジンはティーガーIの前期生産車が装備したHL210のシリンダー径を125㎜から130㎜に拡大した出力向上型で、排気量が2万1000㏄から2万3000㏄となり、最大出力が650馬力から700馬力へとわずかに増えている。最大出力で50馬力の差は事実上無視できるものだったが、排気量が増大した分だけトルクが大きくなったことで加速性能が良くなり、路外走行や登坂時の機動力が向上していた。

だがHL210のシリンダー

最大出力700hpを発揮するマイバッハHL230液冷エンジン　写真／Bilderling

◆ヤークトパンターの内部

❶最終減速機
❷変速機ユニット
❸操縦手用計器盤
❹操縦手席
❺Fu5無線機
❻砲手席
❼砲弾ラック
❽戦闘室と機関室の隔壁
❾防護マスク入れ
❿マイバッハ HL230P30液冷エンジン
⓫燃料タンク
⓬燃料ポンプ
⓭排気管

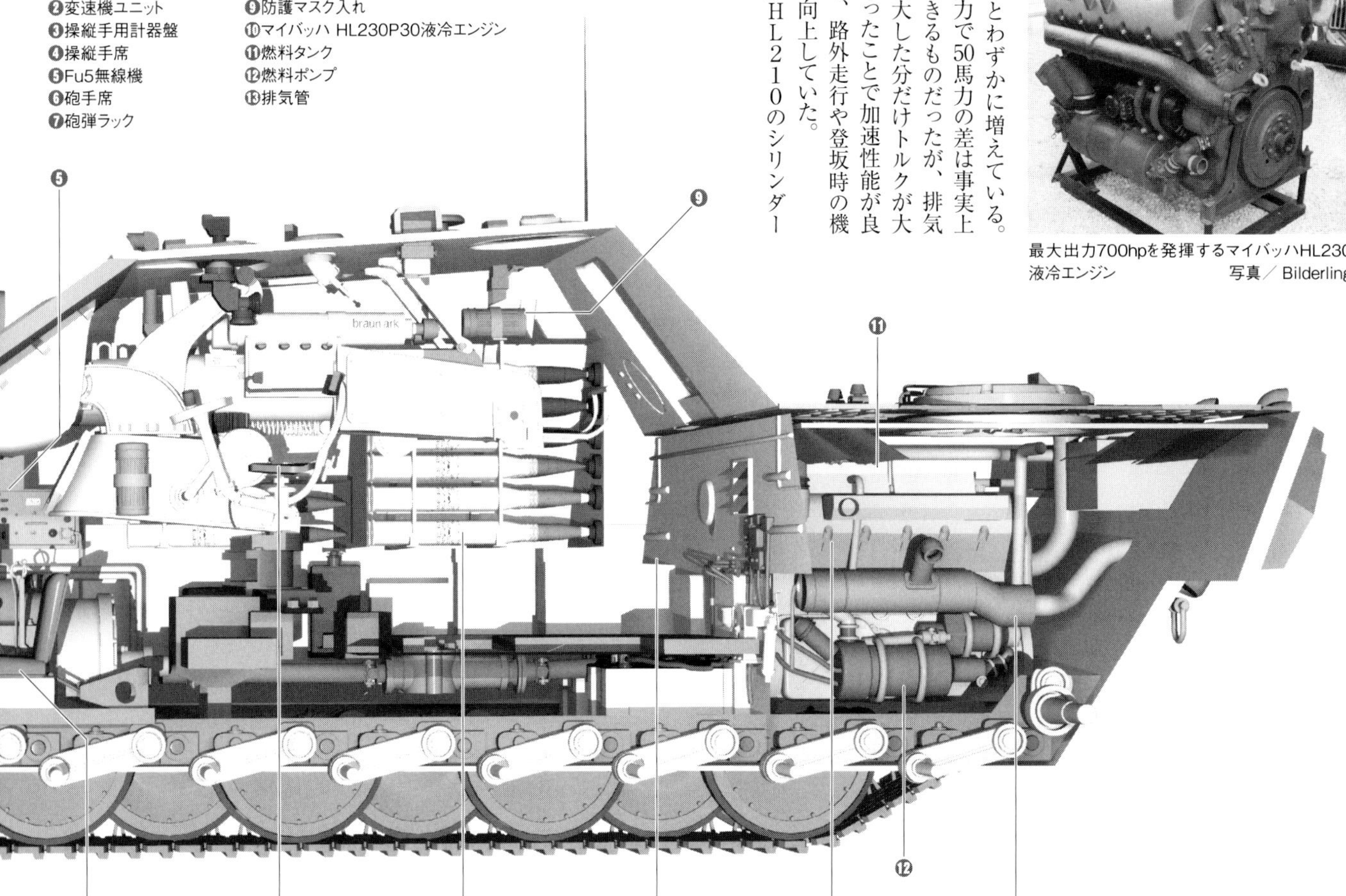

◆ヤークトパンターの機関室

吸気グリル
排気グリル
吸気グリル
給油口
冷却液タンク
マイバッハ HL230P30
液冷エンジン

径を増大したことでシリンダー同士のクリアランス（間隔、寸法上の余裕）が極めて小さくなり、エンジンブロックの剛性も不足したため、それまで軽合金で造られていたエンジンブロックを鋼製に変更していた。戦闘重量が46トンにも及ぶ戦車のエンジンに軽合金が使われていたことは意外に思えるが、当時の戦車用エンジンは航空用エンジンの設計を転用したものも多く、それほど珍しい例とは言えない。

しかし、軽合金製エンジンブロックを鋼製に変えたＨＬ２３０Ｐ30は全体の重量をわずかながらも増やし、他の装備品や装甲の強化分とともに、変速機、減速装置への負担を増す要素の一つとなった。

マイバッハＨＬ２３０Ｐ30は、ＨＬ２１０に比べ排気量の増大に応じて燃料消費量も増加し、１㎞あたり７Ｌから８Ｌの燃料を消費したとされる。２００Ｌ入りのドラム缶で燃料を補給しても、走れる距離はたったの25㎞前後だったということだ。

大食らいのエンジンに供給する燃料は、機関室上部の左右の張り出しの中に配置された容量各３５０Ｌの燃料タンクに入れられた。この燃料タンクは、左右ともに側面装甲の傾斜に従った複雑な形状となっている。

ディーゼルエンジン用の軽油または重油と異なり、ガソリンエンジンでは燃料タンクは大きな弱点となる部分だった。しかしパンターの車台を受け継いだヤークトパンターでは、側面装甲のすぐ後ろにある燃料タンクの防御は予備履帯の取り付けで済まされている。パンター系の車輌が車体側面後部に予備履帯を取り付けている理由は、燃料タンクの防御が目的で、このような対応を必要とする程度にパンター系車輌の側面装甲は不十分なものと認識されていたことを示している。

●排気管

車体後面装甲からは、基部を装甲カバーに覆われた2本の排気管が上方に導かれている。量産開始後の通算54号車からは、左側の排気管の基部から両側に伸びる細い冷却管が追加されている。これはオーバーヒート気味だったエンジンの冷却を目的としたものだった。

１９４４年10月頃から、排気管には薄い鋼鈑のカバーが取り付けられるようになる。これは常にオーバーヒート気味のエンジンから排出される７００℃以上の排気で排気管が赤熱し、夜間行動の際に敵から視認されやすくなることへの対処で、１９４４年夏以降の西部戦線で敵戦闘爆撃機による攻撃を避けるために装甲車輌の昼間行動が制限されてしまい、事実上、夜間しか移動できなくなった状況を反映しての改修だった。このカバーは左側の排気管のみを覆い、両脇に延びた冷却管はその機能上、赤熱することが無いために覆われていない。

１９４４年11月には薄い鋼鈑カバーの代わりに円筒状の消炎器が取り付けられるようになり、さらに夜間行動に適するようになった。この消炎器は翌12月には既存の車輌にも取り付けが命じられた。このため左側排気管の左右に冷却管を持つ旧型排気管にも消炎器を持つ車輌が生まれたが、冷却管付き排気管はその後、徐々に廃止されていった。円筒状の消炎器には、排気を後方に導くように角度をつけた補助管が追加されたものもあった。

●エンジンの冷却機構

パンター系車輌の機関室上部にある二つの特徴的な円形の排気グリルは、その下にラジエーターの冷却ファンを備えている。最大７００馬力を発揮するマイバッハＨＬ２３０Ｐ30エンジンから発せられる熱を冷却液によって冷却ファンの前後両側に置かれたラジエーターに導き、左右の冷却ユニットの前後に開口している吸気グリルから強制的

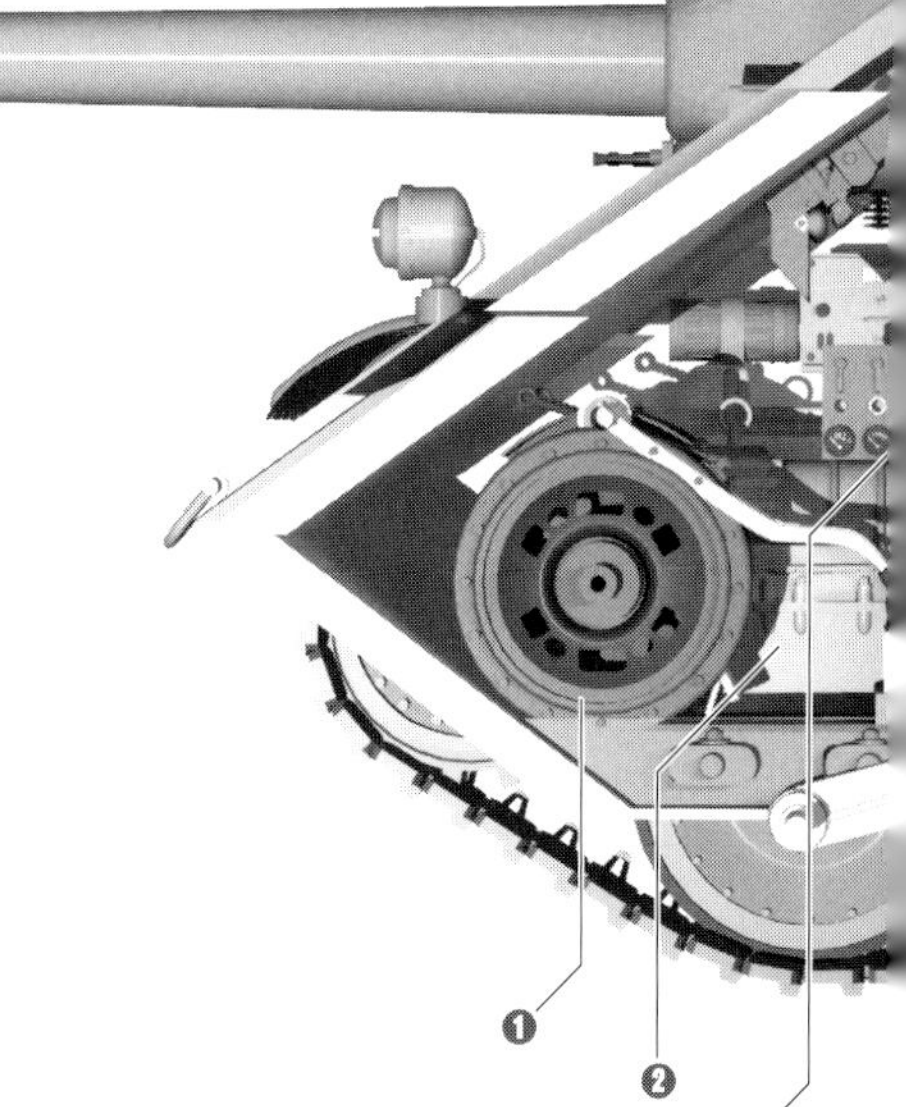

に冷却気を上方に吸い出すかたちで冷却液を冷やし、エンジンに戻すという機構だった。左側後部のラジエーターユニットは他の三つと比べて小型で、オイルクーラーと同居していた。

　冷却ファン前後の吸気グリルのうち前方のものは戦闘室後面の張り出しによって幅の狭いものとなっていたが、1944年11月から生産に入ったG2型でパンターG型と同型式の機関室上面へと移行すると、前後ともに幅の狭い吸気グリルとなった。

　機関室上部中央のパネルは当初、パンターのものが流用されていたため、点検ハッチ後方に潜水装備の通気塔取り付け用の開口部が残され、それが円型の鋼鈑で塞がれていた（ヤークトパンターに潜水装備が取り付けられる予定だったわけではない）。

　前記したラジエーター冷却ファンは、戦車用でありながら軽合金で造られた一体型パーツで、高性能航空エンジンの過給器扇車と見紛うような形状と材質を持っている。これは冷却ファンをできる限り小直径で、薄く軽量なものとして重量とスペースを稼ぎ出し、高い効率でラジエーターを通った空気を吸い出すためだった。しかし小型軽量化を重視した設計ゆえ、総重量の増加に伴って冷却能力は常に不足気味で、パンター系車輛にオーバーヒート傾向をもたらす要因ともなっていた。

　一方で、このファンが吹き上げる温風は冬季の戦場でパンター系車輛の機関室の上に乗って移動できた幸運な兵士たちにとっては、寒さを和らげるありがたい熱源となっていた。G2後期の生産車では、パンターG型と同じように冷却ファンが吹き上げる温風を戦闘室内に導いて暖房装置とするため車体左側の冷却ファンが円筒形に突出した温風取り入れ用のハウジングを被っている。

　また、敵戦闘爆撃機の銃撃に対抗するため冷却用の空気取り入れ口のグリルと排気用の円型グリルの上面に短い支柱を介した装甲が追加された車輛も、1942年12月から生産されている。

変速機／最終減速機

●変速機

　ヤークトパンターのHL230P30エンジンの出力を起動輪に効率的に伝える変速機は前進7段、後進1段のZ.F.AK7-200（※2）だった。この変速機への評価は二つに分かれる。一つはドイツ機械工業の高い水準を反映した精緻なメカニズムで、クラフトマンシップを体現した丁寧な加工が施された優秀な変速機であるというもので、パンター系の車輛を鹵獲して試験を行った連合軍側のレポートにもよく使われる表現だ。

　もう一つはギアが破損しやすく耐久性、信頼性に劣る欠陥品という評価で、こちらはパンター系車輛を実際に戦闘で使用したドイツの乗員たちの評判だった。

　これらの矛盾する評価は、どちらもこの変速機の一面を表すもので誤解や偽りを含まない。

もともとパンターは30トン級戦車として計画されていたため、幾度もの改設計を経て40トンを超える重量級車輛となって就役した際に、変速機まわりの機械的強度が重量増加に取り残されてしまったことが主な要因となっている。

　そしてパンター系車輛の実用化があまりにも急がれた結果、実用試験が十分に行われず、計画上の運用条件と実戦での運用条件に隔たりが生まれ、予期せぬトラブルを生み出していた。それは多発した故障の詳細を眺めると見えてくる。

　例えばAK7-200変速機は全般的にはよく出来た変速機だったが、三速のギアがしばしば欠損したといわれる。これは設計時に、三速は低速ギアと高速ギアの間で階梯的に短時間のみ使われるものと考えられてそれなりの強度で設計されていたのに対して、実戦、とくに東部戦線の戦場では機動力に優れたT-34との戦闘で三速にギアを入れたまま走行することがきわめて多かった。このためAK7-200変速機の三速ギアは「強度不足の欠陥品」との汚名を着せられることとなる。

　英米の戦車のように強度の必要なギアにV字型の歯を採用せず、通常の直線型の歯を採用していた理由は、生産工程の合理化にあった。機械加工においてギアの歯切りは最も手間の掛かる工程で、V字型の歯車はその最たるものだった。Z.F.の設計陣はドイツらしい合理性を発揮して、こうした複雑な切削加工を必要とする部品の採用を避けていた。

　しかし車体重量の大幅な増加は変速機への負荷を増大させ、さらにパンター系車輛に搭載されたAK7-200変速機は潤滑油が過熱する傾向があり、規定より高温となった潤滑油は潤滑効果を減じ、これがギアの破損を招いていた。

●最終減速機

　同様に、30トン級戦車用に設計されていた起動輪の傍に配置された最終減速機はギアが薄く強度が不足し、変速機と同じように潤滑不足による破損に苦しむことになったが、剛性を増大させるには最終減速機ケースの大型化、車体幅の拡大を必要とするため、単純な設計変更は不可能だった。このため最終減速機はパンター系車輛の〝アキレス腱〟となってしまった。

操向装置

　パンター系車輛の左右への旋回は、操縦手が操作する2本のレバーで、旋回する方向の起動輪にブレーキを掛けて減速することで行われた。履帯の接地長が比較的長いパンターの車台は通常の旋回性能はあまり良好とは言えず、地形を問わず大回りする傾向があった。

　しかし、パンター系の操向装置はアメリカ軍のM4中戦車とは異なり、デファレンシャルギアを変速機の左右に一つずつ配置していたため、片側の履帯を容易に停止させることができた。中央に一つのデファレンシャルギアを持っていたM4中戦車にはこれが困難で、操縦手が渾身の力を振り絞ってブレーキレバーを操作しても片側の履帯を完全に停止させて、その駆動力を反対側の履帯に逃がすことが困難だったのに対して、パンター系車輛は片側の履帯を完全に停止させ、それを軸に旋回する信地旋回が簡単に実行できたのである。

　このためM4中戦車よりもはるかに大型なパンター系車輛は連合軍の常識からは意外なほどに小回りの利く車輛となり、可動状態のパンターを鹵獲したM4中戦車の乗員はその旋回半径の小ささに驚愕したといわれる。

　だが戦場の必要に駆られて行われる信地旋回の多用は、重量過大に悩むパンター系車輛の足回りにとって大きな負担となり、様々な不具合を誘発する要因ともなった。

足回り

●サスペンション

　ヤークトパンターのサスペンションは、ドイツ戦車ではⅢ号戦車に続くトーションバー式サスペンションを採用している。特殊鋼製の直径32㎜のトーションバー（ねじり棒バネ）2本がZ字型のアームを介して転輪一つを支える方式（※3）で、アームの上下動がトーションバーをねじり、そのねじり弾性によってサスペンションとして機能する。ヤークトパンターではパンターと同

※2　Z.F.は“Zahnradfabirik Friedrichshafen”（フリードリヒスハーフェン歯車工場）の略。
※3　このため「ダブル・トーションバー式」と呼ばれることもある。

様に32㎜径のトーションバー2本を転輪と反対側で連結して2本のトーションバーの弾性を利用する複雑な方式となっていたが、これはパンターの設計時に太径のトーションバーの製造が困難だったことによるらしい。

ヤークトパンターの構想初期にはパンターの進化型であるパンターIIの車台をベースにすることが計画されていた。パンターIIでは、ティーガーIIと同じように直径56㎜の太いトーションバー1本で転輪を支える単純な方式となっていたが、パンターIIの計画が中止されたため、直径32㎜のトーションバー2本を使用するパンターと共通のサスペンションとなった。

●車輪

ヤークトパンターでは、パンターと共通の歯数17枚の起動輪が使われていたが、戦争末期の生産車の一部には、直径をわずかに増大した歯数18枚の起動輪が使われていたとされる。ただし、両者の外観上の区別はかなり難しい。

直径860㎜の転輪は、鋼鈑をプレス加工して造られたディスクにリム（縁）をボルト留めした上に、ソリッドゴムのタイヤを履かせた構成となっている。

ゴムタイヤは内部に鋼線が仕込まれて補強されているため歪みにくく、転輪から外れにくい強度を持っていた。

パンター系車輛の専用転輪は機械的な強度のある簡易な設計だったが、外周に履かせるソリッドゴムのタイヤの生産が大きな負担となっていた。ドイツは天然ゴム資源を自前で入手する手段が無く、連合軍の海上封鎖を突破する封鎖突破船による、日本勢力圏内からの天然ゴムの決死輸送に頼るしかなかったからだ。

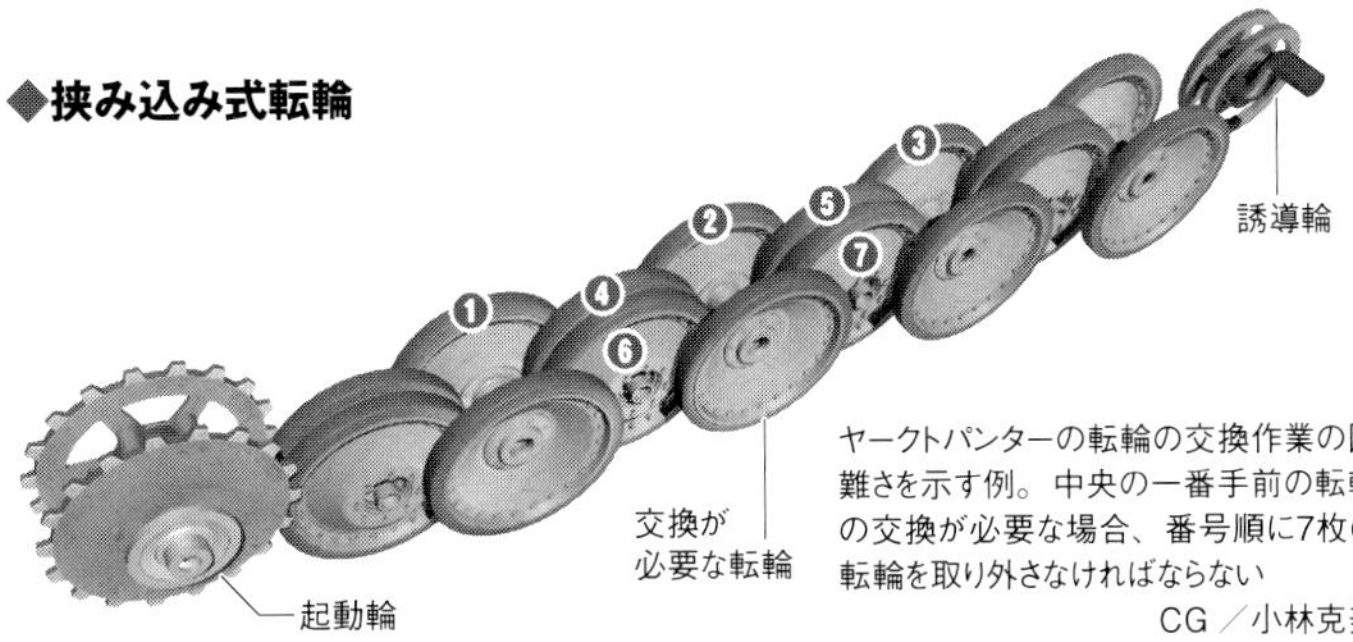

このため履帯の内側と直接接触しないよう、2枚のディスクの間にゴムを挟んだかたちのゴム節約型転輪が設計され、ティーガーIIや一部のパンターに装備された。だが1943年以降、ドイツ国内で産出する褐炭を原料とした合成ゴム（ブナゴム）の製造技術が確立され、次第に量産体制が整うに従い、ゴム部品の調達に若干の余裕が出るようになった。

その結果、パンター系車輛のゴムタイヤ付き転輪の製造は、そのまま継続されることとなった。このため1944年に入ってから量産が開始されたヤークトパンターは、終戦までゴムタイヤ付きのパンター専用転輪を装備して生産が続けられていた。一般に「後期型の転輪」と呼ばれるティーガーIIに類似した転輪がヤークトパンターに使用されていない理由は、ここにあった。

また、ティーガー以降のドイツ戦車に特徴的な転輪同士をオーバーラップ配置（※4）とした複合転輪は、履帯にかかる負担を拡散しやすく重量級車輛に適していたが、当然の結果として転輪交換に多くの工数を割かねばならない宿命を負っていた。ヤークトパンターの転輪交換も例外ではなく、前線での転輪交換は面倒な作業となっていたことだろう。

誘導輪は直径600㎜の鋳鋼製で生産性は良好だったが、泥濘地を走行した際に履帯が巻き上げる泥の詰まりを除くため、後期の生産車では直径650㎜の誘導輪に換装されている。また後期型の誘導輪は、初期の車輛にも修理の際に取り付けることができた。

●履帯

ヤークトパンターの履帯は、試作1号車から幅660㎜のKgs64／660／150が使用されていたが、2号車以降は履帯表面に「ハ」の字型の防滑用の突起が追加された。履帯の材質は、圧力を受けると硬化して摩耗しにくくなる特性を持ち、戦車用履帯の材質として広く採用されているマンガン鋼が使用されている。

通信装置

ヤークトパンターで使用された無線機には、次の三種類があった。

①一般車輛用で、隊内および車内の通話が可能な短距離通信用のFu5、②中隊長車用で、大隊本部などの隊外と通信できる中距離用のFu2（弾薬架のスペースを削って設置）、③大隊本部用の車輛に装備された長距離用のFu7またはFu8。

Fu2、Fu7またはFu8を装備したヤークトパンターの指揮車は、45輛に対して6輛という比較的高い比率で生産されていたと言われる。この中隊長車、大隊本部用車輛のような無線機増設車の製造を容易にするため、戦闘室後面の右側に標準装備のFu5用のアンテナポストが設けられているだけでなく、戦闘室左側の装甲にもあらかじめFu2、Fu7、Fu8を装備した際にアンテナ線の車内引き込みに使用できる貫通孔が設けられていた。

一般車輛では、この戦闘室後面左側の孔は、長方形の鋼鈑を左下がりに溶接して塞がれていることが写真で確認できる。

◆トーションバー式サスペンション

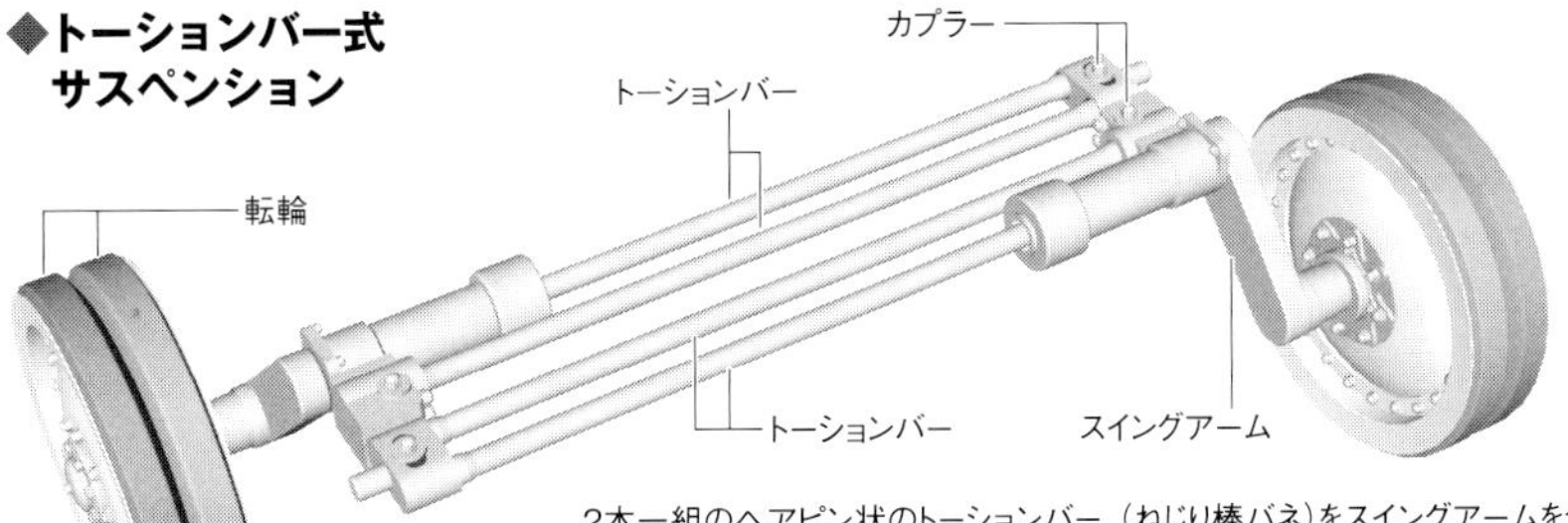

カプラー
トーションバー
転輪
トーションバー
スイングアーム

2本一組のヘアピン状のトーションバー（ねじり棒バネ）をスイングアームを介して転輪に連結する形式のサスペンション。IV号戦車などに採用されたリーフスプリング式サスペンションよりも不整地踏破能力に優れるが、装備するには車体の床下に相応のスペースを必要とする欠点もあった

◆挟み込み式転輪

誘導輪
交換が必要な転輪
起動輪

ヤークトパンターの転輪の交換作業の困難さを示す例。中央の一番手前の転輪の交換が必要な場合、番号順に7枚の転輪を取り外さなければならない

CG／小林克美

後方から見たヤークトパンターの車体左側の足回り。写真ではやや判りづらいが、量産車なので履帯の凸部分の表面に「ハ」の字型の突起が備わっている

写真／齋木伸生

※4　その配置から「挟み込み式」「千鳥式」などとも呼ばれる。

ヤークトパンターの開発経緯

最もバランスのとれた駆逐戦車とも評されるヤークトパンター。本稿では駆逐戦車の誕生から、ヤークトパンターが開発された背景と実用化までの経緯を辿っていく。

文／古峰文三

重突撃砲の開発

1942年夏、前線で対戦車戦にも大きな成果を上げている突撃砲の後継車輌が研究され始めた。現行の突撃砲を直接更新する軽突撃砲の開発だけでなく、さらに敵戦車を遠距離から一方的に撃破できる大口径高初速の砲を装備し、重装甲に護られた重突撃砲のコンセプトが生まれ、突撃砲の開発方針は軽突撃砲と重突撃砲の二本立てで進められることとなった。しかし、現行の突撃砲の評判が良好であるために軽突撃砲の開発は比較的ゆっくりと進行し、新たな車種である重突撃砲の開発は、ちょうど次期重戦車として不採用となったVK4501(P)、通称ポルシェ・ティーガーの車台が既に100輌製造されていたことから、余剰となったこの車台を利用して軽突撃砲よりも一足早く、重突撃砲の試作が開始された。

71口径8・8㎝対戦車砲という1942年当時としては破格の大威力砲を装備し、正面装甲を原型の100㎜から200㎜に強化した重突撃砲はフェルディナントと呼ばれ、翌1943年に入って完成したフェルディナントは独立重戦車駆逐大隊に編成されてクルスク戦に参加した。

フェルディナントは重戦車として不採用になった車台を転用したため、様々な不具合に悩まされたが、最大の問題は100輌分の車台を使い切った後は増産できない限定的な車輌であることだった。このため直ちに本格的な重突撃砲計画が研究され、そのベースとなる車台にはⅢ号戦車に代わる機動戦用主力戦車として大量生産が開始されつつあるパンターの車台が選定された。パンターと車台を共用するのであれば、継続的な生産が実現し、重戦車駆逐大隊を必要なだけ新設することができる。また、奇妙と表現した方が適当なフェルディナントの車台よりも信頼性、整備性の点からも遥かに有利な選択と考えられた。

Ⅲ号戦車の車台に固定戦闘室を設け、7.5cm砲を搭載した歩兵支援用車輌がⅢ号突撃砲（Sturmgeschütz Ⅲ）だった。初期型は短砲身の主砲だったが、写真のF型以降は長砲身化されて対戦車戦闘力が大幅に向上している。重駆逐戦車の端緒となった「重突撃砲」は元々、この突撃砲の後継として開発がはじまった

不採用となったポルシェ社の試作重戦車ティーガー（P）100輌分の車台を利用して開発されたフェルディナント重突撃砲（重駆逐戦車）。写真はクルスク戦に投入された第654重戦車駆逐大隊の所属車輌

「8・8㎝突撃砲」

1942年8月、まだフェルディナントが完成しない時期に、量産型の重突撃砲計画が開始された。設計完了は1943年1月が目標とされ、量産開始は1943年7月が予定されている。すなわちパンターの量産が開始された数カ月後にはその車台を利用した重突撃砲が量産に入り、限定生産のフェルディナントの後を継ぐという計画である。

後にヤークトパンターとなる重突撃砲の構想は当初、8・8㎝対戦車砲を装備する戦闘重量35トン、副武装は車内にMG42 1挺、MP40 2挺を搭載することとし、前面装甲は垂直の80㎜厚または垂直から60度の傾斜を持つ50㎜厚、側面は垂直から30度の傾斜を持つ40㎜厚と考えられていた。戦闘重量35トンとはパンターの初期計画が30トン戦車として始まっているように、開発中のパンターの重量内に収まるか、或いは旋回砲塔を持たない分だけ軽くできるか、といった水準で重量が計算されていたことを示している。この重量計算は大雑把なもので、装甲強化や砲架の改良による重量増加を見込まない最小限のものだったが、パンターの機関出力（650馬力から700馬力）と求められる機動性、変速機、ブレーキ、最終減速機などをパンターと共通化する以上、大幅な重量増加は技術的に考えられなかった。この重量計算は妥当なものではあったものの、後に完成したヤークトパンターの活躍を大きく妨げる問題へと繋がっていく。

しかし1943年1月を迎えても設計は完了しなかった。設計に当たったクルップ社は原案に沿った設計を完成できず、設計の主体はダイムラーベンツ社に移されたが、1942年11月に造られた木製のモックアップは後のヤークトパンターの姿とはまだ大きく異なる部分があった。設計案はまだ揺れ動いており、1943年夏の量産開始は現実味を失いつつあった。

1943年1月を迎えた時点で決定したのは前面装甲100㎜、前面下部装甲は60㎜、戦闘室上面、車体底部は30㎜といったもので、まだ実車とはかけ離れていた。

ただし砲の防盾はモリブデンを含まない鋳鋼製の代用材料で造られ、正面装甲にボルトで固定され脱着が容易なように配慮することが決まり、ヤークトパ

ンターの特徴である砲マウントの形式はここで定まった。砲の防盾に関しては現行の突撃砲の防盾が耐弾性から見て大きな欠陥を持っていると認識されており、重突撃砲の防盾は「ポルシェ突撃砲」（フェルディナント）やブルムベアと同形式の球形防盾を採用することが検討されていた。

通常型の戦車のように車体前面に機関銃マウントが考慮されていないのは、突撃砲という兵器の主任務が歩兵協同にあったためだ。常に歩兵に随伴する突撃砲にとって、戦車のように視界が悪く実戦では殆ど役に立たない上に、連続射撃をすれば排煙装置を必要とする車体銃の装備に、貴重な重量を配分する意義が見出されなかったからである。

そして段々と増加する重量に関しては「8・8cm突撃砲」が使用する車台は量産が始まったパンターIではなく、性能向上型のパンターIIの車台とすることで解決されるものと考えられた。既に技術的な問題が多発しているパンターIよりも、その欠陥を取り除いて各部が強化されたパンターIIを採用すれば、量産開始は遅れても妥当な選択と判断されたのだ。

だが、パンターII計画は1943年5月に中止され、パンターIの量産継続が決まってしまった。パンターII車台が利用できなくなったため、重突撃砲の計画は梯子を外された状態となり、車台についてはパンターIの車台の設計をできるだけ利用し、そこにパンターIIの改良点を盛り込むかたちで進むという中途半端な方針に変更されている。

ヤークトパンターにパンターG型の特徴を先取りしたような部分が見られるのはこうした経緯があるためで、パンターIにも同じような改良が行われた結果、ヤークトパンターの完成後にパンターIIの要素を盛り込んだパンターG型が誕生している。

そして名称も1943年3月に装甲兵総監に就任したハインツ・グデーリアンの強い要求から、砲兵管轄の兵器を思わせる突撃砲を名称から外し「パンターI車台の重戦車駆逐車」（Schwere Panzerjäger auf Fgst. Panther I）といった名称が使われるようになる。

まだ駆逐戦車（Jagdpanzer）の名称は出現しないが、こうした名称の変遷はまったく名目上のもので、重突撃砲計画そのものに技術的な変更は無かった。

V号戦車パンターの初期量産型D型。原型となったパンターに開発や技術上の問題が多発したことから、ヤークトパンターの生産開始も当初の予定（1943年7月）から半年ほど遅れることとなった

1943年10月、ヒトラーの検分を受ける戦闘車輌群。一番手前がイタリアで開発されたP26重戦車、その奥がヤークトティーガーのモックアップで、一番奥に見えるのが後のヤークトパンターのモックアップ

ヤークトパンターの完成と現実

1943年10月に改設計された木製モックアップがヒトラーに供覧され、まもなく試作1号車が完成し、11月には2号車も完成した。クルスク戦で敵歩兵の中に孤立したフェルディナントの戦訓から車体前面にはボールマウント式の銃架が増設されているが、もともと巨大な8・8cm PaK42の砲架によって車体銃装備の余裕がないところに無理やり装備した銃架は車長が操作するしかない非常用ともいえるもので、フェルディナントに増設された車体銃と同じく、実用性に乏しいものだった。穿った見かたをすれば、装甲兵科はクルスクの戦訓を戦術の改善で解決することを好まず、試作中の重突撃砲をできるだけ戦車の仕様に近づけたかったのかもしれない。

ヤークトパンターの量産は1944年1月から開始され、2月1日には陸軍総司令部によりヤークトパンター（Jagdpanther）の名称が通達された。

だが戦闘重量45・5トンに及ぶ重車輛として完成したヤークトパンターの苦闘はこれからだった。原計画から10トン以上も重量が増えたことで、ただでさえ問題の多いパンターの変速機、ブレーキ、最終減速機は不具合の塊と化して量産を妨げ、部隊への配備は遅々として進まず、ヤークトパンターを完全装備した独立重戦車駆逐大隊は1個だけしか編成完結できなかった。多々ある不具合の中で最も問題だった最終減速機はパンターで行われた改善では間に合わず、ヤークトパンターに最終減速機の改良が施され、何とか300km程度を自走しても破損しない程度の実用性を持ったのは1944年10月末のことで、パンター車台を利用した重突撃砲計画開始から2年以上が経過していた。

写真は終戦直後のMNH（マシーネンファブリーク・ニーダーザクセン・ハノーバー）社の工場。同社は1944年11月からヤークトパンターの生産に加わっていた。写真右にはパンターG型の車体もあり、エンジンや駆動系を同じくする両車が併行して生産されていたことがわかる

ヤークトパンターの編制と運用

大戦末期に登場して優れた対戦車戦闘力を発揮したヤークトパンターだが、ここでは部隊編制の面から、運用における特徴や実戦部隊での存在意義を解説していく。

文／古峰文三

集中運用時代の編制

ヤークトパンターを最初に装備した部隊は第654重戦車駆逐大隊だった。第654重戦車駆逐大隊は1943年中に、ドイツ軍初めての重戦車駆逐大隊の一つとしてフェルディナントを装備した部隊で、フェルディナントからヤークトパンターへ装備改変を行った古顔の重戦車駆逐大隊でもあった。

フェルディナントを装備した大隊の編制をそのまま受け継ぐかたちで各中隊に14輌のヤークトパンターを持ち、ヤークトパンター3個中隊と大隊本部にヤークトパンター指揮戦車3輌を装備し、そのうち2輌は星型アンテナを持つFu8無線機装備、1輌は星型アンテナの無いFu7無線機を装備することになっていた。また本部中隊にはsdkfz251装甲兵車1輌を装備する連絡小隊、sdkfz251×3輌を装備する工兵小隊、sdkfz251×2輌を装備する衛生小隊が付属し、大隊の補給段列（トラック装備）も加わっている。

しかしヤークトパンターの生産の遅れと不具合の多発からその装備は遅れ、編制を完全に満たす状態に至らないままノルマンディー戦に参加し、戦いの中で消耗と補充を繰り替えしながら1944年9月に後方に引き上げられ、再編成に入った。

強力な火力を持つヤークトパンターを集中投入し、兵力に優る敵戦車部隊を2500mからの遠距離砲戦でアウトレンジしながら撃滅するという、フェルディナント／エレファント以来の理想的な重駆逐戦車の戦いを実現すべく編成されたヤークトパンター大隊だったが、現実には定数通りに配備されても可動車輌はそれを大きく下回るのが実態であり、そもそもヤークトパンターの補給が遅々として進まなかった。

こうした事態により、1944年9月、ヒトラーは第654重戦車駆逐大隊以降の重戦車駆逐大隊をヤークトパンターのみで編成することを禁じてしまった。

第654重戦車駆逐大隊はヤークトパンターだけを装備する唯一の重戦車駆逐大隊として終戦まで戦い続けるが、1944年9月の再編成ではノルマンディー戦の戦訓により、3.7cmIV号対空戦車メーベルヴァーゲン×4輌と2cm4連装IV号対空戦車ヴィルベルヴィント×4輌が本部中隊に追加されており、1個戦車大隊の対空戦車隊としてはかなり強力な水準といえた。この対空戦車部隊は本来の防空任務だけでなく地上目標に対する射撃にも利用され、その火力は敵歩兵部隊に対して残酷なほどに効果的で、場合によっては敵戦車とも対決することがあった。

突撃砲、軽駆逐戦車との混成編制

1944年9月の総統命令によって、重駆逐戦車の大隊規模での集中投入という基本戦術は実行不可能となってしまった。重戦車駆逐大隊は名称こそ重駆逐戦車だったがその実態は第1中隊にヤークトパンター14輌があるのみで、その他は第2、第3中隊に突撃砲14輌が装備される増強突撃砲大隊とでも言うべき編制になっていた。本部にはヤークトパンター指揮戦車3輌が配備されるはずだったが「ラインの守り作戦」の頃、各重戦車駆逐大隊の本部にはヤークトパンターは居ないようである。本部中隊は連絡小隊のsdkfz251×1輌、工兵小隊のsdkfz251×4輌、衛生小隊のsdkfz251×2輌、2cm4連装IV号対空戦車ヴィルベルヴィント×3輌の対空小隊、そして大隊段列という標準的なものだったが、例によってこれらの建前上の編制が満たされる

■混合編制の例

- 大隊本部
  - 連絡小隊
  - 工兵小隊
  - 衛生小隊
  - 対空小隊
  - 第1中隊　中隊本部
    - 第1小隊
    - 第2小隊（第1小隊に同じ）
    - 第3小隊（第1小隊に同じ）
  - 第2中隊　中隊本部
    - 第1小隊
    - 第2小隊（第1小隊に同じ）
    - 第3小隊（第1小隊に同じ）
  - 第3中隊（第2中隊に同じ）

■654重戦車駆逐大隊の編制

- 大隊本部
  - 連絡小隊
  - 工兵小隊
  - 衛生小隊
  - 対空小隊　※1944年9月追加
  - 第1中隊　中隊本部
    - 第1小隊
    - 第2小隊（第1小隊に同じ）
    - 第3小隊（第1小隊に同じ）
  - 第2中隊（第1中隊に同じ）
  - 第3中隊（第1中隊に同じ）

凡例

- ヤークトパンター
- ヤークトパンター（星型アンテナ付指揮車）
- III号突撃砲
- III号突撃砲（指揮車型）
- メーゲルヴァーゲン
- ヴィルベルヴィント
- Sd.Kfz.251

ことは少なかった。

　この編制は重戦車駆逐大隊の火力を突撃砲大隊なみに低下させる愚策にも見えるものの、実際には独立大隊が面倒を看ることができるヤークトパンターは1個中隊14輌程度が精一杯であり、機械的信頼性があり可動車の比率が高い突撃砲が支援に加わることで、実質的な戦闘力は皮肉にも向上する傾向にあった。ヤークトパンターはそれほどに故障の多い厄介者だったのである。

　しかも１９４４年末頃には混成編制の重戦車駆逐大隊にはⅣ号戦車／70（V）またはⅣ号戦車／70（A）が突撃砲の代りに配備されるようになり、ヤークトパンターを３個中隊に装備した完全編制の重戦車駆逐大隊と建前上の火力も肩を並べるようになっていった。

　実戦でもヤークトパンター中隊を先頭に両翼にⅣ号駆逐戦車を配した陣形での攻撃が行われるなど、この混成編制は見かけほどには悪くないものだった。加えて鉄道輸送に於いても、重いヤークトパンターの数が少なければ輸送列車の編成も容易で本数も少なくて済み、燃料不足から自走による行軍をできる限り控えたかった戦争末期の戦車部隊にとって装備が軽いことの恩恵はきわめて大きかった。

　大隊規模のヤークトパンターが敵の戦車攻撃の正面で放列を敷いて遠距離砲戦で敵戦車を撃減するといった姿は重駆逐戦車の理想像ではあったものの、ヤークトパンターにはそれを実現するだけの数量と機械的な信頼性が欠けていたといえるだろう。

各師団の戦車連隊に補充されるヤークトパンター

　１９４４年９月から開始されたヤークトパンターと突撃砲、Ⅳ号駆逐戦車との混成編制がそれなりの効果を上げ始めると、ヤークトパンターの配備にさらなる変化が生まれた。

　１個中隊のみのヤークトパンターが他の車種と一緒に効率よく戦えるのであれば、ヤークトパンターを独立大隊にだけ配備する必要はなく、一般の戦車連隊の中にヤークトパンター中隊を設ければ同じような運用ができるのではないかとの発想で、１９４５年からは装甲師団所属の戦車連隊に中隊規模でヤークトパンターが配備されるようになった。この時期の戦車連隊の多くはパンターを主力としていたことから補給、整備上でもこちらの方が都合の良い面もあり、戦争末期の生産混乱から車種ごとの整然とした編制が組みにくくなっていた状況も手伝って、多数の装甲師団がそれぞれ中隊規模のヤークトパンターを受領している。色々と問題のあるヤークトパンターではあるものの、少数であれば配備を受ける戦車連隊も強力な71口径88㎜砲を装備する重駆逐戦車を使いこなすことができた上に、独立重戦車駆逐大隊のように軍直轄の増強兵力ではないため、一つの作戦が終了しても何処かへ去ってしまうこともなかった。自分達の部隊に留まるヤークトパンターは頼りになる存在で、損害や故障による擱座車輛が出ても熱心に回収を試みる傾向が見られたという。

最後のヤークトパンター大隊

　中隊規模での配備が主流となったヤークトパンターではあったが、１９４５年４月という戦争も最末期に、例外的なヤークトパンター大隊が復活しかけていた。

　それは装甲教導師団所属の第１３０戦車連隊第２大隊だった。この大隊は前線から引き上げられて再編成と休養に入った際に、装備車輛を全てヤークトパンターに置き換えようとしていた。第２大隊を構成する第５中隊から第８中隊までの４個中隊は３輛からなるヤークトパンター２個小隊と中隊本部のヤークトパンター２輌で１個中隊を構成し、４個中隊と大隊本部のヤークトパンター３輌で、合計35輌のヤークトパンター大隊となった。

　装甲教導師団というエリート部隊の生き残り乗員によって再びヤークトパンターの集中投入を実施しようとの発想がうかがえる編制だったが、１９４４年当時の完全編制よりひと回り小ぶりである点が１９４５年の実状を反映していた。しかしこの精鋭部隊もその実力を発揮することなく、末期のドイツ国内での戦いに巻き込まれて壊滅する。

　そして１９４５年４月にはヤークトパンターの最後の配備形態が出現する。それはティーガーⅠ、パンター、突撃砲といった雑多な車種をかき集めた臨時編成部隊だった。装甲師団クラウゼヴィッツ、第５０７重戦車連隊、ＳＳヴィーキング戦闘団などに集められた各種戦車の中に僅かな数のヤークトパンターが見られた。これらはもはや編制と言うべき内容を持たず、その場で手に入る兵器による応急的な戦力であり、長期にわたる戦闘やその後の補給、整備の都合を考慮しない短期的な活動だけが可能な部隊で、何の希望も無いまま最後の戦いに投入されていった。

■装甲教導師団第130戦車連隊第2大隊の編制計画

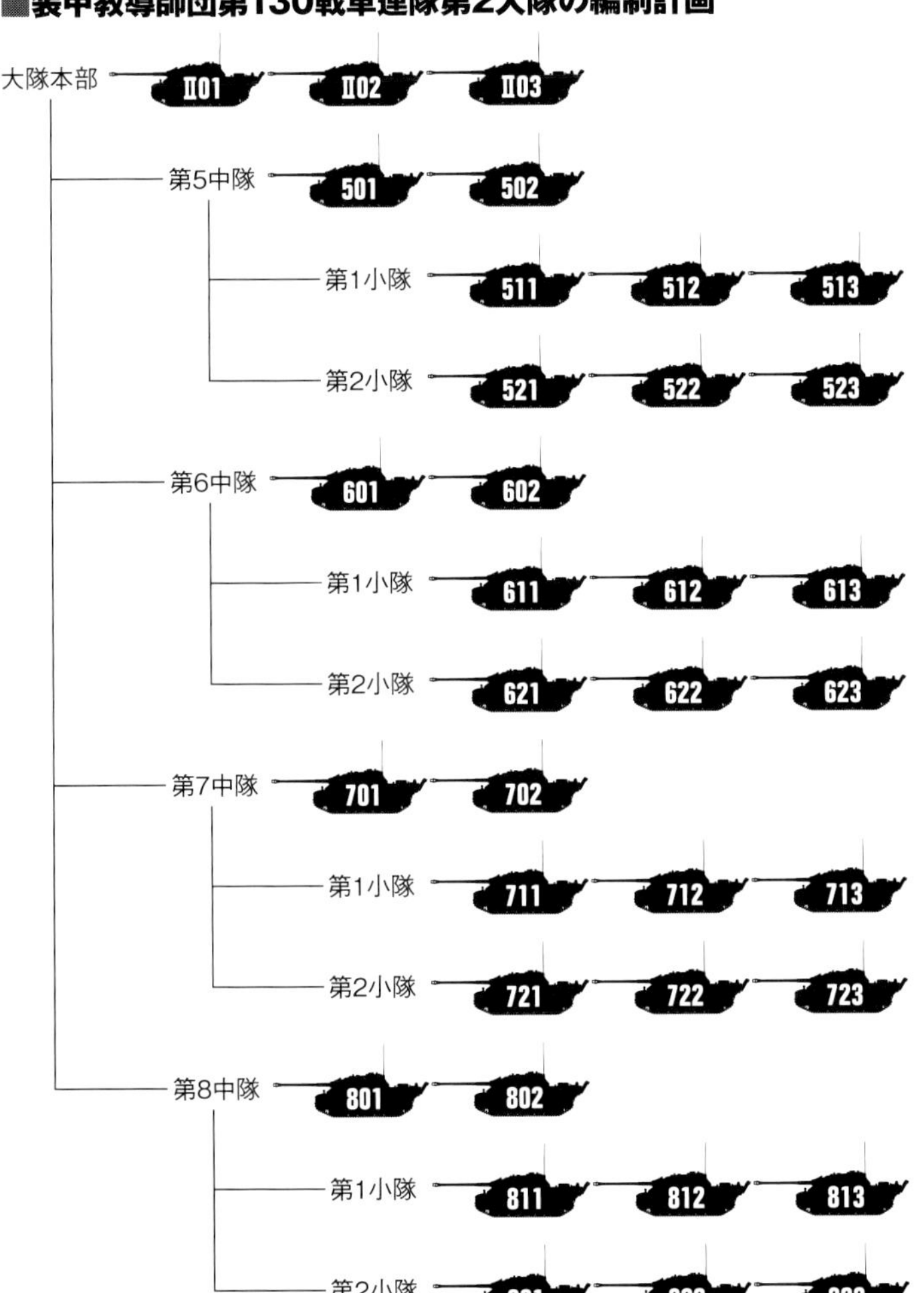

参考:Dennis Oliver "Jagdpanther Tank Destroyer: German Army and Waffen-SS, Western Europe 1944-1945"

Ⅳ号駆逐戦車のメカニズム

Ⅲ号突撃砲の後継として開発され、口径（砲身長）の異なる二種類の7.5cm砲を搭載した三つのバリエーションが生産されたⅣ号駆逐戦車。ここでは、その武装や車体構造、足回りなどのメカニズム、生産時期による変遷、本車の特徴や欠点などを、3DCGとともに解説する。

文／古峰文三　CG／中田日左人（特記以外）

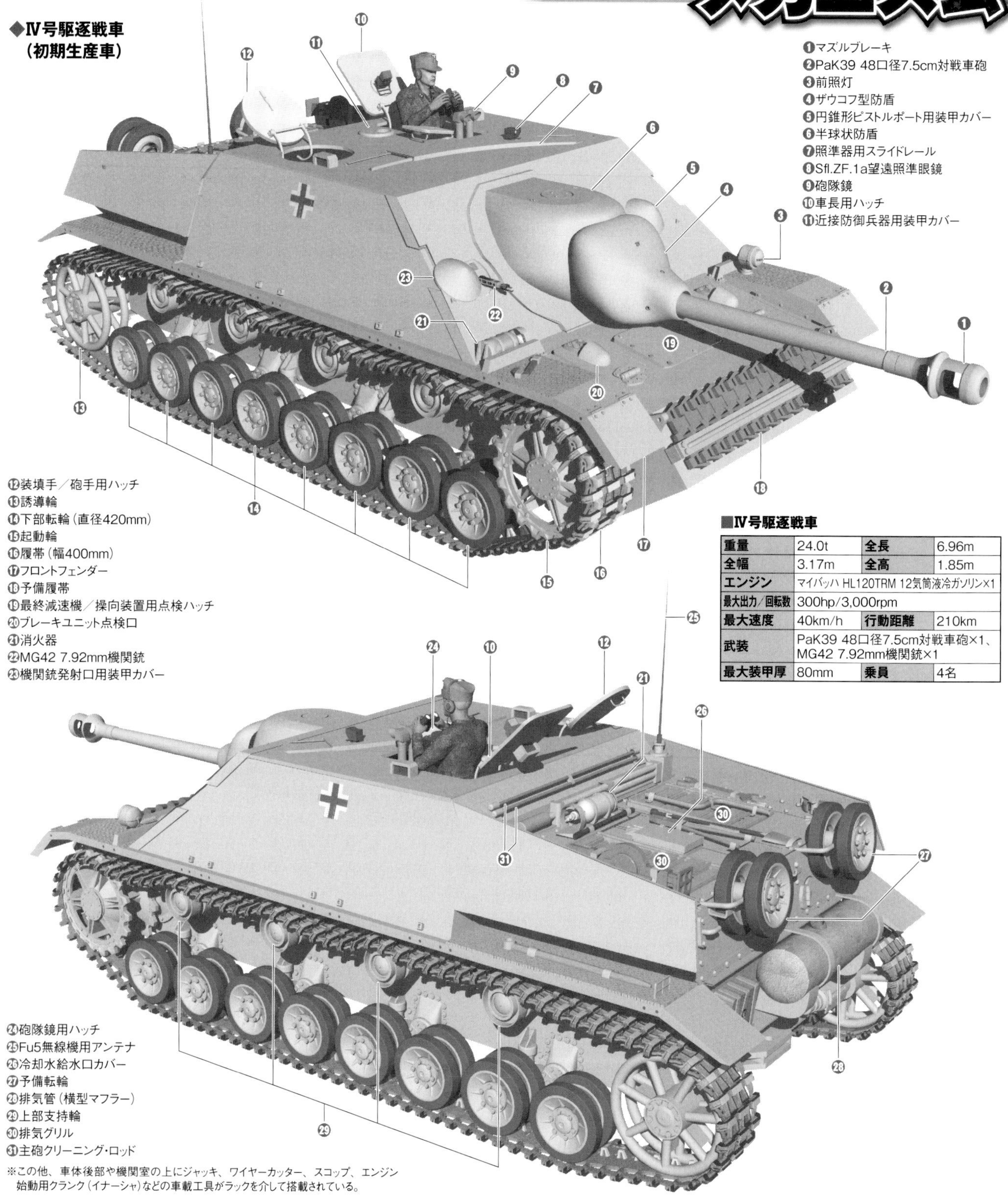

■Ⅳ号駆逐戦車

重量	24.0t	全長	6.96m
全幅	3.17m	全高	1.85m
エンジン	マイバッハ HL120TRM 12気筒液冷ガソリン×1		
最大出力／回転数	300hp/3,000rpm		
最大速度	40km/h	行動距離	210km
武装	PaK39 48口径7.5cm対戦車砲×1、MG42 7.92mm機関銃×1		
最大装甲厚	80mm	乗員	4名

※この他、車体後部や機関室の上にジャッキ、ワイヤーカッター、スコップ、エンジン始動用クランク（イナーシャ）などの車載工具がラックを介して搭載されている。

搭載砲

Ⅳ号駆逐戦車系列の装備する砲は二種類あった。一つは48口径7・5cm砲ＰａＫ39で、もう一つはパンターの戦車砲と基本的に同じ70口径7・5cm砲ＰａＫ42である。

ＰａＫ39を装備したのがフォマーク社で生産されたⅣ号駆逐戦車、ＰａＫ42を搭載したのがフォマーク社のⅣ号戦車／70（Ｖ）とアルケット社で設計されたⅣ号戦車／70（Ａ）であった（※1）。以下で、それぞれの砲について解説する。

●ＰａＫ39

Ⅳ号戦車Ｈ型、Ｊ型の戦車砲ＫｗＫ39と基本的に同じ砲で、突撃砲用の照準器と組み合わされたⅢ号突撃砲用バージョンだった。ＰａＫ（Panzerabwehrkanoneの略、ドイツ語で対戦車砲の意）と呼ばれながらも牽引式の対戦車砲とは異なり、発射は電気発射となっており、名称は対戦車砲でも車輌に装備する戦車砲がその実態に近い。

照準装置は突撃砲と同様で、戦闘室上部の照準器用開口部から対物レンズを出して間接照準するＳｆｌ.ＺＦ.１ａ（自走砲用望遠照準眼鏡１ａ型）が装備されていた。このため照準作業は、直接照準方式の戦車とは勝手の違うものになっていた。

ＰａＫ39はⅢ号突撃砲が装備するＳｔｕＫ39と基本的に同一の砲で、弾薬も共通であるため、旧世代突撃砲であるⅢ号突撃砲と新世代突撃砲であるⅣ号駆逐戦車が同じ部隊で混在しても弾薬補給の面での混乱はなかった。

39式徹甲弾（ＰｚＧｒ.Ｐｔｒ39）を使用した場合の砲口初速は７５０ｍ／ｓで、距離１０００ｍで垂直面から30°傾斜した厚さ80㎜の装甲を貫通できる能力を持っていた。タングステン鋼芯弾である40式徹甲弾（ＰｚＧｒ.Ｐｔｒ40）を用いた場合の砲口初速は９３０ｍ／ｓで、距離１０００ｍでの装甲貫徹力は97㎜となるものの、実際には、突撃砲部隊にこのような特殊砲弾はほとんど供給されなかった。

タングステンは、天然ゴムと並んで戦時下で欠乏していた重要資源の一つであり、兵器生産に必須の金属切削加工用刃物への膨大な需要を満たすため、砲弾として消費する余裕はまったく無かったのだ。このため通常は39式徹甲弾と37式榴弾（ＳｐＧｒ.37）を合わせて79発搭載した。

砲身基部には、Ⅲ号突撃砲とは全く異なる半球状の基部を持つ防盾が採用されている。従来のⅢ号突撃砲の防盾と砲身基部の設計は、この車輌が敵の銃弾を集中して浴びるような状況を考慮していないため、被弾した際に銃弾または砲弾の破片が戦闘室内に飛び込んできやすいという欠点があった。

こうした東部戦線での実戦経験を反映したⅣ号駆逐戦車の新しい防盾は、弾片が車内に侵入する危険を最小限に留める優秀な形状で、砲身基部がそのまま巨大なショットトラップを構成しているⅢ号突撃砲と比較すると、防御面で大きな進歩を遂げていた。

しかし、Ⅲ号突撃砲と同じ武装で防御面だけを改善したように見えるⅣ号駆逐戦車の存在価値は果たしてあったのか、との疑問も湧いてくる。だが、この選択には意味があった。歩兵師団の歩兵の援護を任務として各部隊に広範に配備される突撃砲のために、製造に手間の掛かる長砲身70口径のＰａＫ42（後述）を大量供給する余裕が無かったからである。

Ⅳ号駆逐戦車の設計はＰａＫ39の装備を前提に限界まで装甲を強化したもので、まさにギリギリの設計が行われていた。ＰａＫ39の重量は１２３５kgで、戦車砲タイプのＫｗＫ39より若干軽かったが、これがⅣ号戦車車台を利用した新突撃砲に装備できる限界だった。これは量産車では重量軽減のため防盾の内側を削り落としてわずかでも軽量化し、車体前方への重量負担を軽減する努力が注がれていたことからもわかる。武装面での進歩の無さは、突撃砲の防御強化、車体の大型化による運用性の改善とのバランスを考慮して選択されていたのである。

そもそも突撃砲は、高初速の徹甲弾を発射するだけでなく、むしろ榴弾射撃による歩兵支援任務に重点が置かれる兵器だったことから、70口径の長砲身は突撃砲部隊の側から見ればオーバースペックな武装でもあった。

もしＰａＫ39よりも重い砲を搭載すれば、重量バランスが狂い、Ⅳ号駆逐戦車の設計は破綻

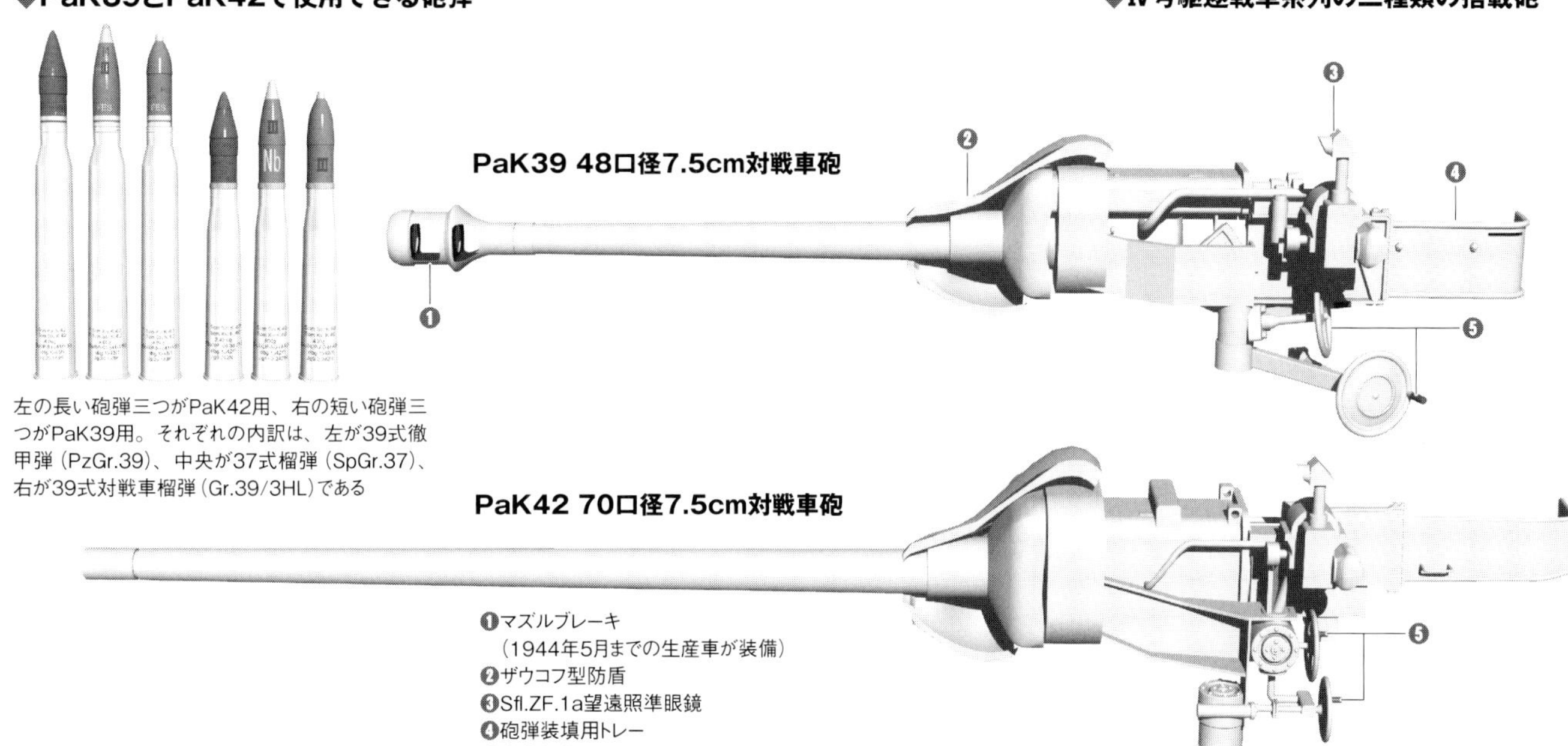

左の長い砲弾三つがPaK42用、右の短い砲弾三つがPaK39用。それぞれの内訳は、左が39式徹甲弾（PzGr.39）、中央が37式榴弾（SpGr.37）、右が39式対戦車榴弾（Gr.39/3HL）である

※1　名称の末尾の（V）はフォマーク（Vomag）社の、（A）はアルケット（Alkett）社の頭文字。

してしまうことが当初から判明していた。こうした事情からⅣ号駆逐戦車は、48口径のPaK39を装備したままでの大量生産が計画されていた。戦闘室や砲架には武装強化の余地が残されていたものの、車台としてはまさに限界だったのだ。

また、PaK39の砲身の先端には当初、発射時の反動を和らげる二重式のマズルブレーキがねじ込まれていたが、車高がきわめて低いⅣ号駆逐戦車は砲口が地面に近く、発射時にマズルブレーキの孔から噴き出す発射ガスで土埃が巻き上げられ、視界を妨げるだけでなく敵に位置を悟られやすい欠点が認識された。このため、マズルブレーキは前線の部隊では取り外されるようになり、後期の生産車では最初から装備されずに、砲身先端の取り付け用のネジ山を残したまま工場から送り出されている。

砲塔を持たないⅣ号駆逐戦車は、砲が前面装甲に直接取り付けられているためマズルブレーキ撤去による反動の増加を車体全体で受け止めることができた。ゆえにマズルブレーキが無くとも実用的な問題は発生しなかったという。また、砲身の先端にある重量物であったマズルブレーキを撤去することで、ノーズヘビー気味のⅣ号駆逐戦車の重量バランスを若干なりとも改善する効果もあった。

●PaK42

戦局の悪化に伴い対戦車任務にあたる戦闘車輌の増産が求められた結果、Ⅳ号駆逐戦車にも遠距離での対戦車戦闘に適する70口径7.5cm砲PaK42の装備が行われた。

パンターの装備するKwK42と基本的に同じであるPaK42は、砲身長5・25mに及ぶ長砲身であるため、Ⅳ号駆逐戦車の車体前面に装備した場合は、車体前方に異様なほどに長く突出する。そして走行中に地面の凹凸や障害物に砲身の先端が当たった場合、砲架と照準器に必ず影響があり、Ⅳ号駆逐戦車の戦闘能力はその途端に消失した。

ただでさえノーズヘビーの傾向に悩まされていたⅣ号駆逐戦車が長砲身のPaK42を搭載すると、もはや直進することさえ難しく、その対策として鋼製転輪の導入という苦肉の策が採られている。

Ⅳ号駆逐戦車の生産途中から撤去されたマズルブレーキは、PaK42では最初から装着されなかった。この砲は原型がパンター用のKwK42であるため本来はマズルブレーキが備わっていたが、PaK42に改修する際に後座長を調整してマズルブレーキの装着を不要としている。Ⅳ号駆逐戦車の比較的奥行きのある戦闘室内は、その改修を許す余裕があったのである。

こうした問題を抱えながらもPaK42の対戦車戦闘での威力は抜群で、39式徹甲弾（PzGr.39／42）を使用した場合、砲口初速は935m／s、距離1000mで垂直面から30°傾斜した厚さ112mmの装甲を貫徹でき、距離2000mでも89mmの貫徹力を有していた。また、タングステン鋼芯弾の40式徹甲弾（PzGr.40／42）を使用した場合、砲口初速は1130m／sに達し、距離1000mで垂直面から30°傾斜した厚さ149mmの装甲を貫徹でき、距離2000mでも106mmの貫徹力を有していた。

搭載弾数は、Ⅳ号戦車／70（V）で55発、車高が高く車内容積が増したⅣ号戦車／70（A）では60発だが、異説もある。

副武装

Ⅳ号駆逐戦車はⅢ号突撃砲の後継車輌として開発されたため、戦車のような車体前方機関銃架を持っていない。砲の右側に開閉式の装甲蓋を設けて、車内からMG42機関銃で射撃することを考えていただけだった。これは、歩兵支援任務に当たる突撃砲では、自らの車内に近接防御用の機関銃を持つよりも、必ず車外に存在するはずの歩兵による間接的な防御が期待されていたためであった。

Ⅳ号駆逐戦車の近接防御は、当初は車体前面の機関銃発射口からのMG42の射撃と、側面に設けたピストルポートからの射撃、または戦闘室上面のハッチを開けて乗員が身を乗り出してMP40またはStG44を射撃することが考えられていたが、量産車ではこうした応急的な射撃の効果に疑念が持たれた。その結果、安全な車内から発射できる近接防御兵器が戦闘室上面に装備され、そこから発射される2・6cm榴弾で車外の敵兵を殺傷する方針に改められた。

しかし、視界が極めて悪く旋回砲塔も持たない上に動きも鈍重なⅣ号駆逐戦車が近接防御兵器に頼る状況はどう考えても絶望的で、歩兵による援護が必須の戦闘車輌であることに変わりはなかった。

MG42用の弾薬は1200発、近接防御兵器は発煙弾6発、2・6cm榴弾10発を搭載した。

車体前部右側に搭載された副武装のMG42機関銃
【データ】全長1,220mm、銃身長530mm、重量（二脚を含まず）11.6kg、口径7.92×57mm、銃口初速740m/s、発射率1,200-1,500発/分、有効射程2,000m　写真／NotLessOrEqual

車体と装甲

●Ⅳ号駆逐戦車、Ⅳ号戦車／70（V）

Ⅳ号駆逐戦車は、Ⅳ号戦車F型の車台を流用して設計が開始されている。

Ⅲ号突撃砲の後継車輌として計画された新突撃砲がⅣ号戦車の車台を利用している最大の理由は、その大きさにあった。Ⅲ号戦車の車台は各部の機構がⅣ号戦車よりも先進的かつ合理的で将来性があり、信頼性の面でも優れていた。それに比べ、Ⅳ号戦車車台はどちらかといえば旧式で保守的な設計であったため、機構に新味が無く、各種の装甲戦闘車輌のベース車台としても能力不足の点があちこちに目立つものだった。

しかし、Ⅲ号戦車車台は将来の改良を見込むには余りにも小型に過ぎた。より強力な砲を装備できる可能性があり、より強力な装甲を実現するには何をおいても車台そのものの規模が重要で、Ⅲ号戦車車台にはそれが決定的に欠けていたのである。

新突撃砲の車台は、こうした理由で選択されたのだ。

このため基本的な構造はⅣ号戦車と同一だったが、突撃砲（※2）の防御面での欠点だった車体前面の傾斜の小さい装甲は改善すべき点と考えられ、その結果、この部分は上下に分轄された垂直面から45°傾斜した装甲が導入され、起動輪よりも前方に楔形に突出している。Ⅳ号駆逐戦車の各部の装甲厚は、34ページの【表】のとおりである。

Ⅳ号駆逐戦車の装甲で興味深いのは、戦闘室前部の床面に置かれた燃料タンクの前面および後面に弾片防御用の8mm装甲が施されている点で、被弾時の燃料タンクの破損、爆発の危険への対策が考慮されていた。この燃料タンクはⅣ号戦車では戦闘室後方の床面に置かれていたが、Ⅳ号駆逐戦車では砲尾との干渉

※2　Ⅳ号突撃砲が製造される以前には、Ⅲ号戦車車台を利用した突撃砲は単純に「突撃砲」と呼ばれていた。

◆IV号戦車/70(V)（後期生産車）

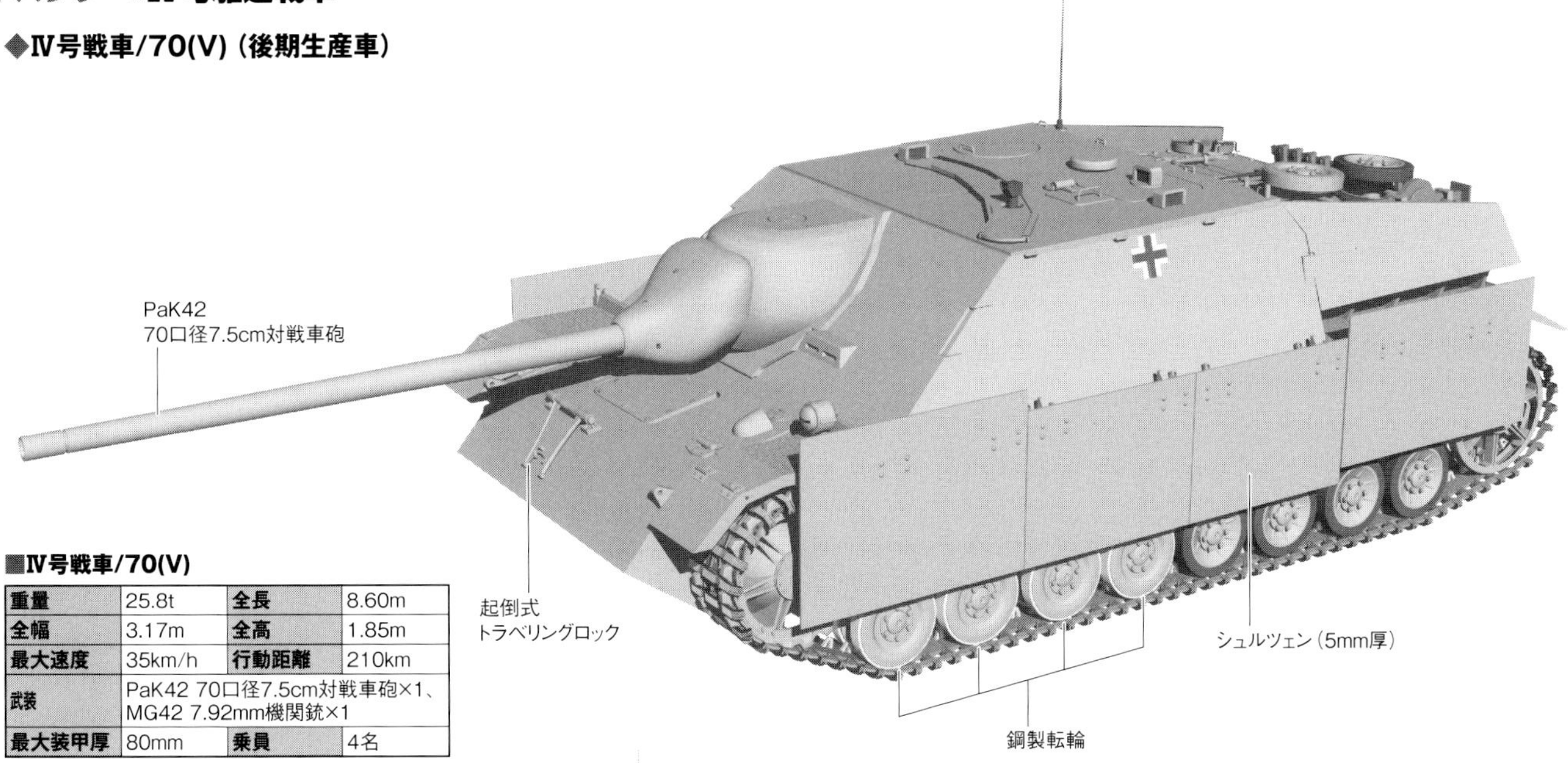

PaK42
70口径7.5cm対戦車砲

起倒式
トラベリングロック

シュルツェン（5mm厚）

鋼製転輪

■IV号戦車/70(V)

重量	25.8t	全長	8.60m
全幅	3.17m	全高	1.85m
最大速度	35km/h	行動距離	210km
武装	PaK42 70口径7.5cm対戦車砲×1、MG42 7.92mm機関銃×1		
最大装甲厚	80mm	乗員	4名

※搭載エンジンはIV号駆逐戦車と同じ。

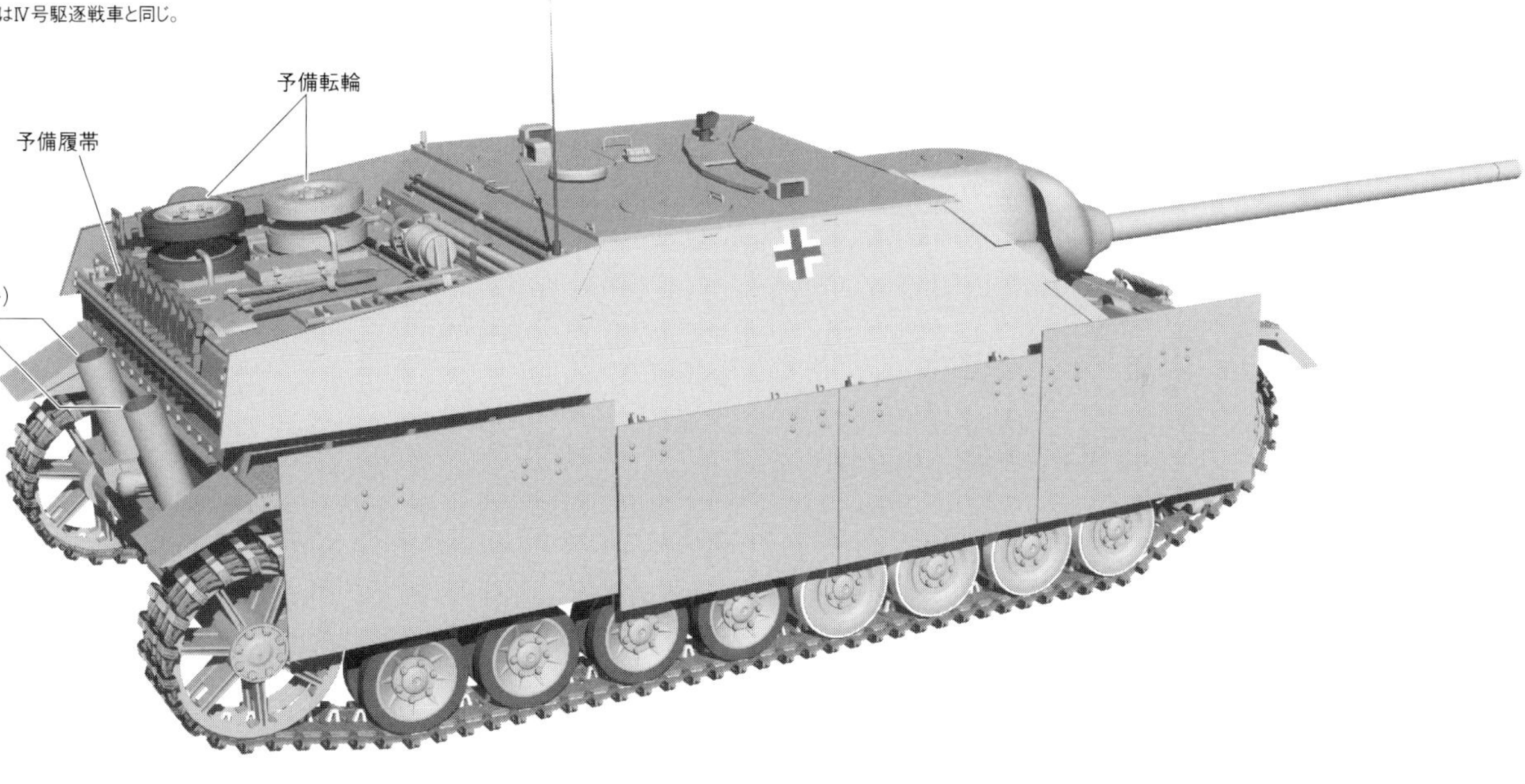

予備転輪

予備履帯

排気管
（縦型マフラー）

◆IV号戦車/70(V)の内部

図版／小林克美

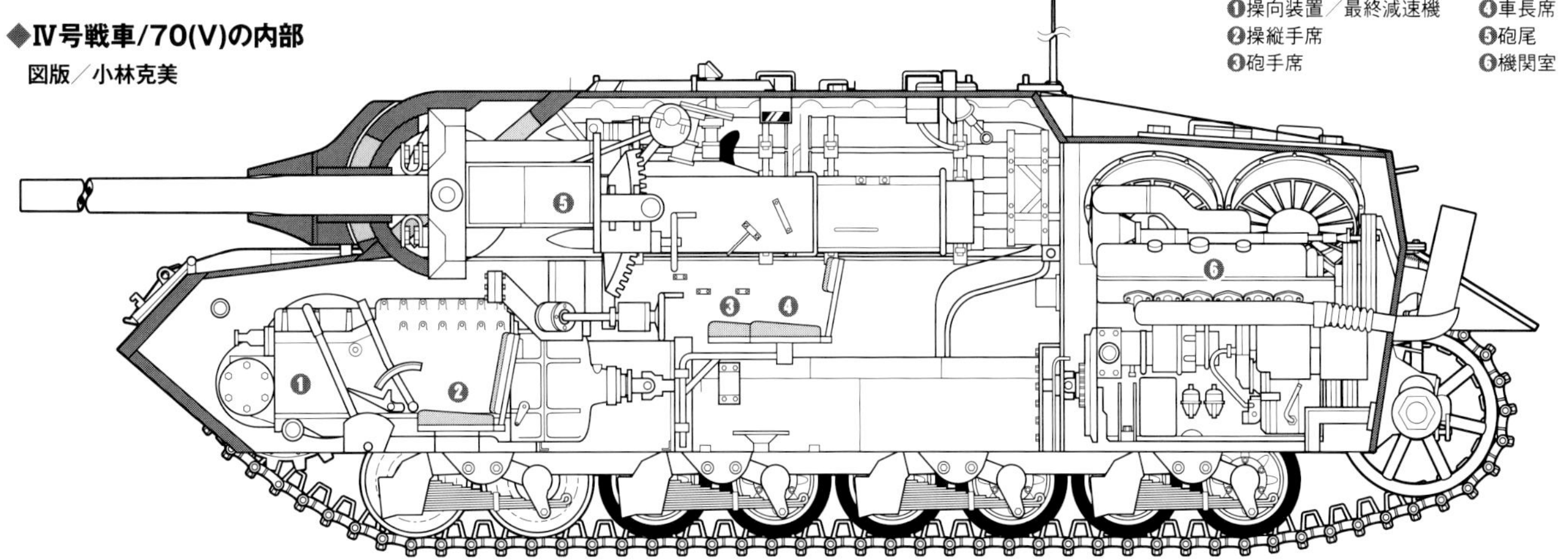

■【表】Ⅳ号駆逐戦車の各部の装甲厚

通算300号車まで

部位	装甲厚	垂直面からの傾斜角
車体前面上部（戦闘室を含む）	60mm	45°
車体前面下部	50mm	55°

※他の部位は、通算301号車以降と同じ。

通算301号車以降

部位	装甲厚	垂直面からの傾斜角
車体前面上部（戦闘室を含む）	80mm	50°
車体前面下部	80mm	50°
戦闘室側面	30mm	30°
戦闘室後面	30mm	30°
車体後面	20mm	20°
戦闘室上面	20mm	-
車体前部上面	20mm	-
車体底面	10mm	-

を防ぐために戦闘室前部の床面に移設されたものであった。

ヤークトパンターに匹敵する前面装甲を備え、しかも全高を1・85mと極めて低く抑えたⅣ号駆逐戦車は、重量の割に強力な防御力を備えていた。突撃砲のフォーマットを洗練した設計は高く評価されるべきもので、改設計を重ねて製造上でも戦闘においても不合理な面が目立っていた突撃砲の戦闘室の防御面を根本的に改善しようという意思が見られる。

それまで垂直だった戦闘室側面装甲にも傾斜がつけられ、試作車では戦闘室前面装甲の左右端と戦闘室側面装甲とが曲面を描いて溶接されていることからも、こうした防御力の強化が新世代の突撃砲設計の要件だったことが伺える。

こうした傾斜装甲の全面的な採用と防御の強化は、突撃砲の車台を（合理的で高性能ではあったものの）小型に過ぎたⅢ号戦車車台から、ひと回り大きなⅣ号戦車車台としたことで実現できたものだった。しかし、あまりにも低い車高や戦闘室前面両端の曲面装甲などは行き過ぎた面もあり、乗員にとって扱いやすい車輌とは言い難かった。そして戦闘室前面両端の曲面装甲は製造工程簡易化のため量産車には採用されず、単純な平面で構成された戦闘室へと変更された。

乗員はⅣ号戦車より1名少なく、車長、操縦手、砲手、装填手の4名。車体機関銃がないため前方銃手兼通信手は搭乗しなかったが、弾薬搭載量を減少させて無線機を増設した指揮車には通信手を加えて5名が乗車した。

戦闘室上面には砲を左右に限定旋回させた際に連動する照準器と円弧状の可動式装甲カバーが設けられ、その後方に車長用ペリスコープ付きハッチと装填手用ハッチが設けられている。

外部視察用のペリスコープは、車長用ハッチ以外に車長ハッチ左側と装填手用ハッチの前方にもあり、戦闘中の見張りは乗員全てが各方向を担当して行うようになっている。

Ⅳ号駆逐戦車の車台は、Ⅳ号戦車の車台から単純に流用されている部分は意外に少ない。戦闘室上部装甲は砲の積み下ろしを行うために溶接されず、ボルトで固定されている、戦闘室内部のレイアウトが変更されたため、それに対応した戦闘室底面の脱出ハッチも形状が変更されているなど、各所で細部が異なる。

そして戦闘室内は加圧用のファンで外部よりも気圧がわずかに高められ、砲の発射による硝煙の滞留を防ぐようになっていた。

●Ⅳ号戦車／70（A）

Ⅳ号戦車／70（V）の姉妹車輌として製造されたⅣ号戦車／70（A）の車体は、戦闘室上部こそほぼフォマーク社のⅣ号駆逐戦車の設計を受け継いでいたが、Ⅳ号戦車の車台をほぼそのまま流用しているため、より原型のⅣ号戦車に近いと言える。

Ⅳ号戦車／70（A）では、砲尾と床面の燃料タンク類のクリアランスを保つため戦闘室を約30cm嵩（かさ）上げしているが、これにより戦闘室の天井が高くなって室内容積が増し、Ⅳ号駆逐戦車の低く狭い戦闘室の居住性がかなり改善されている。また、砲弾の標準搭載量もⅣ号戦車／70（V）より5発増加している。

このほか、砲の取り付け位置を高くしたことで変速機の整備と点検が容易になる、長い砲身を高い位置に保つことで、砲口が地面にぶつかるなどして砲架や照準装置が損傷するリスクを低減できるというメリットもあった。

Ⅳ号戦車／70（A）のどことなく中途半端な外観は、単にⅣ号戦車車台を流用するという開発上の方針によるものだけでなく、70口径長砲身にⅣ号駆逐戦車を対応させる改良という側面もあった。

車体前面装甲は厚さ80㎜、戦闘室側面は30㎜、戦闘室後面は30㎜とⅣ号駆逐戦車の戦闘室設計を流用した部分はまったく変わらなかったが、操縦席前面の装甲にはⅣ号戦車と同じく傾斜が設けられず、同じ80㎜厚ではあってもこの部分の防御力はⅣ号戦車／70（V）に比べて大きく劣っていた。

さらに車体前面も、Ⅳ号駆逐戦車のような傾斜装甲の導入による楔形形状への設計変更は行われず、Ⅳ号戦車とまったく同じ切り立った装甲のまま残されていた。当然この部分の防御力は劣るため、予備履帯取り付け用のラックがⅣ号戦車と同様に装備され、予備履帯が補助装甲の役割を果たすようになっていた。

全般的にⅣ号戦車／70（A）の車体は戦闘室が高められている分だけⅣ号戦車／70（V）より2・2トンも重く、走行装置に負担がかかり、装甲防御力でも弱点を抱えていたが、実際の戦場では両者の損害に大きな違いは見られなかった。被弾は戦闘室上部に集中する傾向があり、車体前面への被弾は比較的少なかったのである。

車高の高さも実戦では大きな問題にはなっていない。むしろ砲の装備位置が高いため、クロスカントリー走行では長い砲身が地面に触れることが少なく、陣地変換が容易なため総合的な戦闘力はむしろ高かったともいえる。

戦闘重量24トンのⅣ号駆逐戦車は野戦架橋機材「K型橋」の制限重量24トンにかろうじて収まったが、25・8トンのⅣ号戦車／70（V）は重量過大で何かしらの補強を必要とし、戦闘重量28トンのⅣ号戦車／70（A）は明らかに重量過大で重戦車用の「J型橋」を必要とした。制限重量60トンのJ型橋はⅣ号戦車／70（A）を余裕をもって渡すことができたものの、J型橋を装備している工兵部隊は滅多にいないため、Ⅳ号戦車／70（A）は重量の割に渡河に苦労する車輌となっていた。

操縦席前面の切り立った装甲は装甲防御的に見れば明らかに欠陥だが、操縦手用の装甲クラッペ付き視察窓が設けられているため、Ⅳ号駆逐戦車やⅣ号戦車／70（V）よりも視界が良好で操縦も容易だった。この点においては、Ⅳ号戦車／70（A）は戦場ではより使いやすい車輌であった。

Ⅳ号駆逐戦車のエンジンは、Ⅲ号戦車やⅣ号戦車と同じマイバッハHL120TRM112水冷V型12気筒ガソリンエンジン（※3）で、最大出力は300馬力だった。このエンジンはドイツ戦車の発展を保証した存在といえるもので、Ⅲ号戦車が日本の九七式中戦車と同時期に設計された同じ15トン級戦車でありながら、その後の改良型で重量

※3　型式のHLは“Hochleistung”（高性能）を、120は排気量12,000ccを、TRは“Trockensumpfschmierung”（ドライサンプ）、Mは“Schnapper-Magnetzundung”（マグネトー装備）を表す。

■Ⅳ号戦車/70(A)

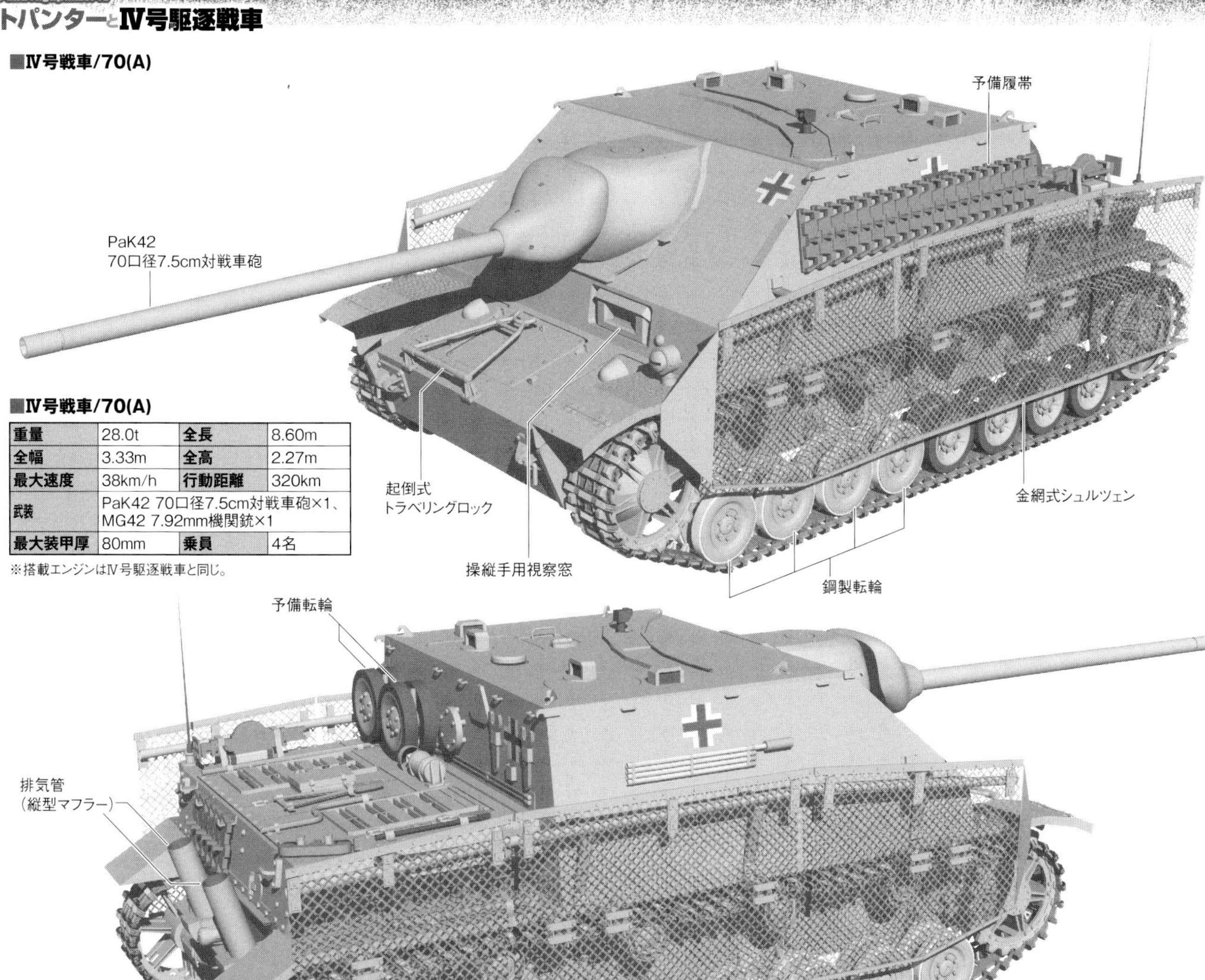

■Ⅳ号戦車/70(A)

重量	28.0t	全長	8.60m
全幅	3.33m	全高	2.27m
最大速度	38km/h	行動距離	320km
武装	PaK42 70口径7.5cm対戦車砲×1、MG42 7.92mm機関銃×1		
最大装甲厚	80mm	乗員	4名

※搭載エンジンはⅣ号駆逐戦車と同じ。

を増加させて攻防共に性能向上を果たせたのも、20トン級のⅣ号戦車が実現できたのも、マイバッハHL120TRMエンジンあらばこその話である。同時代の戦車用エンジンで、安定した性能を持つ300馬力級エンジンは意外に少なかったのだ。

航空機エンジンのようにエンジン下部にオイルパンを持たず、オイルをポンプで強制的にオイルタンクに吸い上げて再びポンプによってエンジン内に圧送するドライサンプ方式を採用したことで、マイバッハHL120TRMはエンジンの背を低く抑えることができ、これを搭載する戦車はエンジンルームを低く設計できるというメリットがあった。

冷却方式は水冷式で2基の傾斜したラジエーターを持ち、2基のコーンプーリー式冷却ファンで冷却気を吸い出す方式が採用されている。冷却気は車体側面右側から吸い込まれ、ラジエーターを通過して左側面から排出される。

冷却システムの能力はⅣ号戦車の初期型には適合していたが、重量の増した後期型では明らかに不足していた。さらにコーンプーリー式変速機構を持つ冷却ファンは製造に工数を要しコストが嵩むため、将来の見直し点として意識されていた。

エンジンの始動は通常、電圧24Vのスターターモーターで行えるようになっており、補助発電機でバッテリーに充電できる。冬季のエンジン始動がスターターモーターでは困難な条件では、操縦手が操縦席でクラッチを切って抵抗を減らし、その他乗員2名が車体後面のクランクでイナーシャを全力で回して回転をつけてから接続するイナーシャ式の始動機構(※4)も利用できた。

さらに厳寒期には先にエンジンが始動した1輌の冷却水をポンプで吸い出して、これから始動する車輌に送ってエンジンを暖め、始動を容易にする手法も採用されている。この他には始動済みの車輌が始動前の車輌を牽引して始動する「押しがけ」も行われている。

マイバッハHL120TRM自体の性能は満足のゆくものと評価され、次期駆逐戦車のエンジンもクラッチ機構を改善したHL120RTKMが採用される予定だった。

Ⅳ号駆逐戦車とⅣ号戦車/70(V)では燃料タンク3個に合計470Lの容量があり、燃料消費量は路上走行で100㎞あたり220L、路外で100㎞あたり360Lだった。

Ⅳ号戦車J型の車台を流用したⅣ号戦車/70(A)では発電機用補助エンジンが取り除かれた跡に燃料タンクが増設され、4個となった燃料タンクの容量は合計680Lであった。容量は増えたものの、車体重量の増加

※4 "inertia"は本来「慣性」という意味だが、ここではエンジンのクランク・シャフトを手動(腕力)で回すための機構を指す。

により燃料消費量も若干増加したと考えられる。

排気管まわりは、Ⅳ号駆逐戦車ではⅣ号戦車と同形式の消音器付き排気管が採用されていたが、Ⅳ号戦車／70（A）では末期のⅣ号戦車J型と同じく単純な円筒形の消炎器を取り付けた垂直式の排気筒が装備されていた。

Ⅳ号駆逐戦車系列の車輌に搭載されたマイバッハHL120TRM液冷エンジン
写真／Panssarimuseo (The Parola Armour Museum)

変速機／操向装置／最終減速機

●変速機

Ⅳ号駆逐戦車の変速機は、Ⅳ号戦車と同じ前進6段、後進1段のシンクロメッシュ式変速機ZF-SSG76を装備していた。日本戦車のようにダブルクラッチを踏むことなく変速が可能で、扱いやすい変速機ではあったが、過熱しやすかったため、クラッチハウジングの左側に置かれた冷却ファンが変速機を冷やしていた。

●操向装置

Ⅳ号駆逐戦車の操向装置は初期の軽量級戦車に多く採用されているクラッチ・ブレーキシステムだった。この方式は最も単純で幅広く使用されたもので、2本のレバーを操作して行い、片方のレバーを引くとクラッチが切られて片側の履帯への動力が断たれ、さらに引くとブレーキが掛かってさらにその方向へ強く旋回する機構だった。

単純な機構で生産性も良好、操作も比較的簡単だったが、旋回する方向の履帯への動力が完全に断たれてしまうため、旋回操作をすると減速する欠点があり、このため登坂時や泥濘地では旋回操作を行うと車輌が停止してしまう事態も発生する。

さらに悪いことにクラッチ・ブレーキシステムは旋回時にブレーキが過熱しやすく、重量のある車輌ではことにその傾向が激しかった。このため戦闘重量24トンのⅣ号駆逐戦車はまだしも、25.8トンのⅣ号戦車／70（V）や、さらに重く戦闘重量28トンに及ぶⅣ号戦車／70（A）には能力不足な操向装置でもあった。

強力な砲と装甲を手に入れた代償として、Ⅳ号駆逐戦車はアメリカ軍のM4中戦車のシングルディファレンシャル式か、パンターのようなダブルディファレンシャル式の操向装置を採用すべき重量になっていたのである。

こうした機構上の限界があるため、Ⅳ号戦車に採用されていた手動式のステアリングブレーキは制動力でⅢ号戦車やパンターのアルグス油圧作動式ブレーキに劣り、Ⅳ号戦車の機動性は他の戦車より一段劣ることとなり、重量が増した駆逐戦車型ではさらに悪化して重大な欠点と見なされた。

●最終減速機

このため新駆逐戦車の開発では最終減速機とステアリングブレーキの再設計が計画され、暫定的にⅢ号戦車のステアリングギアを組み合わせたZFSSG77変速機と同じくⅢ号戦車の最終減速機を強化したものを採用する構想が存在した。

変速機、操向装置、最終減速機に限らず、総合的にはⅢ号戦車の機構はⅣ号戦車よりも進歩的かつ合理的な設計だった。フンメルやナースホルン自走砲用車台として製造されたⅢ／Ⅳ号戦車車台は単純に両車の部品をかき集めて組み合わせたものではなく、Ⅳ号戦車の旧式で能力不足な機構を、先進的なⅢ号戦車の機構に置き換えて実用性を向上させる目的で存在した。

しかし、Ⅳ号戦車の既製生産ラインの設備と在庫部品をできるだけ流用して急速に大量生産することを考慮したⅣ号駆逐戦車にはこうしたⅢ号戦車からの機構の転用は行われず、次期駆逐戦車の開発時に導入を検討するかたちで見送られている。

足回り

●サスペンション

Ⅳ号駆逐戦車のサスペンションは、先代にあたるⅢ号突撃砲よりも単純かつ旧式なものだった。もともとⅣ号戦車のサスペンションが転輪2個で構成されるボギーを箱型の車体外部にボルトで取り付ける形式で、リーフスプリング（板バネ）を使って支えられるサスペンションの動きとストロークは、トーションバー式サスペンションを採用しているⅢ号突撃砲に劣っていた。

このような機構的な新旧逆転現象は、ドイツ戦車の中でトーションバー式サスペンションの開発がⅢ号戦車の開発と並行して行われ、Ⅲ号戦車の改良の中で実用化されたことによる。Ⅳ号戦車は1930年代の開発スタート時においてはⅢ号戦車と比べて特に旧式な車台とは言えなかったが、Ⅲ号戦車の方がその改良途中でトーションバー方式に進化してしまったのである。

しかし、Ⅳ号戦車車台の性能的に劣るサスペンションにもそれなりの利点はあった。床面にトーションバー（ねじり棒バネ）が置かれないため車内容積に余裕があり、75㎜砲を搭載しながらも車高が高くなるのを防ぐことができた点と、修理交換の容易さである。被弾損傷したボギーユニットを、車体外部からボルトを外すことで比較的簡単に取り外せるのだ。

このメリットは絶大だった。サスペンションを破損した車輌を牽引して後方に運び、いつ車輌が部隊に帰ってくるか誰にも分からないまま野戦修理廠に引き渡さなくとも、部隊の整備レベルの設備と人員でサスペンションを交換できたことは、駆逐戦車大隊の稼働車輌数を維持するためにきわめて有効だったのだ。

●車輪

Ⅳ号駆逐戦車の転輪は、基本的にⅣ号戦車のものと変わらない。鋼製のホイールにゴム製タ

■Ⅳ号駆逐戦車系列のサスペンション

Ⅳ号戦車と同じ、旧式だが信頼性の高いリーフスプリング（重ね板バネ）式サスペンションを採用。幅約9mmの長さの異なる板バネを段状に14枚重ねて緩衝力を確保している
CG／小林克美

■IV号駆逐戦車系列の足回りの変遷

上は、IV号駆逐戦車およびIV号戦車/70(V)の初期生産車（1944年3月～1944年10月頃）の足回りで、上部支持輪の数は4つ、下部転輪はすべて鋼製ホイールにゴム製タイヤが装着されたもの。下は、IV号戦車/70(V)の後期生産車およびIV号戦車/70(A)（1944年11月～1945年2月）の足回り。上部支持輪の数が3つに減らされ、第1～第4下部転輪が緩衝ゴムを内装式とした鋼製転輪に変更された。なお、両者の過渡期には第1～第2下部転輪のみを鋼製転輪として生産された車体もあった

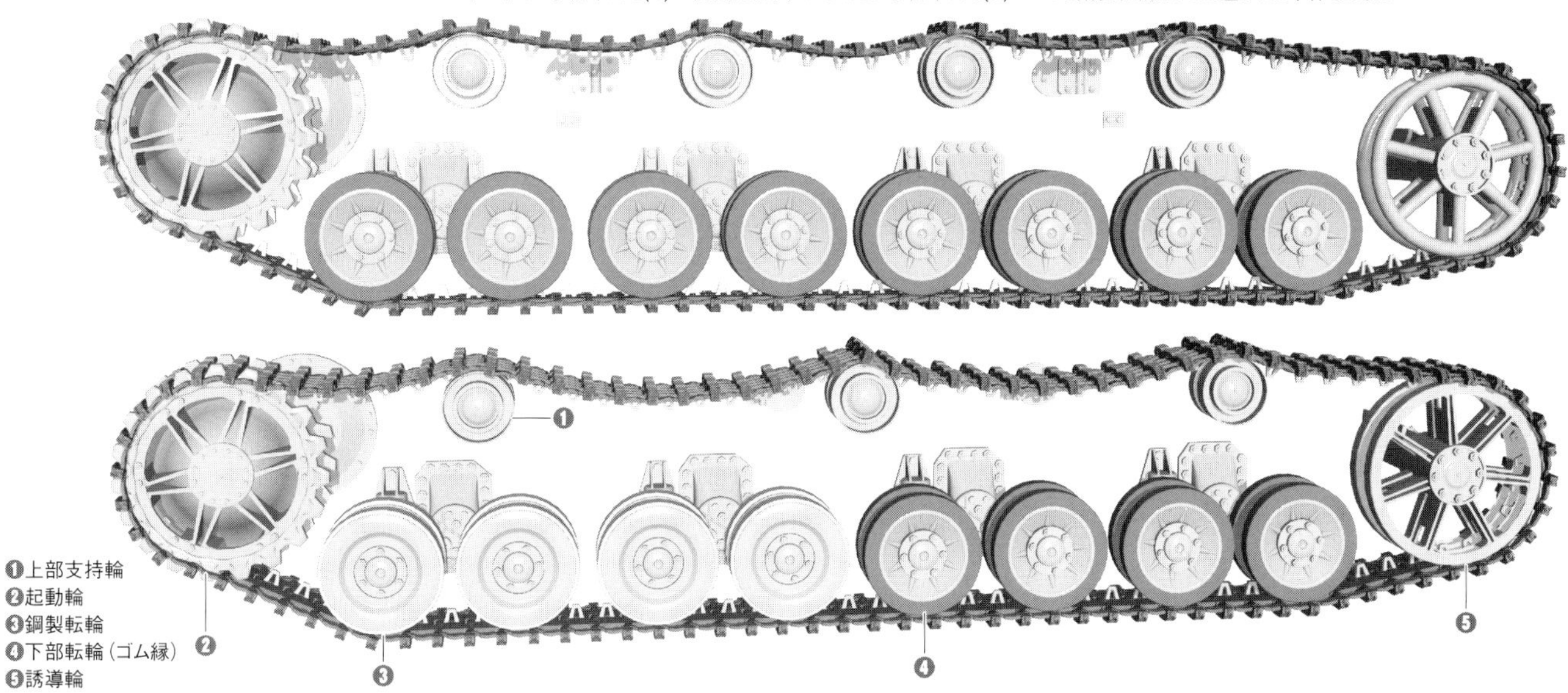

■鋼製転輪の内部

画像は鋼製転輪のカッタウェイ。通常の転輪のように外側にゴムタイヤを履かせるのではなく、内側にゴムを内蔵している
CG／小林克美

イヤが装着された下部転輪にはこれといった特徴は無かった。

ただし、もともと20トン級戦車として計画されたIV号戦車にとって、戦闘重量の増加はせいぜい20％増しの24トンのIV号駆逐戦車が限界だった。25・8トンに重量が増加したIV号戦車／70（V）や、さらに重く28トンに増加したIV号戦車／70（A）では下部転輪への負荷が高まり、転輪の消耗だけでなく走行性能にも影響が現れてしまった。

70口径の長砲身を持つPaK42に換装したことで重量バランスが崩れ、重心が車体前方に偏ったためにゴム製タイヤが重量によって歪み、その結果、左右の履帯の抵抗が不均等になり車輛が直進せずに左右に蛇行する傾向が顕著になったのだ。これでは実用的な戦闘車輛とはいえない。ただでさえ視界の悪いIV号駆逐戦車に強い蛇行癖がつけば、良好な舗装道路上での安全な走行すらおぼつかないからだ。

この問題を解決するために、下部転輪はIV号戦車／70（V）で前方のボギーに取り付けられた一組が鋼製タイヤを履いた転輪に置き換えられ、IV号戦車／70（A）ではボギー二組分、片側4個ずつの転輪が鋼製転輪に置き換えられている。IV号戦車／70（V）とIV号戦車／70（A）で鋼製転輪化された下部転輪の数が異なるのは、物資不足が理由ではなく両車の重量の差がその理由だったのだ。

起動輪と誘導輪もIV号戦車と変わらず、IV号駆逐戦車では試作車のベースとなったIV号戦車F型を受け継ぎ、その後のIV号戦車の改修と共に転輪も変化していった。このためIV号戦車／70（A）では誘導輪にIV号戦車J型用のプレス製転輪が取付けられているなど、時期に応じた変化がある。

●履帯

IV号戦車の中期型以降に使用された、マンガン鋼製の幅40cmのKgs61／400／120がそのまま使われ、履帯数は片側99枚だった。

他の部分と同じようにこの履帯も駆逐戦車型にとってはその重量に適合したものとはいえず、東部戦線の泥濘地用履帯として知られる爪付きの「オストケッテ」で履帯の接地圧を軽減することが検討された。しかし、その効果は十分ではなく、将来新設計される同級の駆逐戦車には54cm幅の履帯が必要と考えられていた。

通信装置／その他の装備

IV号駆逐戦車の無線装備は隊内、車内通信用のFu5無線機が標準装備されるほか、指揮官用の車輛には操縦席の横に隊外通信用の通話距離の長いFu8無線機が増設された。Fu5用のアンテナは戦闘室後面の右側に設置され、またFu8を装備した車輛は戦闘室後面左側にFu8用の先端が四つに分岐した星型アンテナを装備している。

IV号駆逐戦車では、砲の発射煙の排煙だけでなく重量増加のため常に過熱気味だったブレーキ用の換気装置も導入され、加えて冬季の戦場に対応する戦闘室内の暖房装置も装備された。

Ⅳ号駆逐戦車の開発とバリエーション

Ⅳ号駆逐戦車もヤークトパンターと同様に、新型突撃砲の計画から生まれた戦闘車輌だったが、母体となる戦車が異なるだけにその実用化までも独自の経緯をたどっている。ここでは開発過程とともに、その生産と運用の過程でどのような派生型・バリエーションが生まれたのかも合わせて解説していく。

文／古峰文三　図版／田村紀雄

新型突撃砲の開発

1941年冬の東部戦線は崩壊寸前の危機にあり、各所でドイツ軍は厳しい防御戦闘を強いられた。この冬の戦いとそれに続く春にかけて、意外な兵器が抜群の戦果を上げていた。

それは突撃砲だった。それまで装甲部隊による機動作戦には縁のない歩兵支援任務の砲兵用戦闘車輌として日陰の存在だった突撃砲が、各所に築き上げられたストロングポイント（兵力不足に陥ったドイツ軍が連続した防御線の代りに構築した分散抵抗拠点）を支援し、攻勢に出たソ連軍戦車部隊に対して大きな損害を強いたのである。

無視することができない程に重要だった突撃砲の活躍はこの兵器への評価を急速に引上げ、突撃砲の増産と改良に加えて次期突撃砲の開発が開始された。

新突撃砲（Strumgeschütz neue.Art）の計画は比較的ゆっくりとしたペースで進んでいた。

それというのも前線からきわめて好評な突撃砲の増産はⅢ号戦車車台を利用しているため、機動戦用の主力戦車としては明らかに旧式化しつつあり後継車輌のⅤ号戦車の試作も進捗していたⅢ号戦車車台用の生産設備と資材を利用し、現行の突撃砲に対戦車戦闘能力の高い7.5cm48口径StuK39を応急的に装備した突撃砲G型の生産を拡大することで、急場の突撃砲需要は満たす事ができたからだった。

そして突撃砲用車台として理想的な大きさを持つⅣ号戦車は、F2型以降の長砲身戦車砲を装備した型式がT-34に正面から対抗できる機動戦用の主力戦車として全力で量産されている間は、いかに前線から好評といえども砲兵の兵器である突撃砲というマイナーな戦闘車輌に貴重なⅣ号戦車車台は回って来ないだろうとの消極的な見通しもあり、新突撃砲計画の優先順位は高いとはいえない状況で1943年を迎える。

突撃砲か？ 戦車駆逐車か？ それとも駆逐戦車？

1943年3月、新突撃砲計画にとって重大な事件が持ち上がる。それは1941年12月のモスクワ攻略戦で厳冬下での無理な戦いを避け防戦に移行して越冬することを進言してヒトラーと衝突し、第2装甲集団司令官を解任されたハインツ・グデーリアンが装甲兵総監として復権したことだった。

1942年冬の戦いで消耗したドイツ戦車部隊の損害復旧に尽力したとされるグデーリアンだったが、第一線部隊から退けられて1941年冬と1942年冬の二度の厳しい防御戦を前線で経験する機会が無かったグデーリアンの眼には、突撃砲という砲兵管轄の奇妙な兵器が高い評価を得ている背景を理解できなかった。グデーリアンにとって突撃砲とは前線を離れている間に蔓延した戦車生産を妨害する「異物」または「悪性腫瘍」のように見えたのである。

1930年代に世界的に流行した機械化装甲部隊による機動戦思想に深く影響された人々の代表格ともいえるグデーリアンの抱いている「理想的な戦車像」は同世代の機動戦争論者と同じく過度にアグレッシブなもので、突撃砲のような歩兵支援や防御戦における反撃に用いる兵器が「戦車類似の車輌」であることに価値を見出さなかった。

装甲戦闘車輌はあくまでも攻撃的任務で機動戦に集中投入すべき兵器であるとの考えはきわめて固く、グデーリアンが推し進めようとした新たな戦車部隊の編制は、電撃戦時代に立ち還るような1個装甲師団500輌レベルの戦車過剰な編制で、1941年冬のモスクワ戦以降の苦しい防御戦と1942年冬のスターリングラードの敗北でドイツ軍が経験した東部戦線の現実と諸兵種協同の概念とはかけ離れた夢想的なものだった。

加えてソビエトの機動戦思想の父と呼ばれるトハチェフスキーなどと同じく、1930年代の機動戦主義者に共通する特徴として理論偏重の傾向があり、グデーリアンは兵器としての戦車について具体的、技術的にどうあるべきかとの指針とセンスに欠けていた。

そんなグデーリアンにとってⅢ号戦車車台が突撃砲に流用されている現状はまだしも、重突撃砲としてフェルディナントが製造され、その後継車輌としてパンター車台を利用した重突撃砲が計画されている上、新突撃砲としてあろうことかまだドイツ軍の主力戦車の座にあるⅣ号戦車の車台が流用されつつある現状は我慢のならないものだった。

このような防御用、歩兵支援

独ソ戦で対戦車戦闘にも活躍したⅢ号突撃砲は、主砲の長砲身化により対戦車能力が向上したF型、続くG型の生産が1942年から開始され、当面の需要を満たすことができた。写真は後期型の主砲防盾を装備したG型

本来は主力たるⅢ号戦車の火力支援用に開発されたⅣ号戦車だが、主砲の長砲身化によりドイツ軍の主力戦車となった。そのため当初、Ⅳ号戦車車台が突撃砲に流用される可能性は低いと考えられていた

用の兵器に機動戦用の戦車資源が奪われてしまえば、ドイツ戦車部隊の再建にとって大きな障害になると判断したグデーリアンは、突撃砲の開発と生産を砲兵の手から取り上げ、装甲兵総監による統制下に置くことを決意する。

やがて突撃砲を含む全装甲車輌に対する影響力を確立したグデーリアンは、既存の突撃砲と新たな突撃砲開発計画を装甲兵科の側に取り込もうと画策し始める。

その過程で現れたのが名称の変更だった。突撃砲というあからさまに砲兵をイメージする名称を排除するため、戦車駆逐車(Panzerjäger)が１９４３年5月頃から新たな突撃砲開発計画の名称に突撃砲と並んで盛んに用いられるようになり、１９４４年9月頃からは駆逐戦車(Jagdpanzer)が用いられるようになる。

従来の突撃砲のみは砲兵の兵器として突撃砲部隊に補給され続けていたが、戦車駆逐車、駆逐戦車と名称を変えた新世代の突撃砲は主に戦車部隊に送られることになる。

だが技術的には名称がどう変更されても変化は無く、まったく同じ車輌の開発計画が時期によって様々な名称で呼ばれているに過ぎない。

装甲兵総監として装甲部隊の再建に尽力したハインツ・グデーリアン。戦車を偏重するグデーリアンにとって突撃砲や駆逐戦車は、戦車の生産を阻害する要素と認識されていた

Ⅳ号駆逐戦車の改良点

歩兵支援のみでなく対戦車戦にも大きな成果を上げていた突撃砲を、より合理的な車輌とするために、利用する車台を大型化することは正しい選択だった。Ⅳ号戦車車台は、トーションバーサスペンションを装備するなど先進的な要素を持っていたⅢ号戦車車台よりも保守的な設計で機能的にも劣る部分が目立ったが、何よりも車台そのものがひと回り大きく、この車台の利用は長砲身化とともに弾薬も大型化した突撃砲にとっては必然的な開発方向だった。

そして改善すべき大きな問題点は被弾に弱く、複雑で不合理な形状となっていた突撃砲の戦闘室だった。敵戦車との戦闘で大威力の戦車砲弾を被弾することが予想されるため、戦闘室を被弾時に有利な傾斜装甲で固め、構造も単純に改める必要があり、前後左右に傾斜した台形の戦闘室が採用され、木製のモックアップではその戦闘室がⅣ号戦車車台にそのまま載せられていた。

だが防御面での改良はこれだけでは不十分と判断され、Ⅳ号戦車車台前面に残る傾斜角の小さい車体前面装甲を楔形の傾斜装甲で置き換えることとなった。

前面装甲は傾斜装甲の採用によって60㎜に抑えられ、走行装置への負担を最小限に抑える配慮がなされたが、３０１号車以降はソ連軍新鋭戦車の武装強化に対応して80㎜に強化されている。

これに対して武装は突撃砲の後期型と同じ48口径のＰａＫ39が継承され、新突撃砲は武装面では現行の突撃砲と変わらない車輌となっていた。この控え目な武装の選択の裏には、１９４２年9月の計画開始時にはパンターと同じ70口径のＰａＫ42の装備が要求されていたが、Ⅳ号戦車車台の限界から見送られたという事情があった。

もう一つの新突撃砲、Ⅳ号突撃砲

突撃砲にⅣ号戦車車台を利用する計画はもう一つ存在した。

それはⅣ号突撃砲である。アルケット社の空襲被災によって低下した突撃砲の生産を補うために、急遽生産された応急的な車輌との印象が強いⅣ号突撃砲だが、実際には１９４３年11月のアルケット社突撃砲生産設備の空襲被災の前に、Ⅳ号戦車車台に突撃砲の上部構造を組み合わせる検証は終了しており、突撃砲製造設備の被災はⅣ号戦車車台の突撃砲生産にとって促進要因ではあっても理由ではなかった。Ⅲ号戦車の量産はすでに終了しており、増産と生産の合理化のために突撃砲には新たな車台が必要だったのである。

実際にⅣ号戦車車台に突撃砲の上部構造は長さ以外に全く問題なく適応し、戦闘室の長さが足りない部分は操縦席用の突出部を付け足すことで解決された。この改造で操縦手には非戦闘時のより良好な視界を与えられ、突撃砲の狭い戦闘室内にも多少の余裕が生まれ居住性が幾分かは改善された。

こうして既存の突撃砲に加えて新たにⅣ号戦車車台の車種が生まれたため、１９４４年に入ってからⅢ号戦車車台の突撃砲はⅢ号突撃砲(ＳｔｕＧ.Ⅲ)と改称され、Ⅳ号戦車車台の突撃砲はⅣ号突撃砲(ＳｔｕＧ.Ⅳ)と呼び分けられた。Ⅲ号突撃砲と新突撃砲(Ⅳ号駆逐戦車)の間にはその中間的存在としてⅣ号突撃砲が存在し、１９４３年12月から１９４５年3月までマクデブルクのクルップ社工場で１１４０輌が完成している。新突撃砲であるはずのⅣ号駆逐戦車が装甲兵科に奪われる一方で、砲兵に属する突撃砲部隊向けの兵器補給はⅢ号突撃砲に最も近く、装甲兵科には魅力の乏しい車輌ともいえるⅣ号突撃砲で敗戦直前まで補われていたのだ。

斜め上から見たⅣ号駆逐戦車(初期生産型)の戦闘室。突撃砲と比べると、戦闘室は平坦な傾斜面で構成された単純な形状となっている

対戦車戦に特化した「ラング」の開発

１９４４年4月、陸軍兵器局は一旦、諦められていた70口径長砲身のＰａＫ42をⅣ号駆逐戦

車に装備する計画を再開し、１輌の試作車が製造されて実験に供された。パンターと同じ強力な武装を持つⅣ号駆逐戦車の改造車はヒトラーの熱狂的な支持を獲得して月産８００輌もの大量生産が命じられた。１９４４年5月の生産計画では１９４４年4月から１９４５年4月までの期間に48口径タイプと70口径タイプを合わせて２０２０輌が造られる予定で、この計画は最終的には概ね達成されている。

装甲兵総監グデーリアンの不満のタネだったⅣ号駆逐戦車の存在は１９４４年半ばにはその意味を変えつつあった。Ⅳ号駆逐戦車に圧迫されて生産が上がらないとグデーリアンを苛立たせたⅣ号戦車はその最終型となったJ型の生産が開始されようとしていたが、ドイツ戦車部隊の中で数の上ではまだまだ主力といえる存在だった。しかしソ連軍はT-34の武装を強化したT-34-85を大規模に投入し始め、重要戦区にはパンターでも優位に立ち難いJS-2重戦車が集中投入されるようになっていた。防御力に欠けるⅣ号戦車は48口径のＫｗＫ40が有効な距離まで近づいてこれらと積極的な戦闘を交えようとすれば、何らかの幸運を期待する以外になかった。

こうした苦しい状況によりグデーリアンの嫌う、旋回砲塔が無く戦術柔軟性に欠けるとはいえ、Ⅳ号戦車シリーズの中で明らかに最強の装甲を持つⅣ号駆逐戦車にソ連軍新鋭戦車に対抗可能な70口径長砲身のＰａＫ42を搭載する武装強化計画を、Ⅳ号戦車シリーズ全体の方向性として認めざるを得なくなっていた。

１９４４年には、クルスク戦以前にグデーリアンが主張していた旋回砲塔の重要性が発揮されるような状況は急速に減少しつつあり、ドイツ戦車部隊は攻勢に出ても防御に就いてもどちらにしても出現するようになったソ連軍戦車の大群を、できる限り遠距離で撃破する以外の戦術的選択肢が事実上失われていた。何をおいても優先されるようになった敵戦車の撃滅には戦車形態であろうと突撃砲形態であろうと、敵戦車に優る射程を持つ大威力の砲を装備した重装甲の戦闘車輌が大量に必要だったのだ。

こうした厳しい状況下でⅣ号駆逐戦車へのＰａＫ42装備が進められると同時に、生産が継続されていたⅣ号戦車にＰａＫ42を装備して駆逐戦車化する計画が急がれた。

Ⅳ号戦車は前年にクルップ社がⅣ号突撃砲の生産を開始したため、ニーベルンゲンベルクのみで生産されていたので、このⅣ号戦車をＰａＫ42の製造が間に合う限り駆逐戦車化する構想で進められたのがⅣ号戦車／70

写真はⅣ号突撃砲。戦闘室はⅢ号突撃砲とほぼ同じ（ただし車体前方左側に操縦席用の突出部がある）だが、小転輪が並んだ足回りからⅣ号戦車車台とわかる

■Ⅳ号駆逐戦車試作車

装甲鋼鈑で製作された試作車輌。戦闘室前面から側面にかけて装甲板が曲面となっているほか、操縦手側の機関銃口の円錐形装甲カバーやマズルブレーキも残っている。

木製見本（モックアップ）とともに製作された軟鉄製の試作1号車。戦闘室前面両端の曲面部、量産車と異なる外装式防盾形状などが特徴的

（A）である。ニーベルンゲンベルクの戦車生産ラインはⅣ号戦車の最終型となったJ型を組み立てる傍らで、アルケット社で設計された戦闘室を組み合わせたⅣ号戦車／70（A）の生産を開始した。

これらは1944年11月には全て「ラング」の名称で呼ばれることとなったが、Ⅳ号戦車ラング（V）とⅣ号戦車ラング（A）の2車種が存在することは生産管理上好ましくないのは明らかで、Ⅳ号戦車J型の生産が終了次第、全ての「ラング」はフォマーク社型に統一される構想だった。

そして最終的には新しい軽駆逐戦車用車台としてⅢ号／Ⅳ号戦車車台が全面的に導入され、車種の統一が完了するはずだった。

だが、現実には48口径PaK39を装備するⅣ号駆逐戦車の生産は1944年11月まで継続され、基本的に同じ砲を装備するⅣ号突撃砲の生産は1945年3月、すなわちドイツ崩壊の直前まで続けざるを得なかった。

そして応急型であるはずのⅣ号戦車／70（A）は限定的に生産されるはずだったものが、いつしか増産命令が下されて重要車種として量産が進められ、Ⅳ号戦車／70（V）への統一は手がつけられない状態のまま雲散霧消してしまい、結局その生産は1945年3月まで続けられている。

戦時下の大量生産と車種の統一は同じ方向を向いた動きでありながら実施面では短期的に矛盾する複雑な関係にあり、車種を絞ること、規格化、統一化を進めることは長期的には合理的であっても、今、必要とされる数を満たすための大量生産を阻害する要因にもなり得る。こうした事情が突撃砲、駆逐戦車系車輌の車種乱立を生んでいるのである。

同じようにドイツ戦車全車種の規格化と基本部品の統一をめざしたドイツ陸軍兵器局は、Eシリーズと呼ばれる軽戦車から超重戦車に至る完全に新しい戦車体系を研究していたが、合理化へ向かう理念だけは十分だったものの、その新しい戦車体系を既存戦車の生産を落とさずにどの時点でどうやって実現するのかは誰にも解らなかった。そして理想に走ったEシリーズ計画の各車には単純化、簡素化とは逆行するような新技術が導入される傾向にあり、Ⅳ号駆逐戦車やヘッツァーの後継車輌となる予定のE25、E10は射撃位置に就いた際に車高を調節してその場でダッグインできるような新しいアイデアが盛り込まれていたが、戦線崩壊の危機に瀕する前線の駆逐戦車部隊にしてみれば整備に手間の掛かるだけの珍案に過ぎなかった。

■Ⅳ号駆逐戦車

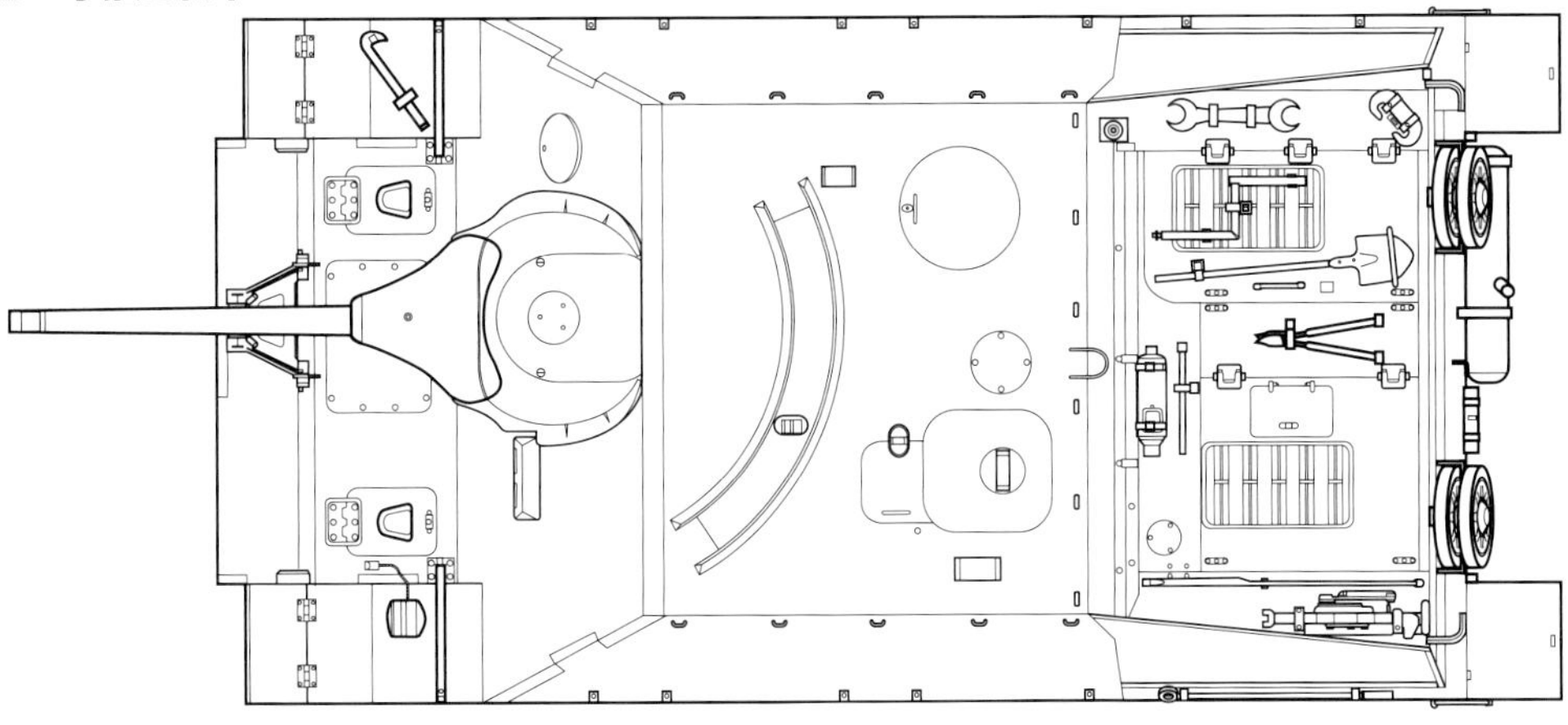

図はⅣ号駆逐戦車の量産型で、マズルブレーキを廃止した1944年5月以降の生産車。同年9月以降は排気管マフラーが縦型となり、上部転輪は4個から3個に削減、ツィメリットコーティングも廃止される。

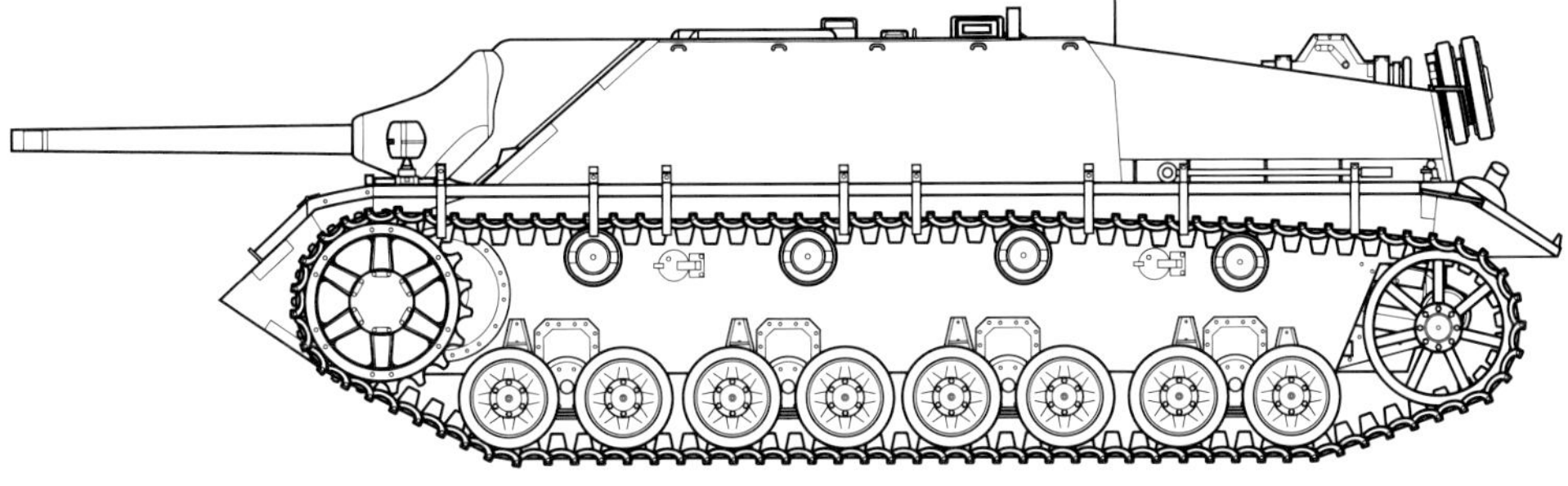

■Ⅳ号駆逐戦車

重量	24.0t	全長	6.96m	全幅	3.17m
全高	1.85m	エンジン	マイバッハ HL120TRM 12気筒液冷ガソリン（300hp）×1		
最大速度	40km/h	行動距離	210km		
武装	PaK39 48口径7.5cm対戦車砲×1、MG42 7.92mm機関銃×1				
最大装甲厚	80mm	乗員	4名		

Ⅳ号駆逐戦車の各型式

Ⅳ号駆逐戦車試作車

1943年12月に完成した軟鋼製の試作一号車は木製見本と同様にⅢ号突撃砲の防御面での改善を徹底するため戦闘室両端に曲面装甲を採用していた。この曲面装甲は製造の困難さから量産車では廃止されているが、試作1号車に続いて装甲鋼鈑で製造された車輌は部隊に引き渡されている。砲のマウント両側には非常時に車内からMG42を発射する装甲蓋を持つ機関銃口が装備された。ここからのMG42の発射は操縦手ではなく砲手と装填手が行うようになっており、実用的とはいえないため量産車では操縦手側の機関銃口は廃止されている。

Ⅳ号駆逐戦車

48口径のPaK39を装備した標準型のⅣ号駆逐戦車で、1944年1月から量産が開始され、1944年11月まで続き計画904輌に対して804輌が完成した。試作車で廃止が命じられたMG42用機関銃口の代りに戦闘室上面には近接防御兵器が装備されていたが、この兵器の生産不足から多くの車輌では装備が諦められ発射口が鋼鈑で塞がれている。また9月前半までの完成車にはツィメリットコーティングが施されていたが、被弾時にコーティング材料に引火するとの危惧（これは後に事実ではないことが実験で証明された)から廃止されている。

Ⅳ号戦車／70(V)

対戦車戦への特化とソ連軍新鋭戦車に対抗するため70口径PaK42を装備したⅣ号駆逐戦車は、アルケット社設計のⅣ号駆逐戦車と区別するため生産に当たったフォマーク社の頭文字を追加してⅣ号駆逐戦車／70（V）と呼ばれた。車体前端から大きく突き出した長砲身によってノーズヘビー傾向が激しく、直進走行ができず蛇行癖が見られたことから、前寄り2個の下部転輪を鋼製タイヤ装備の転輪に置き換えている。

■Ⅳ号戦車/70(V)

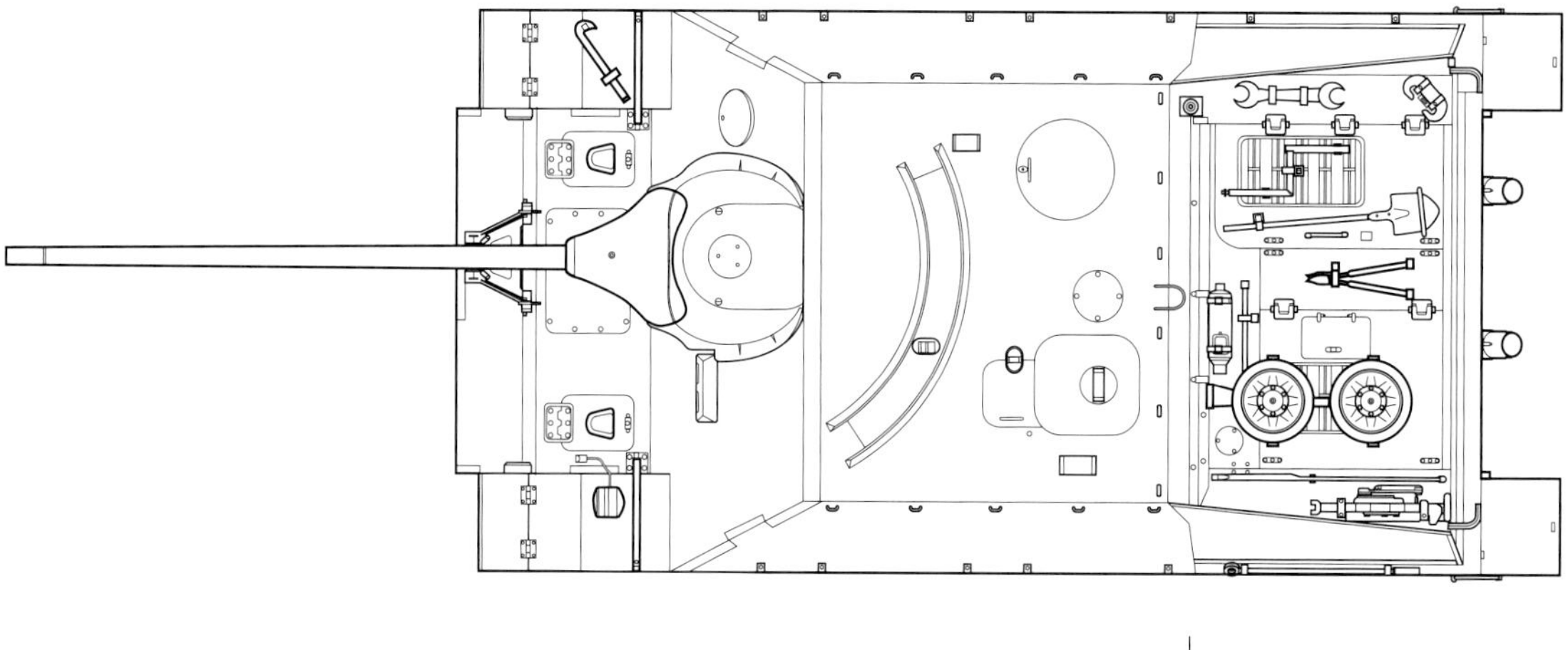

図はⅣ号戦車/70(V)。ノーズヘビー対策として前側下部転輪2個を鋼製としている。

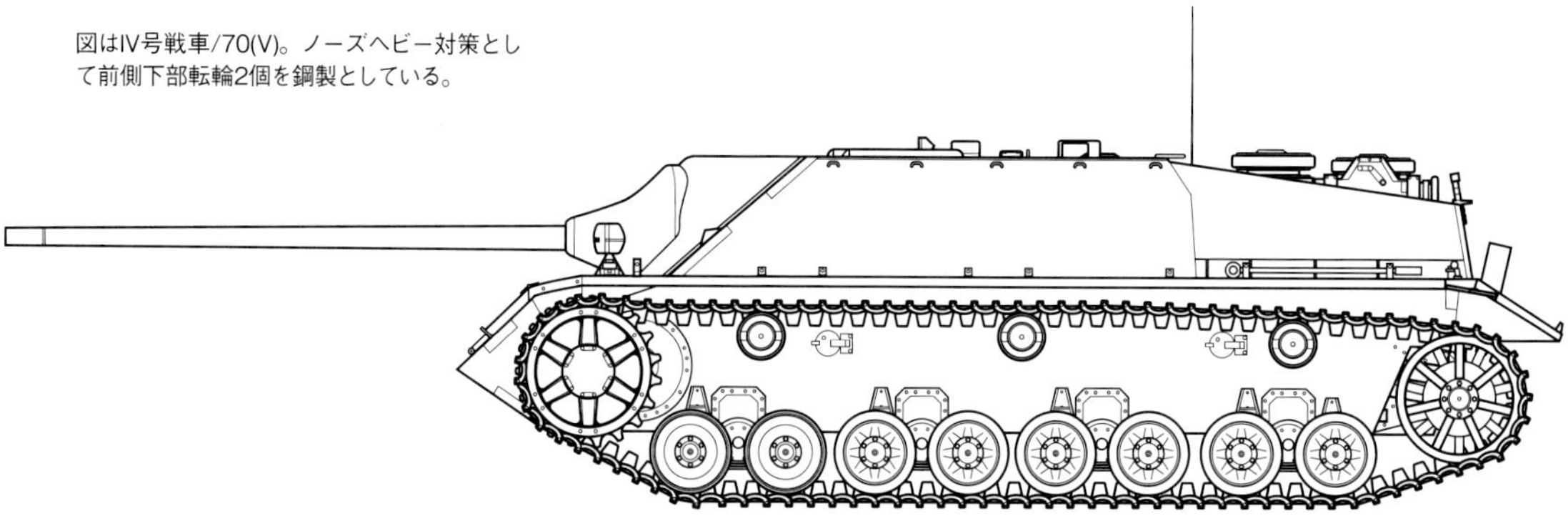

■Ⅳ号戦車/70(V)

重量	25.8t	全長	8.60m	全幅	3.17m
全高	1.85m	最大速度	35km/h	行動距離	210km
武装	PaK42 70口径7.5cm対戦車砲×1、MG42 7.92mm機関銃×1				

※上記以外の項目はⅣ号駆逐戦車と同じ。

1944年11月からはⅣ号戦車「ラング」（V）（PanzerIV lang（V））と呼ばれている。

量産は1944年5月から開始され、1945年3月19日から23日まで三次にわたる空襲でフォマーク社の生産ラインが壊滅するまでに930輌が完成している。

Ⅳ号戦車／70（A）

Ⅳ号戦車J型の車台を極力利用しながらⅣ号駆逐戦車の戦闘室を組み合わせた応急型の駆逐戦車で、Ⅳ号戦車と共通の車台を使用しているため戦闘室が嵩上げされて外観が大きく異なり、車体前面、操縦席前面の装甲は傾斜角が小さく防御力は劣っていた。しかし車内の居住性は戦闘室の背が高くなった分だけ向上し、弾薬搭載量も最大55発から60発へと増加した。フォマーク社製の車輌と区別するため設計に当たったアルケット社の頭文字を追加してⅣ号駆逐戦車（A）と呼ばれたが、実際の生産はドイツ陸軍主導で建設された大型戦車専用工場であるニーベルンゲンベルク戦車工場でⅣ号戦車J型と並行生産された。生産計画の度重なる変更で製造数は少なく、1944年8月から1945年3月までの期間に計画510輌に対して合計278輌が完成しているが、1945年4月からニーベルンゲンベルクが占領されるまでの間に僅かな完成車が存在した可能性もある。

フォマーク型と同様に1944年11月からはⅣ号戦車ラング（A）（PanzerIV lang（A））と呼ばれている。

Ⅳ号戦車／70（A）クルップ案

Ⅳ号戦車／70（A）の砲架を、通常の駐退器を持たないシュタール砲架（固定砲架）に変更することで全体の生産性を向上する計画で、1944年11月にクルップ社で作図された図面が残されている。ヘッツァーと同じくシュタール砲架の導入によって駆逐戦車の月産数を引き上げる構想だったが、実車は製作されないままⅣ号駆逐戦車の存在そのものが最末期の生産車種単純化によって生産中止車種に含まれたため、途中で放棄されている。

Ⅳ号駆逐戦車統一型

Ⅳ号駆逐戦車はⅢ号突撃砲の後継車輌として設計されているため、48口径PaK39よりも強力な砲を搭載することに根本的な無理があった。ホルニッセ／ナースホルンのように70口径の88mm砲PaK43をⅣ号戦車の車台に搭載すること自体は不可能ではなかったが、突撃砲のフォーマットで設計されたⅣ号駆逐戦車は重装甲かつ低姿勢で砲の装備位置が車体前よりにあるため、重量バランスが崩れてノーズヘビーの傾向が著しく、サスペンションに過大な負荷が掛かっただけでなく、変速機やステアリングブレーキ、最終減速機への負担も大きく故障の原因となった。

こうした問題を解決するため新しい車台の研究が開始され、

Ⅲ号戦車車台をベースとしたものとⅣ号戦車車台をベースとしたものが検討された結果、車台の小さいⅢ号戦車ベース案は放棄され、フンメルやナースホルンの生産に用いられたようなⅢ号戦車の優れた部分でⅣ号戦車車台の欠点を補うようにした新しい、駆逐戦車用のⅢ号／Ⅳ号統一車台の製造が計画された。名称はⅣ号戦車ランゲ（E）とされ、Eは「Einheit（統一の意）」の略号だった。

この新しい車台はⅣ号戦車の車体を継承しながら、下部転輪を直径660㎜に大型化して、転輪数を片側に6個を2個ずつボギーに取り付ける方式となっているのが外観上の大きな特徴だった。Ⅳ号戦車の転輪は径が小さく破損しやすい傾向にあり、車体の割には8個の転輪を必要とするために補給部品としても不足しがちなだけでなく、車体の生産性そのものも低下させていた。このためドイツ陸軍は大型戦車専用工場として建設したニーベルンゲンベルクの貴重な生産設備を割いてⅣ号戦車用の交換用転輪を全力で生産しなければならなかった。これを新型の合理的な設計の鋼製リムを持つ転輪6個に換えればそれだけで補給は容易になり、生産性も目に見えて向上するはずだった。

しかし下部転輪の新設計は意外に難しい。Ⅲ号／Ⅳ号戦車の転輪は従来よりも造りやすく、整備の簡単なものにしなければ意味がなく、そのための実験は慎重に進められていた。

Ⅲ号／Ⅳ号戦車車台の名で既に量産されていたフンメル、ホルニッセ／ナースホルン用の自走砲車台が集められ、便宜的にホルニッセⅠ、ホルニッセⅡ、ホルニッセⅢ、ホルニッセⅣ、ホルニッセⅤと番号が振られ、それらは全て転輪とサスペンションボギーの実験に供された。そして重量は29トンから30トンに及ぶ予定で、この重量に対応するため履帯は完全に新設計された幅540㎜のものが計画されていた。

またエンジンは理想的には350馬力の新型ディーゼルエンジンが望まれていたが、実用化の見通しが立つまではⅣ号戦車と基本的には変らないマイバッハHL120TRKMガソリンエンジンが装備されることになっていた。Ⅲ号／Ⅳ号戦車車台の駆逐戦車はドイツ戦車ディーゼル化の先駆けとして生産されるはずだったのである。

Ⅳ号駆逐戦車の生産は、その開発の王道を行くⅣ号戦車／70（Ⅴ）と、生産中のⅣ号戦車J型の一部にⅣ号戦車／70（Ⅴ）の戦闘室を組み合わせたⅣ号戦車／70（A）から、Ⅳ号戦車車台の持つ欠陥を改良したⅢ号／Ⅳ号戦車車台を利用する統一型、すなわちⅣ号駆逐戦車（E）へと切り換えられる計画だった。

Ⅲ号／Ⅳ号戦車車台の統一型駆逐戦車が完成すれば、今まで止めるに止められなかったⅢ号突撃砲用のⅢ号戦車車台の生産を中止し、Ⅲ号突撃砲、Ⅳ号突撃砲、Ⅳ号駆逐戦車の三つの「突撃砲」をようやく統一できるはずだった。

しかしこうした合理化構想よりも戦局の逼迫は急速で、さらに資源の枯渇は厳しく、1944年10月4日の戦車委員会会議において戦車生産をパンター、ティーガーⅡ、ヘッツァーなどの僅かな車種に強引に絞り込んで人的、物的資源をこれらに集中し、これから実車の実験に入るⅣ号駆逐戦車統一型を含めたⅣ号駆逐戦車に関係する新たな開発の中止が決議され、駆逐戦車の生産は、弱体だが単純で安価なヘッツァーの大量生産に集中することが決定した。

■Ⅳ号戦車/70(A)

アルケット社で設計されたⅣ号戦車/70(A)。下部転輪の前側2個が鋼製なのは/70(V)と同様だったが、生産途中でそのさらに後方の2個も鋼製となった

■Ⅳ号戦車/70(A)

重量	28.0t	全長	8.60m	全幅	3.33m
全高	2.27m	最大速度	38km/h	行動距離	320km
武装	PaK42 70口径7.5cm対戦車砲×1、MG42 7.92mm機関銃×1				

※上記以外の項目はⅣ号駆逐戦車と同じ。

Ⅳ号駆逐戦車の運用と部隊編制

本来は突撃砲として開発されながら、兵科の問題からもっぱら戦車部隊に配備されたⅣ号駆逐戦車。ここでは配備先の部隊やその編制の特徴を解説、考察していく。

文／古峰文三

突撃砲部隊には引き渡されなかった「新突撃砲」

　本来、突撃砲の後継車輌として開発された新突撃砲（Sturmgeschütz neue Art）ことⅣ号駆逐戦車が配備されるべき場所は、砲兵部隊である突撃砲旅団だった。だがⅣ号駆逐戦車が生産され始めた１９４４年以降、突撃砲部隊はこの新突撃砲を受け取ることができなかった。

　１９４３年に全ての装甲車輌の開発と生産に干渉できるようになった装甲総監グデーリアンによって、新突撃砲には戦車駆逐車（Panzerjäger）という奇妙で曖昧な名称が与えられ、その後に駆逐戦車（Jagdpanzer）と呼び替えられた末、最終的には単に「戦車」（Panzer Ⅳ/70（V）またはPanzer Ⅳ/70（A））としか呼ばれなくなる。

　もともと装甲兵科のために開発された（とグデーリアンは考えていた）貴重な装甲戦闘車輌を砲兵科から装甲兵科の手に取り戻し、東部戦線の戦いで消耗し切った戦車部隊の再建に役立てることがグデーリアンの意図であるため、突撃砲と戦車駆逐車、駆逐戦車の名称とその定義についてあれこれ述べても意味がない。

　そもそも駆逐戦車とは日本陸軍が発案した名称をJagdpanzerに結びつけてその訳語に当てているだけで、歴史的にはJagdpanzerよりもわずかに古い用語であり、もしかするとPanzerjägerの訳語として、日本陸軍機甲本部で知恵を絞って訳された言葉かもしれないのである。

　このように用語からその背後にある概念を説明しようとしても実りは少なく、戦車駆逐車と駆逐戦車の違いを論じてもその努力は半ば徒労に終わる。

　とりあえずドイツ陸軍が戦争後期に考案し、戦後のドイツ連邦軍にも受け継がれたJagdpanzerに敬意を払ってこの場では駆逐戦車の名称を主に用いることとしたい。

　こうした経緯でⅣ号駆逐戦車は突撃砲旅団には引き渡されることなく、装甲師団の編制内に置かれた戦車駆逐大隊の装備として供給される。

　Ⅳ号駆逐戦車を取り上げられた突撃砲旅団には、そのまま生産が継続されていたⅢ号突撃砲が補給され続け、それに加えてⅣ号戦車の車台にⅢ号突撃砲の戦闘室を組み合わせただけの中途半端なⅣ号突撃砲が新たに配備された。

装甲師団内の戦車駆逐大隊

　旋回砲塔を持たないⅣ号駆逐戦車は装甲師団内の戦車連隊に配備されるⅣ号戦車やパンターとは区別され、戦車駆逐大隊の装備車輌となった。装甲師団の戦車駆逐大隊は標準的な編制として、駆逐戦車10輌（１個小隊３輌の３個小隊と中隊長車）で構成される中隊２個と大隊長車１輌を持っていた。

　また装甲擲弾兵師団内の戦車駆逐大隊は装甲師団よりも編制が重く、駆逐戦車14輌（１個小隊４輌の３個小隊と中隊本部２輌）の中隊２個と大隊本部３輌の合計31輌で構成される計画だった。旋回砲塔の無いⅣ号駆逐戦車は歩兵の支援を常に必要としていたことと、歩兵部隊もまたこの「突撃砲」による火力支援の恩恵をこうむる立場にあったことから、装甲擲弾兵師団の戦車駆逐大隊は少しだけ大きな編制となっていた。この31輌編制の戦車駆逐大隊は装甲師団の一部にも例外的に採用されている。

　装甲教導師団もこうした装甲擲弾兵師団並みの重い編制で戦車駆逐教導大隊を構成していたが、本来の編制構想はさらに重編制で、第１中隊は14輌のヤークトパンターを装備する重駆逐戦車中隊となるはずだった。しかしヤークトパンターの生産が甚だしく遅れたことから、装甲教導師団の戦車駆逐教導大隊はⅣ号駆逐戦車９輌からなる中隊３個と大隊本部４輌（中隊長車３輌分を含んでいると考えられる）で編成され、実戦に投入された。

　装甲教導師団はⅣ号駆逐戦車を初めて受領した第一線部隊となっている。

■1944年 装甲師団の戦車駆逐大隊標準編制

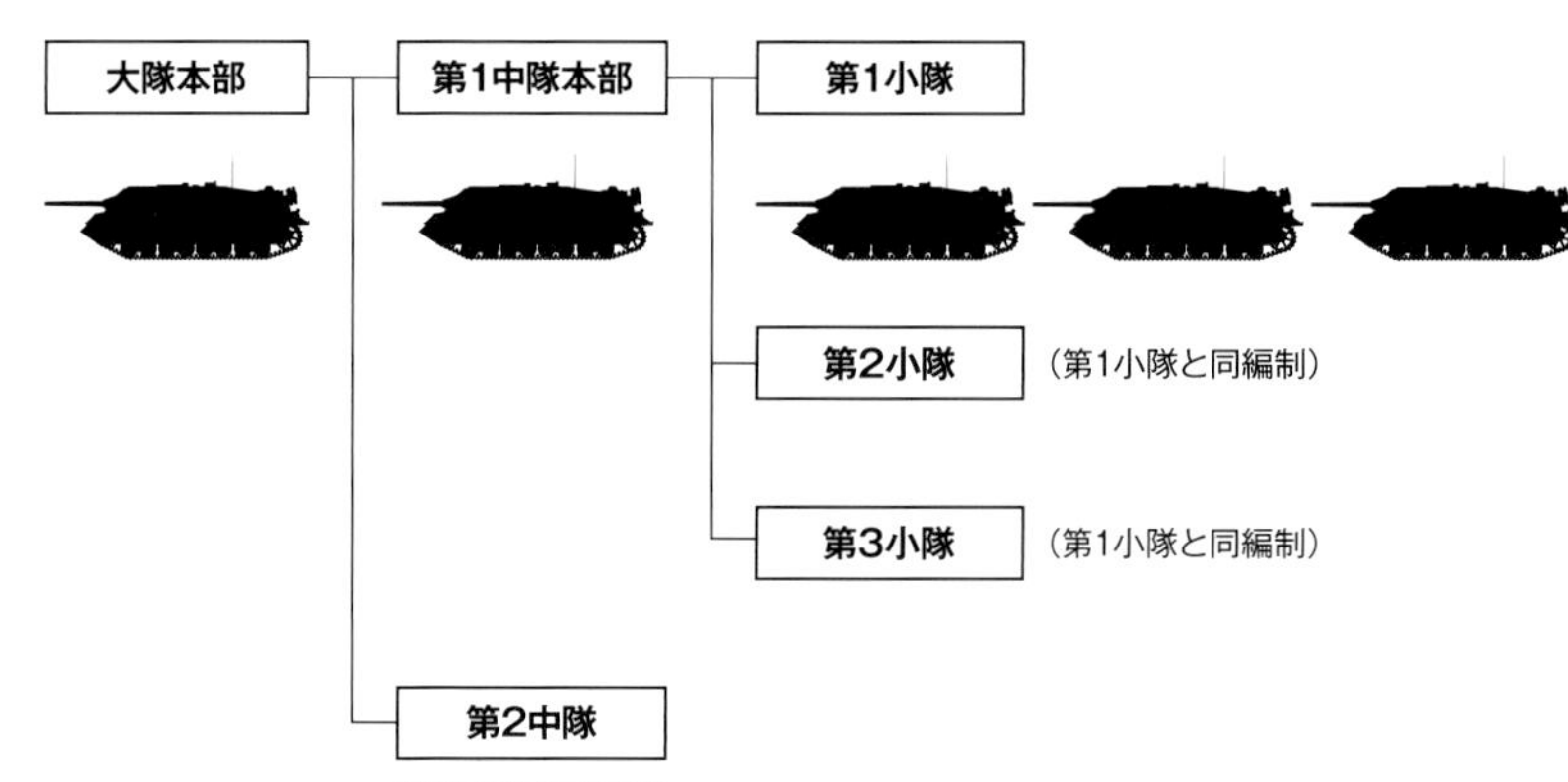

独立重駆逐戦車大隊に装備されるⅣ号戦車／70（V）とⅣ号戦車／70（A）

　ヤークトパンターの生産遅延と故障多発によって編成作業が遅々として進まない独立重駆逐戦車大隊に対して、最初に編成された第６５４重戦車駆逐大隊以降の重戦車駆逐大隊をヤークトパンター１個中隊と突撃砲２個中隊で編成する命令が下され、突撃砲の定数はやがてⅣ号駆逐戦車で置き換えられるようになる。中でも70口径ＰａＫ42を装備し、後に「ラング」と呼ばれたⅣ号戦車／70（V）とⅣ号戦車／70（A）の２車種は重戦車駆逐大隊に優先して配備されている。ヤークトパンターの代用品ではあったものの、故障の少ないⅣ号駆逐戦車の配備は整備、修理が行き届かない傾向にある独立大隊の戦力維持に大きく貢献している。

装甲旅団が装備したⅣ号戦車／70（V）

　１９４４年後半からⅣ号戦車／70（V）が配備され始めた装甲旅団は、砲兵大隊など支援兵種を欠いた軽編制の代用装甲師団とでも言うべき存在で、消耗した師団の残余や留守部隊、新兵などをもとに急速編成されて前線に投入された応急部隊だった。通常、パンター11輌（３輌構成の小隊3個と中隊本部の指揮戦車2輌)を装備する戦車中隊が3個中隊あり、Ⅳ号駆逐戦車は11輌で第4中隊(3輌編成の小隊3個と中隊本部の指揮戦車2輌)を構成するのが標準的だった。第105装甲旅団から第110装甲旅団までの6個旅団がⅣ号戦車/70(V)を装備し、主にⅣ号戦車を装備した総統護衛装甲旅団にも11輌が供給されている。これらの装甲旅団は、第105装甲旅団から第108装甲旅団までは西部戦線に投入され、第109装甲旅団と第110装甲旅団は東部戦線に送られている。

■装甲教導師団第130戦車駆逐教導大隊の編制計画

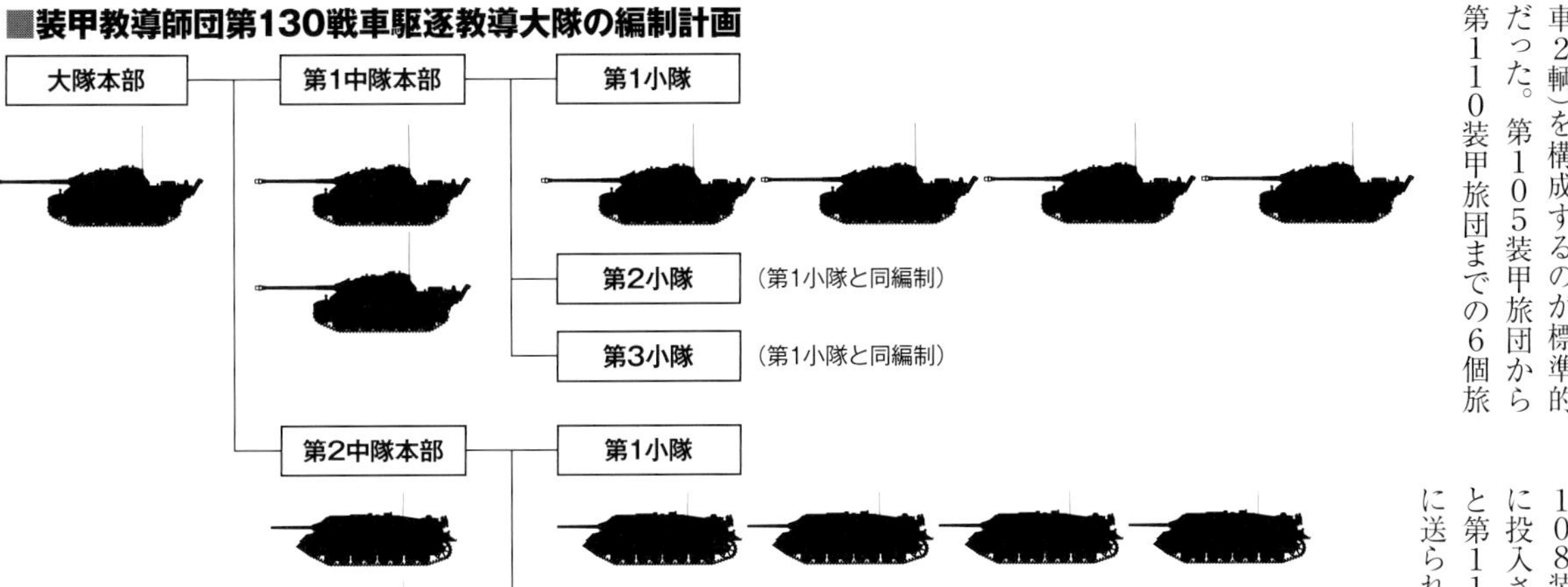

■装甲教導師団第130戦車駆逐教導大隊の実際の編制

大隊本部
第1中隊本部
第1小隊
第2小隊 (第1小隊と同編制)
第3小隊 (第1小隊と同編制)
第2中隊本部
第1小隊
第2小隊 (第1小隊と同編制)
第3小隊 (第1小隊と同編制)
第3中隊本部
第1小隊
第2小隊 (第1小隊と同編制)
第3小隊 (第1小隊と同編制)

突撃砲旅団が受領したⅣ号駆逐戦車/70(A)

Ⅳ号駆逐戦車の配備が受けられなかった突撃砲部隊に対して、1945年1月からⅣ号戦車/70(A)が引き渡され始めた。戦争最後の年を迎えて突撃砲部隊にようやくⅣ号駆逐戦車が配備され始めた理由は、48口径StuK39のソ連軍重戦車に対する威力不足が目立ち始め、これを撃破できる強力な砲を装備するⅣ号戦車/70(A)による増強が必要とされたためだった。Ⅲ号突撃砲とⅣ号突撃砲が対戦車戦の激化に取り残される状況を打開するために1945年1月中旬、突撃砲学校に2輌のⅣ号戦車/70(A)が引き渡されて慌ただしく実用性が確認されたあと、各突撃砲旅団に1個小隊、3輌から4輌のⅣ号戦車/70(A)が1月26日から配備され始めた。突撃砲旅団は通常、30輌の突撃砲と15輌の突撃榴弾砲(10・5cm榴弾砲装備のⅢ号突撃砲)で構成されていたが、そこに1個小隊だけⅣ号戦車/70(A)が加えられたのだ。

Ⅳ号戦車/70(A)の配備を受けた突撃砲旅団は49ページの表の通り多数あったが、その中で突撃砲旅団グロス・ドイッチュラントは31輌が引き渡され、旅団の装備する突撃砲が全面的にⅣ号戦車/70(A)に置き換えられていた。また第111突撃砲教導旅団にも1個中隊と本部用に16輌が引き渡されており、この二つの部隊だけが例外的に多くのⅣ号戦車/70(A)を装備していた。

これはⅢ号突撃砲、Ⅳ号突撃砲といった旧世代の突撃砲が、70口径長砲身のPaK42を装備するⅣ号駆逐戦車によって置き換えられる前兆で、もしⅣ号戦車/70(A)とⅣ号戦車/70(V)の生産が順調に継続されていれば、突撃砲旅団の装備車輌は次第に更新されていったものと考えられる。

こうした動きは、歩兵師団に増強配備される突撃砲旅団の戦いが、昔ながらの「歩兵の友」としての榴弾による火力支援より、押し寄せる敵戦車群との対戦車戦を第一の任務として担うようになって来たことを反映していた。戦争最末期の混乱に紛れてあまり目立たない出来事ではあるものの、1940年のフランス戦以来、長く続いて来た突撃砲の時代に大きな変化が訪れていたのである。

駆逐戦車の戦術・戦法

解説・イラスト／坂本明

攻防力こそ強力無比であったものの、限られた射界や足回りの故障に悩まされることも多かったヤークトパンター。本稿では、ヤークトパンターやⅣ号駆逐戦車の運用で想定されていた、または実際に行われたであろう戦術、戦法について見ていこう。

◉見通しの良い地形での戦闘

ヤークトパンターのような駆逐戦車の対戦車戦闘における戦術は、待ち伏せによる一撃離脱（ヒットエンドラン）が基本となる。車高の低さを利用して敵に見えないように自らを隠蔽、敵の戦車を砲撃、撃破するごとに別の隠れ場所に移動したり、後退して砲撃を繰り返す戦術である。そのため戦闘の開始前に、足回りに負担をかけずに済むような移動ルートや車体を隠す隠蔽物を複数見つけておくことが重要になる。見通しが良い野外での戦闘では、こちらから敵が見える代わりに敵からもこちらが見えることになるので、隠れ場所の確保がより重要になるのだ。

強力な大口径砲を持つ駆逐戦車は、遠距離からの砲撃では威力を発揮するが、重量のある砲弾を発射するため装填作業に時間がかかるし、旋回砲塔が無いため簡単に射界を変えることはできない。その間に敵が近接すれば、近接した敵戦車との交戦では移動に制約が出るため、撃破されてしまう可能性が高くなる。相手が集団であればなおさらだ。

また、敵も同様に強力な火砲を持っている場合もある。その場合、こちらの位置が特定されれば強力な反撃を受けて撃破されてしまうかもしれない。そこで、駆逐戦車の戦闘では可能な限り交戦距離を大きく取ることも重要になる。

イラストは、比較的見通しの良い地形で敵の戦車部隊を待ち伏せるヤークトパンターの戦術の一例で、砲撃を繰り返しながら後退しつつ、防衛線を維持している。

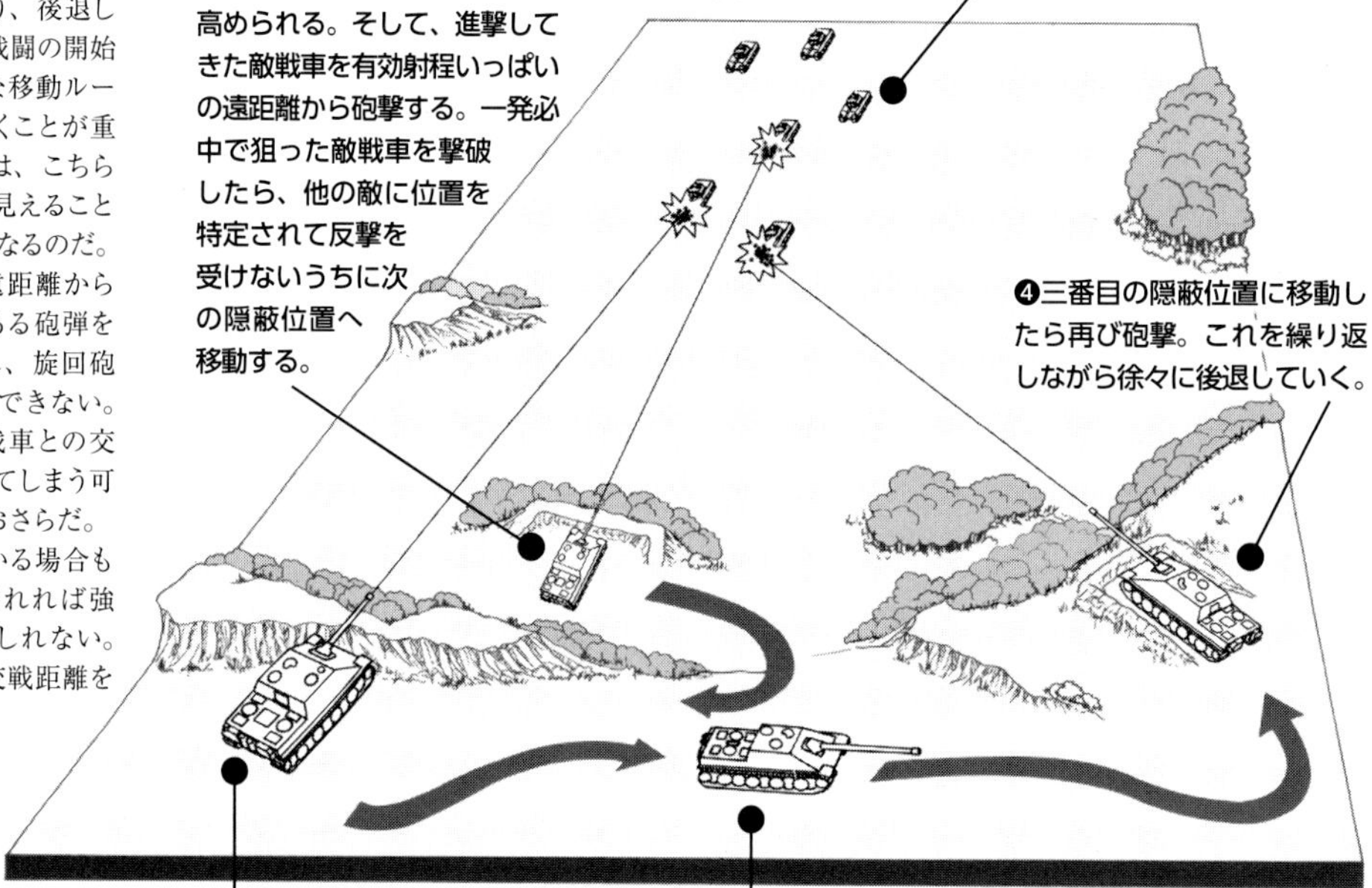

◉見通しの悪い市街地での戦闘

市街地などの見通しのきかない場所での戦闘でも、待ち伏せ攻撃が基本になる。建物やその残骸など障害物が多い市街地における戦闘では、障害物が自車を隠すための隠蔽物となるが、その一方で移動はより困難になる。ヤークトパンターのような駆逐戦車は、車体ごと隠蔽物に隠れ、且つただでさえ限定されている射界も確保しなければならない。

そこで、待ち伏せ攻撃を行う場所は、敵の戦車からはこちらの位置が見えづらいところ、敵の戦車が建物に挟まれ見通しのきかない状態で通りに面する場所、敵の戦車が装甲の弱い側面を晒して走行するような場所が良い。また、自車の周囲の障害物が敵の攻撃を妨げるような場所はより理想的だ。

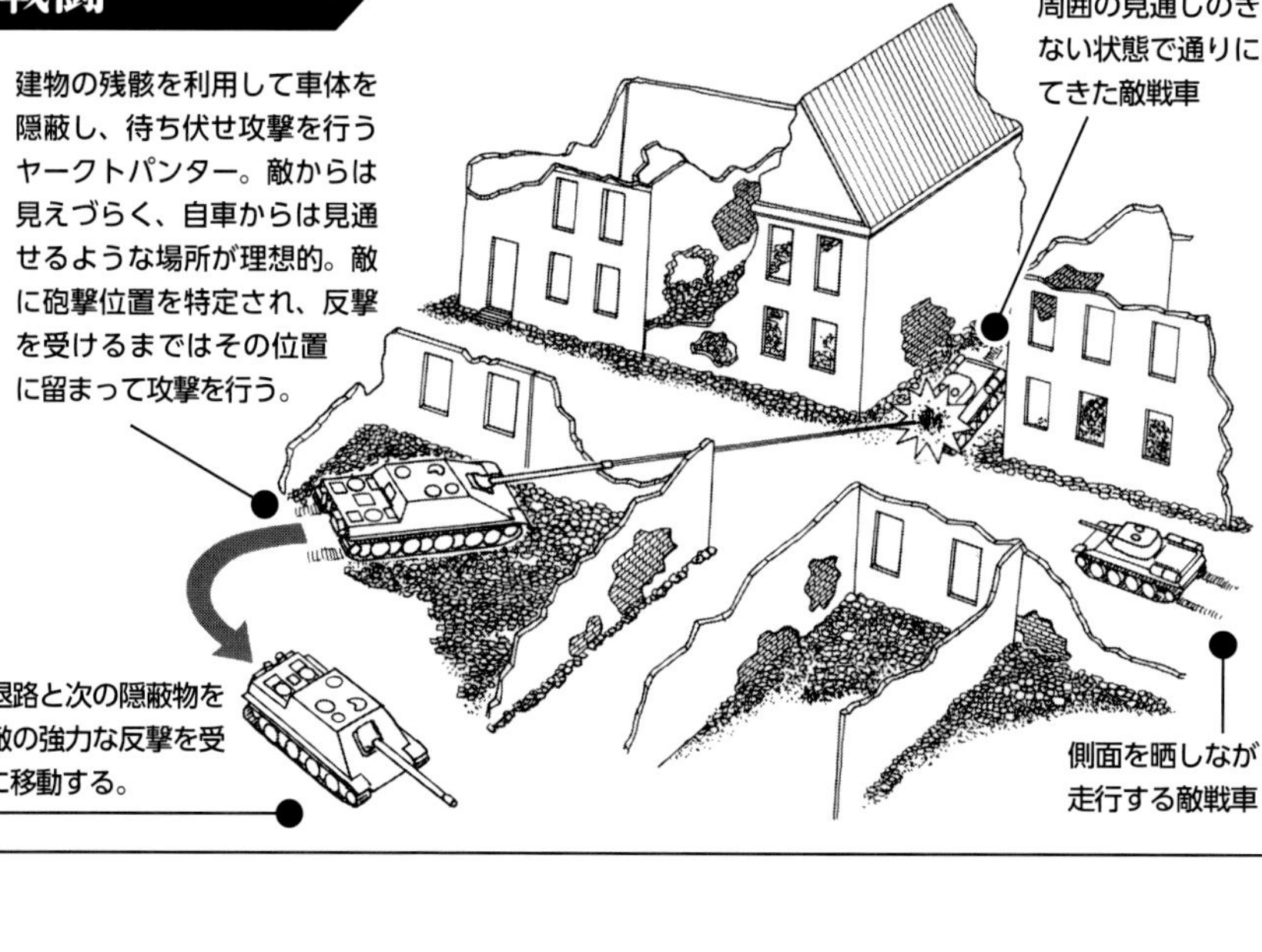

◉担当区域を決めた攻撃

この戦術は、敵戦車の進攻が予想される地域を小隊ごとに区分、担当区域を決め、さらに担当区域を座標化（というより区画化、砲兵の砲撃手段に似ている）して敵を効率的に攻撃できるようにしたもの。個々に砲撃を行うのではなく、指揮官の指示する座標に火力を集中してより強力な打撃を与えるのである。

イラストは、一つの中隊が構成する対戦車陣地の例。受け持つ地区をA/B/Cの三つに分割、さらにそれぞれを細かく区分して1から9までの座標を振り、A地区を第1小隊、B地区を第2小隊、C地区を第3小隊が担当する。そして各小隊は「Aの4」「Bの5」「Cの7」といった指揮官の命令を無線通信で受け、それぞれの火力を一つの座標に集中して敵戦車を撃破するのだ。

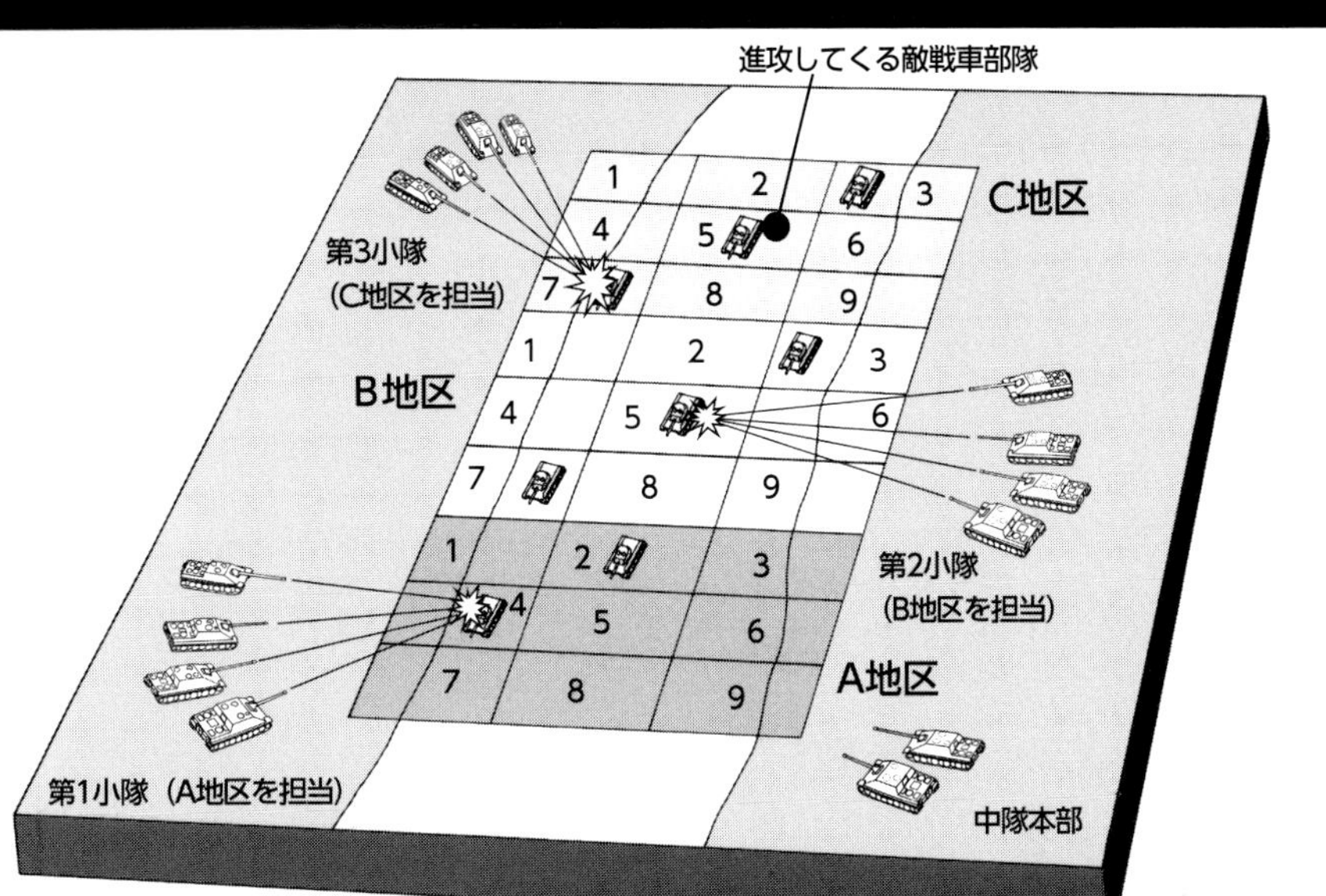

◉味方の戦車との協同

ヤークトパンターやIV号駆逐戦車は旋回砲塔を持たないため、砲の左右への射界は制限されるが、旋回砲塔を持つ通常の戦車より大きな火砲を搭載しやすく、且つ低コストで生産できる。また車高を低くできるので、発見されにくく被弾面積も抑えられるという利点があった。

戦争が進むにつれ、戦車の装甲が厚く強化されていくなかで、それを撃破するために火砲が大口径・長砲身化し、重量のある徹甲弾を発射することで砲口初速が大きくなり、射程が伸びて装甲貫徹力も増した。その結果、敵戦車との交戦距離も伸びている。ヤークトパンターが搭載した71口径8.8cm砲は、T-34-85やIS-2の前面装甲を2,000m以上の距離から貫通することができた。

イラストは、敵の戦車部隊と戦闘を行うために突入する味方の戦車部隊を、大口径砲で火力支援するヤークトパンター。

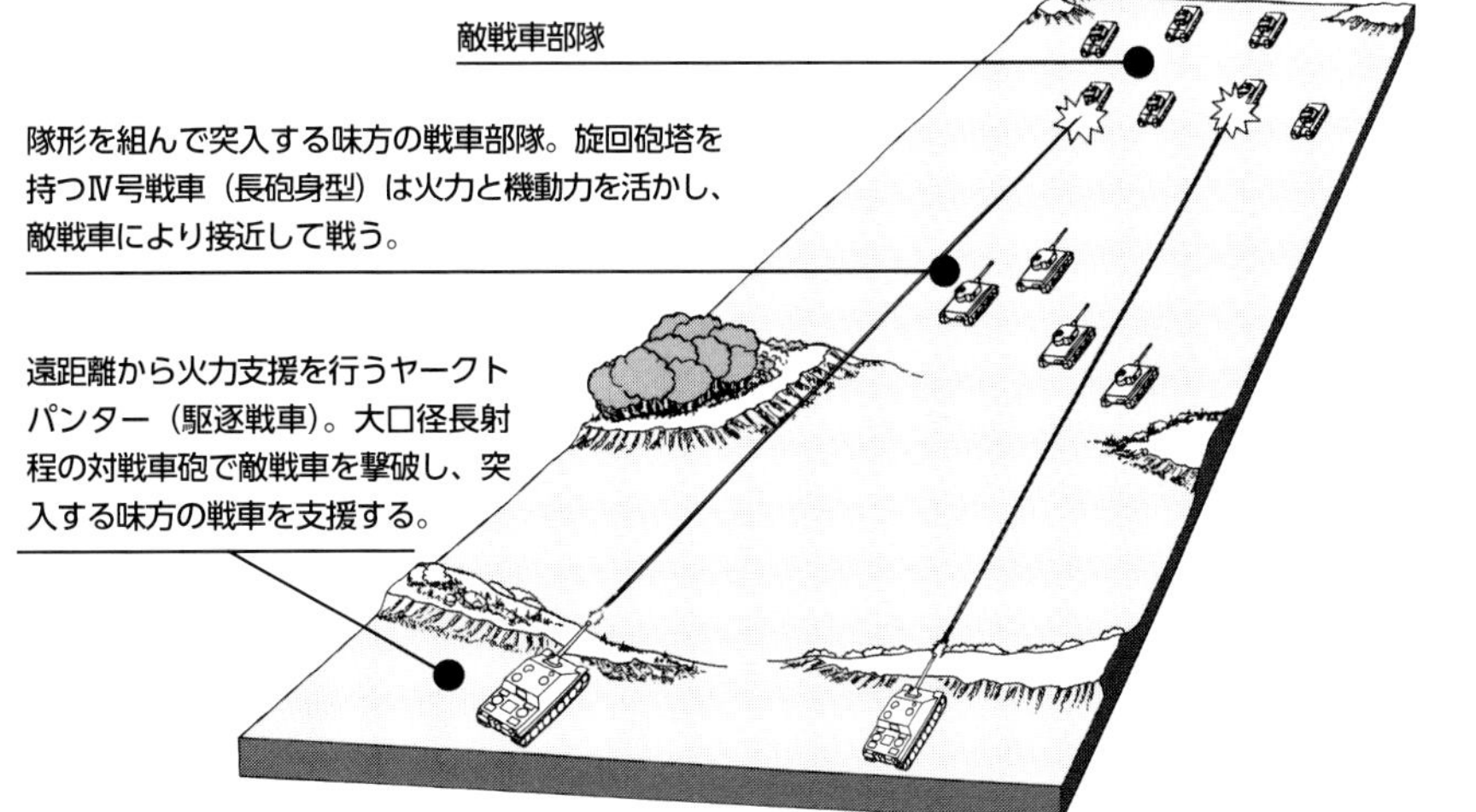

◉歩兵支援および歩兵との協同

イラストは、突撃砲の歩兵支援戦闘の基本的な戦術。強力な火点を持つ敵陣地を制圧する場合、部隊を二つないし三つに分け、それぞれの部隊が役割を分担して戦う（❶正面を突破する部隊とそれを火力支援する❷の部隊。それぞれの部隊は突撃砲と歩兵を組み合わせている）。

ヤークトパンターはそもそも重突撃砲として開発され、またIV号駆逐戦車の一部（IV号戦車/70(A)）も突撃砲旅団に配備されているので、状況によってはイラストのような歩兵支援や歩兵と協同した戦闘を行うことがあったと想定される。

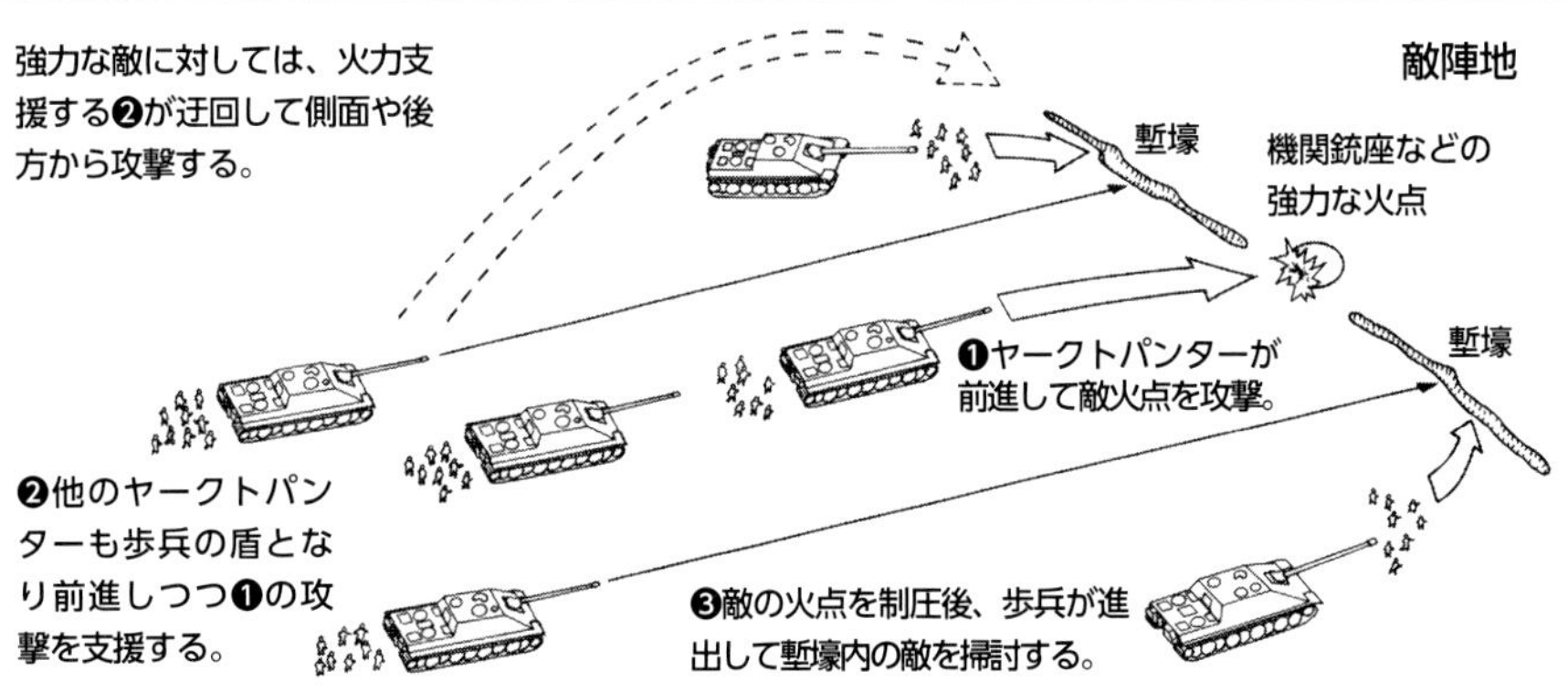

強力な敵に対しては、火力支援する❷が迂回して側面や後方から攻撃する。
敵陣地
塹壕
機関銃座などの強力な火点
塹壕
❶ヤークトパンターが前進して敵火点を攻撃。
❷他のヤークトパンターも歩兵の盾となり前進しつつ❶の攻撃を支援する。
❸敵の火点を制圧後、歩兵が進出して塹壕内の敵を掃討する。

ヤークトパンター／Ⅳ号駆逐戦車の戦闘記録

終末の獄天使

大戦末期の1944年、劣勢となったドイツ軍装甲部隊に配備されたヤークトパンターとⅣ号駆逐戦車。強力な攻防性能を持つこの2種の戦闘車輌はいかなる戦闘に投入されて、どんな活躍を見せたのか。本項ではその戦闘の記録を明らかにしていく。

文／古峰文三　イラスト／六鹿文彦

ヤークトパンターの基本戦術とは?

ヤークトパンターの戦いを個別に追う前に、この車輌がどんな戦いのどのような局面でどのように投入されるべきものかを示した、ドイツ陸軍のヤークトパンター運用パンフレットの内容を一読してみよう。けっして成功したとは言えないヤークトパンターの戦場投入が、どんな意図で何を成し遂げるために考えられていたものかが、そこから理解できるからである。

東部戦線で高い評価を受けた突撃砲の後継車輌として開発された重突撃砲は、1944年に重戦車駆逐大隊に編成された段階で従来の突撃砲とは異なる運用構想の下にあった。それまで砲兵の管轄下にあった突撃砲部隊と装甲総監グデーリアンの管轄下に置かれるようになった、戦車部隊の一種としてみなされる重駆逐戦車部隊に期待された任務の違いでもあった。

本質的には突撃砲の一種でしかなかった重駆逐戦車は、突撃砲としての機械的な制約と戦車的用法とのはざまで、陸軍部隊一般が期待する突撃砲としての歩兵支援任務と、簡単に言えばエリート集団である装甲部隊が期待する重駆逐戦車としての戦車支援任務との間で、きわめて微妙な立場に置かれていたのである。

各重戦車駆逐大隊が残した戦中、戦後の記録の中で「本来の運用とはかけ離れた任務」「ヤークトパンターには不向きな戦い」と述べる不満は一体どんなもので、彼らの胸の内にあったヤークトパンターの「あるべき姿」「活躍すべき戦場」がどのようなものだったかを知れば、重戦車駆逐大隊の苦闘は少し違った形で見えてくるはずだ。

1944年6月14日「V号重駆逐戦車ヤークトパンター使用のための暫定指針」

1. ヤークトパンターは重駆逐戦車である。上級司令部において敵戦車攻撃を撃破するための重要兵器であり、ヤークトパンターは重戦車駆逐大隊として集中使用される。

2. 8.8cm対戦車砲によって既存の敵戦車は全て遠距離から撃破でき、その路外走行能力、機動性そして装甲によりヤークトパンターは自らの攻撃前進のために敵戦車を攻撃する攻勢戦術が実施できる。

3. 全方位への射撃能力の欠如は近距離の防御戦を制限し、限定された視界は戦車としての運用を制約すると共に歩兵または戦車の支援を必要とする。

4. 大隊規模での集中運用は決定的勝利のための第一の前提である。もし中隊規模で投入しなければならない状況ならば師団または上級司令部に直属し、各連隊、各大隊はヤークトパンター中隊を統合作戦に使用する。任務に就く前にヤークトパンター部隊指揮官はいかなる状況に於いても作戦を主導する責任を自覚せよ。

分派される中隊の整備業務は大隊によって支援される。小隊規模での分割運用は固定した近距離の防御戦に限られる。ヤークトパンターを1輌単独で使用してはならない!

5. 他の対戦車兵器を支援する場合、ヤークトパンターは敵戦車攻撃の方向が察知された時点で攻撃の重点地区に集中投入されるべきである。

6. ヤークトパンターは固定された対戦車砲ではない。防御、警戒任務には不向きである。

7. ヤークトパンターは自走砲ではない。非装甲目標への榴弾射撃は、

(1)敵戦車が出現しない場合

(2)他の重火器が利用できないか撃破された場合

(3)弾薬補給が潤沢にある場合

に限られる。

8. 戦闘任務を達成したヤークトパンターはただちに前線から引き上げるべきである。これによって整備と次の戦闘準備の機会が得られる。戦闘態勢の維持は日常の補給に依存する。

9. 対戦車戦闘、とくに多数の戦車には遠距離(2500m)からの先制遠距離射撃を実施する。

10. 敵に察知されずに布陣したヤークトパンターは敵戦車を自らの火線の前に引きつけて近距離の奇襲攻撃を実施、集中射撃を実施せよ。

11. 敵戦車との射撃戦では機動力を最大に活用せよ。頻繁な移動と敵の予想しない方向からの射撃は戦果を拡大する。

12. ヤークトパンター大隊の一部が射撃によって敵の戦車攻撃を拘束できた場合、敵戦車集団は側面または後方から攻撃、撃破し得る。

13. 戦車攻撃の中でのヤークトパンターの任務は、敵重戦車に対抗する火力支援、敵戦車攻撃を前面で受け止めることによる味方戦車の側面または後方からの攻撃の実現、戦車攻撃の側面援護などである。

14. 歩兵攻撃の中でヤークトパンターは歩兵の直後に位置する。主任務は攻撃正面および側面の敵戦車の排除にある。敵戦車が出現しない限りに於いて、歩兵攻撃を脅かす目標を機関銃または榴弾により排除する。

15. 固定陣地に対する攻撃では突撃部隊の前進を支援し突破口を作り上げる。

16. 退却する敵部隊の追撃は他の機動部隊と共に容赦なく実施すべし。その際、燃料と弾薬は適宜補給されるべきである。

17. 防御戦においてヤークトパンターは前線の後方、特に敵戦車の脅威に曝される地点に配置されるべきである。その前進路、準備地点、射撃位置は事前に偵察すべきである。広範囲な分散配置はこの価値ある兵器の衝撃力を減じるだけでなく、補給と部隊指揮をより困難にさせる。ヤークトパンターの主防衛線での固定使用を禁じる!

18. 戦闘からの離脱や後退の際、ヤークトパンターは開けた地形での機動戦に用いるべきである。旋回砲塔を持たないヤークトパンターに地形を利用した好ましい射撃位置を適宜偵察し、その射撃位置はヤークトパンターが迅速に後退できるように選定されるべきである。

旋回砲塔の無いヤークトパンターは後衛の任務には不向きであり、擲弾兵の密接な支援が必要である。

19. 森林の中での戦闘と市街戦ではヤークトパンターは味方部隊の突入にあたり火力支援任務に就く。ヤークトパンターの森林内戦闘と市街戦への適性は最小である。なぜなら機動性が十分に発揮できず、長い砲身はしばしば方向転換を妨げるからである。このような状況では十分な歩兵による支援が確保されねばならない。

20. 夜間戦闘に於いては徹底した偵察と打合せの上、他兵器との

密接な連携の中で限定的な目標に使用することができる。

以上がヤークトパンターの実戦投入直前に作成された暫定版戦術マニュアルの内容だ。

ここに示された理想的な運用と避けるべき注意点は1944年当時の装甲部隊にとっての常識と言ってもよい。歩兵支援を主任務として開発され、その後に対戦車戦闘能力を獲得した突撃砲部隊と異なり、主任務を積極的な対戦車戦闘による装甲部隊の支援に置くという運用構想は重戦車駆逐大隊に限らず、駆逐戦車大隊全てに通じるもので、駆逐戦車部隊とはこのように戦う部隊として編成され、訓練されていたのである。しかし現実の戦場で各部隊が置かれた状況はここに掲げられた理想とは程遠く、むしろ禁じられた運用を強いられることが多かったのだ。

唯一の完全編成 ヤークトパンター部隊となった 第654重戦車駆逐大隊

ヤークトパンターが最初に配備されたのは第654重戦車駆逐大隊だった。この大隊は前年にフェルディナントを装備して東部戦線で戦ったドイツ軍初の重戦車駆逐大隊の一つで、フェルディナントの後継車輌であるヤークトパンター45輌で再編成される予定ではあったものの、ヤークトパンターの生産遅延から最初はパンターの戦車回収車であるベルゲパンター8輌を受領して、1944年2月に操縦者のパンター系車輌への慣熟訓練を開始した。

この訓練は故障多発に苦しむパンター系車輌の運用に大いに役立った。その後にヤークトパンターを供給された部隊にはこうした余裕は無かったからだ。

最初の8輌が1944年4月28日に到着し、それ以降、大隊の装備はきわめて緩慢なペースで増加していった。

第654重戦車駆逐大隊のヤークトパンターが初めて実戦に投入されたのは1944年6月のノルマンディーだった。ヤークトパンターの数が揃わないまま戦場に送られた大隊はそれでも、7月1日現在で25輌の可動ヤークトパンターを報告している。

しかしノルマンディーの戦場は東部戦線とはまったく異なる激しい航空攻撃と精密かつレスポンスの極めて迅速な敵砲兵に悩まされる、極めて困難な戦場だった。

ノルマンディー地方の見通しの悪いボカージュ地帯の戦闘で大隊は10輌のイギリス軍戦車の撃破を報告しているが、その容易ならざる戦いの様相は大隊の指揮を執ったノアク大尉の報告に残されている。

ヤークトパンターは射撃位置についてから2発か3発の射撃を行った後は迅速に後退して林の中に逃げ込まねばならなかった。

イギリス軍の砲兵観測班はヤークトパンターの射撃を即刻察知して野砲による反撃を間髪入れずに実施したからである。

しかも敵砲兵観測機から逃れるために樹木の下に入れば、降り注ぐ野砲弾が木々に触れて炸裂し、空中から破片が降り注いだ。このため戦闘室上面のハッチは常に閉じて置かねばならず、ただでさえ視界の劣悪なヤークトパンターの運用は困難をきわめた。

そして空中で炸裂する砲弾の破片は機関部上面のルーバーを通してラジエーターを破壊した。この損害を防ぐため林間で停車中のヤークトパンターは側面のシュルツェンを外して機関部上面に置き、臨時の装甲としてラジエーターと冷却ファンを護らねばならなかった。

戦闘を行う場合も敵砲兵に捕捉されないようにヤークトパンターは無駄な移動を極力控える必要があり、そのために射撃位置は徒歩による偵察で

ヤークトパンター装備部隊

重戦車駆逐大隊完全編制
第 654 重戦車駆逐大隊

既設師団への配備
装甲教導師団
装甲師団ホルシュタイン
SS 第 10 装甲師団フルンズベルク
総統擲弾兵師団
SS 第 2 装甲師団ダス・ライヒ
第 8 装甲師団
第 25 装甲師団
第 4 装甲師団
SS 第 9 装甲師団ホーエンシュタウヘン
第 3 装甲擲弾兵師団
第 116 装甲師団

IV号駆逐戦車との混合編制
第 519 重戦車駆逐大隊
第 559 重戦車駆逐大隊
第 560 重戦車駆逐大隊
第 655 重戦車駆逐大隊
第 616 重戦車駆逐大隊
第 563 重戦車駆逐大隊

特殊な編制事例(※)
第 507 重戦車連隊
SS ヴィーキング戦闘団
装甲師団クラウゼヴィッツ

※これらの部隊は各車種が入り混じって配備された。

IV号駆逐戦車装備部隊(配備先別 供給順)

装甲師団への配備	装甲擲弾兵師団への配備	突撃砲旅団への「ラング」(A)配備
装甲教導師団	第3装甲擲弾兵師団	第244突撃砲旅団
ヘルマン・ゲーリング装甲師団	第15装甲擲弾兵師団	第341突撃砲旅団
SS第2装甲師団ダス・ライヒ	装甲擲弾兵師団グロス・ドイッチュラント	第394突撃砲旅団
SS第12装甲師団ヒトラー・ユーゲント	第10装甲擲弾兵師団	第902突撃砲旅団
SS第17装甲師団ゲーツ・フォン・ベルリヒンゲン	第20装甲擲弾兵師団	第280突撃砲旅団
第116装甲師団	歩兵師団デーベリッツ	第905突撃砲旅団
第9装甲師団	SS擲弾兵師団ノルトラント	第911突撃砲旅団
第11装甲師団		第667突撃砲旅団
SS第9装甲師団ホーエンシュタウヘン	**ヤークトパンターとの混合編制**	第243突撃砲旅団
SS第10装甲師団フレンズベルク	第519重戦車駆逐大隊	第236突撃砲旅団
第3装甲師団	第559重戦車駆逐大隊	第301突撃砲旅団
第6装甲師団	第560重戦車駆逐大隊	突撃砲旅団グロス・ドイッチュラント
第8装甲師団	第655重戦車駆逐大隊	第300突撃砲旅団
第20装甲師団	第616重戦車駆逐大隊	第311突撃砲旅団
第23装甲師団	第563重戦車駆逐大隊	第210突撃砲旅団
SS第3装甲師団トーテンコップ		第190突撃砲旅団
SS第5装甲師団ヴィーキング	**装甲旅団への「ラング」(V)配備**	第276突撃砲旅団
第19装甲師団	第105装甲旅団	第111突撃砲教導旅団
第25装甲師団	第106装甲旅団	
第4装甲師団	第107装甲旅団	
第5装甲師団	第108装甲旅団	
第21装甲師団	第109装甲旅団	
SS第1装甲師団アドルフ・ヒトラー	第110装甲旅団	
第24装甲師団	総統護衛装甲旅団	
第3装甲師団		
第13装甲師団		
第17装甲師団		

●ノルマンディーの戦い

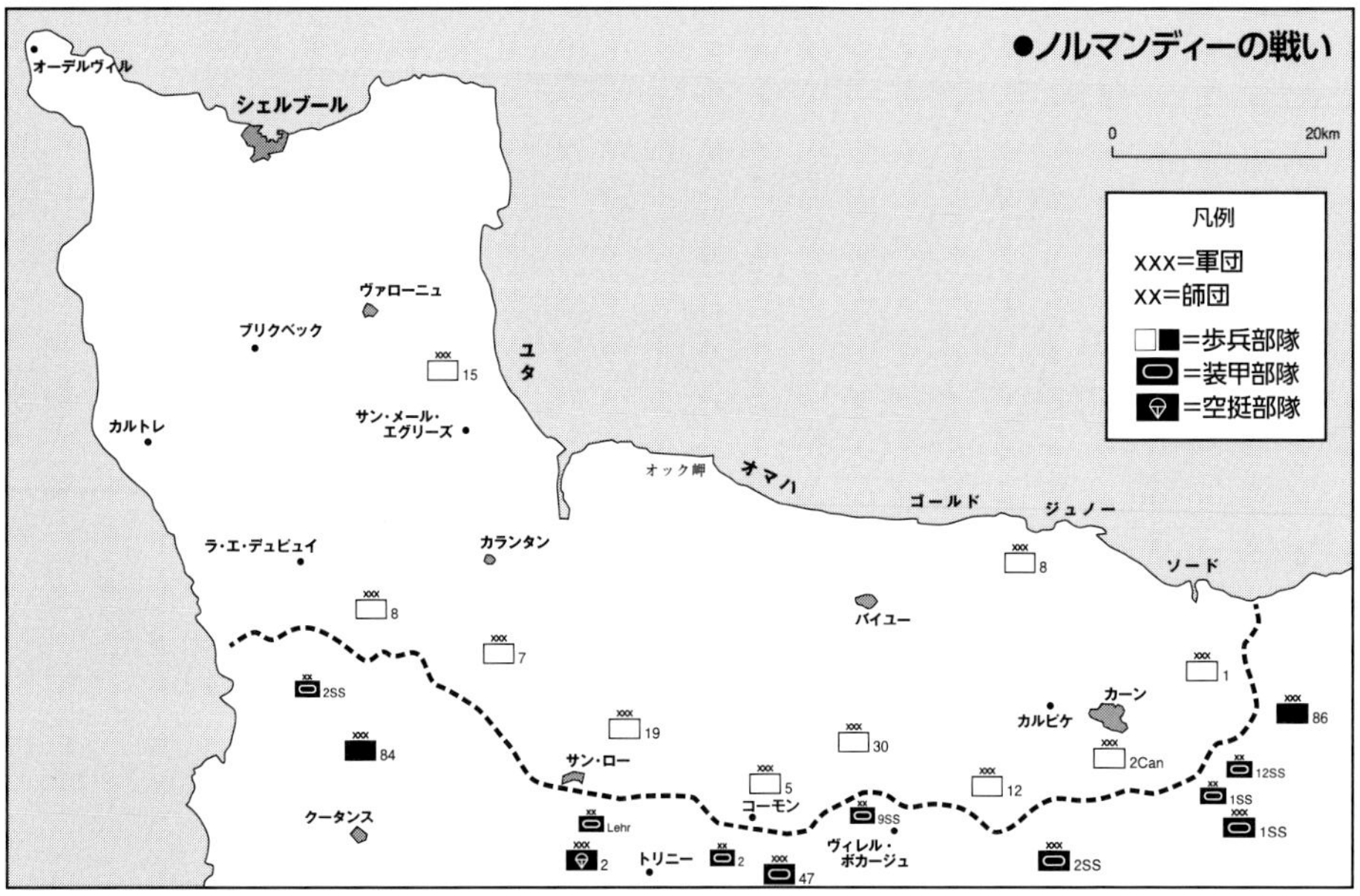

1944年7月24日のノルマンディー方面の戦線。第654重戦車駆逐大隊はカーン方面の戦闘に投入され、7月30日にはカーン近郊のコーモンで英チャーチル歩兵戦車3個中隊を相手にヤークトパンター 3輌で交戦。11輌を撃破する戦果を挙げている。

事前に確保し、最短、最小の走行で陣地進入する必要があった。

イギリス戦車の攻撃は３、４輌の小隊規模で行われることが多く、その場合は最後尾の車輌を最初に撃破するように心掛けられた。その理由は先頭車輌を先に撃破した場合、88㎜砲弾の炸裂と戦車の炎上によって生じる煙と粉塵で視界が遮られ、次の目標への照準が困難になるからだった。前述のようにヤークトパンターは敵砲兵の重要目標であり、たとえ対戦車戦に極めて有利な地形であっても同一地点に長時間にわたって停車できないため、敵戦車はなるべく短時間で撃破して次の射撃位置に移動しなければならなかったのだ。

そして視界が劣悪で車長と砲手、二人の装填手がそれぞれの方向を担当して見張りを行わねばならないヤークトパンターは隊内の各車が密接に連携する必要があったが、その手段である無線機は通話を開始した途端にイギリス軍の無線傍受班によって捕捉され、その位置が割り出されて野砲弾が降り注ぐ危険があり、事実上、使用できなかった。

このため隊内の指揮連絡は徒歩の伝令によるか、昔ながらの手旗によって行わざるを得ず、ヤークトパンターの組織的運用は大きく妨げられてしまった。

また敵の航空観測と航空攻撃から逃れられる夜間の行動も大きな制限を受けた。戦場の騒音が静まる夜間には７００馬力を発揮するマイバッハＨＬ２３０Ｐ30の爆音は英軍前線から容易に聴取され、音響観測によってその位置が推測されて砲撃を受けるため、ヤークトパンターは戦場の騒音が高まる黎明を待たねば行動できなかったという。

このようにノルマンディーの戦場はヤークトパンターにとって極めて厳しい環境となっていた。教範通りの２５００ｍからの遠距離先制射撃などはボカージュ地帯では望むべくもなく、しかも有利な地形に腰を据えて敵の戦車攻撃を受け止めるような戦いも敵砲兵の迅速な観測射撃によって妨げられてしまった。

第６５４重戦車駆逐大隊を苦しめ、その戦力発揮を妨げた最大の要因は戦闘ではなく、ヤークトパンターの故障だった。

大隊は絶え間ない空襲によってノルマンディーの戦場まで３００㎞の道のりを自力走行しなければならなかったが、その間に25輌の故障車を出した。故障箇所は、パンターよりも増加した重量に負けた最終減速機で18件、ＨＬ２３０Ｐ30エンジン２件、オイルクーラー３件、冷却ファン３件など走行に関わるあらゆる箇所が壊れていった。そしてペリスコープなどからの雨漏りは電装系をショートさせ、アンテナは基部のバネが硬すぎたというつまらない原因で頻繁に折れてしまった。

第６５４重戦車駆逐大隊の装備定数を満たすための補給には最大限の努力が払われ、崩壊の危機に瀕したフランス国内の輪

ノルマンディーの戦いに参加した第654重戦車駆逐大隊のヤークトパンター。野砲弾の空中炸裂に対する防御のため、シュルツェンを機関部上面に置いている。ボカージュ地帯では本来得意とする遠距離射撃も難しかった

送機関を使って全力で行われたため、大隊の保有車輌はかなりの水準で維持され、可動車輌も30輌弱を数える日が多かった。しかし、故障多発による可動車輌の減少はヤークトパンターの戦闘投入規模にも深刻な影響を与えた。

例えば1944年7月30日にカーン近郊でチャーチル戦車3個中隊を相手にした戦闘では、ヤークトパンターはたった3輌で敵戦車群に立ち向かい11輌の敵戦車を撃破したものの、ヤークトパンター指揮戦車1輌、ヤークトパンター1輌を放棄して後退せざるを得なかった。このヤークトパンターは起動輪を6ポンド砲で破壊されたとも、故障によるともいわれるが、足回りが自由にならなくなると旋回砲塔を持たないヤークトパンターの戦闘能力は即座に失われてしまった。教範通りに多数のヤークトパンターが集中投入されていれば、こうした擱座車輌も敵に鹵獲されることなく回収できたに違いないが、禁じられた小隊以下での戦闘投入はその後も繰り返され、無用の損害を生み続けた。

カーン近郊コーモンの戦いでチャーチル歩兵戦車を攻撃する第654重戦車駆逐大隊のヤークトパンター。たった3輌でチャーチル11輌を撃破したものの、本来想定されていない少数での分割投入は無用な損失も招いた

ノルマンディー戦線の崩壊と遅滞戦闘による17輌もの損害にもかかわらず、23輌という意外な程のヤークトパンターと共にセーヌ川を渡ってノルマンディーの戦場から後退した第654重戦車駆逐大隊は再編成に入り、再び45輌のヤークトパンターを持つ完全編成で復活した。戦訓によって3・7㎝機関砲装備と4連装20㎜機関砲装備のⅣ号対空戦車、それぞれ4輌を装備する対空中隊が配属されたが、ヤークトパンターの故障、なかでも極めて脆い最終減速機の不具合は1944年10月末まで有効な対策が打たれず、大隊の戦力化を妨げた。ヤークトパンターが一旦故障すると回収困難な重車輌であることはティーガーなどの重戦車と同様で、こうした故障頻発の戦訓から大隊にはベルゲパンター4輌の回収小隊も配属されている。第654重戦車駆逐大隊の再編成は単純な戦力補充だけでなく編制自体の改善も含まれる戦術的なものだったのである。

11月には再び西部戦線の前線に投入された大隊は相変わらずの可動車輌の少なさにもかかわらず、3個の戦闘団に分轄して運用され、本来の理想とされた敵戦車集団に対する集中投入は実現しなかった。分轄運用は戦車部隊としての理想からは遠かったが、戦術的にはヤークトパンターのような重突撃砲の分派要求は強く、くわえて対空戦車と回収戦車の配備によって、定数を割った中隊規模でのヤークトパンター運用を支えられるようになっていたことも、こうした分轄運用の背景をなしていた。

それでも第654重戦車駆逐大隊は11月20日から30日にかけての西部戦線で戦車52輌、対戦車砲10門を撃破し、戦車9輌に損害を与えたと報告している。これに対する損失はヤークトパンター18輌、2㎝4連装対空戦車3輌とかなり大きなものだった。ヤークトパンターの損害は連合軍戦車が17ポンド砲や長砲身76㎜戦車砲を標準装備し始めたことと高初速徹甲弾によって、80㎜の傾斜装甲がしばしば貫通されるようになったことも大きな要因だった。

西部戦線の防御戦で被った損害から回復するため第654重戦車駆逐大隊は12月16日からアルデンヌ地区での攻勢「ラインの守り作戦」には投入されず、年が明けて1945年1月1日からアルデンヌ地区の南方で開始された支援攻勢「ノルトヴィント（北風）作戦」に投入されたのち、ライン川西岸の防御戦、レマーゲン周辺の防御戦、ルール地区防衛戦を戦い、戦線崩壊の混乱の中で1945年4月15日にアメリカ軍に降伏した。

第654重戦車駆逐大隊はノルマンディーから後退した後、装備補充と再編成に入った。写真は1944年10月25日、ドイツ本土グラーフェンヴェーア演習場における同大隊第1中隊のヤークトパンター。11月に入ると大隊は再び西部戦線に出動した

突撃砲と共に戦う重戦車駆逐大隊

生産が遅延し、完成車も故障頻発で可動車輌が少なく、部隊編成も遅々として進まないヤークトパンターに業を煮やしたヒトラーは、1944年9月11日

●「ラインの守り」作戦（1944年12月16~18日）

2個装甲軍と1個軍によりアルデンヌ地方を突破し、アントワープ占領を目指したドイツ軍の「ラインの守り」作戦だったが、連合軍の反撃により失敗に終わった。この作戦にはヤークトパンター装備部隊も多数参加したものの、可動車輌の少なさから目立つ活躍はなかった。

●「ラインの守り」作戦（1944年12月下旬~1945年2月7日）

アルデンヌ方面で攻勢を開始したドイツ軍だったが、バストーニュで包囲された米第101空挺師団のように各地で米英軍の頑強な抵抗に遭い、各所で進撃は停滞。1945年1月13日には米英連合軍が反撃を開始し、ドイツ軍は同方面から撤退して作戦は失敗に終わる。

に第654重戦車駆逐大隊以降のヤークトパンターはⅢ号突撃砲またはⅣ号突撃砲、あるいはⅣ号駆逐戦車との混成部隊とする命令を下した。このため2番目に編成されたヤークトパンター部隊である第559重戦車駆逐大隊、3番目に編成された部隊である第519重戦車駆逐大隊も「重」を部隊名に名乗りながらも、ヤークトパンターを装備するのは大隊本部と第1中隊のみで残りは通常の突撃砲中隊となっている。教範に示されたヤークトパンターの大隊規模での集中投入はこの命令によって根本的に覆され、部隊の定数が満たされ、整備状態が完璧な場合（などは1944年秋以降には考えられなかったが）であってもヤークトパンターは中隊14輌と本部の3輌を合同した17輌が最大の運用規模となってしまった。残りの2個中隊28輌はⅢ号突撃砲かⅣ号駆逐戦車であり、ヤークトパンターは突撃砲の支援用車輌へとその性格を変えていった。

1944年12月16日に開始された「ラインの守り」作戦にはこのような混合編成の第519重戦車駆逐大隊、第559重戦車駆逐大隊、第560重戦車駆逐大隊が投入された。第519重戦車駆逐大隊には突撃砲に加えて新鋭のⅣ号戦車／70（V）が配備され、第560重戦車駆逐大隊にはⅣ号戦車／70（A）が配備されていた。各ヤークトパンター中隊の定数は14輌で「ラインの守り作戦」では本部へのヤークトパンター配備はⅣ号駆逐戦車が充てられている（一例として第655重戦車駆逐大隊本部はⅣ号戦車／70（A）を装備していた）。

本来はヤークトパンターの配備を終えているはずの第655重戦車駆逐大隊も含めて、4個中隊合計56輌のヤークトパンターがアルデンヌ地区に投入される計画だったものの、第655重戦車駆逐大隊はⅣ号駆逐戦車を装備する本部と第2中隊、第3中隊だけが前線に送られるなど、可動車輌の少なさと生産の遅れから他の大隊も同じような状況で、実際に作戦に投入されたのはたった27輌に過ぎなかった。

これらの各大隊の戦闘についての詳細は明らかではないものの、興味深い点としてはヤークトパンター中隊（可動車輌が少なくほんの数輌）がⅣ号駆逐戦車やⅢ号突撃砲を装備した第2中隊、第3中隊と分離して行動する傾向があったことだった。これは個々の戦闘が中隊規模で行われたことだけを示すのではなく、第559重戦車駆逐大隊のⅣ号駆逐戦車とⅢ号突撃砲がヤークトパンター中隊を残して前線から引き上げられるなど、重駆逐戦車中隊を他の突撃砲とは異なる性格の戦闘車輌とみなして分離使用する意図が、それぞれの大隊が隷属した上級司令部に存在していたことを示している。

しかし絶対数が少なく、小規模に分轄されたヤークトパンターの活躍記録はあまり残されていない。

ノルマンディー戦とアルデンヌのⅣ号駆逐戦車部隊

1944年8月、ノルマンディーの戦いは最終局面といえる「トータライズ作戦」でわずか20km足らずの強行突破を試みる連合軍とドイツ軍の間でカーン・ファーレーズ街道に沿った激戦が繰り広げられた。第12SS装甲師団ヒトラー・ユーゲント所属の第12SS戦車駆逐大隊（Ⅳ号駆逐戦車2個中隊、対戦車砲1個中隊）と第103SS重戦車大隊の残余が待ち構えていた。

8月7日22：00から2時間半にわたる重爆撃機による絨毯爆撃を準備砲撃の代りにしたカナダ軍の攻撃が開始され、カーン中心部から10kmほど南のガルセル・セクヴィーユで第12SS戦車駆逐大隊第2中隊のⅣ号駆逐戦車と戦闘に入り、中隊はシャーマン9輌を撃破したが包囲され、8日11：10に3輌を失いながら脱出した。直ちに反撃部隊として第1中隊のⅣ号駆逐戦車10輌が振り向けられ敵の側面を衝き戦車29輌を撃破、損害は1輌のみだった。激戦は8月10日の「トータライズ作戦」中止まで続いたがファーレーズは守り抜かれ、多くのドイツ軍部隊が包囲を免れてセーヌ河畔に脱出する道が確保された。

経験を積んで装備の良好な駆逐戦車部隊がほぼ教範通りに機動防御戦を展開した際の精強さを示した見本ともいえる戦闘だった。

しかし4カ月後のアルデンヌ高原ではその立場は逆転した。交通の要衝サン・ヴィトを目指す攻撃は進撃路の入口ともいえるエルゼンボルン峠地区のクリンケルト村付近で早くも停滞し、その増援に投入された第12SS戦車駆逐大隊のⅣ号戦車／70

1944年12月、「ラインの守り」作戦（アルデンヌ攻勢）におけるⅣ号戦車/70(V)。
第12SS装甲師団の所属車輌とされている

（V）は戦闘開始時にM4中戦車2輌を瞬時に撃破して前進したものの、アメリカ軍歩兵の粘り強い防御戦闘によって進撃を阻まれながら迂回路の無い地形を力押しする結果となって、大損害を蒙っている。強力な70口径砲と重装甲を誇るⅣ号駆逐戦車は少数のM4中戦車とM10戦車駆逐車の機動反撃と、アメリカ軍歩兵による勇敢過ぎる程の至近距離から発射される57㎜M1対戦車砲（イギリス軍の6ポンド砲）、そして側面を執拗に狙うバズーカ砲によって次々と撃破されて行き、クリンケルトは「戦車の墓場」と呼ばれた。カーン南方で展開された防御戦術が、雪の舞うアルデンヌ高原で今度はアメリカ軍によって再現されたのである。後年のアメリカ軍による研究ではエルゼンボルン峠地区の突破作戦は第12SS装甲師団に111輌の戦車と駆逐戦車の損失を強いたとされている。

東部戦線「春の目覚め作戦」でのヤークトパンター

1945年3月、首都ベルリンに迫るソ連軍の脅威から目を背け、ハンガリーで開始された「春の目覚め作戦」は戦争末期にヒトラーが犯した最大の愚行として批判される戦いだ。この反撃作戦のために西部戦線から引き上げられた第6装甲軍はアルデンヌの戦い以降も有効な戦力を残していた貴重な兵力だったが、それがハンガリーに投入されてしまったことは痛恨の出来事として回想される。

しかし、作戦そのものについて総合的に論評されることは少なく、個別の戦闘と末期戦を戦うドイツ国防軍に及ぼした影響に関心が偏る傾向が見られる。この作戦は第6装甲軍が準備も整わないままに応急的に投入された不完全で中途半端な攻勢との印象があるものの、現実にはドイツ軍のドクトリン通りの大規模反撃として計画、実行された本格的な突破作戦であり、疲れ果てた戦車集団の残余をすり潰した小さな戦いといった印象からは程遠い大規模反撃だった。

第6装甲軍は連合軍の空襲によりドイツ国鉄の輸送が麻痺しつつある最悪の状況下で、数百本の貨物列車によってハンガリーに輸送され、反撃作戦を援護するために準備されたドイツ空軍機は合計800機を超えていた。これは1945年3月という時期を考えると驚異的な作戦準備といえる。

そして情報を察知したソ連軍による防備も簡単なものではなかった。ドイツ軍が強力な装甲戦力を投入して来ることが判明していたため、防御線の構築は1943年7月のクルスクにも似たもので、予想される攻撃正面には広範囲な地雷原の設置と対戦車砲と戦車、自走砲数輌をまとめた抵抗拠点が無数に築かれていた。

攻撃に際してはソ連軍野戦砲兵の対砲兵戦を巧みにかわしたドイツ軍砲兵とロケット砲兵による集中射撃が行われ、ソ連軍の第一線陣地を破壊してドイツ軍の大規模攻勢が3月6日に開始された。

この戦いはドイツ軍による機動反撃というよりも、むしろクルスク戦の小規模な再現といった様相を呈していた。

そして第6装甲軍の放った攻撃の先頭には第560重戦車駆逐大隊のヤークトパンターの姿があったのだ。

「ラインの守り作戦」に参加した数少ないヤークトパンター部隊の一つである第560重戦車駆逐大隊は、この作戦で軍直轄の重戦車駆逐大隊として第12SS装甲師団ヒトラー・ユーゲントに増強配備されていた。攻勢が開始された3月6日未明の戦力はヤークトパンター6輌、Ⅳ号駆逐戦車

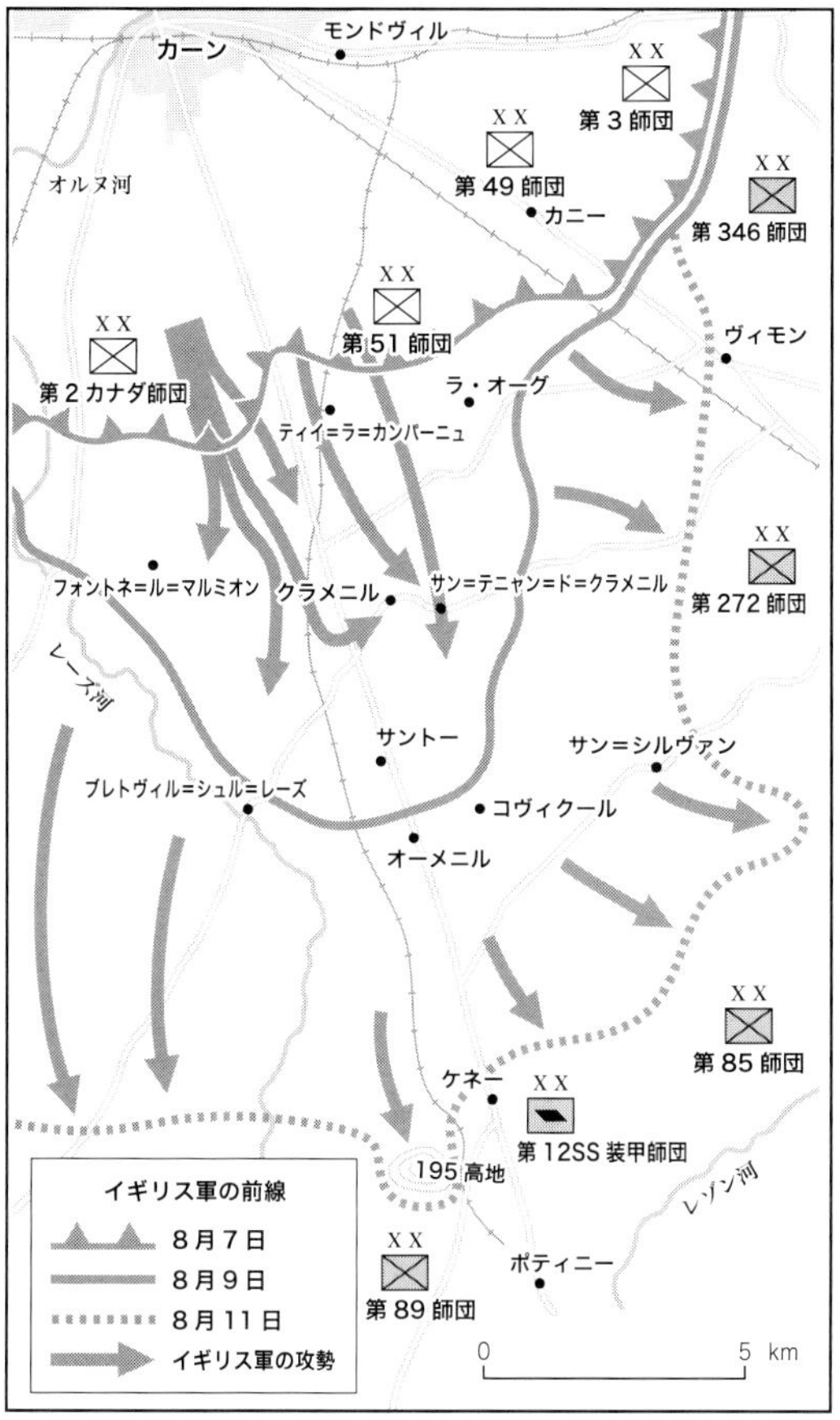

●トータライズ作戦

1944年8月8日、カナダ第1軍は「トータライズ」作戦を発動。カーンからファレーズへの突破を企図した作戦だったが、Ⅳ号駆逐戦車も装備した第12SS装甲師団の熾烈な防衛戦により次第に進撃は停滞し、ファレーズ占領には至らなかった。（図版／おぐし篤）

「春の目覚め」作戦でバラトン湖畔デグ村のソ連軍に対して、パンツァーカイル（楔形陣形）で突進する第560重戦車駆逐大隊。ヤークトパンターを先頭に、Ⅳ号戦車やヴィルベルヴィントが援護する形での奇襲は大きな効果を上げた

8輌とⅣ号戦車J型と2㎝4連装対空戦車数輌で、定数は満たしていなかったが、ヤークトパンターとⅣ号駆逐戦車合計14輌がまとめて攻撃の先鋒に組み入れられた点は注目すべきだろう。

攻撃開始後3日目となる3月9日、第560重戦車駆逐大隊はバラトン湖の東側にある小村、デグの北2㎞で停止し、デグのソ連軍への攻撃を準備した。その陣形は6輌のヤークトパンターが衝角となってⅣ号駆逐戦車、Ⅳ号戦車を率い、右翼に2㎝4連装対空戦車を側面援護に付ける形で、村に向かい停車も射撃もすることなく各車全速力で急突進することで奇襲効果を狙った。

この小さなパンツァーカイル陣形による奇襲は効果を上げ、ソ連軍は一旦、村から後退し、大隊は村の教会近辺で再集結を試みたところ、1輌のⅣ号戦車がSU-100によって奇襲され撃破された。さらに大隊の指揮を執るハンス・ジーゲルSS大尉のヤークトパンターも前面装甲に被弾した。弾丸は貫通しなかったが装備していた砲隊鏡が吹き飛ばされ、車内には破片が飛び散ったという。ジーゲル大尉は操縦手に後退を命じたがさらに第二弾が起動輪に命中し、ヤークトパンターは窪地に擱座（かくざ）してしまった。村の奪回を目指したSU-100部隊による逆襲が開始されたのだ。

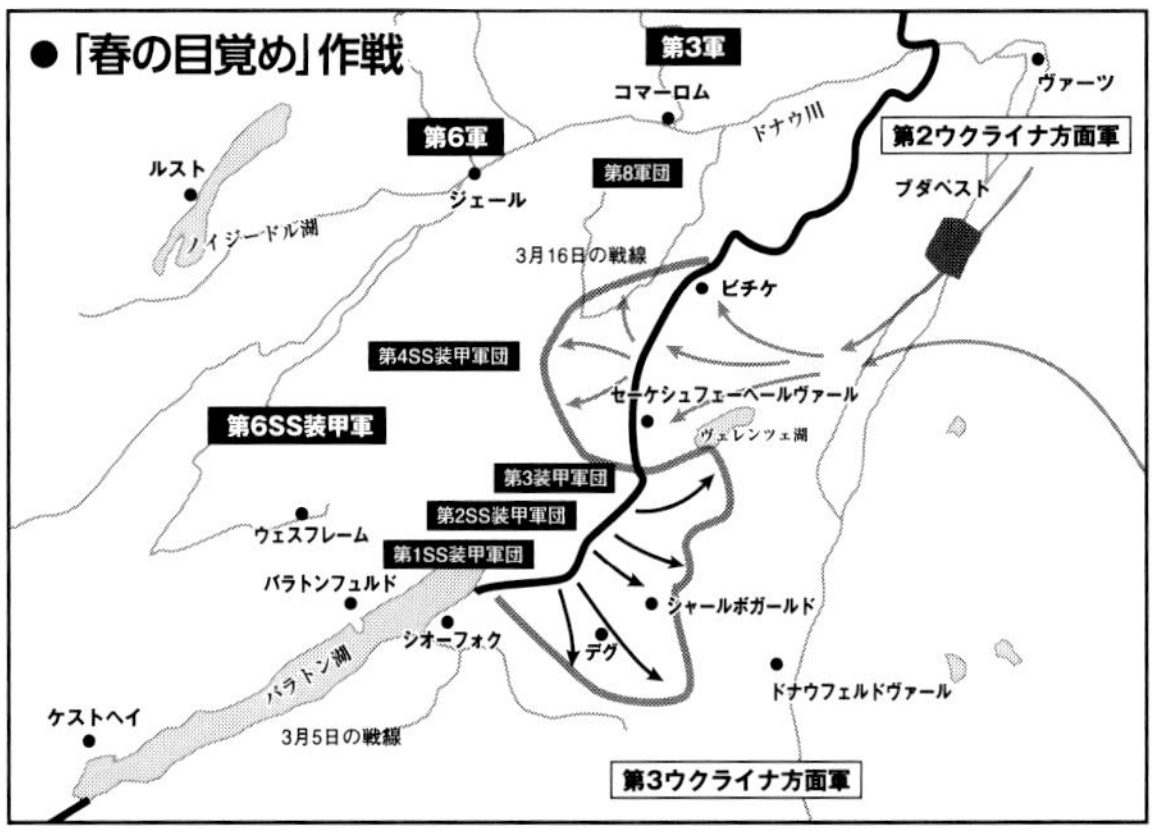

一旦は窮地に陥ったものの大尉は伝令のオートバイに乗り、村に向かい新たな車輌を率いてSU-100群に反撃を開始し、精密な砲撃によって12輌前後のSU-100を撃破した。その残余は村の南東に退却し、その際に2輌のSU-100が放棄されたが、村内にはまだ1輌のSU-100が潜み、村外に脱出を試みたところを2㎝4連装Ⅳ号対空戦車が50mの至近距離から連射を機関部に浴びせ、SU-100は炎上した。

デグの村は掃討され、ドイツ軍によって確保されたが、その周囲には広大な地雷原があり行く手を阻んでいた。午後にはドイツ空軍第Ⅳ航空艦隊が全力で航空支援を行い、600ソーティの戦闘爆撃機による空襲と共に村の南方のジオ運河を渡りシモントルニャの街に向けての進撃が再開されたが、順調な進撃はそこまでだった。

それからの一進一退の膠着状態を経て後退した第560重戦車駆逐大隊は、この戦場に於いて回収作業の遅れと作戦後期の燃料補給途絶によって大量のヤークトパンターとⅣ号駆逐戦車を放棄、爆破しなければならず、翌月にこうした不名誉な事態について調査が行われている。

「春の目覚め作戦」ではその最初の2、3日に限れば教範通りの戦術でヤークトパンターは有効に使用されていたが、同時に教範が警告している「戦闘任務達成後のヤークトパンターの引き上げ」は戦線の膠着によって時期を失し、整備と補給が途絶えた第560重戦車駆逐大隊には燃料切れと故障、破損による不動車ばかりが増えていった。強力な兵器であるがゆえに酷使される傾向が強いヤークトパンターの放棄と爆破は作戦失敗に伴う必然的な事態だったのである。

こうしてヤークトパンターが参戦した最後の組織的な大規模戦闘は終結した。

●「春の目覚め」作戦

ドイツ軍は1945年3月6日、ハンガリー東部のバラトン湖北方でソ連軍に対する攻勢をかける「春の目覚め」作戦を発動する。しかし、雪解けによる泥濘や攻勢を察知していたソ連軍の防戦により攻勢は停止、16日にはソ連軍のオーストリアへの攻勢が始まり、作戦は失敗に終わった。（図版／宮永忠将）

末期戦で健闘したⅣ号戦車／70（A）

戦争末期の1945年1月以降のⅣ号戦車／70（A）は装甲師団の装甲連隊だけでなく、一般歩兵師団の火力支援にあたる突撃砲旅団のⅢ号突撃砲を補強する目的で、各突撃砲旅団に1個小隊ずつ配備されるようになった。比較的小型で機動性に富み、機械的信頼性も高いⅢ号突撃砲も、ソ連軍のJS-2重戦車やT-34-85などの新型戦車に対して火力と装甲が不足気味となり、何よりも兵力的に圧倒的な劣勢を強いられる戦況がⅣ号戦車／70（A）の70口径7・5㎝PaK42による遠距離射撃を必要としたからだ。

こうした突撃砲旅団に所属するⅣ号戦車／70（A）の戦いの中である程度判明している戦例として、1945年4月18日の第111突撃砲兵教導旅団の戦いがある。

第111突撃砲兵教導旅団はその名の通り砲兵としての突撃砲部隊で、その戦術研究を一方の任務とする錬度の高い部隊だった。この旅団は東部戦線で孤立しつつあったブレスラウ南方へ、支援する第269擲弾兵師団と共に1945年2月12日に進出した。しかし運の悪いことにドイツ軍守備隊が立て籠もるブレスラウ周辺は2月15日に包囲されてしまった。ソ連軍の進撃によってブレスラウはソ連軍の後方深くに取り残された形となったが、必死の防御戦によって日ごとに狭まる攻囲の輪を跳ね除けて戦い、ブレスラウの英雄的な抵抗はナチスドイツ最末期の宣伝材料として大いに利用された。

この包囲都市を維持するため、弱体化したドイツ空軍は東部戦線の包囲都市の例にもれず、全力で空中補給を実施し、燃料、食料、弾薬を運び続けた。

第111突撃砲兵教導旅団もソ連軍との戦闘で損害が続き、残存する突撃砲6輌と他部隊の生き残り車輌を集成した「ブレスラウ駆逐戦車大隊」に編入され、この臨時集成部隊の一部となった突撃砲が4月18日に行われたソ連軍の攻撃に対しての反撃に投入されている。

レオ・ハルトマン曹長が搭乗するⅣ号戦車／70（A）に率いられた2輌の突撃砲（Ⅳ号駆逐戦車かⅢ号突撃砲かは不明）はハルトマン曹長が自らの偵察で察知したソ連軍の攻撃に出動した。オーベルトーア駅近辺でソ連軍の迫撃砲と野砲の射撃を浴び、その中で数輌のJSU-152部隊を発見した。

ソ連軍はすでに警戒配備についていた突撃砲（車種不明）2輌と戦闘を交えて後退させており、ドイツ軍突撃砲の存在が警戒されている状況下で戦いは後手に回っていたが、ソ連軍とドイツ軍の突撃砲同士の戦いでは幸運にもハルトマン曹長の発見が早かった。

ただちに徹甲弾が発射されJSU-152の先頭車輌を撃破し、遠距離からの連続射撃でさらに5輌のJSU-152を撃破したところでハルトマン曹長車の徹甲弾は尽きてしまった。

徹甲弾を撃ち尽くす程の射撃とは何発なのかは不明だが、Ⅳ号戦車／70（A）はⅣ号戦車／70（V）よりも30㎝ほど背が高く、車内容積にも若干の余裕がある

●ヴィスワ=オーデル攻勢

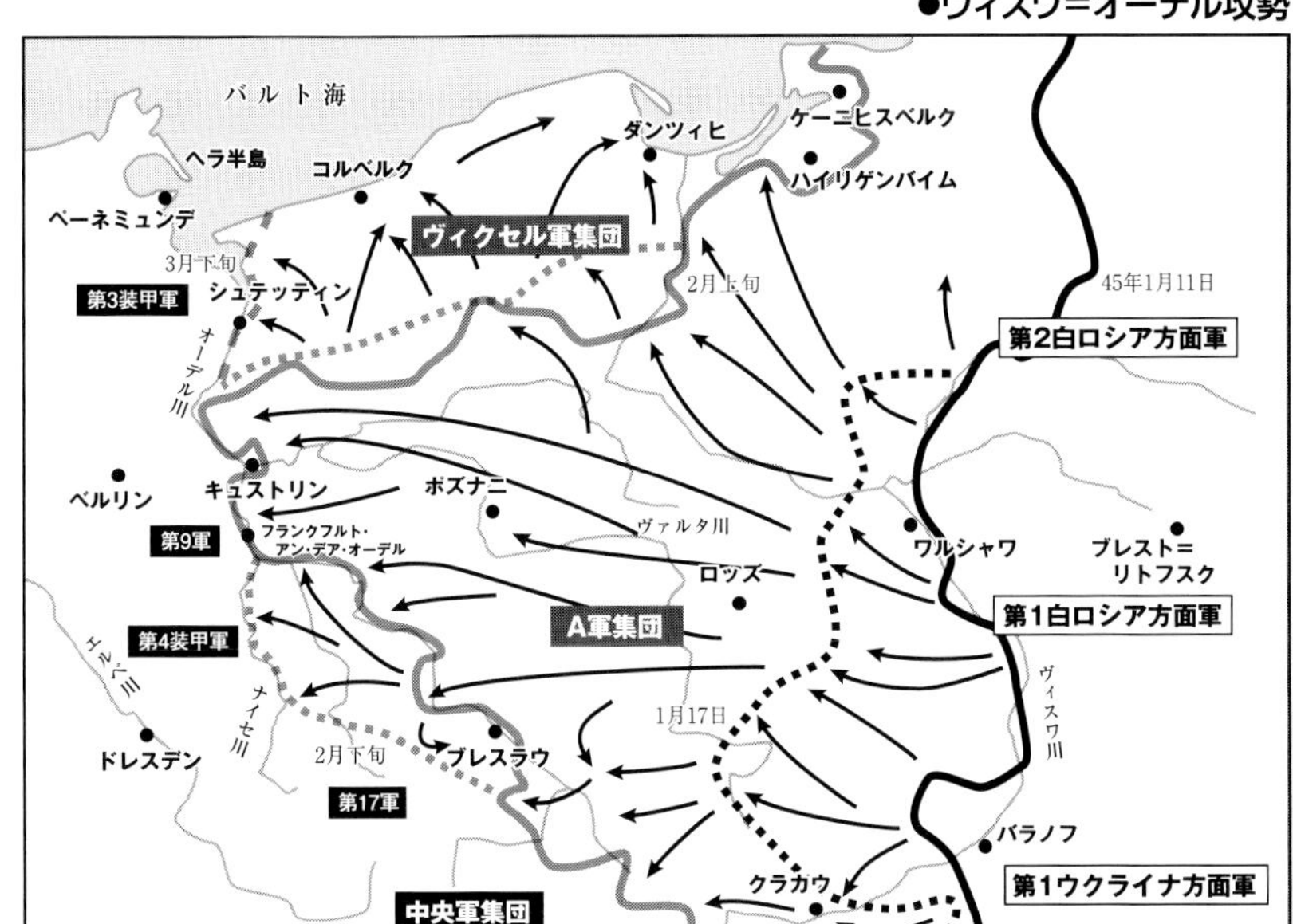

ソ連軍は1945年1月12日より冬季攻勢を開始。ポーランドのヴィスワ河からベルリン東方を流れるオーデル河河畔まで一挙に進撃した。2月15日に包囲されたブレスラウでは雑多な部隊が終戦まで抗戦を続けるが、その中でⅣ号戦車/70(A)の活躍も見られた。

ために搭載弾薬が55発から5発増えて60発となっており、通常その半数が歩兵支援用の榴弾で残りが対戦車用の徹甲弾で占められる。ハルトマン車が戦闘前に弾薬を満載していたかどうかは断定できないが、6輌のJSU-152を他の2輌の突撃砲と共に撃破するために最低20発は発射したのではないだろうか。

自車の砲隊鏡で敵を発見し、精密な射撃を連続して行って多数の敵を撃破するこの戦いは、いかにも教導旅団に所属する教官クラスの熟練した突撃砲兵らしい雰囲気がある。

先制攻撃に成功して大きな損害を与え、しかも先に後退させられた2輌の突撃砲が戦場に復帰して途中から戦闘に参加したため、ハルトマン曹長隊は戦場を離脱して弾薬補給に戻ることができた。このように優勢なソ連軍に押されて一度は退却した突撃砲が、特に命令を受けずに自主的判断/独断専行によって戦場に復帰した点は、末期戦の混乱の中であってもブレスラウ守備隊の士気の高さと強い義務感を感じさせる部分でもある。

戦闘に復帰した2輌の突撃砲はハルトマンが後退してからさらにJSU-152を5輌撃破したといわれるので、この2輌はⅢ号突撃砲ではなくⅣ号戦車/70(A)だったのかもしれない。弾薬を補給したハルトマン曹長は全車を掌握して反撃に移り、合計13輌のJSU-152またはJS-2、T-34-85を撃破し、ブレスラウの防御陣の危機を救った。

こうした守備隊の善戦健闘によってブレスラウはベルリン陥落後も維持され、ドイツ降伏まで陥落することが無かった。ハルトマン曹長に騎士十字章が授与されたのはヒトラー総統がベルリンの総統官邸防空壕内で自殺した4月30日で、このような状況下でも騎士十字章の叙勲が行われていたことは驚きでもある。おそらくは騎士十字章授与の電報文だけが本人に伝えられたと推定されるが、最後まで空中補給の努力を続けたドイツ空軍のユンカースJu52輸送機による夜間空中投下で弾薬、医薬品と共にハルトマン曹長ほかの勲章がブレスラウに届けられていた可能性もある。

射撃と駆け引きに熟練した乗員、適切な補給、部隊士気の高さと戦いに勝つための重要な要素が教科書のように並ぶ戦例であり、実際には少し割り引いて見なければならない部分も今後明らかになるかもしれない。しかしどちらにせよ、このブレスラウ郊外の戦いはドイツ駆逐戦車/突撃砲が戦争最末期に経験した数少ない「パーフェクトゲーム」の一つであることは間違いない。

ソ連軍に包囲されたブレスラウの防衛に最後まで奮闘した「ブレスラウ駆逐戦車大隊」のⅣ号戦車/70(A)。
中でも4月18日の戦闘では、レオ・ハルトマン曹長の指揮によって、ソ連軍戦闘車輌多数を撃破している

ヤークトパンター／Ⅳ号駆逐戦車 ランダムアクセス

ドイツ駆逐戦車の中で最もバランスのとれた性能のヤークトパンターとⅣ号駆逐戦車に、カメさんチームのヘッツァーに履帯を破壊されつつアクセスしてみよう！

文／古峰文三　図版／田村紀雄

ヤークトパンターの評価

同居する二つの評価

実車を使用して戦った部隊のヤークトパンターの評価には特徴がある。強力な武装と装甲に対する称賛があり、その一方で脆弱なメカニズムに対する怨嗟の声が上がるのが通例だ。

敵戦車が懐に飛び込んで来る前に遠距離で撃破できる8・8cmPaK43／3の威力を否定する者はなく、第二次世界大戦最強の対戦車砲であるこの砲に優るものは敵軍には存在しなかったからである。

敵戦車を2500mの遠距離から撃破するというヤークトパンターの戦術は机上の空論ではなく、ヤークトパンター部隊の指揮官と乗員たちが能力に富み、ヤークトパンターがまとまった数で戦闘に投入される限り現実になった。すなわち環境さえ整えば、腕の見せ所がある強力な戦闘車輌としてヤークトパンターは評価されている。

敵を撃てば自分も撃たれるのは当然のことだったが、ヤークトパンターの前面を護る80mmの傾斜装甲の評価も高い。この装甲はティーガーIよりも強力で、通常の戦闘距離で敵砲弾に貫通されることは無かった。待ち伏せたSU・100の100mm砲弾を被弾してもヤークトパンターの前面装甲は貫通されず、内部でリベットや破片が飛んだだけで助かった事例があり、前面装甲が敵の最新鋭戦車の砲弾に耐えられる程に強力であることは乗員たちの自信に繋がっていた。ただし至近距離で17ポンド砲や90mm砲、76mm砲の待ち伏せ射撃を受けた場合、ヤークトパンターの前面装甲が貫通されることがあったとの報告も存在する。

強力な前面装甲が高く評価される一方で、部隊からの報告では側面装甲は無敵とはいえず、敵に側面を曝したヤークトパンターは比較的容易に撃破されたと言われる。だが突撃砲形態の戦闘車輌が側面を敵に見せることは戦術的な失敗であり、側面を衝かれることは指揮官と乗員たちの恥でもあったことから、それが欠陥として指摘され、急ぎ改善を求められることはなかった。

このように戦闘能力に関してヤークトパンターの評価はきわめて高い。車長用のキューポラが無く、劣悪な視界から全員が自分用のペリスコープで各方向の見張りを担当しなければならない、突撃砲式の乗員の役割分担にも不満はあまり上がっていない。これはヤークトパンターの最初にして最後の完全編成大隊である第654重戦車駆逐大隊の基幹乗員たちが、前年までドイツ軍きっての厄介者であるフェルディナントに乗車していたことも手伝っているようだ。乗員が機関室前方の2名と戦闘室内の車長以下4名に分離されるフェルディナントに比べれば乗員5名（指揮車は6名）が同じ室内で協同するヤークトパンターの評判が悪いわけがない。

しかし、重量過大によって故障が頻発する変速機、ブレーキ、最終減速機はこの車輌の扱いを困難なものにした。操作は単純ながら、癖があり噛みつきやすい油圧アシストブレーキは扱いに熟練が求められるほか、変速機のギア選択もヤークトパンターの癖を熟知していなければギアの破損を招いた。

極めて少ない敵からの評価

数が戦闘に投入されることが少なかったヤークトパンターの存在を敵が気づく

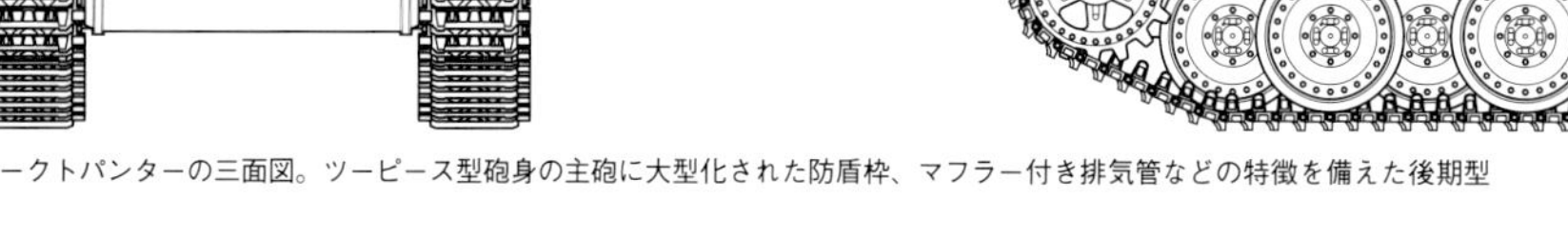

ヤークトパンターの三面図。ツーピース型砲身の主砲に大型化された防盾枠、マフラー付き排気管などの特徴を備えた後期型

のは、多くの場合戦闘後の遺棄車輌を発見してからだった。敵の兵士たちは鹵獲したヤークトパンターを見て、自分達がとんでもない敵と戦っていたことを知るのが通例といえた。その存在はノルマンディー戦以降、連合軍に知られてはいたが、連合軍側の認識は歩兵支援を第一の任務とする突撃砲で、旋回砲塔を持たないため射界が限られる弱点を利用せよ、と教育している。連合軍戦車はこうした指示通りに対突撃砲戦術を実行した。しかし連合軍のパンフレットはヤークトパンターの側面に回ることがどれだけの犠牲を伴うかは述べていない。

Ⅳ号駆逐戦車の評価

様相が変わった突撃砲の戦い

Ⅳ号駆逐戦車への乗員達の評価はおしなべて良好だった。Ⅲ号突撃砲よりも幾分広い車内は居住性をかなり改善し、乗員の疲労も少なく、何よりも前面に採用された80㎜の傾斜装甲は１９４４年当時ですら破格の性能を持つ、頼りになる盾だったからである。

Ⅳ号駆逐戦車に乗れば突撃砲に配備される場合より戦闘で生き残る確率が上がると予想できることは、この車輌の魅力だった。

48口径のＰａＫ39は遠距離での戦闘には向かなかったものの、通常の対戦車戦ではそこそこの威力があった上に、「ラング」と呼ばれたⅣ号戦車／70（Ｖ）が登場してからは遠距離での戦いも有利に進めることができ、ＪＳ-２を除く敵戦車すべてを遠距離で撃破できる性能は戦闘の組立ての自由度を増した。このためⅣ号駆逐戦車を装備した部隊から砲の強化が求められた記録は見つからない。その火力は大いに満足すべきものと考えられていたようだ。

そして、きわめて低い車高の車体前面から異様に長く突き出したＰａＫ42の砲身は、発射時に土埃を盛大に巻き上げて次弾の照準を妨げるだけでなく、自車の位置を暴露する上、路外を走行する際には砲口が地面と接触しないよう細心の注意を払う必要があったが、ＰａＫ42の砲身が長過ぎて機動性に問題ありとの報告も見当たらない。メリットとデメリットを比較してメリットの大きい大威力の砲には文句が出なかったとも考えられる。

Ⅳ号駆逐戦車が登場した１９４４年は突撃砲にとって大きな環境の変化があり、従来の歩兵支援任務に加えて圧倒的多数の敵戦車を相手に戦わざるを得なくなった状況の変化が、Ⅳ号駆逐戦車に対してⅢ号突撃砲のような小回りの利く高い機動性を求めなくなっていた一因なのかもしれない。アメリカ軍のＭ４中戦車やソ連軍のＴ-34に比べ明らかにアンダーパワーな車輌であるにも関わらず、不満が出なかったのはこうした環境の変化が影響しているようだ。

優れた整備性

ヤークトパンターが常に機械的な脆弱さに悩んでいた一方で、同じ独立大隊で活動することが多かったⅣ号駆逐戦車は対照的に可動車輌が多く、破損した部品の交換も容易だった。特に破損が多く、ドイツ軍戦車の補給部品として常に不足気味だった下部転輪の交換はパンター、ティーガーの複合転輪よりも遥かに容易で、トーションバーサスペンションよりも旧式な性能のサスペンションも、もし丸ごと交換する場合でも車体外側のボルトを外すだけで交換可能だった。こうした修理、整備に手間の掛からない車輌が乗員に嫌われることはない。

敵からの評価

アメリカ軍の敵戦車に関する情報パンフレットはⅣ号駆逐戦車も突撃砲も同じように扱い、砲塔の無いドイツ軍独特の形態を持つ戦闘車輌の弱点を衝くことを推奨している。具体的な情報が少なく、戦争の最後の数カ月に活動した「ラング」についても触れたものは少ない。

しかし、旋回砲塔を持たない低姿勢の駆逐戦車であるⅣ号駆逐戦車のコンセプトを受け継いだ直系子孫といえる、戦後のドイツ連邦軍が採用した90㎜砲装備のＪｐｚ.４-５、通称「カノーネ」に対してのアメリカ軍の評価が面白い。１９７０年代にドイツ国内で行われた対抗演習「リフォージャー」に於いて、ドイツ軍兵器の中で特徴的な存在であるＪｐｚ.４-５が、「極めて低姿勢で発見が非常に困難なドイツ軍駆逐戦車」という厄介な敵として評価され、報告されているのだ。まるで１９４４年のノルマンディーから送られた戦訓報告に見紛うような内容が１９７０年代になされている点は、Ⅳ号駆逐戦車のコンセプトが戦後にも通用したことを示している。

駆逐戦車のコスト

ヤークトパンターとⅣ号駆逐戦車の生産コストは判明していない。

それぞれの車輌のユニットコストがどれだけのものだったかは推定に頼るしかないものの、ある程度の材料は存在する。例えば24口径短砲身の７・５㎝戦車砲装備Ⅳ号戦車の生産コストは武装込みで11万８０００ライヒスマルクだったとの資料がある。また長砲身のＨ型では13万５０００ライヒスマルクだったともいう。これに対してパンターのユニットコストは11万７０００ライヒスマルクだったとも言われる。Ⅳ号戦車は意外に高価な車輌だったようだ。

原材料の総重量はパンターの場合、１輌あたり82トンの材料を必要とし、そこから切り取るなり、機械加工で切削するなりで戦車１輌を完成して11万７０００ライヒスマルクで、Ⅳ号戦車は39トンの原材料を加工して戦車１輌に仕上げて11万８０００ライヒスマルクだったとされるので、旧世代の戦車は原材料の無駄は少ないものの工数がかかり、その結果、コストが嵩んでいることが想像できる。厚い装甲板にホゾを組んで溶接した箱組み車体のパンターは原材料に無駄が出るものの、加工自体は比較的単純で結果として１輌あたりのコストはⅣ号戦車とあまり変らない。これは単純な面構成のパンターと複雑な形状のⅣ号戦車の外観を比較すれば納得しやすい。パンターは重量の割には安価な戦車だったのである。

それでは旋回砲塔という複雑な機構を持たない突撃砲、駆逐戦車といった車輌のユニットコストは車台を流用した原型の戦車に比べてどれだけ変わるものだろうか。

ヤークトパンターとⅣ号駆逐戦車についての資料は見つけられなかったが、Ⅲ号戦車とⅢ号突撃砲のユニットコストの比較は資料が存在した。Ⅲ号戦車Ｍ型の１輌あたりのコスト10万３１６３ライヒスマルクに対して、Ⅲ号突撃砲のユニットコストは８万２５００ライヒスマルクで約８割のコストで製造されていたようだ。こうした事例を参考に推測すると８・８㎝ＰａＫ42という高価な砲を搭載しながらも、ヤークトパンターの製造コストは原型の11万７０００ライヒスマルクを超えることは無かったのではないかと考えられる。同じようにⅣ号戦車／70（Ｖ）についても原型の11万８０００ライヒスマルクの９割程度で製造できたのではないだろうか。さらに製造が容易なⅣ号戦車／70（Ａ）ではもう少し低コストで製造されていた可能性もあるだろう。

写真解説／ミリタリー・クラシックス編集部

写真で見る ドイツ駆逐戦車 in 博物館

このページでは、博物館に展示され往時の姿を偲ばせるドイツ駆逐戦車の貴重な現存車輌、復元車輌を写真とともに紹介しよう。

ヤークトパンター

フランスのソミュール戦車博物館に展示されているヤークトパンター「黒の123」号車。1944年4月にMIAG社で生産された車輌で、現存するヤークトパンターの中では最も初期に生産されたもの
写真／Alan Wilson

イギリスの帝国戦争博物館に展示されているヤークトパンター。1944年9月のベルギーでイギリス軍により鹵獲された第559重戦車駆逐大隊の所属車で、車体にはツィンメリット・コーティングと二色迷彩が施されている
写真／Ekem

Ⅳ号駆逐戦車シリーズ

(下)フランスのソミュール戦車博物館に展示されていたⅣ号駆逐戦車。この車体は後にドイツのムンスター戦車博物館に移管された　写真／Alf van Beem

(上)フランスのソミュール戦車博物館に展示されているⅣ号戦車/70 (A)。1944年12月に自由フランス軍第3歩兵師団「アルジェリア」により鹵獲され、戦後もフランス軍で短期間運用されていた車体。車体前面右側に戦闘による損傷の跡が残されている　写真／Alf van Beem

ヘッツァー

米マサチューセッツ州にあるアメリカ遺産博物館に展示されている38(t)式駆逐戦車ヘッツァーの右前面のクローズアップ
写真／Joshbaumgartner

ドイツのムンスター戦車博物館に展示されている38(t)式駆逐戦車ヘッツァー。車体左前面に第272戦車駆逐大隊第2中隊のマーキングが描かれている　写真／Huhu

ドイツ駆逐戦車完全ガイド

軽駆逐戦車ヘッツアー編

1945年3月、ドイツ本土のボンメルンの戦場で擲弾兵たちと共に敵を待ち伏せる第6戦車駆逐大隊のオットー・アンゲル軍曹が車長を務めるヘッツァー。アンゲル軍曹は38輌の敵戦車を撃破した戦車エースで、その功績により騎士鉄十字章を受章している。ヘッツァーは16トンという小型軽量の車体に長砲身7.5cm戦車砲を装備した戦時急造の簡素な駆逐戦車だったが、第二次大戦末期に東西両戦線で防御戦闘に投入され、少なくない戦果を挙げている。

イラスト／佐竹政夫

38(t)戦車を元にして多数の戦闘車輌が生産されたが、その中でも最強と言えるのが16トンの小さな体に長砲身7・5cmを搭載し、防御力も高い駆逐戦車ヘッツァーである。ヘッツァーの車台は厳密には38(t)とは異なるため、純粋な派生型ではないが、38(t)ファミリーの一人であると言える。ヘッツァーは1944年7月から実戦部隊への引き渡しが開始され、独立して運用される戦車駆逐大隊、そして師団の戦車駆逐中隊に配備された。

ヘッツァーは敗色濃厚な東西両戦線で奮戦するが、その中でも有名なのが、大戦最末期にベルリン防衛戦で活躍した「千夜一夜」装甲旅団のヘッツァーである。「千夜一夜(1001ナハト)」は大戦最末期に、国防軍、武装SS、帝國労働奉仕団などを寄せ集めて編成された装甲部隊で、指揮官は歴戦のグスタフ=アドルフ・ブラブワ少佐だった。主力であるSS第560戦車駆逐大隊は、第1〜3中隊がヘッツァー、第4中隊がⅢ号突撃砲を装備、第5中隊は降下猟兵中隊で構成された。奇妙な名称は千夜一夜物語(アラビアンナイト)から取ったものとされる。

1945年3月、ソ連軍はベルリン東方のオーデル川にある要塞都市キュストリンを包囲。最後の砦であるキュストリン要塞を救出するため、ドイツ第9軍は23日に反撃を開始する。26日までに緊急編成された「千夜一夜」も解囲作戦に参加。SS第560戦車駆逐大隊のヘッツァーとⅢ号突撃砲は49輌の全力をもって、歩兵390名とともに、27日の真夜中2時に進撃を開始する。強大な敵部隊に闇夜にまぎれて襲い掛かり戦果を挙げた「千夜一夜」であったが、明け方を迎えると撤退せざるを得なかった。「千夜一夜」はJS-2重戦車5輌、T-34中戦車8輌、KV重戦車5輌などを撃破したが、自らも5輌が全損、20輌が損害を受け、戦死者は83名を数えた。そして第9軍の反攻は頓挫し、3月31日にキュストリン要塞は陥落した。

撃破したT-34-85の横を、リモコン操作の機関銃を撃ちながら進撃するSS第560戦車駆逐大隊のヘッツァー。援護するのはSS第600降下猟兵大隊から派遣されていた降下猟兵たち。手前の降下猟兵はFG42降下猟兵銃とパンツァーファウストを、奥の降下猟兵二人はStG44突撃銃とパンツァーシュレッケを装備している

画／佐竹政夫

ヘッツァー

「千夜一夜」装甲旅団

1945年3月　キュストリン要塞解囲戦

「千夜一夜」はこの後もベルリン防衛のため敢闘。敵戦車を待ち伏せで多数撃破し、ヘッツァーが数輌に消耗するまで戦い抜き、5月1日にベルリン北方で全車が爆破、乗員たちは脱出した。「千夜一夜」のヘッツァーたちは、はるかに大きな敵戦車にも怯まず粘り強く戦い、局地的には性能差を覆す勝利を挙げている。戦時量産型の簡易戦車たるヘッツァーの面目躍如であった。

猟犬の咆哮がオーデル河畔の闇に響く!
千夜一夜（アラビアンナイト）、キュストリンを救出せよ!

ヘッツァー実戦塗装図集

図版／田村紀雄
解説／編集部

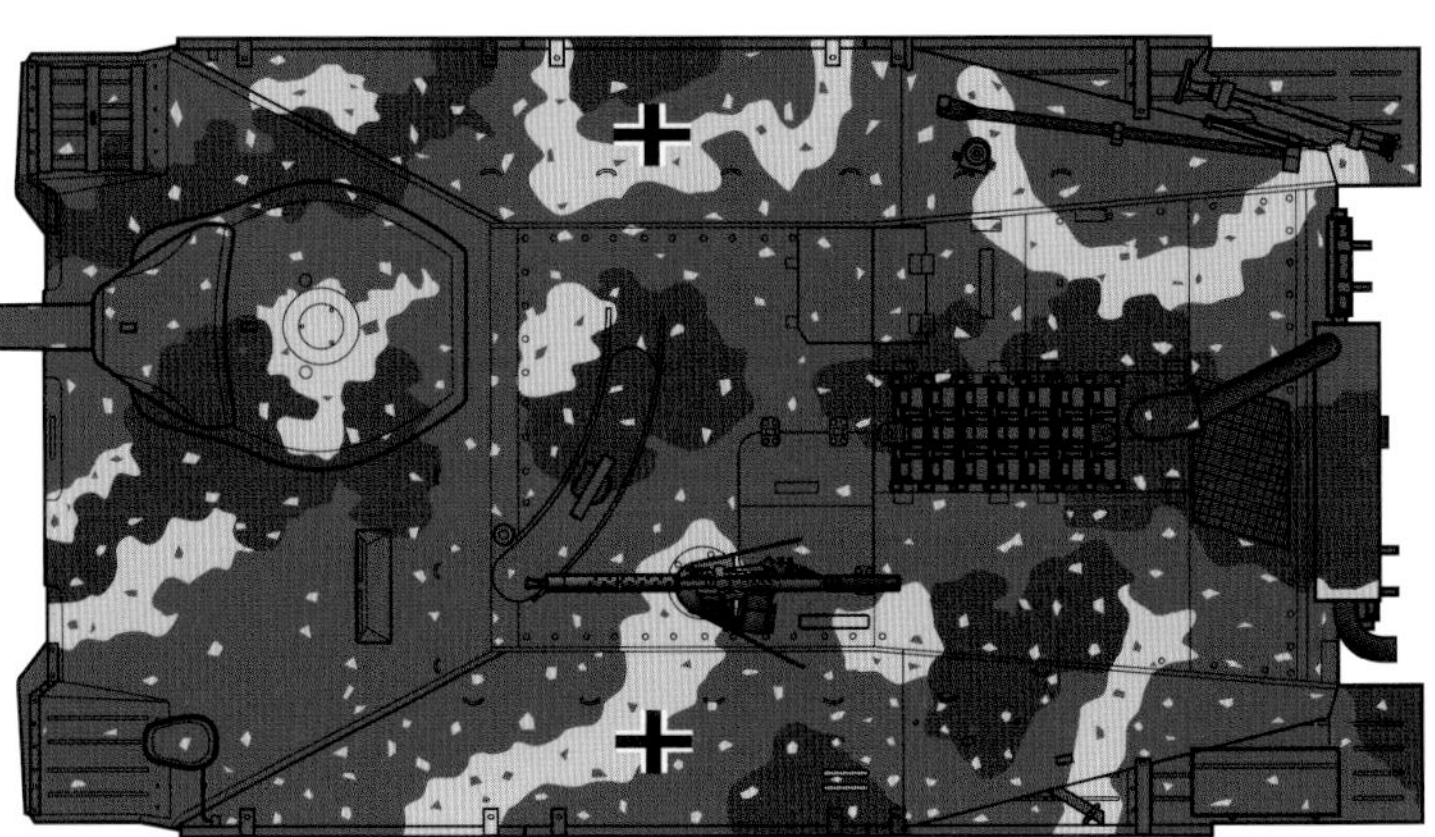

ヘッツァー
第17軍所属

図は「光と影」迷彩のヘッツァー。ヘッツァーはチェコのスコダ社とBMM社で生産され、迷彩も工場で施されたが、メーカーにより迷彩パターンは異なっていた。1945年5月、チェコ

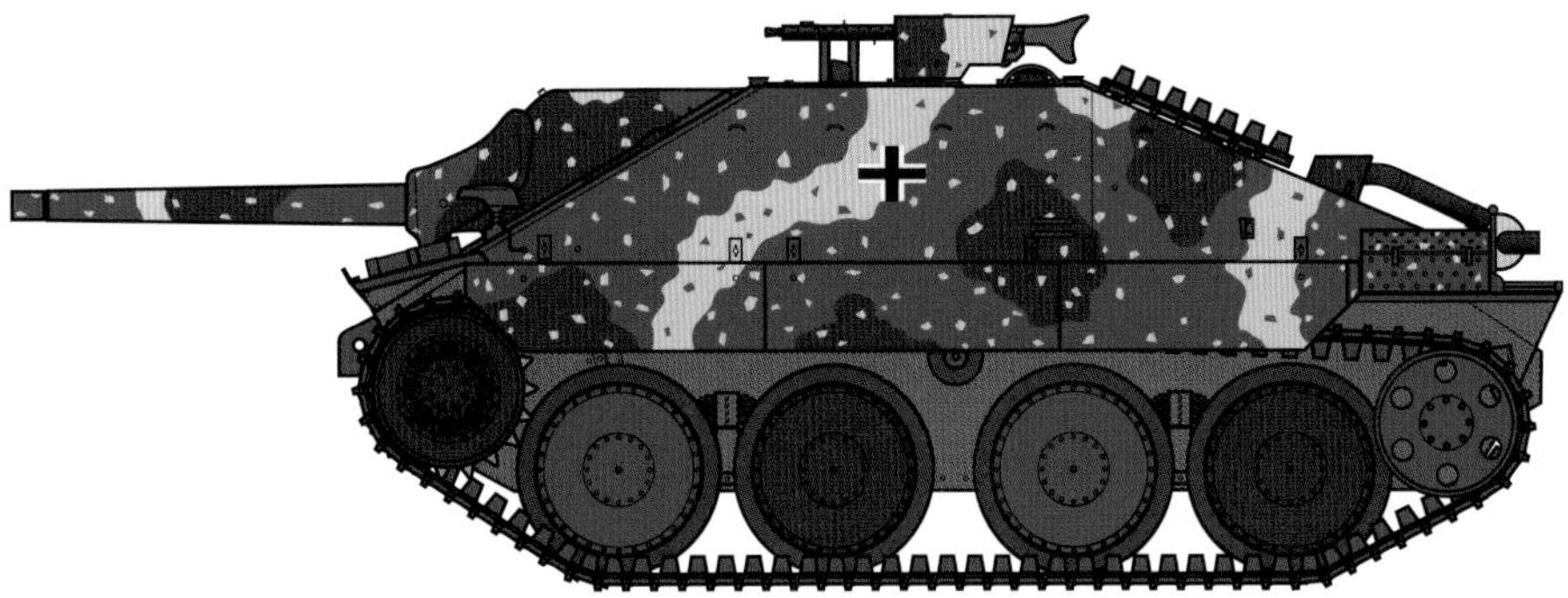

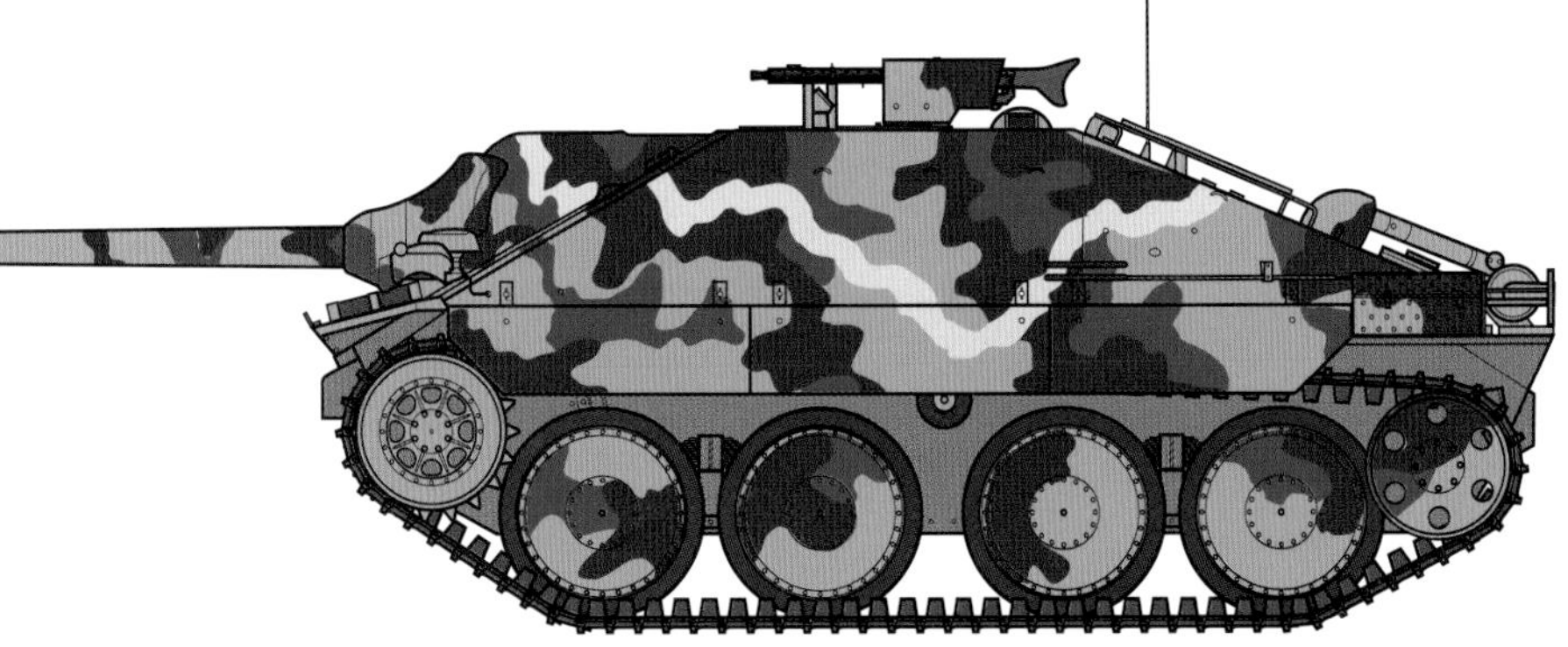

ヘッツァー
対戦車大隊所属

詳しい所属部隊は不明ながら、歩兵師団の対戦車大隊に所属したヘッツァー。塗装は一般的な三色迷彩だが、車体側面に蛇行した白い帯が入っている。1945年春、ハンガリー

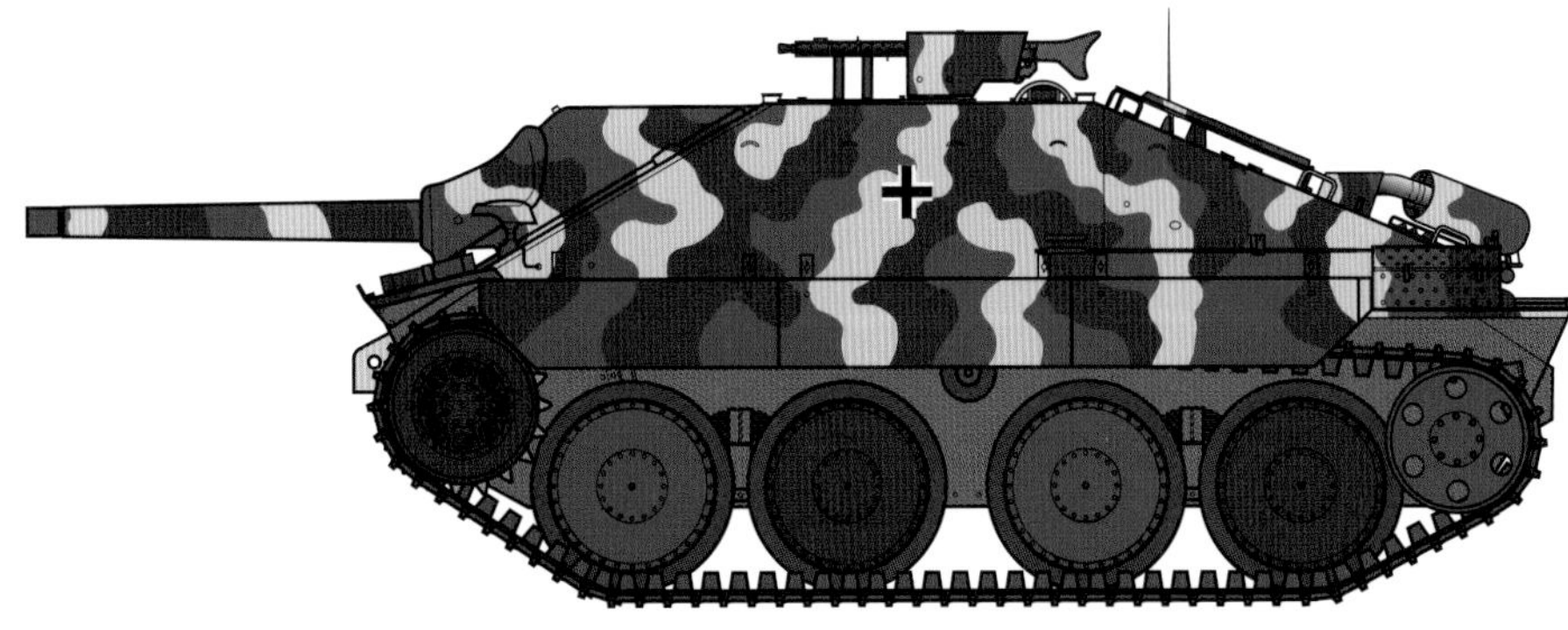

ヘッツァー
第6戦車駆逐大隊所属

三色迷彩が施された第6戦車駆逐大隊のヘッツァー。同大隊にはヘッツァーでソ連戦車12輌を撃破したオットー・アンゲル軍曹も所属していた。1945年、ドイツ国内ポンメルン

大戦末期に大量生産された軽量小型の狩人

38(t)式駆逐戦車 ヘッツァー

文/宮永忠将　図版/田村紀雄

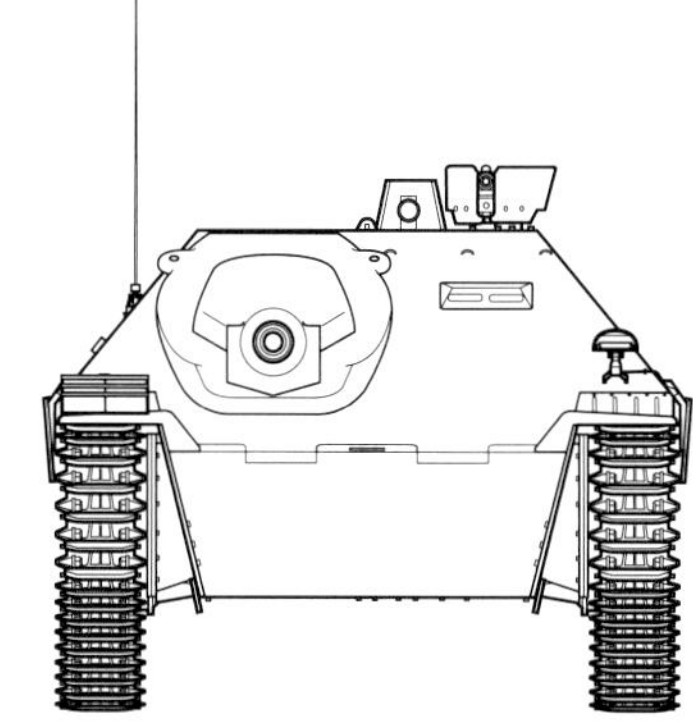

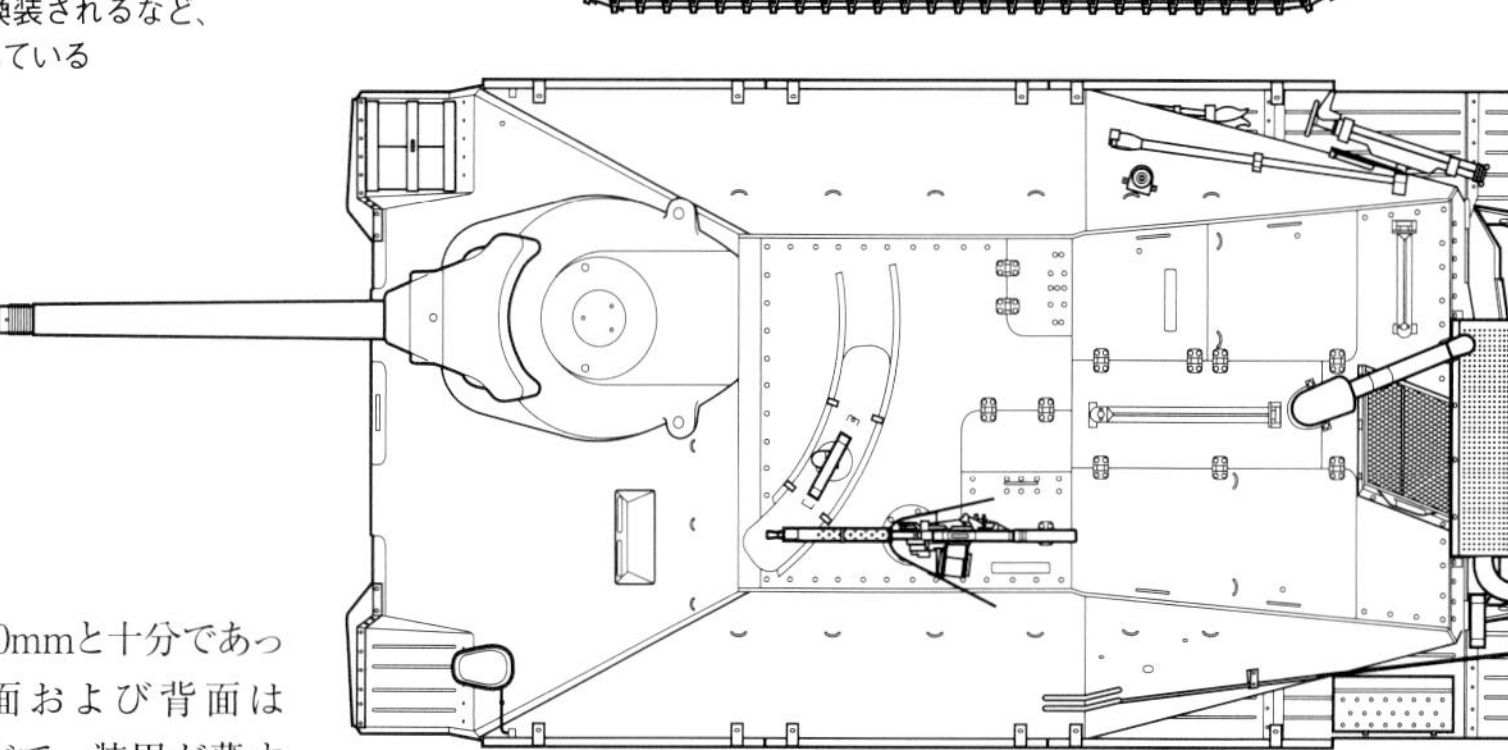

38(t)式駆逐戦車ヘッツァー
中期生産型のヘッツァー。ザウコフ防盾が軽量化型に換装されるなど、各部に改良が施されている

1943年7月のクルスク戦で、ドイツ軍はソ連軍に痛打を与えたものの、自軍の戦車部隊の消耗も激しく、以降、東部戦線では完全な防勢となった。ドイツでは戦車の増産を急ぐとともに、戦車より低コストで生産性が高い対戦車自走砲や突撃砲にも力を入れて、戦車の不足を補おうとした。

この時、突撃砲の主力として期待されていたのが48口径7.5cm砲を搭載したⅢ号突撃砲であったが、同年11月26日に主力生産工場のアルケット社ベルリン工場がイギリス軍の戦略爆撃を受けて麻痺状態となった。

生産力の低下を補うため、ドイツ軍最高司令部はチェコのBMM社に目を付けたが、同社ではⅢ号突撃砲の製造は困難であり、代わりに38(t)戦車をベースとしながら、PaK39 48口径7.5cm砲を装備可能な軽駆逐戦車案を提案した。ちなみに、この軽駆逐戦車が公式に「ヘッツァー」(狩猟の勢子)と呼ばれるようになったのは1944年末のことで、すでに兵士の間で使われていたあだ名を採用したものだという。

ヘッツァーはまず、小さな車体になるべく大きな戦闘室を確保するため、Ⅴ号駆逐戦車ヤークトパンターと同じように車台と一体化する密閉式戦闘室を採用していた。一般的にヘッツァーは38(t)戦車の改造型と理解されているが、PaK39の大きめの砲尾と乗員4人を収容するために車台の幅は38(t)戦車より34.8cmほど広げられている。

良好な傾斜装甲により優れた防御力が予想されたが、車体正面こそ角度60度、厚さ60mmと十分であったが、側面および背面は20mmほどで、装甲が薄すぎて傾斜の効果はなかったと言われている。

エンジンはプラガ製AC2800を搭載、転輪は通常型より大きい直径825mmの転輪を使用していたが、戦闘重量が予定より3トン重い16トンとなったため、最大速度は時速42kmに留まり、時速60kmを目指すという当初の目標にはまったく届かなかった。

主砲のラインメタル製PaK39 48口径7.5cm砲は、Ⅳ号駆逐戦車F型が装備したものと同じもので、砲口初速750m/秒、通常の徹甲弾を使用した場合の装甲貫徹力は距離1,000mで85mm、タングステン弾芯弾であれば同じ条件で97mmまで貫徹力がアップした。また成形炸薬弾も使用可能で、この場合、装甲貫徹力は距離に関係なく100mmが期待できた。ただし成形炸薬弾は初速が450m/秒と遅く、遠距離では命中率が著しく低下した。

ヘッツァーにかかるドイツ軍の期待は大きく、1944年1月には設計と木製モックアップが完了し、3月には3輌の試作車輌が完成する運びとなっていた。しかし戦況逼迫のおり、1945年3月までに月産1,000輌が命じられ、スコダ社も加えての大増産計画が組まれている。

BMM社では試作車に続き、1944年4月から量産体制を軌道に乗せて、最終的に2,000輌以上を製造している。また、途中参加のスコダ社も780輌あまりを製造した。

1944年以降のドイツ軍においてヘッツァーは主力兵器の一角を占める存在であり、生産期間の短さを考えれば2,800輌以上を完成させたことは特筆に値するだろう。

38(t)式駆逐戦車ヘッツァー

重量	15.75t	全長	6.27m
全幅	2.63m	全高	2.17m
エンジン	プラガAC2800 6気筒液冷ガソリン		
最大出力	160hp	最大速度	42km/h
行動距離	177km		
武装	PaK39 48口径7.5cm対戦車砲×1、MG34またはMG42 7.92mm機関銃×1		
最大装甲厚	60mm	乗員	4名

1944年6月生産の初期生産型。防盾が大きく車体前部重量が過大となったため、後の生産型で軽量化が図られている

同年11月生産分のヘッツァー。車体前面左側(向かって右側)の操縦手用視察口には鋼製カバーが取り付けられていたが、この頃から鋳造製の保護部品に変更されている

35(t)／38(t)戦車とヘッツァー

開発の経緯と生産体制

文／白石光（戦史研究家）

本稿では、"出身国"たるチェコがドイツに併合される以前の時期にまで遡って、35(t)戦車と38(t)戦車の開発の経緯について解説する。また、ドイツによる併合後の生産体制、大戦後期に駆逐戦車ヘッツァーとして生まれ変わる過程についてもあわせて紹介する。

工業先進国だったチェコ

今回ご紹介するLTvz.35（ドイツ軍名称：Pz.Kpfw.35(t)）とLTvz.38（ドイツ軍名称：Pz.Kpfw.38(t)）シリーズは、第一次大戦と第二次大戦の狭間、いわゆる戦間期に開発された戦車である（ただし後者の本格的量産は第二次大戦勃発後だが）。この両車種については、当時の「戦車先進国」の一国として知られるドイツによって本格的に実戦使用されたため、いわば「本当はすごいことなんだ感」をあまり感じていない読者諸兄も多いのではないだろうか。だがご存じのごとく、その開発と生産はドイツではなくチェコスロヴァキアで行われたのであり、実はこれこそが「すごいこと」なのである。

というのも、ライセンス生産やコピー生産のようにただ戦車を真似て造るだけでなく、設計起こしから始めて開発と生産、それも量産にまで持ち込んだうえで、完成した車輌を実戦に投入できた国は、第一次大戦中ではイギリス、フランス、ドイツというヨーロッパの列強国だけであったからだ。その後、戦間期に入るとアメリカ、ソ連、イタリア、日本といった、やはり世界の列強が戦車の国産化を果たす。

このように、今日でたとえれば多発大型ジェット機や潜水艦を設計段階から国産できるような工業技術先進国、すなわち列強国でなければ、当時は戦車の国産化が難しかったのである。ところが、かような事情がありながらもスウェーデンとチェコスロヴァキアは、列強には数えられない国にもかかわらず、戦間期に独自の戦車を開発して量産にまで進めている。

とはいうものの、スウェーデンの場合は、ヴェルサイユ条約によって厳しい軍備制限を課せられていたドイツが自国の戦車技術維持の目的で、同国にいわば「疎開」させたテクニカル・ノウハウの影響がきわめて大きいので、完全な国産とは言い切れない。

ところがチェコスロヴァキアの場合は、もちろん前段階としてフランス製のルノーFT17やイギリス製のカーデン・ロイドMk.VI（3輌をライセンス生産権とともに購入）を輸入して軍に装備し、それらを通じて整備や運用、さらにカーデン・ロイドMk.VIに関しては独自改良型vz.33の開発と生産も行った下地があるとはいえ、当時の世界水準を超えた優秀戦車といっても過言ではないLTvz.35とLTvz.38を独力で開発したうえで量産にまで至っているのだ。

実はこのようなことが実現できたのも、農業主体のスロヴァキアに比べて、チェコではオーストリア・ハンガリー帝国時代に産業革命が進み、両車種が開発された1930年代には世界第7位の工業国となっていたからである。

「ブルーノ銃」として知られる拳銃から機関銃までの各種小火器類や、「スコダ砲」として知られる各種火砲などがその証左といえよう。しかも、それらは高性能で価格も適正だったので、輸出やライセンス生産権の販売も好調であった。

ちなみに、スロヴァキアはスラブ系の血が濃い地域であり、チェコはゲルマン系の血が濃い地域であることも、前者が農業に強く、後者が工業に強いことの原因になっているのではないかという考え方もあるようだ。

LTvz.35とLTvz.38は、チェコにこのようなバックグラウンドがあったからこそ誕生した車種であり、しかもドイツ軍もその性能を評価、主力戦車の一部として自軍に組み込むという、戦車先進国の目で見ても十分に及第点を付けられるスグレモノだったのである。

35(t)戦車の開発

スコダ社とCKD社の因縁

チェコは自国の優れた工業力をバックグラウンドとして、当時の中堅国家としては珍しく、第一次大戦直後から陸軍の機械化に積極的に取り組んでいた。特に戦車の自主開発には熱心で、既述したごとく輸入したルノーFT17の配備に続いてカーデン・ロイドMk.VIをベースにCKD社が独自改良したvz.33の開発と生産（総計74輌）を1933年に行ったが、いかんせん、同車のチェコ軍における区分は軽偵察戦車（タンケッテ）であった。

そこで、これに続くCKD社製LTvz.34が翌34年に生産された（総計51輌）。チェコ軍における区分は騎兵戦車（軽戦車）で、同車はカーデン・ロイド系サスペンションの拡大版を備え、全周旋回砲塔に37mm戦車砲1門と7.92mm同軸機関銃1挺、車体にも同機関銃1挺を装備。火力では当時の世界水準を満たしていたものの、一方で、装甲の薄さが問題となった。

だが1933年1月30日にドイツでヒトラー内閣が成立してヨーロッパの緊張が高まったため、チェコは自国軍備の改善と強化にいっそう努力を傾けた。そして1934年には、新型戦車が求められることになった。これは陸軍の軍備と兵力の検証に基づく要求で、vz.33やLTvz.34よりも強力な戦車を配備する必要性があると判断された結果である。

かくて1934年末、陸軍当局は国内の二大重工業メーカー、すなわちスコダ社、CKD社、

7輌が購入されたチェコスロヴァキア軍のルノーFT17

ヴィッカーズ7.7mm機関銃を装備したカーデン・ロイドMk.VI。カーデン・ロイド・シリーズの最終型ともいえるタイプで、チェコスロヴァキアも本車をライセンス生産権とともに購入した

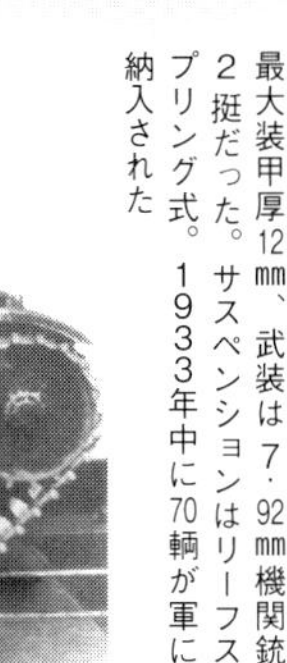

チェコスロヴァキア軍のvz.33。本車はカーデン・ロイドMk.VIをCKD社が独自に改良した車輌で、重量2.3トン、最大装甲厚12mm、武装は7.92mm機関銃2挺だった。サスペンションはリーフスプリング式。1933年中に70輌が軍に納入された

vz.33に続いて軍に採用されたCKD社製LTvz.34軽戦車。重量7.5トン、最大装甲厚15mm、武装は37mm砲1門、7.92mm機関銃2挺だった。サスペンションはvz.33と同様のリーフスプリング式だが、やや大型化されている。最初の車体は1934年4月に実戦部隊に引き渡された。生産数は試作車（P-IIと呼ばれた）を含め51輌

タトラ社に対して、要求仕様を満たす試作戦車の開発を命じた。その結果、この試作戦車の競作は、まさにCKD社とスコダ社の対決の様相を呈することになった。

　というのも、かつてのチェコにおいては、スコダ社は兵器全般の開発と生産を一手に担ってきた感のある総合兵器メーカーだったが、vz.33とLTvz.34がともにCKD社の製品であったように、こと戦車に関してはCKD社の後塵を拝する状況となっていたからだ。

　この状況を打開しようと、スコダ社は試作車の性能の良し悪しでの勝負のみならず、開発開始前には商売敵のCKD社に対し、どちらの試作車が採用されたにしても、その生産を両方の会社で行うという話をまとめた。さらに競合審査の段階でも、政界や軍上層部に対し、スコダ社はチェコ屈指の大企業という立場での影響力を行使した。

　このようなスコダ社のなりふり構わぬ動きに対して、CKD社も相応の活動を展開した。自社の試作車が採用されるように、スコダ社と同じく政界と軍上層部を誘導したのだ。

　実際のCKD社の試作車はP-II-aと命名され、スコダ社の試作車よりも先に軍が受領。同車は同社の前作であるLTvz.34をベースに大幅な改良を加えたもので、やはりカーデン・ロイド系の流れを汲む足回りが用いられていた。また、車体や砲塔のデザインに関しては、のちに同社が開発し量産されることになるLTvz.38に酷似しており、LTvz.38から見れば前作となるこの時点で、すでにデザインの基礎は完成していたといえる。

　一方、スコダ社の試作車はS-II-aと命名され、P-II-aよりもやや遅れて軍に納められた。そして両車が出揃った1935年6月に性能比較や耐久性の試験が徹底的に行われ、その結果を受けて同年10月30日、スコダ社試作車S-II-aが軽戦車LTvz.35として制式採用となった（※1）。もっとも、既述の政界や軍上層部を巻き込んだ両社間の暗闘も、この制式採用劇にかなり影響したというのが実情といえそうだが。

　LTvz.35は1935年10月30日の制式化と時を同じくして、チェコ陸軍から160輌の生産を受注した。ちなみに既述した相互生産の話し合いの結果として、この160輌に関してはスコダ社とCKD社がそれぞれ80輌ずつを生産している。さらに1936年5月12日に35輌の第二次発注、その1カ月後に103輌の第三次発注が行われ、チェコ陸軍が発注した計298輌は全数が完成している。

　ほかにルーマニアが1936年8月に126輌を発注したが、同車にはR-2の名称が与えられた。そして1938年末までに全数が納入されている。またアフガニスタンも1940年に10輌を発注したが、これがLTvz.35シリーズの最後の受注で、T-11と称された。当初、チェコを治めていたドイツはこの注文を認めたが、のちの国際情勢の変化により、この10輌はブルガリアに供給された。

　このように、LTvz.35シリーズは外国からの受注も合わせて計434輌が1935年から1940年にかけて生産されたのだった。

　ところで、興味深いのはイギリスとソ連が本車に興味を示したことだろう。

　まずイギリスの場合である。戦車発祥の国であり、自国の戦車技術に絶対の自信を置いていた同国ながら、一方で本車を高く評価していた。実はイギリスは、ブレン軽機関銃やBESA車載機関銃などを見るまでもなく、完成度の高いチェコ製兵器のライセンス生産権を逐次取得しており、総じてチェコ製兵器を正当に評価する下地があっ

1934年末に出された軍の新型戦車の要求に対し、CKD社が提案した試作車P-II-a。本車は競合試作でスコダ社のS-II-aに敗れて採用を逃した。主な諸元は重量8.5トン、最大装甲厚16mm、武装は37mm砲1門、7.92mm機関銃2挺

登坂試験中のスコダ社の試作車S-II-a。武装はP-II-aと同様だが、P-II-aよりもやや車体の幅が広く、装甲も25mmと厚かったため、重量はP-II-aよりも2トン重い10.5トンに達した（最大速度はP-II-aの36km/hに対し34km/h）

※1　チェコ陸軍の車重区分では軽戦車だが、任務区分では騎兵戦車と歩兵支援戦車を兼務した。なお、LTvz.35という名称はチェコ語で「35年式軽戦車」を意味する。

1936年12月、チェコスロヴァキア軍に引き渡されたS-Ⅱ-aの量産仕様車。チェコスロヴァキア軍における制式名称はLTvz.35であった

た。そこでアルヴィス・ストラウスラー社が1938年9月からライセンス生産権取得のための交渉をスコダ社との間で行っていたが、1939年3月のドイツによるチェコ併合（※2）により案件は消滅した。

一方、ソ連もLTvz.35のライセンス生産権を求めたが、チェコ側が同国への販売に消極的で結局のところ成立しなかった。ほかにもポーランドがかなり興味を示したが、イギリスの場合と同様にチェコ併合のせいで話は流れてしまった。

なお、チェコ併合後にドイツ陸軍に移譲されたLTvz.35は244輌といわれている。

38(t)戦車の開発

二度目の競合試作で両社がふたたび対決

既述したようにスコダ社はチェコを代表する総合兵器メーカーだったが、こと戦車に関してはCKD社に遅れをとっていた。もっとも、そのCKD社も1920年代に入るまでは特別に優れた戦車メーカーというわけではなく、チェコでスコダ社に追随する総合兵器メーカーという位置付けにすぎなかった。

しかし、既述のごとくCKD社はイギリスのヴィッカーズ・アームストロング社からカーデン・ロイドMk.Ⅵタンケッテのライセンス生産権を獲得し、さらに社内呼称P-1の名称でMk.Ⅵをベースにした独自改良型を開発。同車は1933年にvz.33としてチェコ陸軍に制式化された。そして、このライセンス生産と独自改良に際しての部分設計の経験が、CKD社の戦車開発能力の向上に強く影響したのだった。

チェコスロヴァキア軍の第1戦車連隊に配備されたLTvz.35。この写真が撮影されたのは1939年3月（ドイツによるチェコ併合が決まったのと同じ月）で、写真に写っている車体はこの後ドイツ軍に編入された

ゆえにチェコ陸軍による次期戦車の競作において、スコダ社の試作車S-Ⅱ-aに自社の試作車P-Ⅱ-aが敗れた際には、性能的に拮抗しているというよりも自社の試作車の方がやや秀でていると感じていたCKD社では、スコダ社に対して当局が手心を加えたのではないかという大きな不満が生じた。そのため相互生産が始まると、CKD社サイドでは、晴れて制式化されたスコダ社製のLTvz.35を低く評価していたという。

ところで、まさにチェコ陸軍によるLTvz.35の競合試作が行われていたのと同じ1935年、パフラヴィー一世統治下のペルシャは国名をイランに変更したのと併せて、国軍の急速な近代化と増強に着手した。こうした流れのなかで、同国はスコダ社とCKD社に対して自国軍向け戦車の性能要求仕様を提示し、その開発と生産が可能かどうかを打診した。

この絶好のビジネス・チャンスに、両社とも飛び付いたのはいうまでもない。結果、自国でのLTvz.35の選定と同じく、イラン向け戦車もまた二社の競合試作となった。

母国での競合試作では、スコダ社の試作車S-Ⅱ-aもCKD社の試作車P-Ⅱ-aも、その設計に大差があるわけではなかった。しかもチェコ陸軍の採用の意向はスコダ社に傾いており、CKD社の旗色が悪いような感触も伝わってきている。

しかしCKD社としては、過去に2車種の戦車を自国軍に採用させてきたという自負があった。ゆえに、本来の評価の場であるべき試験場の泥濘のなかでの実力勝負を差し置いて、分厚い絨毯が敷かれたホテルのロビーでの活動で採用が決まりつつあるとも見えるLTvz.35にこれ以上かまけることなく、「次のビジネス」での勝利に全力を尽くすという方針を立てた。

そこで、ロシアから亡命してきた設計技師アレクセイ・スリンを設計主務者に据えて、従来のCKD社製戦車とは大きく異なる、斬新な設計の戦車を開発することとなった。このイラン向け戦車はTNHの名称で試作が進められたが、既述のごとくわずかに先行してP-Ⅱ-aの製作が始まっていたため、車匡や砲塔のデザインはP-Ⅱ-aとほとんど同型とされた。

だが、地上を走る乗り物としてもっとも重要な足回りは、既述した「斬新な設計」を採り込むことによって、まったくの別物となっている。当時、多くの国の戦車の転輪は、いわば第一次大戦型戦車譲りの発展型ともいうべき、小直径転輪がまるでムカデの足のごとくに連なったものだった。カーデン・ロイド系の足回りもこれに類したもので、ゆえに同車に範を得ていたP-Ⅱ-aにも同系統の足回りが用いられていた。

これは、接地性を高めるために履帯を地面の起伏にできるだけ沿った形で押さえ込む必要性に基づいて考えられた足回りの形態だが、リーフスプリング（重ね板バネ）を用いたサスペンションと多数の小直径転輪によって形成された間隙に泥濘や氷雪が詰まると、走行性が著

※2　1930年代のチェコスロヴァキア共和国では、国家運営はすべてチェコ人主導であったため、スロヴァキア人によるスロヴァキアの分離独立を求める声が高まっていた。ドイツによるチェコ併合によって共和国は解体、その直前に独立を宣言していたスロヴァキアもドイツの保護国となった。

しく阻害された。また、いくら転輪と転輪の間の間隙を減らした密な配置にしたとしても、小直径転輪の場合、高速で走行した際には履帯の脱落が生じやすかった。

　そこで、この問題を解決すべく採用されたのが大直径転輪である。当時、大直径転輪といえば、それは高速時の走行性能向上が主な目的であり、サスペンション構造と組み合わせて、クリスティー式やトーションバー式（※3）が存在した。

　もちろん大直径転輪でも、小直径転輪の場合と同じく泥濘や氷雪が詰まるという問題は生じたが、小直径転輪よりは高速走行に有利なことは確かだった。また大直径転輪のもうひとつの有利な点は、車体下部側面の防御に対して、補助装甲板的な役割を果たすことである。

　戦車の攻撃を受けた歩兵は、自身の身を守るため、当然ながら塹壕や掩体壕、個人壕（タコツボ）にこもるなり、最悪でも伏せた姿勢で戦車と対峙するのが普通だ。その際、当時の歩兵携行対戦車火器の主流たる対戦車ライフルを用いて戦車を迎撃することになるが、もっとも装甲が厚い車体正面と砲塔は避けて、車体側面や車体後面に射撃を加えるのが常識である。もしやむを得ず車体正面や砲塔を撃つ場合は、目標としては小さな視察孔やターレット・リング、防盾可動部の間隙などを狙い撃ちしなければ効果が薄い。

38(t) 戦車の原型となったTNHの試作車

　対戦車ライフルは既述のごとく、壕内射撃や伏せ撃ちといったごく低い位置で構えられているケースが多い。そのため、特に意図して仰ぎ撃ちをしない限り、車体側面でもいちばん装甲が薄い側面下部が重点的に狙われることになるが、ここでものをいうのが大直径転輪である。

　側面から見ると、大直径転輪が車体下部側面を広く覆っているため、よほどそれを避けた精密射撃（狙撃）を加えない限り、対戦車ライフルの銃弾はまず大直径転輪を貫通してから、車体下部側面の装甲を貫通しなければならなくなる。その結果、大直径転輪を貫通した際の弾頭の変形と運動エネルギーの減衰により装甲貫徹力が劣弱化。車体側面下部に到達した時点では、たとえこれを貫徹したとしても、運動エネルギー不足で貫入後の跳弾による車内破壊効果があまり期待できない可能性も高い。

　また、特にＴＮＨでは大直径転輪２輪を一組にしてリーフスプリングを用いたサスペンション・ボギーに取り付けているが、結果として、大直径転輪が対戦車ライフルの銃弾だけでなく、野砲弾の破片や、場合によっては機関銃弾でも損傷する可能性のあるサスペンションを防護する役割も兼ねている。

ＣＫＤ社の巻き返し 各国で相次いで採用

　こうして開発が進められたＴＮＨはイラン陸軍の採用を勝ち取り、１９３６年から１９３７年にかけて50輌が生産され、その全車がイランへと送られた。そしてＣＫＤ社では、この実績に基づき国際的なセールス活動に力を注いだ。

　その結果、ＬＴＰの名称でペルー陸軍向けに小改修を施した24輌が、１９３９年３月に納車された。またＬＴＬ-Ｈの名称でスイス向けに小改修を施した12輌も１９３９年５月に納車されたが、これにはライセンス生産権も付属していた。

　一方、「本家」チェコ陸軍はすでにLTvz.35を採用していたが、軍内部でも同車にはいろいろと不満が生じていた。そのような状況下、ＣＫＤ社が輸出用に開発したＴＮＨの高評価も聞こえてきた。そこで１９３７年３月、チェコ陸軍は再び新型戦車の要求仕様をスコダ社とＣＫＤ社に提示し、競合試作を実施した。

　これを受けたスコダ社は、ＬＴvz.35を下敷きにした発展改良型を提案。片やＣＫＤ社は、ＴＮＨをベースにしてチェコ陸軍の要望を盛り込んだ、いわばＴＮＨのチェコ陸軍仕様ともいうべき型式を提案した。両社の案を受けたチェコ陸軍は、明らかに優れたＣＫＤ社案を採用し、同社に対して試作車の製作を命じた。

　１９３８年初頭、ＴＮＨのチェコ陸軍仕様がＴＮＨＰＳの名称で完成した。同車を受領した同陸軍は、同年１月から４月にかけて各種試験を実施して具体的な評価に入ったが、成績はきわめて良好だった。そのうえ、１日わずか30分程度の保守整備で無故障での運用を続けられるという、構造的にも整備性にも優れた面を見せた。

　試験結果に満足したチェコ陸軍はＴＮＨＰＳをLTvz.38として制式化。６月１日、ＣＫＤ社に対して１５０輌の生産を発注した。同社はこれを受けて急ぎ量産の準備に入ったものの、なかなか体制が整わなかった。そして翌１９３９年３月、ついにドイツによるチェコ併合を迎えたが、この時点でLTvz.38は１輌もチェコ陸軍に納められておらず、結局、５月22日になってやっと９輌のLTvz.38が揃っ

イラン陸軍向けに50輌が生産されたTNH。これらの車輌は引き渡し後、イラン陸軍の第1および第2機甲師団に配備された

※3　クリスティー式サスペンションは、大型の接地転輪ひとつひとつを車体側面のコイルスプリング（つる巻バネ）で独立懸架するもの。トーションバー式サスペンションは、車体に固定したねじり棒バネの先にスイングアームを介して転輪を取り付ける懸架方式。両者ともに地形追従性に優れるが、1935年当時はまだ実用化される前だった。

た。興味深いのは、同年3月下旬にイギリスが1輌を入手して試験に供していることだろう。

ドイツによる併合でドイツ陸軍の制式兵器に

CKD社の最新鋭戦車であるこのLTvz.38の好評は、ドイツ陸軍も聞き及んでいた。そこで、併合によって「ドイツ企業扱い」となった同社に対し、機甲（装甲）科士官や戦車関連技術者を派遣して詳細な調査を実施した。

その結果、火力も含めた総合的な性能で当時のドイツが保有していたI号、II号の両戦車よりもLTvz.38のほうが優れており、3.7cm砲装備のIII号戦車とも対等に近いことが判明。ただし砲塔乗員が車長1名だけで運用上の柔軟性に欠けたため、砲手を増員して車体乗員はLTvz.38と同じく操縦手、無線手の2名、砲塔乗員を車長と砲手の2名として計4名とした。だがそれでも、こと運用面に関してはIII号戦車の砲塔乗員3名に劣らざるを得なかった。

併合後、ドイツ側の政策もあってCKD社の生産体制は急速に整備され、チェコ陸軍が発注したLTvz.38は、ドイツによってLTM38の名称で150輌が生産された。なお、この名称は1940年1月16日にPz.Kpfw.38（t）（※4）へと変更されている。

結局、チェコ陸軍はTNHPSを2輌受領したのみで、初回発注分の全車がドイツ向けに生産された。さらに1940年には、ドイツの軍需生産に協力する企業として、CKD社がドイツ側によってBMM社（※5）へと社名変更をさせられている。

こうしてドイツ陸軍の制式兵器とされた38（t）戦車は、同軍向けに1406輌（1411輌、1414輌など異説あり）の戦車型が生産された。なお、戦車型の生産終了は1942年6月であった。

1938年初頭に完成したチェコ陸軍仕様のTNHPS。本車は制式採用後にLTvz.38となったが、翌年3月のドイツによるチェコ併合の時点では1輌も軍に納入されていなかった

38（t）式駆逐戦車ヘッツァーの開発

III号突撃砲の生産停止が影響

ドイツ陸軍は、旧式化した戦車の有効な活用方法として自走砲、突撃砲、駆逐戦車の3車種を発案した。このうち、戦闘室上面が開放式のものを自走砲と呼び、特に対戦車砲を搭載した車種は対戦車自走砲と称された。そして、その名称からもわかるように自走砲全般は砲兵科の装備であった。

一方、突撃砲と駆逐戦車は、どちらも密閉式固定戦闘室を備えた、まったく同じ概念と構造の車種といってもよいが、前者は砲兵科、後者は機甲科の装備であったため、兵科間の「縄張り争い」の象徴とでもいうべき理由で名称が異なっている。

全周旋回砲塔を装備した戦車よりも、砲を限定旋回で甘んじたこの3車種のほうが口径の大きな砲を搭載できるため、特に旧式となり火力の点で陳腐化した戦車の再利用に有効だった。さらに3車種とも、構造的に複雑な全周旋回砲塔がないため戦車よりも製造が容易で、それが生産性の向上につながった。

特に1941年6月に独ソ戦が勃発すると、ソ連側にT-34やKVといった強力な戦車が出現。いわゆる「T-34ショック」「KVショック」と呼ばれる事態が起きた。そこでそれらに対抗すべく、ドイツ側が口径7.5cm以上の戦車砲や対戦車砲を急速に機動化するに際して、まずは急造が容易な対戦車自走砲各種が造られた。

また、戦車としてT-34やK

歩兵支援、対戦車戦闘の両方で活躍したIII号突撃砲（写真は43口径7.5cm砲を搭載したF型）。連合軍の空襲によってこのIII号突撃砲の生産がストップしたことが、ヘッツァー開発のきっかけとなった

※4　Panzerkampfwagen 38(t)、日本語でいう38(t)戦車の略。なお(t)はドイツ語でチェコ製を表す“Tschechisch”の頭文字で、重量「トン」を表す記号ではない。

※5　Böhmisch-Mährische Maschinenfabrik の略。ボヘミア・モラビア機械製造会社。

走行試験中の38(t)式駆逐戦車の試作車

Vに対抗するには火力強化の限界に達していたⅢ号戦車の車体を利用したⅢ号突撃砲は、ベースとなるⅢ号戦車の機械的信頼性が確立されていただけでなく、生産ラインも整っていたうえ、対戦車、歩兵支援のどちらの任務にもきわめて有効な車種であった。

ところが1943年11月26日、約1400tにも及ぶ爆弾が投下されたベルリン空襲により、Ⅲ号突撃砲を製造していたアルケット社が大被害を蒙って生産が完全にストップしてしまった。そこでドイツ軍部はプラハのBMM社にⅢ号突撃砲の生産を移転しようと検討した。ところが同社の工場設備では、重量約24tのⅢ号突撃砲は、重さの面でも寸法の面でも生産が困難との判定が下された。

1943年12月6日にこの報告を受けたヒトラーは、BMM社の主要生産車種だった38(t)戦車をベースにした新型の軽駆逐戦車を開発する計画があることを知り、同計画にゴーサインを出すと同時に、最優先で進めるよう指示した。その結果、同月17日には早くも新型軽駆逐戦車の概念がまとめられてヒトラーに示され、彼は、引き続き急ぎで同車の開発を進めるよう命じた。

ヒトラーの期待を受け異例の速さで量産化

38(t)式駆逐戦車として制式化された同車には、ドイツ語で「狩の勢子(せこ)」を意する「ヘッツァー」というニックネームが付けられたが、これは本来、軽駆逐戦車E-10に割り振られていたもので、経緯は不明ながらそれが本車に与えられた(※6)。

本車のパーツには、既成車である38(t)戦車と、試作で終わった新型38(t)戦車(本特集43ページを参照)のものが可能な限り流用されている。モックアップの完成は1944年1月24日。

1944年1月28日、ヒトラーは「ヘッツァーの急速な生産開始と量産化こそが、陸軍にとって1944年のもっとも重要な課題である」と語った。最高指導者のこのような要望もあり、ヘッツァーはその設計開始から約4カ月で量産化されることになったが、試作車(先行生産車)を用いた各種の試験は実用化を急ぐため省略された。というのも、駆動系や足回りには定評ある38(t)戦車のものが多く流用されていたので、ある程度の信頼性がすでに確立されていたからである。

こういった背景もあったため、ヘッツァーの量産指示はヒトラーの発言よりも10日遡る1944年1月18日の時点で出されていた。その数量は、まだ試作車すら存在しないにもかかわらず、なんと1000輌というものだった。さらに1945年3月までに月産1000輌のアベレージを達成するようにも求められていた。この数字を見れば、ドイツ軍部の本車に対する期待のほどが理解できよう。

ヘッツァーの量産化に際してはBMM社だけでなく、同社がかつてCKD社だった頃のライバルであるスコダ社も動員され、BMM社分の生産割当は2000輌に増大、スコダ社にも2000輌の生産が発注されたが、実際に完成したのは前者で2047輌(派生型含む)以上、後者で780輌以上とされる。

小さく車高が低いため敵に発見されにくいシルエットに適切な防御力と機動性を備え、車体規模に比べて強力なPaK39 7.5cm対戦車砲を搭載したヘッツァーは、使い勝手のよい車輌だった。そのためドイツ陸軍と武装SSのほか、ハンガリー軍にも75輌が供与されている。

なお大戦後、社会主義体制のもとで共和国として復活したチェコスロヴァキアは、ヘッツァーをST-Iの名称で、また武装を外した同訓練型をST-Ⅲの名称で、合わせて約180輌装備した。

スイスも、戦後の1946年に本車をG-13として158輌装備したが、PaK39がなくなったため、同車には同じ7.5cm砲ながらⅢ号突撃砲用のマズルブレーキ付きStuK40が搭載された。

ピルゼンのスコダ社の工場前に置かれた38(t)式駆逐戦車の初期生産車

※6 「勢子」は狩りの際、獲物を追いたてたり、逃げるのを防ぐ役目の者の事。運用部隊側から出た愛称という説もある。

38(t)式駆逐戦車ヘッツァー

文／白石 光　イラスト／上田 信

■38(t)式駆逐戦車ヘッツァーの各部

❶履帯（幅350mm）
❷ノーテック管制式ライト
❸PaK39 48口径7.5cm対戦車砲
❹木製ジャッキ台
❺砲防盾
❻球状砲架カバー
❼操縦手用視察口
❽Sfl.ZF1a潜望鏡式照準器
❾車長用ハッチ
❿乗員用ハッチ（操縦手、砲手、装填手用）
⓫MG34 7.92mm機関銃
⓬排気管カバー
⓭2m予備アンテナ取り付け具
⓮道具箱
⓯誘導輪
⓰転輪
⓱起動輪
⓲シュルツェン
⓳スライドレール

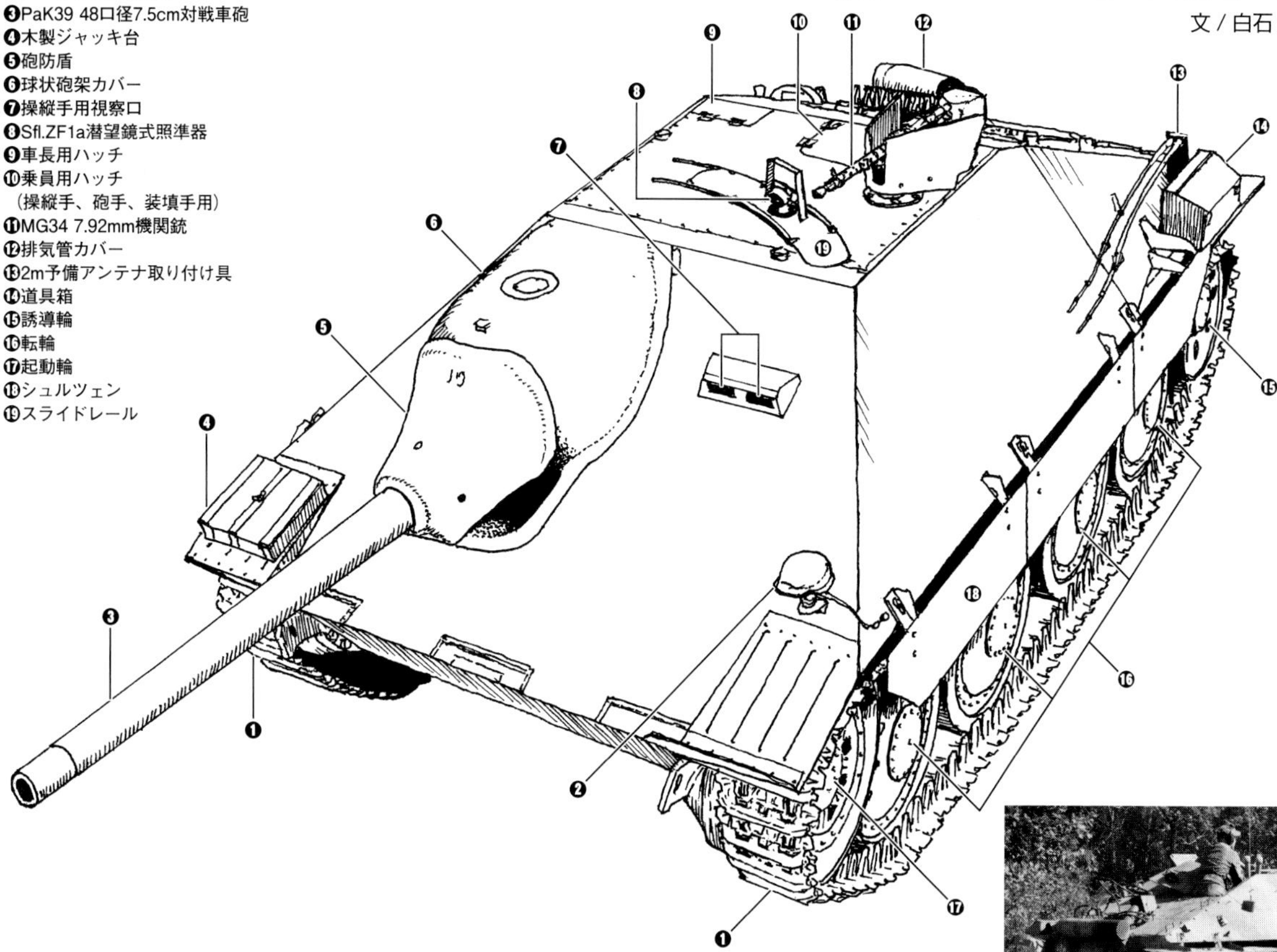

第2装甲師団所属のヘッツァー。車長がハッチから身を乗り出して前方を確認している

単なる車体の流用ではない 38(t)戦車からの派生

ヘッツァーについて、「38（t）戦車のメカニズムを流用して造られた軽駆逐戦車」と称されることがある。これは一部事実だが、一部間違っている。

確かに1943年11月26日の空襲でベルリンのアルケット社が大被害をこうむった際、代替としてプラハのBMM社で軽駆逐戦車の生産を開始しようと考えられた当初は、単純に38（t）戦車のメカニズムを流用すればよいという発想が原点に存在したようだ。

しかしBMM社は次世代の偵察用高速軽戦車として、従来の38（t）戦車を発展させた38（t）n.A.（※）を開発していた。この38（t）n.A.はII号戦車L型ルクスとの競作だったが、軍配はルクスに上がったため不採用となっている。

だが1942年前半に試作車5輛が完成していたとされる38（t）戦車n.A.は、38（t）戦車の発展型である以上、さまざまな点で38（t）戦車よりも改善されているため、ヘッツァーの開発に際しては、38（t）戦車と38（t）n.A.のパーツや技術的ノウハウがともに注入されることになった。特に足まわりはこの点が顕著であった（詳細は『足まわり』の項で後述）。

避弾経始を徹底した秀逸なデザイン 車体／内部構造

ヘッツァーの車体は、それまでのドイツにおける固定式戦闘室を備えた駆逐戦車や突撃砲で得られた経験の集大成的な形状を備えている。

そのデザインに際しては、重量的に限界がある小型の車体に最大限の生残性を求めるべく、徹底した避弾経始が採り入れられた。特に車体側面下部にまで、耐弾と対地雷を兼ねた避弾経始が導入されている点は特筆に値しよう。

生残性に大きく関与する隠匿性についても、全高約185cm（機関銃架含まず）、全幅約250cm（シュルツェン含まず）という正面シルエットの狭小化と、発砲炎や砲煙の視認を困難にするために備砲の発射高を地上から約140cmに抑えるという、二つの工夫が施されている。

また、従来の戦車車体を流用した駆逐戦車や突撃砲では、戦車型の構造を継承して前方から車体乗員区画、戦闘室区画、機関室区画が縦一列に並び、車体乗員区画と戦闘室区画は一体化していても、機関室区画だけは後方に突出して設けられているのが普通だった。

しかしヘッツァーでは、車体上部となるいわば「亀の甲羅」のなかに収まった形で、前方から車体乗員区画、戦闘室区画、機関室区画の順に並ぶ車体構造となっている。この「亀の甲羅」デザインは、小型の車体という制限された条件下で、合理的デザインにより防御力を最大限に高めた点に加えて、生産性の簡略化兼合理化という観点からも、きわめて優れているといえよう。

※新型38(t)戦車。"n.A."は新型を意味する"neuer Art"の略。

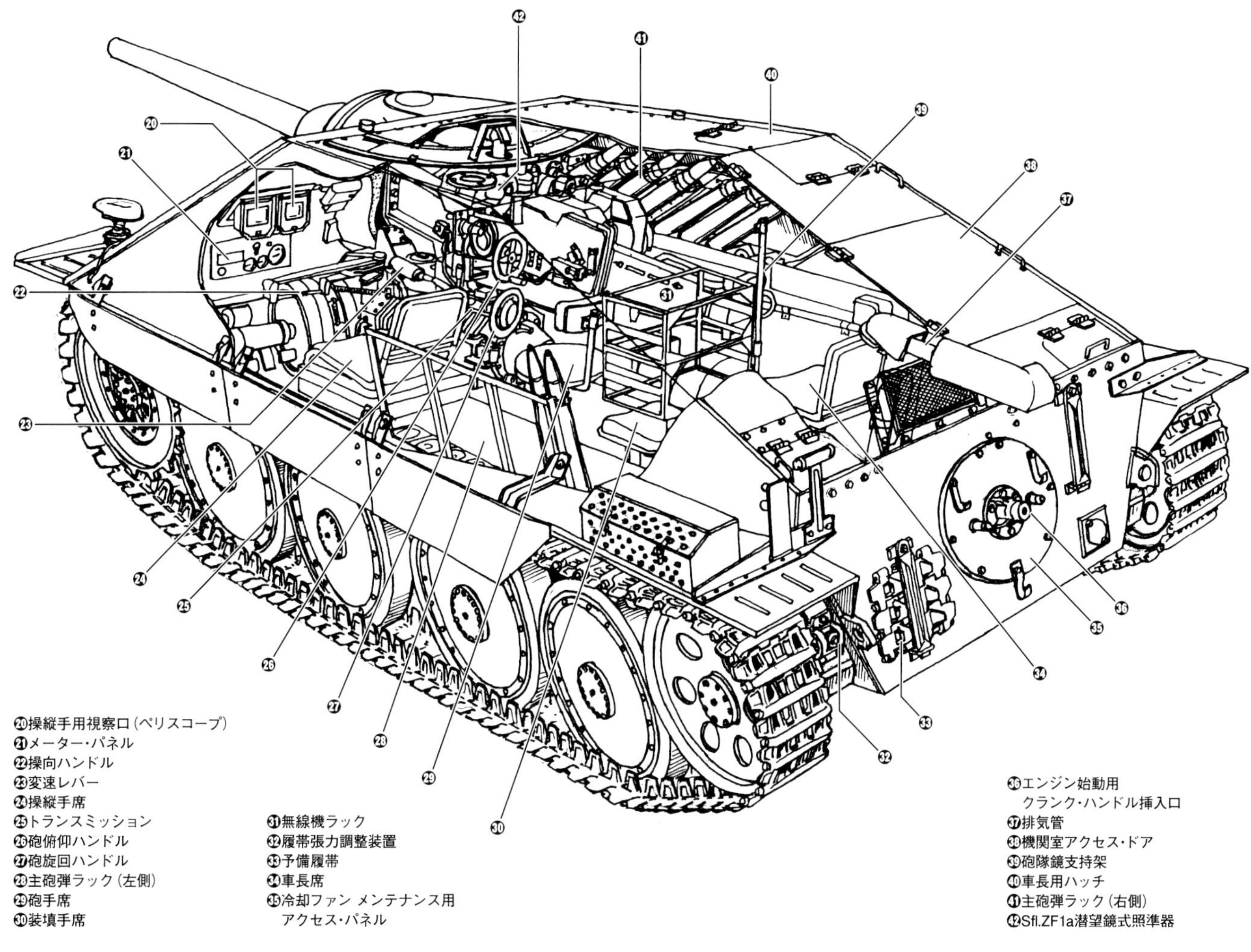

⑳操縦手用視察口(ペリスコープ)
㉑メーター・パネル
㉒操向ハンドル
㉓変速レバー
㉔操縦手席
㉕トランスミッション
㉖砲俯仰ハンドル
㉗砲旋回ハンドル
㉘主砲弾ラック(左側)
㉙砲手席
㉚装填手席
㉛無線機ラック
㉜履帯張力調整装置
㉝予備履帯
㉞車長席
㉟冷却ファン メンテナンス用
アクセス・パネル
㊱エンジン始動用
クランク・ハンドル挿入口
㊲排気管
㊳機関室アクセス・ドア
㊴砲隊鏡支持架
㊵車長用ハッチ
㊶主砲弾ラック(右側)
㊷Sfl.ZF1a潜望鏡式照準器

だが一方で、すべてが「亀の甲羅」のなかにまとまっている以上、敵弾に貫徹された場合は車内跳弾により乗員全員が死傷したり、搭載した弾薬の誘爆や燃料の爆発的火災などの二次被害でも乗員全員が死傷する可能性があり、実際にそういった事例も生じている。

また車輌自体の損傷後のリサイクル(再生)性という点では、敵弾命中後に火災を生じた場合、乗員区画と機関室区画を仕切るバルクヘッド(隔壁)があるとはいっても、燃えやすい弾薬と燃料が「一つ屋根の下」ならぬ「一つ甲羅の下」に収まっている以上、焼損が車内全体におよんで再生困難となる可能性が、乗員区画と機関室区画が別個に装甲されている従来の駆逐戦車や突撃砲に比べて高い。

このように、ヘッツァーの車体には長所ばかりでなくもちろん短所もあるが、総じて、それまでの駆逐戦車や突撃砲で得た戦時の経験を反映した、きわめて秀逸なデザインといえよう。

さて、既述のごとくヘッツァーの場合は「亀の甲羅」のなかにすべてが収まっており、バルクヘッドで仕切られているわけでもないため、車体乗員区画と戦闘室区画という区分は適切ではない。そこで本稿では、両者を一体と見なして乗員区画とし、その後方のバルクヘッドで仕切られた区画を機関室区画と記すことにする。

ヘッツァーの操縦手席は、乗員区画の前方左側にある。38(t)戦車では「右ハンドル」だったが、ヘッツァーではドイツ式の「左ハンドル」になっているというわけだ。

そして、この操縦手席の背後に砲手席があり、さらに砲手席の背後に装填手席が設けられている。つまり乗員区画の左側は、いちばん前から操縦手、砲手、装填手の順に、縦に並んで着席しているのである。

一方、車長席は砲尾を挟んで右側にある。備砲発射時の後座を避けるため、機関室区画のバルクヘッドを後方に寄せて、その空いたスペースに設けられていた。

乗員用のハッチ類は、まず右側の車長の頭上に2枚式で前後に開く車長用ハッチが設けられている。一方、車長用ハッチよりやや前方の車体上部左側には、操縦手、砲手、装填手の3名が共用する、左右開きの乗員用ハッチが配されていた。

乗員区画の後ろの車内は、バルクヘッドが設けられて機関室となっている。そして機関室天井部の右側三分の二には、左右開きの大きな機関室へのアクセス・ドアが設けられていた。このアクセス・ドアの右のパネル下部には排気管引き出し口があり、引き出された排気管は右後ろに折れて円筒形のマフラーに接続。このマフラーを通して排気するようになっていた。

また機関室後端中央のやや左寄りには、グリルが取り付けられた菱側のラジエーター用排気口が開口している。そしてその右側に冷却水補給用小ハッチが、反対の左側には燃料注入口用小ハッチが、それぞれ設けられている。

車体後部には、その中央部に円形の大きなアクセス・パネルがボルト留めで固定されている。これは冷却ファンとその周辺機器のメンテナンス用の開口部で、さらにパネルの中央部には、カバーを被せられたエンジン始動用のクランク・ハンドルの挿入口が設けられていた。

また、車体の前部と後部の左右には、縦方向に補強用のリブが型押しされたプレス材で造られたフェンダーが、車体側面に取り付けられたブランケット状フックにボルト留めされて車体に接合されている。そしてこのフェンダーの上には、型式によってさまざまな収納箱類や工具、備品などが配されていた。

単純な構造の砲架に7・5cm砲を搭載
主砲／副武装

ヘッツァーの備砲には、当初はシュタール砲と呼ばれる無反動砲の採用が予定されていた。同砲は、いわゆる後方爆風などを利用した無反動砲や自己推進弾を射出するロケット砲などではなく、通常砲弾を発射する駐退複座機構を省いた無後座固定砲で、射撃時の反動は車体全体で吸収するというものである。しかし技術的な問題も多く、結局、終戦までに14輌の先行試作車が造られたにすぎない。

その代わりに搭載されたのが、Ⅳ号駆逐戦車に採用されたのと同系で、戦車砲として定評ある7・5cmPaK39L／48であった。同砲は、カルダン式砲架と呼ばれる固定戦闘室に向いた砲架に架装され、ザウコフ型防盾によって砲架基部を防護した。正しくはカルダン枠砲架と称されるこの砲架は、Ⅳ号駆逐戦車で最初に導入されたもので、その形状により、別名では球状砲架とも称される。長方形の枠の上下左右にそれぞれ支点を設けてその中に砲身を通し、その砲身を囲むように取り付けた揺架をボルトで固定することで上下左右の可動を確保する、構造的に単純で軽量な砲架である。

ヘッツァーでは、7・5cmPaK39L／48は固定戦闘室前面の右側にオフセットして搭載された。その理由は、車体前部に配されたトランスミッションとの干渉を避けるためといわれているが、結果として、左側サスペンションに比べて右側サスペンションには約850kgもの余分な重量がかかることになった。しかもノーズヘビーとなったせいで、車体前部が後部に対して約10cmも沈むという事態が生じてしまったが、これはのちに是正されている（『足まわり』の項で後述）。

7・5cmPaK39L／48の射角は俯仰角－6～＋12度、水平方向の射角は左右で異なり、左方向が5度、右方向が11度だった。砲の照準にはSfl.ZF1a潜望鏡式照準器を使用し、砲自体の操作は旋回ハンドルと俯仰ハンドルを用いて手動で行った。

弾種は徹甲弾、タングステン弾芯の硬芯徹甲弾、榴弾、成形炸薬弾の4種を使用できた。徹甲弾（PzGr39）を使用した場合の砲口初速は750m／秒で、射距離1000mで85mm、500mで96mm、100mで106mmの垂直な装甲板を貫徹することができた。硬芯徹甲弾（PzGr40）を使用した場合の砲口初速は930m／秒で、射距離1000mで97mm、500mで120mm、100mで143mmの垂直な装甲板を貫徹できた。なお、成形炸薬弾を使用した場合の装甲貫徹力は、射距離に関係なく100mmであった。そして砲の発射速度は、装填手の錬度にもより1分間に12～14発と変化した。

球状砲架カバー
砲防盾
PaK39
48口径7.5cm
対戦車砲

ヘッツァーの砲まわり。砲の根本を包む球状砲架カバーは鋳造製で、装甲厚は最大で76mmだった。イラストでは見えないが、防盾と前面装甲板の間には反動を車体に伝える4対の嵌め込み爪があり、この構造によってマズルブレーキを廃することができた。ヘッツァーが装備する7.5cm対戦車砲の砲身長は3,600mmで、砲の後座長は600mmであった

MG34 7.92mm機関銃
機関銃架
機関銃防盾

乗員用ハッチの前方に装備された副武装のMG34（またはMG42）7.92mm機関銃は、敵歩兵に対する防御用に使用された。機関銃は銃架を介して車内からの操作が可能で、照準は3倍率の単眼式照準器で行った。銃架と弾倉はV字型の防盾で保護されていた

■ヘッツァーの防盾形状の変遷

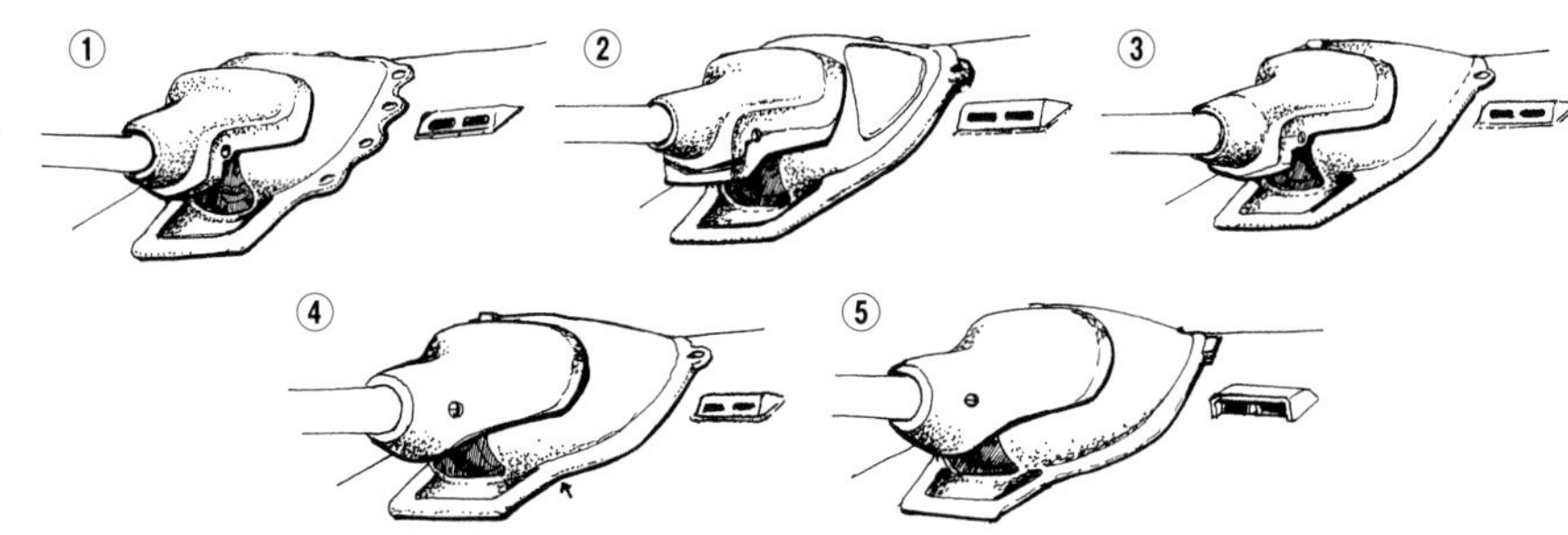

①試作1号車　1944年4月にBMM社プラハ工場で完成したヘッツァー試作1号車の砲架。砲架カバーは左側4本、右側3本のボルトで車体に固定されている。

②極初期生産車　砲架カバーの形状が変化し、車体への固定は試作車ではボルト7本留めだったのが、上部の2本で留めるようになった。砲架カバーの左右の側面に三角形の凹みがあるのが特徴。

③初期生産車　基本的な形状は極初期生産車と同じだが、砲架カバーの左右の側面の三角形の凹みがなくなった。

④中期生産車　1944年夏以降にBMM社のプラハ工場とピルゼンのスコダ社で生産された車体。防盾がやや拡大されてスムーズな形状になり、砲架カバーを覆う面積も大きくなった。

⑤後期生産車　1944年12月以降に生産された車体。中期生産車から目立った変化はないが、砲架カバー上部左右のボルト留め部分に小さな矩形の板が溶接された。

副武装は、乗員用ハッチの前方に、車内からの照準と射撃が可能な防盾付きのMG34またはMG42 7.92㎜機関銃1挺が装備されていた。同銃は府仰角－6～＋12度の範囲内なら照準用ペリスコープと2本の操作用バーで照準と射撃が行えた。標準で75発入りドラム弾倉を用いたが、この弾倉の交換時だけは乗員が車外に身を晒さねばならなかった。

携行弾数は7.5㎝砲弾が41発、7.92㎜弾が1200発であった(ともに異説あり)。

正対すれば76.2㎜砲弾も弾く
装甲

ヘッツァーはその装甲に、避弾経始が徹底的に採り入れられていることは既述した。そこでここでは、各部の装甲厚と傾斜角を示す。

まず、車体前面上部は装甲厚60㎜で、垂直に対して傾斜角60度となっている。車体前面下部は装甲厚60㎜で傾斜角40度。車体側面は装甲厚20㎜で傾斜角40度、車体上面は8㎜、車体後部は10㎜となっていた。また、車体側面には補助装甲として縦に3分割された5㎜厚のシュルツエンが装着されている。

ちなみにこれほど小型の車輌にもかかわらず、本車の車体前面上部の装甲は被弾距離と命中角にもよるがソ連製76.2㎜砲弾を弾くことができたので、戦闘時には敵に正対するよう勧告が出されたという。

プラガ液冷の出力向上型を搭載
エンジン／変速機

ヘッツァーの主機はプラガepa AC2800型6気筒液冷式ガソリンエンジンで、排気量7754cc、最大出力160hpである。

機関室区画内の配置は、乗員区画との間を仕切るバルクヘッド直後の機関室の左右中央部にエンジン本体が設置されている。エンジンの左側に容量220リットルの主燃料タンク、右に容量100リットルの補助燃料タンクが配されているが、この左の燃料タンクの上にバッテリー、右の燃料タンクの上にエア・フィルターがそれぞれ置かれている。

エンジンの後ろにはラジエーターと潤滑油冷却器が置かれ、前者の後方に冷却ファンが設置されていた。また、左右の機関室区画側面と後部フェンダーの間に吸気口が設けられている。トランスミッションはプラガ／ウィルソン式の前進5段後進1段である。

初期／中期生産車　後期生産車

ヘッツァーの排気管レイアウトの変化。初期／中期生産車の排気管(左上、左下)は逆L字型の横置きで、初期生産車では筒型で網目状のマフラーがついていた。これに対し、1944年12月以降に生産された後期生産車の排気管(右)は機関室から右斜め後ろに伸びる縦型となり、マフラーが廃止された代わりに排気管カバーが取り付けられた

バネの強化でノーズヘビーに対処
足まわり

ヘッツァーの足まわりは、冒頭でも触れたとおり、38(t)戦車のそれからさまざまな変更が成されている。転輪の直径は38(t)戦車の775㎜から825㎜に拡大されており、起動輪の歯の枚数も38(t)戦車の19枚から20枚へ、誘導輪の形状や直径も38(t)戦車の535㎜から620㎜へと拡大。さらに履帯の幅が293㎜から350㎜に広げられ、履帯の踏面のパターンも異なっている。

転輪の直径は異なるが、サスペンションの構造は38(t)戦車とほぼ同様で、リーフスプリング式サスペンションの前後に転輪各1枚ずつ、計2枚で1組のボギーを構成した。リーフスプリングは7㎜厚のものの16枚重ねだったが、既述したノーズヘビー化に対処すべく、前部のボギーのみ9㎜厚のリーフスプリングに変更された。

車体前部に起動輪、車体後部に誘導輪を備え、上部支持転輪は片側に1枚ずつ取り付けられた。転輪も含めて、これらはいずれも38(t)n.A.に由来する。

履帯は全鋼製のシングルピン・ドライ式で、38(t)戦車同様、大直径転輪を左右から挟み込むためにガイドプレートはダブルプレート式となっている。また、履帯幅は前記のとおり350㎜で、履帯1本に用いられている枚数は96枚であった。

リーフスプリング式サスペンション　上部支持転輪　リーフスプリング式サスペンション
起動輪　転輪　転輪　誘導輪

本文で記したとおり、足まわりはオリジナルの38(t)戦車から大きな変更があった部位。片側4枚の大直径転輪は、厚さ6mmの鉄をプレス加工したものをゴム製のリムで覆っていた

特徴的なスライドする照準器を装備
視察装置

車体前面左側には操縦手用視察口が備えられており、戦闘室上面には砲手用のSf1.ZF1a潜望鏡式照準器が、半円弧状のスライドレールに装甲カバーとともに装備されている。

車長は、車長用ハッチの前部パネルを開放し、そこからSF14Z砲隊鏡を突き出して車外の視察に活用した。さらに、車長用ハッチの後ろに後方を向いたペリスコープ、また乗員用ハッチの左隣には左向きのペリスコープが備えられていた。

車体右側(向かって左側)の車長用ハッチから突き出されたSF14Z砲隊鏡

ヘッツァーの 部隊編制と運用

文／白石光

戦車駆逐大隊への配備

第二次大戦後期から末期にかけて戦力化されたヘッツァーに求められたことを要約すると、概ね次のようになる。

①生産が容易である。
②整備・維持が簡単で故障しにくい。
③従来の突撃砲や駆逐戦車と遜色のない火力を備え、編制上はその後継として通用する。
④避弾経始の多用によって軽量化と防御力の強化を両立できる。
⑤最小限のサイズに抑えることで秘匿性が高まる。

これらの特徴は、ヘッツァーの部隊配備にも少なからず影響した。

１９４４年４月から同年６月末までに生産されたヘッツァーは、まず各種学校や試験場などに配備され、７月４日から実戦部隊への配備が開始された。これは独立第７３１戦車駆逐大隊で、計45輌のフル編制であった。また、同大隊とほぼ並行して独立第７４３戦車駆逐大隊も本車のフル編制となった。

ヘッツァーを装備する戦車駆逐大隊は、３輌を擁する大隊本部と、それぞれ14輌を擁する中隊３個から成っていた。１個中隊は、中隊本部に２輌と、それぞれ４輌を装備する小隊３個から成っており、計14輌の駆逐戦車を装備していた。

しかし本来、ヘッツァーは独立戦車駆逐大隊のような同一車種による中規模の戦闘集団を編成する目的ではなく、歩兵師団や国民擲弾兵師団などに付属する対戦車部隊の機動性と生残性の向上を目論んで開発された。ごく大雑把な言い方をすれば、牽引式対戦車砲からオープントップの対戦車自走砲へと機動性が向上した戦車駆逐部隊に対して、さらに防御力と機動性を強化した車輌として供すべく企画されたといえる。

こうした経緯もあって、１９４４年８月頃以降、これらの師団の戦車駆逐中隊として、本車14輌を装備する１個中隊が配属されている。

だが本車の部隊配備が始まった44年中頃ともなると、ドイツ軍は慢性的な戦車不足に陥っており、「特定の兵器を求める部隊に対し、当該の兵器ではなくとも、とにかく手元にある類似した兵器を早急に戦場に送り込む」という急場しのぎの用兵が行われていた。そのため、ヘッツァーがⅢ号突撃砲やⅣ号突撃砲、Ⅳ号駆逐戦車の代替として配備されたケースも非常に多い。

運用と部隊からの評価

ヘッツァーの配備が本格化した１９４４年中期以降のドイツ軍は、守勢に立たされることが多かった。その点、全周旋回砲塔を備えた戦車に比べて、より防勢に向く固定戦闘室を備えた本車には出番や見せ場が多くあったといえる。

特に、小さな車体を活かした厳重な隠蔽のうえでの伏撃は、本車にとって有効な戦術だった。東部戦線では、複数のヘッツァーが事前に準備された幾つかの隠蔽射撃陣地を移動しながら敵機甲部隊を迎撃することで、大きな戦果が得られた例も多い。もちろん射距離にもよるが、ヘッツァーの大きく傾斜した前面装甲はソ連の76・2㎜野砲弾に耐えられたため、戦闘時には敵にできるだけ車体正面を向けることが推奨されたという。

また、大戦後期に急造された車輌にもかかわらず、機械的信頼性が高く整備性も良好で稼働率が高いため、本車を配備された部隊からは高い評価を得ている。

そしてこういった背景を知っていたからこそ、コスト面との折り合いも含めてスイスが本車を購入し、戦後も長らく運用を続けたのである。

◆戦車駆逐大隊の編制例（1944年末）

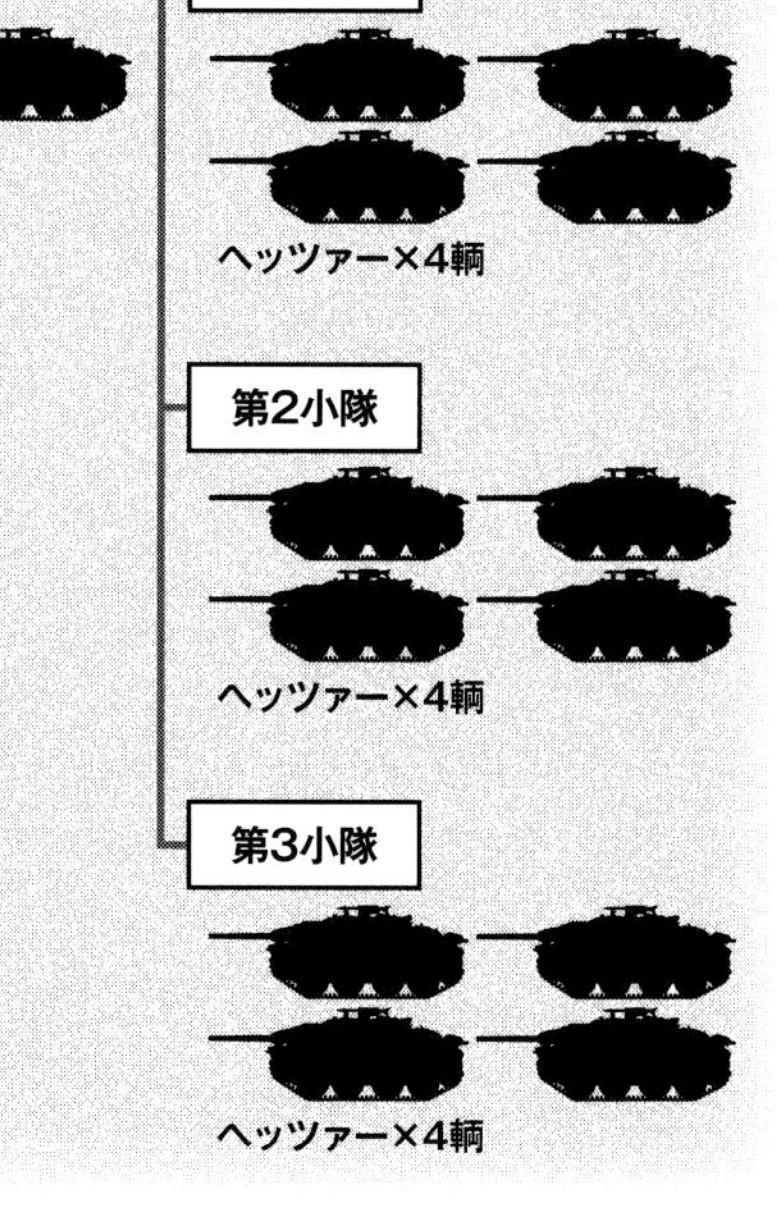

1944年秋頃に撮影されたヘッツァー。ヘッツァーは大隊単位ではなく、中隊ごとに分割されて異なる戦線に派遣されるケースもあった

決して侮れない小兵

ヘッツァーの戦闘記録

文／宮永忠将　イラスト／六鹿文彦

敗勢の中で生まれた戦場の火消し役

ヘッツァーは当初、1944年4月には部隊運用が始まる計画であったが、技術的な問題から遅延し、最初の実戦部隊である第731戦車駆逐大隊が定数の45輌を受領して北方軍集団戦区に投入されたのは、同年7月末になってからとなった。

第731戦車駆逐大隊に続き、第743大隊が中央軍集団に配属されたが、基本的にこれらの大隊は軍直轄部隊として、戦場の火消し役に当たることとなった。

記録に残るヘッツァーの初陣としては、1944年8月に始まったワルシャワ蜂起の鎮圧戦が挙げられる。本来、戦車は市街地での対ゲリラ戦は不得手だが、ヘッツァーは優れた旋回性能や機関銃を駆使して歩兵の作戦をよく支援していた。しかし、歩兵の掩護が十分でないと死角を突かれ、市民軍が投げてくる火炎瓶によってたびたび撃破されている。

もっとも、そもそもが歩兵師団の戦車駆逐大隊に配備される予定であり、砲弾のうち半分は榴弾ないし成形炸薬弾を搭載していたので、機動反撃以外に歩兵支援も重要な任務とされていた。歩兵との連携がうまくいけば、様々な戦術的任務で威力を発揮できたのである。

戦闘団「千夜一夜」とアンゲル曹長の活躍

ヘッツァーはBMMとスコダ製、あわせて約2800輌が製造されている。いかにドイツ軍が期待を寄せていたかよく分かる数字だが、一方で、作戦行動に関する記録が意外なほど少ない。ヘッツァーがどのような戦いをしていたのか、具体的な様子は兵士の回想録などしか頼るものがないのが、いかにも末期の兵器らしい。

そんな中でも、かなり戦歴を追える部隊としては、1945年3月に、オーデル河戦線を守るヴァイクセル軍集団内に編成された第1001戦闘団「千夜一夜」がある。4個戦車駆逐中隊、39輌のヘッツァーが配備されたSS第560戦車駆逐大隊を中核とした部隊で、3月27日にオーデル河の重要な橋頭堡となるキュストリン攻防戦に投入された。四日間の戦闘で、旅団はJS-2スターリン重戦車5輌を含む敵戦車20輌を撃破する戦果を挙げたが、自身も20輌が撃破され、5輌が全損という損害を受けている。

間を置かず4月には、旅団は第101軍団の予備戦力となって、ベルリン北方のアウトバーン沿いの陣地に展開した。この防衛戦ではパンツァーファウスト装備の戦車猟兵と協力して、ミューリッツ湖方面に漸次退却しながら頑強に抵抗を続け、ソ連軍戦車部隊に痛打を与えていた。5月1日には部隊は壊滅して、強引に包囲網を突破した少数の兵士が西側連合軍に投降した。

また、このような混乱の中で、ヘッツァーを駆って大戦果を挙げた戦車兵の記録も残る。1945年3月、同じくオーデル河方面で原隊とはぐれ、やむを得ずミュンツェル戦闘団の第104戦車駆逐旅団の第104大隊でヘッツァーを指揮していたオットー・アンゲル曹長は、シュテティン近郊における二日間の防衛戦で15輌の敵戦車を撃破している。曹長のトータルスコアは38輌と記録されているが、この戦功により3月15日付けで騎士鉄十字章を授与されている。

戦いの中身は類推するほかないが、7分間に6輌を仕留めたという証言もあるので、沼沢地や軟弱地形を熟知して敵縦隊の進路を予見し、反撃が難しい位置から敵の退路を塞いでヒット&ラン攻撃を敢行したのだろう。オットー・アンゲル曹長は歴戦の突撃砲兵であったが、ベテランの手にかかれば、ヘッツァーはかように強力な兵器であった。

おそらくは、各地の戦場で同じような戦いが幾度となく繰り広げられ、帰還しなかった無数のヘッツァーと戦車兵が存在していたに違いない。

写真はワルシャワ蜂起で鹵獲されたヘッツァー。「Chwat（フワト＝命知らず）」と命名された本車輌は市民軍に使用されている

ベルリン大聖堂前にて防衛戦の準備を整えるヘッツァーと国民突撃隊（右）。イラスト奥にはバリケードとして使用するため、博物館から運び出された菱形戦車Mk.Ⅴが見える

ヘッツァーに搭乗した戦車エースとして知られるオットー・アンゲル曹長

チェコ戦車ランダムアクセス

いぶし銀の活躍を見せた通好みの戦闘車輌である、チェコ生まれの35(t)や38(t)とその派生型たち。ここでは彼らに関するこぼれ話に、干し芋を食べながらアクセスしてみよう。

文／白石光（戦史研究家）、印度洋一郎

35(t)／38(t)／ヘッツァー／マルダーⅢのドイツ軍(運用側)の評価

大前提として、35(t)と38(t)は戦車であり、ヘッツァーとマルダーⅢは戦車以外の対戦車車輌であることから、この両者は別個に語らねばならない。

まず35(t)と38(t)についてである。

チェコ併合によって両車種を入手したドイツとしては、正直なところ、国産のⅠ号戦車やⅡ号戦車よりもずっと「使える」戦車が、やすやす手に入ったと判断していた。特に、当時の主力戦車であるⅢ号戦車のものとほぼ同等の威力の3・7cm戦車砲を搭載しているため、主力戦車の代替にできる点が大きな魅力であった。

とはいえ、最初に完成車を多数入手できた35(t)を追いかけて38(t)の生産が始まり、それが入手できるようになると、特に足周りや操縦系が35(t)よりもはるかに優れた38(t)が、より高く評価されるようになる。こういった事情もあって、38(t)のほうが長く第一線部隊に配備されていたのである。

しかし、やがて3・7cm戦車砲の陳腐化にともない、38(t)は第一線兵器ではないと見なされるようになる。だがそれでも操縦性能や整備性が良好であることに変わりなく、このへんの評価は最後まで高いままであった。

実はこういった事情も、対戦車自走砲マルダーⅢやヘッツァーのベースに38(t)系の資材が流・転用されることになった理由の一端を担っているといえる。

「T-34ショック」「KVショック」により、これらに有効な7・5cm級戦車砲を搭載した戦車の開発と、その生産が始まるまでのストップギャップとして、マルダーⅢも含む一連のマルダー・シリーズは開発された。というのも、7・5cm級の牽引式対戦車砲ともなると展開や移動にそれなりの時間と労力が必要だが、自走化させてしまえば、これらのことがきわめて容易になるからだ。

つまり、突撃砲や駆逐戦車のように戦車の代替とは考えず、単に「機動力の高い対戦車砲」と見なせば、オープントップの脆弱性などは、牽引式対戦車砲に比べて装甲で覆われている面が多いだけまし、だと判断されていた。しかも本車を装備するのはついこの間まで牽引式対戦車砲を使っていた対戦車砲兵なので、自走できて牽引式対戦車砲に比べれば装甲もそこそこのマルダー・シリーズは、使い勝手のよい車輌と判断されていたという。

ヘッツァーにかんしては、厳重に偽装され、複数用意された伏撃用射撃陣地を巧みに動き回りながら戦うような、防御用兵器としての評価は高い。また、敵に侵入された味方陣地の奪還のような防御的反撃にも利用できる点は評価された。

しかし、あまりに射界が狭く速度が遅いため、戦車のように攻勢に用いる兵器としては、臨機応変の応用が利かないことで失格と見なされていた。また、前面装甲こそ厚いものの、それに比べて側面装甲が極端に薄いうえ、速度も遅いことから、防勢向けの車種と判断されていた。

かような次第で、ドイツ軍では、基本的に防御用兵器と見なしているヘッツァーのもっとも「危険な敵」は、本車の性格を知らずに「戦車の代役」として運用しようとする、連携先なり臨時配属先の味方の指揮官だった。彼らはヘッツァーの特性を無視し、本車にとって不向きな任務にも、特別な工夫や考慮をすることなく投入。その結果、あたら本車に犠牲が生じてしまったからだ。　（文／白石光）

35(t)／38(t)／ヘッツァー／マルダーⅢの連合軍(敵)からの評価

連合軍側も、チェコがヨーロッパ最良の兵器工場のひとつであることは認識していた。そのためチェコ併合によって、ドイツの兵器の開発や生産に拍車がかかるものと認識していた。

まず35(t)に関しては、世界水準の優秀な戦車のひとつと見なしており、すでにチェコが保有していたそれらが一挙にドイツの掌中のものとなったことで、連合軍戦車関係者の脅威感は増大した。

次に38(t)だが、実は第二次大戦勃発前に、イギリスが本車1輌を用いて各種の試験を実施している。ブレンガンやBESA機関銃の例を見るまでもなく、同国は当時、すでにいくつかのチェコ製兵器のライセンス生産を行っており、当時、暗雲が垂れ込めていたヨーロッパ情勢を睨んで、同車のライセンス生産権の取得を考えていたからだ。

結局、ドイツによるチェコ併合によってこの案は潰えたが、かような発想に至ること自体、少なくとも連合国側の主要国であるイギリスは、38(t)をそれなりに評価していた証といえる。

続いてヘッツァーだが、同車が出現した1944年の時点で、連合軍は特別に強力なヤークトパンター以外の突撃砲や駆逐戦車は特に区別することなく、「突撃砲」の名称でいっしょくたにして報告している。

そのため、特にヘッツァーについてのみを知ろうとすることは困難だが、この「突撃砲」全体に関する評価は「良好な装甲防御力に高い火力、さらに相応の機動性を備えた、防御戦闘に最適の危険な兵器(イギリス軍における評価)」というものだった。

最後にマルダーⅢだが、これまた強力なナースホルン以外は「オープントップの対戦車自走砲」として、連合軍の報告書ではいっしょくたに扱われている。

イギリス軍はこの「オープントップの対戦車自走砲」を「機動力と装甲防御力の高い対戦車砲」と見なしており、きわめて危険視していた。ゆえに自らも、旧式化したヴァレンタイン歩兵戦車の車体を利用して、アーチャー17ポンド対戦車自走砲を実用化したほどだ。

実戦では、巧妙に隠蔽されたドイツ軍対戦車自走砲が射撃陣地の転換を繰り返しながら防戦を行うことで、毎度ながらに味方の戦車やハーフトラックが大きな損害を被ることをイギリス軍は報告している。

一方、アメリカ軍でもドイツの対戦車自走砲は機甲部隊にとって大きな脅威とされていた。しかし、総じてオープントップで装甲も脆弱なため、徹底した事前砲撃の実施により排除できる可能性が高いことも併せて述べている。

また、ドイツの対戦車自走砲は対歩兵戦用の近接防御火力が脆弱なので、味方の歩兵が近接戦闘さえ敢行できれば牽引式対戦車砲と同じく容易に撃破可能で、オープントップゆえ、特にバズーカやライフル・グレネード、至近距離なら手榴弾による攻撃が有効だと報告している。
（文／白石光）

ヘッツァーが戦後の対戦車車輌開発に与えた影響、後継車輌に続く流れ

第二次大戦後に再興された西ドイツ陸軍は、Ⅳ号駆逐戦車やヘッツァーのような固定戦闘室を備えた装軌式対戦車車輌を、防御任務に適した車種として再び実用化した。それが1965年に制式化されたKJPz.4-5（KJPzはカノーネンヤークトパンツァーの略）である。旋回砲塔を備えた戦車に比べて一回り大きな砲を搭載できるものの、射界が限定されたこの手の車種は、専守防衛を国是としていた当時の西ドイツにとって、うってつけだったようだ。

しかも西ドイツには、第二次大戦中の突撃砲や駆逐戦車の運用実績の蓄積があるため、新規の兵器としてその運用を模索する必要もなかった。

しかし、歳月の経過とともに搭載した90㎜砲の威力が不足するようになったことと、対戦車ミサイルの性能の著しい向上を受けて、砲を対戦車ミサイルSS-11に変更したRJPz.2（RJPzはラケーテンヤークトパンツァーの略）へと進化している。また、既存のKJPz.4-5も、その一部が砲を対戦車ミサイルに換装してヤグアル2へと改造された。

つまり駆逐戦車は技術の進歩にともなって、その兵装を砲から対戦車ミサイルへと変換したのである。
（文／白石光）

▲TOWミサイルを搭載した駆逐戦車ヤグアル2。長大な主砲が無くなってミサイル装備となり、厳つさは随分と減った（ph／Bundesarchiv）

▶戦後西ドイツ軍で制式化された、90mm対戦車砲を搭載したKJPz.4-5（カノン砲搭載駆逐戦車4-5）。Ⅳ号駆逐戦車やヘッツァーとよく似ているが装甲は最大50mmと薄い（ph／Bundesarchiv）

ドイツ軍以外で使用された、35(t)／38(t)／ヘッツァー

世界有数の工業国であった戦間期のチェコスロヴァキアが生み出した戦車たちは、ドイツ軍の戦力の一翼を担うだけではなく、世界各国で使用されている。

まず先陣を切った35(t)は、ドイツの同盟国であるルーマニアで百数十輌、ドイツ併合後にチェコスロヴァキアから分離したスロヴァキアで約50輌、ブルガリアで26輌、それぞれ使用された。1941年6月から始まるソ連への進攻の際にも、対ソ宣戦したルーマニア軍とスロヴァキア軍の機甲兵力として投入された。しかし、対決したソ連軍の戦車には性能的に見劣りしたため、間も無く前線から引き揚げられている。

また、ソ連に宣戦布告しなかったブルガリアでは、保有していた35(t)の半数近くが、搭載砲を強化した改良型の「T-11」だった。戦前にアフガニスタン向けに生産されたが、チェコ併合で契約がキャンセルとなっていたものをブルガリアが購入したのである。

戦前のチェコが生んだ傑作戦車として知られる38(t)は、その機械的な信頼性や扱い易さから高く評価され、ドイツの同盟国にも数多く供与された。1941年からスロヴァキアが74輌、ハンガリーが108輌、1943年にルーマニアが50輌、ブルガリアが10輌と、さしずめ「枢軸陣営標準戦車」である。

また、中立国スウェーデンは、メーカーのCKDから90輌輸入する契約を結んでいたが、チェコスロヴァキアのドイツ併合に伴って、それらは接収されてしまった。しかし、その替りにライセンス生産権が与えられ、車輌メーカーのスカニア・バビスによって製造される。「m／41」と呼ばれた、エンジンと火砲を国産のものに替えたスウェーデン版38(t)は総生産数220輌に達し、スウェーデンはドイツ以外で38(t)の最大のユーザーとなった。その後もエンジンと装甲を強化した改良型の「m／41SⅡ」、75㎜榴弾砲を搭載した突撃砲型の「Strv m／43」等独自の発達を遂げる。そして、戦後の1950年代後半には全車が装甲兵員輸送車「Pv301」に改造され、1970年代初頭までスウェーデン軍で使用された。

チェコ製機甲兵器の集大成とも言うべき駆逐戦車ヘッツァーは、登場したのが大戦後期だったため、当時機甲兵力不足のドイツから同盟国に供与されたのは、1944年末にハンガリーに引き渡された75輌に留まる。

しかし戦後になり、独立を回復した新生チェコスロヴァキアではメーカーのスコダに残されていた製造設備で後期型ヘッツァー総計200輌（無武装の訓練型含む）が造られた。それらの車輌は「ST-1」の名で軍に採用され、1960年代初頭まで使用される。更に1946年にはスイスが、砲をⅢ号突撃砲用の7.5㎝StuK40（スイス国内で生産されていた）に換装した改修型を「G-13」として158輌採用し、1973年まで使用する。退役したスイス版ヘッツァーG-13の幾つかは、「合衆国最後の日」や「ハノーバーストリート」等の戦争映画にも〝出演〟しているので、多くの人がその勇姿を観ている事だろう。
（文／印度洋一郎）

35(t)戦車の主砲を48口径3.7㎝砲に長砲身化し、防盾左の視察口の形状も変わっているブルガリアのT-11。国王のボリスⅢ世が車長席に乗っている

目次

装丁・本文DTP　村上千津子
編集　野地信吉
　ミリタリー・クラシックス編集部

ドイツ駆逐戦車 完全ガイド

2024年7月20日　初版第1刷発行

本文｜古峰文三、白石光、宮永忠将、坂本明、伊吹秀明、印度洋一郎
イラスト｜福村一章、佐竹政夫、上田信、吉原幹也、六鹿文彦、松田大秀
図版/CG｜田村紀雄、中田日左人、原田敬至

発行人｜山手章弘
発行所｜イカロス出版株式会社
〒101-0051 東京都千代田区神田神保町1-105
contact@ikaros.jp（内容に関するお問合せ）
sales@ikaros.co.jp（乱丁・落丁、書店・取次様からのお問合せ）
印刷・製本｜日経印刷株式会社

乱丁・落丁はお取り替えいたします。

定価はカバーに表示してあります。

Printed in Japan　ISBN978-4-8022-1468-1